2025학년도
수능 연계교재
수능완성

✦✦✦

과학탐구영역
물리학 I

이 책의 **차례** CONTENTS

이 책의 **구성과 특징** STRUCTURE

테마별 교과 내용 정리

교과서의 주요 내용을 핵심만 일목요연하게 정리하고, 하단에 더 알기를 수록하여 심층적인 이해를 도모하였습니다.

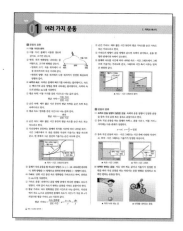

테마 대표 문제

기출문제, 접근 전략, 간략 풀이를 통해 대표 유형을 익힐 수 있고, 함께 실린 닮은 꼴 문제를 스스로 풀며 유형에 대한 적응력을 기를 수 있습니다.

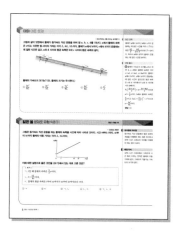

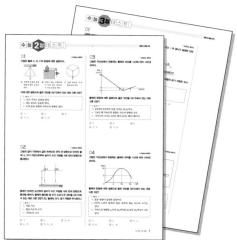

수능 2점 테스트와 수능 3점 테스트

수능 출제 경향 분석에 근거하여 개발한 다양한 유형의 문제들을 수록하였습니다.

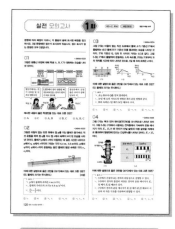

실전 모의고사 5회분

실제 수능과 동일한 배점과 난이도의 모의고사를 풀어봄으로써 수능에 대비할 수 있도록 하였습니다.

정답과 해설

정답의 도출 과정과 교과의 내용을 연결하여 설명하고, 오답을 찾아 분석함으로써 유사 문제 및 응용 문제에 대한 대비가 가능하도록 하였습니다.

학생

인공지능 DANCHOQ
푸리봇 문|제|검|색

EBS*i* 사이트와 **EBS***i* 고교강의 APP 하단의 **AI 학습도우미 푸리봇**을 통해 문항코드를 검색하면 푸리봇이 해당 문제의 해설과 해설 강의를 찾아 줍니다. **사진 촬영으로도 검색**할 수 있습니다.

문제별 문항코드 확인

[24066-0001]

1. 아래 그래프를 이해한 내용으로 가장 적절한 것은?

문항코드 검색

24066-0001

[24066-0001]

사진 촬영 검색

선생님

EBS 교사지원센터
교재 관련 자|료|제|공

교재의 문항 한글(HWP) 파일과 교재이미지, 강의자료를 무료로 제공합니다.

📥 한글다운로드　　🖼 교재이미지　　📊 강의자료

• 교사지원센터(teacher.ebsi.co.kr)에서 '교사인증' 이후 이용하실 수 있습니다.
• 교사지원센터에서 제공하는 자료는 교재별로 다를 수 있습니다.

1 운동의 표현

(1) 이동 거리와 변위

① 이동 거리: 물체가 이동한 경로의 길이로, 크기만 갖는다.

② 변위: 위치 변화량을 나타내는 물리량으로, 크기와 방향을 갖는다.
- 변위의 크기: 처음 위치에서 나중 위치까지의 직선 거리와 같다.
- 변위의 방향: 처음 위치에서 나중 위치까지 연결한 화살표의 방향과 같다.

(2) 속력과 속도: 속력은 물체의 빠르기를 나타내는 물리량이고, 속도는 빠르기와 운동 방향을 함께 나타내는 물리량이다. 속력과 속도의 단위는 m/s를 사용한다.

① 평균 속력: 이동 거리를 걸린 시간으로 나눈 값과 같다.

$$평균\ 속력 = \frac{이동\ 거리}{걸린\ 시간}$$

② 순간 속력: 매우 짧은 시간 동안의 평균 속력을 순간 속력 또는 속력이라고 한다.

③ 평균 속도: 변위를 걸린 시간으로 나눈 값과 같다.

$$평균\ 속도 = \frac{변위}{걸린\ 시간}$$

④ 순간 속도: 매우 짧은 시간 동안의 평균 속도를 순간 속도 또는 속도라고 한다.

⑤ 직선상에서 운동하는 물체의 위치를 시간에 따라 나타낸 위치-시간 그래프에서 두 점을 연결한 직선의 기울기는 평균 속도와 같고, 한 점에서 그은 접선의 기울기는 순간 속도와 같다.

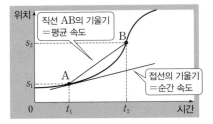

▲ 위치-시간 그래프의 분석

⑥ 물체가 직선 운동을 할 때 운동 방향은 (+), (−)로 나타내면 편리하다. 한쪽 방향을 (+)방향으로 정하면 반대 방향은 (−)방향이 된다.

(3) 가속도: 단위 시간 동안 속도 변화량을 가속도라고 하며, 단위로는 m/s²을 사용한다.

① 가속도 운동: 속력이나 운동 방향 중에서 하나만 변해도 속도가 변한다. 이와 같이 속도가 변하는 운동을 가속도 운동이라 한다.

② 평균 가속도: 속도 변화량을 걸린 시간으로 나눈 값이다. 직선상에서 속도 v_0으로 운동하던 물체의 속도가 시간 t가 지난 후 v가 되었다면 평균 가속도 a는 다음과 같다.

$$평균\ 가속도 = \frac{속도\ 변화량}{걸린\ 시간}, \ a = \frac{v - v_0}{t} = \frac{\Delta v}{t}$$

③ 순간 가속도: 매우 짧은 시간 동안의 평균 가속도를 순간 가속도 또는 가속도라고 한다.

④ 가속도의 방향이 운동 방향과 같으면 속력이 증가하고, 운동 방향과 반대이면 속력이 감소한다.

⑤ 물체의 속도를 시간에 따라 나타낸 속도-시간 그래프에서 그래프의 기울기는 가속도와 같고, 그래프와 시간 축이 이루는 면적은 변위와 같다.

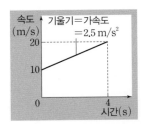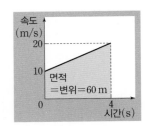

▲ 속도-시간 그래프의 분석

2 운동의 분류

(1) 속력과 운동 방향이 일정한 운동: 속력과 운동 방향이 일정한 운동을 등속 직선 운동 또는 등속도 운동이라고 한다.

① 등속 직선 운동을 하는 물체의 속력 v, 운동 시간 t, 이동 거리 s 사이에는 다음 관계가 성립한다.

$$s = vt, \ v = \frac{s}{t} = 일정$$

② 등속 직선 운동의 속도-시간 그래프는 시간 축에 나란한 직선이고, 위치-시간 그래프는 기울기가 일정한 직선이다.

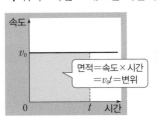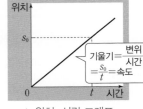

▲ 속도-시간 그래프　　▲ 위치-시간 그래프

(2) 속력만 변하는 운동: 자유 낙하 하는 공이나 기울기가 일정한 빗면을 따라 직선 운동을 하는 자전거는 운동 방향은 일정하고 속력만 변하는 운동을 한다.

▲ 자유 낙하 하는 공　　▲ 빗면을 내려오는 운동

① 등가속도 직선 운동: 가속도가 일정한 직선 운동으로, 같은 시간 동안 속도 변화량(속도가 증가하거나 감소하는 정도)이 일정하다.

② 가속도 a로 등가속도 직선 운동을 하는 물체의 처음 속도가 v_0이면 시간 t일 때의 속도 v는 $a = \dfrac{v - v_0}{t}$에서 다음과 같다.

$$v = v_0 + at$$

③ 변위는 속도-시간 그래프 아래의 면적과 같으므로, 시간 t까지 변위 s는 다음과 같다.

$$s = v_0 t + \frac{1}{2}at^2$$

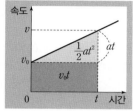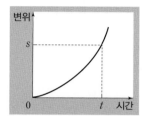

▲ 등가속도 직선 운동의 그래프

④ $v = v_0 + at$와 $s = v_0 t + \dfrac{1}{2}at^2$에서 t를 소거하여 정리하면 다음 관계가 성립한다.

$$v^2 - v_0^2 = 2as$$

⑤ 등가속도 직선 운동의 평균 속도: 등가속도 직선 운동을 하는 물체의 평균 속도는 처음 속도와 나중 속도의 중간값과 같다.

$$v_{평균} = \frac{v_0 + v}{2}$$

(3) 운동 방향만 변하는 운동: 원궤도를 따라 일정한 속력으로 회전하는 등속 원운동은 운동 방향만 변하는 운동이다.

① 등속 원운동 하는 물체의 운동 방향은 운동 경로의 접선 방향과 같다.

▲ 등속 원운동

② 등속 원운동은 속력은 일정하고 운동 방향만 변하는 가속도 운동이다.

(4) 속력과 운동 방향이 모두 변하는 운동: 비스듬히 던진 물체나 진자의 운동은 속력과 운동 방향이 모두 변하는 가속도 운동이다.

▲ 비스듬히 던진 물체의 운동   ▲ 진자의 운동

① 비스듬히 던진 물체는 공기 저항을 무시할 때 포물선 경로를 따라 운동한다.

② 비스듬히 던진 물체, 진자는 내려가는 동안에는 속력이 증가하고, 올라가는 동안에는 속력이 감소한다.

(5) 스키점프에서 여러 가지 운동: 마찰과 공기 저항을 무시하면, 경기에 참가한 선수의 운동은 대략적으로 다음과 같이 구분할 수 있다.

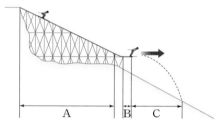

• A 구간: 기울기가 일정한 A 구간에서는 운동 방향은 일정하고 속력만 변하는 운동을 한다.
• B 구간: 수평인 B 구간에서는 속력과 운동 방향이 모두 일정한 운동을 한다.
• C 구간: 도약한 후 착지할 때까지, 속력과 운동 방향이 모두 변하는 운동을 한다.

더 알기 빗면을 따라 내려가는 물체의 운동

[실험 과정]
빗면에 역학 수레를 가만히 놓고, 수레의 운동을 기록하여 분석한다.

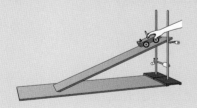

[실험 결과]
• 수레의 속도-시간 그래프와 변위-시간 그래프

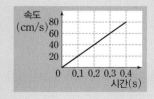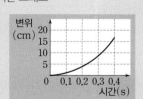

[정리]
① 수레의 속도가 시간에 따라 일정하게 증가한다.
② 수레의 속도가 일정하게 변하므로 수레의 가속도는 일정하다.
③ 속도-시간 그래프의 기울기가 $\dfrac{0.8\,\text{m/s}}{0.4\,\text{s}} = 2\,\text{m/s}^2$이므로 수레의 가속도의 크기는 $2\,\text{m/s}^2$이다.

테마 대표 문제

| 2024학년도 9월 대수능 모의평가 |

그림과 같이 빗면에서 물체가 등가속도 직선 운동을 하여 점 a, b, c, d를 지난다. a에서 물체의 속력은 v이고, 이웃한 점 사이의 거리는 각각 L, $6L$, $3L$이다. 물체가 a에서 b까지, c에서 d까지 운동하는 데 걸린 시간은 같고, a와 d 사이의 평균 속력은 b와 c 사이의 평균 속력과 같다.

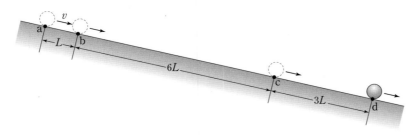

물체의 가속도의 크기는? (단, 물체의 크기는 무시한다.)

① $\dfrac{5v^2}{9L}$ ② $\dfrac{2v^2}{3L}$ ③ $\dfrac{7v^2}{9L}$ ④ $\dfrac{8v^2}{9L}$ ⑤ $\dfrac{v^2}{L}$

접근 전략

물체가 a에서 b까지, b에서 c까지 운동하는 데 걸린 시간을 각각 t, T라고 하면 $\dfrac{6L}{T}=\dfrac{10L}{2t+T}$이므로 $T=3t$이다. 따라서 a에서 d까지 물체가 운동하는 데 걸린 시간은 $5t$이다.

간략 풀이

④ 물체의 가속도의 크기를 a라고 하면, b, c, d에서 물체의 속력은 각각 $v+at$, $v+4at$, $v+5at$이다. 물체가 a에서 b까지, c에서 d까지 운동하는 데 걸린 시간이 같으므로 평균 속력은 c와 d 사이에서가 a와 b 사이에서의 3배이다.
즉, $\left(\dfrac{2v+at}{2}\right)\times 3=\dfrac{2v+9at}{2}$이므로 $at=\dfrac{2}{3}v$이다. b에서 물체의 속력은 $\dfrac{5}{3}v$이고 $2aL=\left(\dfrac{5}{3}v\right)^2-v^2$이므로 $a=\dfrac{8v^2}{9L}$이다.

정답 | ④

닮은꼴 문제로 유형 익히기

정답과 해설 2쪽

▶ 24066-0001

그림은 등가속도 직선 운동을 하는 물체의 속력을 시간에 따라 나타낸 것이다. 시간 0부터 t까지, $4t$부터 $5t$까지 물체의 이동 거리는 각각 L, $3L$이다.

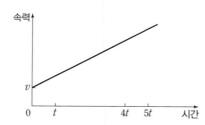

이에 대한 설명으로 옳은 것만을 〈보기〉에서 있는 대로 고른 것은?

보기

ㄱ. t일 때 물체의 속력은 $\dfrac{5}{3}v$이다.

ㄴ. $t=\dfrac{3L}{4v}$이다.

ㄷ. 물체의 평균 속력은 t부터 $4t$까지가 $4t$부터 $5t$까지보다 크다.

① ㄱ   ② ㄷ   ③ ㄱ, ㄴ   ④ ㄴ, ㄷ   ⑤ ㄱ, ㄴ, ㄷ

유사점과 차이점

등가속도 직선 운동에서 평균 속력의 개념을 이해해야 하는 점은 유사하나 속력-시간 그래프의 의미를 이해해야 하는 점이 다르다.

배경 지식

속력-시간 그래프에서 그래프와 시간 축이 이루는 면적은 물체의 이동 거리와 같고, 그래프의 기울기는 가속도의 크기와 같다.

01
▶24066-0002

다음은 물체 A, B, C의 운동에 대한 설명이다.

 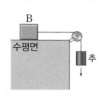

A. 천장에 연결된 실에 매달려 왕복 운동을 한다.
B. 마찰이 없는 수평면에서 추와 실로 연결되어 직선 운동을 한다.
C. 실에 매달려 등속 원운동을 한다.

이에 대한 설명으로 옳은 것만을 〈보기〉에서 있는 대로 고른 것은?

| 보기 |

ㄱ. A는 가속도 운동을 한다.
ㄴ. B는 등속도 운동을 한다.
ㄷ. C의 운동 방향과 가속도의 방향은 같다.

① ㄱ   ② ㄴ   ③ ㄷ
④ ㄱ, ㄴ   ⑤ ㄱ, ㄷ

02
▶24066-0003

그림과 같이 지면에서 같은 속력으로 연직 위 방향으로 던져진 물체 A, B가 지면으로부터 높이가 h인 지점을 서로 반대 방향으로 통과한다.

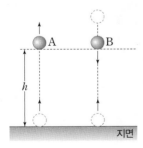

물체가 던져진 순간부터 높이가 h인 지점을 서로 반대 방향으로 통과할 때까지, 물체의 물리량 중 B가 A보다 큰 것만을 〈보기〉에서 있는 대로 고른 것은? (단, 물체의 크기, 공기 저항은 무시한다.)

| 보기 |

ㄱ. 이동 거리
ㄴ. 평균 속도의 크기
ㄷ. 가속도의 크기

① ㄱ   ② ㄴ   ③ ㄱ, ㄷ
④ ㄴ, ㄷ   ⑤ ㄱ, ㄴ, ㄷ

03
▶24066-0004

그림은 직선상에서 운동하는 물체의 속도를 시간에 따라 나타낸 것이다.

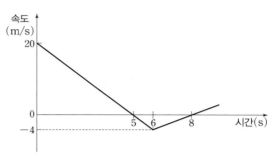

물체의 운동에 대한 설명으로 옳은 것만을 〈보기〉에서 있는 대로 고른 것은?

| 보기 |

ㄱ. 0초부터 6초까지 이동 거리는 52 m이다.
ㄴ. 7초일 때 가속도의 방향은 속도의 방향과 같다.
ㄷ. 가속도의 크기는 5초일 때가 8초일 때의 2배이다.

① ㄱ   ② ㄴ   ③ ㄷ
④ ㄱ, ㄴ   ⑤ ㄱ, ㄷ

04
▶24066-0005

그림은 직선상에서 운동하는 물체의 위치를 시간에 따라 나타낸 것이다.

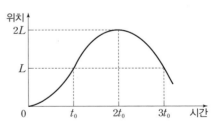

물체의 운동에 대한 설명으로 옳은 것만을 〈보기〉에서 있는 대로 고른 것은?

| 보기 |

ㄱ. 운동 방향이 일정한 운동이다.
ㄴ. 0부터 t_0까지 물체의 평균 속력과 평균 속도의 크기는 같다.
ㄷ. 가속도의 방향은 t_0부터 $2t_0$까지와 $2t_0$부터 $3t_0$까지가 서로 같다.

① ㄱ   ② ㄴ   ③ ㄱ, ㄴ
④ ㄱ, ㄷ   ⑤ ㄴ, ㄷ

05

▶24066-0006

그림은 직선상에서 운동하는 물체의 속도를 시간에 따라 나타낸 것이다. 그래프와 시간 축이 이루는 영역 A, B의 면적은 같다.

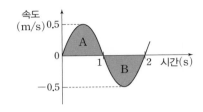

물체의 운동에 대한 설명으로 옳은 것만을 〈보기〉에서 있는 대로 고른 것은?

┌ 보기 ┐
ㄱ. 속력과 운동 방향이 모두 변하는 운동이다.
ㄴ. 0초부터 2초까지 평균 속력과 평균 속도의 크기는 같다.
ㄷ. 1초일 때 물체의 가속도는 0이다.

① ㄱ   ② ㄴ   ③ ㄷ   ④ ㄱ, ㄴ   ⑤ ㄴ, ㄷ

06

▶24066-0007

그림 (가)와 같이 직선 도로에서 시간 $t=0$일 때 자동차 A, B가 각각 기준선 P, R를 통과한 후 $t=20$초일 때 각각 R, P를 통과한다. A는 P를 속력 10 m/s로 통과한 후 등가속도 운동을 하여 R를 속력 v_A로 통과하고, B는 R를 속력 v_B로 통과한 후 등속도 운동을 한다. P와 R 사이의 거리는 300 m이고, P와 기준선 Q, Q와 R 사이의 거리는 같다. 그림 (나)는 A, B의 속도를 t에 따라 나타낸 것이다.

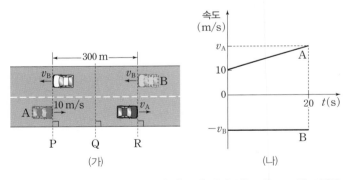

이에 대한 설명으로 옳은 것만을 〈보기〉에서 있는 대로 고른 것은? (단, 자동차의 크기는 무시한다.)

┌ 보기 ┐
ㄱ. A의 가속도의 크기는 0.5 m/s²이다.
ㄴ. $v_A = \frac{4}{3} v_B$이다.
ㄷ. Q는 A가 먼저 통과한다.

① ㄴ   ② ㄷ   ③ ㄱ, ㄴ   ④ ㄱ, ㄷ   ⑤ ㄱ, ㄴ, ㄷ

07

▶24066-0008

그림과 같이 물체 A는 수평면으로부터 높이가 h인 지점, 물체 B, C는 높이가 h로 같고 경사각이 각각 θ_1, θ_2인 빗면에 가만히 놓았다. A, B, C는 각각 등가속도 직선 운동을 하며, $\theta_1 > \theta_2$이다.

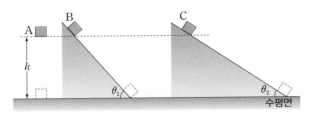

이에 대한 설명으로 옳은 것만을 〈보기〉에서 있는 대로 고른 것은? (단, 물체의 크기, 모든 마찰과 공기 저항은 무시한다.)

┌ 보기 ┐
ㄱ. A의 가속도의 방향은 운동 방향과 같다.
ㄴ. 가속도의 크기는 A가 B보다 크다.
ㄷ. 가만히 놓은 순간부터 수평면에 도달할 때까지 걸린 시간은 B가 C보다 작다.

① ㄱ   ② ㄷ   ③ ㄱ, ㄴ
④ ㄴ, ㄷ   ⑤ ㄱ, ㄴ, ㄷ

08

▶24066-0009

그림 (가)는 낙하산에 매달린 인형을 가만히 놓는 모습을, (나)는 연직 아래 방향으로 내려오는 인형의 위치를 0.1초 간격의 점으로 나타낸 것이다. 점 p에서 인형의 속력은 0.4 m/s이고, 구간 A, B에서 물체는 각각 등가속도 운동을 한다.

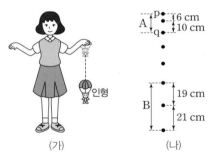

이에 대한 설명으로 옳은 것만을 〈보기〉에서 있는 대로 고른 것은? (단, 인형의 크기는 무시한다.)

┌ 보기 ┐
ㄱ. 점 q에서 인형의 속력은 0.48 m/s이다.
ㄴ. 인형의 평균 속력은 A에서가 B에서보다 작다.
ㄷ. B에서 인형에 작용하는 알짜힘의 방향은 운동 방향과 반대이다.

① ㄱ   ② ㄴ   ③ ㄷ
④ ㄱ, ㄴ   ⑤ ㄴ, ㄷ

09

▶24066-0010

그림은 직선상에서 운동하는 물체의 가속도를 시간에 따라 나타낸 것이다. 0초일 때, 물체의 속력은 20 m/s이고 물체의 운동 방향과 가속도의 방향은 반대이다.

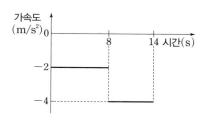

물체의 운동에 대한 설명으로 옳은 것만을 〈보기〉에서 있는 대로 고른 것은?

┌ 보기 ┐
ㄱ. 0초부터 14초까지 변위의 크기는 48 m이다.
ㄴ. 4초일 때와 10초일 때 운동 방향은 같다.
ㄷ. 평균 속력은 0초부터 8초까지가 8초부터 14초까지보다 크다.

① ㄱ   ② ㄴ   ③ ㄱ, ㄷ
④ ㄴ, ㄷ   ⑤ ㄱ, ㄴ, ㄷ

10

▶24066-0011

그림은 물체가 빗면 위의 점 p를 속력 $3v$로 지나 등가속도 직선 운동을 하여 빗면 위의 점 s에서 정지한 순간의 모습을 나타낸 것이다. p와 빗면 위의 점 r 사이의 거리는 $2d$, 빗면 위의 점 q와 s 사이의 거리는 d이고, 물체가 p에서 r, q에서 s까지 운동하는 데 걸린 시간은 같다.

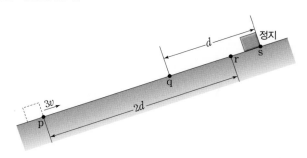

q에서의 속력 v_q와 q와 r 사이의 거리 d_{qr}로 옳은 것은? (단, 물체의 크기, 모든 마찰과 공기 저항은 무시한다.)

	v_q	d_{qr}		v_q	d_{qr}
①	v	$\frac{3}{4}d$	②	v	$\frac{4}{5}d$
③	$\frac{3}{2}v$	$\frac{2}{3}d$	④	$2v$	$\frac{3}{4}d$
⑤	$2v$	$\frac{4}{5}d$			

11

▶24066-0012

그림 (가), (나)는 각각 직선상에서 운동하는 물체 A의 위치와 물체 B의 속도를 시간에 따라 나타낸 것이다. 0초부터 4초까지 물체의 평균 속력은 B가 A의 2배이다.

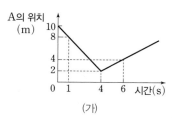 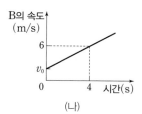

(가)   (나)

이에 대한 설명으로 옳은 것만을 〈보기〉에서 있는 대로 고른 것은?

┌ 보기 ┐
ㄱ. A의 변위의 크기는 1초부터 6초까지가 1초부터 4초까지의 $\frac{3}{2}$배이다.
ㄴ. $v_0=2$이다.
ㄷ. B의 가속도의 크기는 1 m/s^2이다.

① ㄱ   ② ㄷ   ③ ㄱ, ㄴ
④ ㄴ, ㄷ   ⑤ ㄱ, ㄴ, ㄷ

12

▶24066-0013

그림 (가)는 0초일 때 속력 5 m/s로 기준선 P를 통과하는 물체 A와 P에 정지해 있는 물체 B를 나타낸 것이다. 그림 (나)는 A의 속도를 시간에 따라 나타낸 것이고, (다)는 B의 가속도를 시간에 따라 나타낸 것이다. 0초부터 20초까지 평균 속력과 운동 방향은 A와 B가 같다.

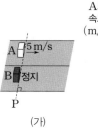 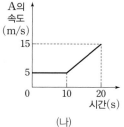 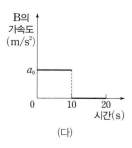

(가)   (나)   (다)

이에 대한 설명으로 옳은 것만을 〈보기〉에서 있는 대로 고른 것은? (단, 물체의 크기는 무시한다.)

┌ 보기 ┐
ㄱ. $a_0=1$이다.
ㄴ. 12초일 때 A와 B의 속력은 같다.
ㄷ. B가 A를 앞서기 시작한 순간은 15초일 때이다.

① ㄱ   ② ㄴ   ③ ㄷ
④ ㄱ, ㄴ   ⑤ ㄱ, ㄷ

01

▶24066-0014

그림은 연직면상의 레일 위에서 물체가 운동하는 모습을 나타낸 것이다. 물체는 수평 구간 Ⅰ과 경사가 일정한 빗면 구간 Ⅱ를 지나 구간 Ⅲ에서 포물선 운동을 한다. Ⅰ과 Ⅱ의 길이는 같다.

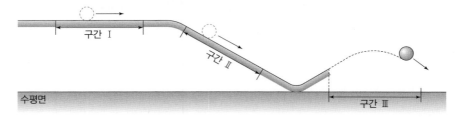

이에 대한 설명으로 옳은 것만을 〈보기〉에서 있는 대로 고른 것은? (단, 물체의 크기, 모든 마찰과 공기 저항은 무시한다.)

┌─ 보기 ┌
ㄱ. 물체의 운동 시간은 Ⅰ에서가 Ⅱ에서보다 크다.
ㄴ. 물체의 가속도의 크기는 Ⅱ에서와 Ⅲ에서가 같다.
ㄷ. Ⅲ에서 물체의 운동 방향과 가속도의 방향은 같다.

① ㄱ   ② ㄴ   ③ ㄷ   ④ ㄱ, ㄴ   ⑤ ㄱ, ㄷ

02

▶24066-0015

다음은 직선상에서 운동하는 물체의 운동에 대한 설명이다.

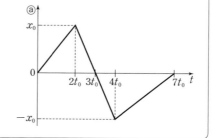

- 그림은 물체의 물리량 ⓐ를 시간 t에 따라 나타낸 것이다.
- $t=0$부터 $t=2t_0$까지 물체는 가속도가 일정한 운동을 한다.
- $t=3t_0$일 때 물체의 운동 방향이 바뀐다.
- 가속도의 방향은 $t=t_0$일 때와 $t=6t_0$일 때가 [㉠].

이에 대한 설명으로 옳은 것만을 〈보기〉에서 있는 대로 고른 것은?

┌─ 보기 ┌
ㄱ. '변위'는 ⓐ로 적절하다.
ㄴ. '같다'는 ㉠에 해당한다.
ㄷ. 물체의 평균 속력은 $t=0$부터 $t=3t_0$까지와 $t=3t_0$부터 $t=7t_0$까지가 서로 같다.

① ㄱ   ② ㄷ   ③ ㄱ, ㄴ   ④ ㄴ, ㄷ   ⑤ ㄱ, ㄴ, ㄷ

03

▶24066-0016

그림 (가)는 마찰이 없는 빗면 위의 점 p에 물체 A를 가만히 놓은 모습을, (나)는 (가)의 빗면 위의 점 r를 속력 2 m/s 로 지나는 물체 B에 2 N의 힘을 빗면과 나란한 방향으로 가하여 빗면 위로 운동시키는 모습을 나타낸 것으로, B는 r, 빗면 위의 점 q, p를 순서대로 지난다. 그림 (다)는 A가 q, r를 지나는 동안 속력을 이동 거리에 따라 나타낸 것이다. A, B의 질량은 각각 1 kg이다.

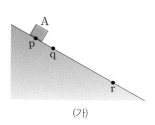

(가)

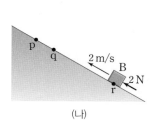

(나)

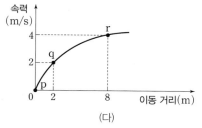

(다)

이에 대한 설명으로 옳은 것만을 〈보기〉에서 있는 대로 고른 것은? (단, 물체의 크기, 공기 저항은 무시한다.)

┌ 보기 ┐
ㄱ. A의 가속도의 크기는 1 m/s²이다.
ㄴ. B가 r에서 q까지 운동하는 동안 평균 속력은 4 m/s이다.
ㄷ. q와 r 사이에서 운동하는 데 걸린 시간은 A와 B가 같다.

① ㄱ   ② ㄴ   ③ ㄱ, ㄴ   ④ ㄱ, ㄷ   ⑤ ㄴ, ㄷ

04

▶24066-0017

그림은 $x=0$에서 정지해 있던 물체 A, B가 동시에 운동을 시작하여 직선 경로를 따라 운동한 후 동시에 $x=4L$에 도달하는 것을 나타낸 것이고, 표는 구간에 따른 A, B의 운동의 종류를 나타낸 것이다. $L \leq x \leq 3L$과 $3L \leq x \leq 4L$에서 A의 속도는 같고, B는 $x=4L$에서 정지한다.

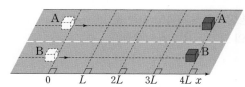

물체＼구간	$0 \leq x \leq L$	$L \leq x \leq 3L$	$3L \leq x \leq 4L$
A	등가속도 운동	등속도 운동	등속도 운동
B	등가속도 운동	등속도 운동	등가속도 운동

이에 대한 설명으로 옳은 것만을 〈보기〉에서 있는 대로 고른 것은? (단, 물체의 크기, 모든 마찰과 공기 저항은 무시한다.)

┌ 보기 ┐
ㄱ. $0 \leq x \leq L$ 구간에서 물체의 가속도는 A가 B의 $\frac{25}{36}$배이다.
ㄴ. $L \leq x \leq 3L$ 구간을 운동하는 데 걸리는 시간은 A가 B의 $\frac{5}{6}$배이다.
ㄷ. $3L \leq x \leq 4L$ 구간에서 물체의 평균 속력은 A가 B의 $\frac{5}{3}$배이다.

① ㄱ   ② ㄴ   ③ ㄷ   ④ ㄱ, ㄴ   ⑤ ㄱ, ㄷ

05

▶24066-0018

그림은 마찰이 없는 빗면을 따라 운동하던 물체 A가 시간 $t=0$일 때 기준선 Q를 위쪽 방향으로 통과하는 순간 기준선 P에 물체 B를 가만히 놓았더니 A, B가 같은 크기의 가속도로 빗면을 따라 등가속도 운동을 하여 동시에 기준선 S를 지나는 것을 나타낸 것이다. 기준선 R를 지날 때 B의 속력은 v이고, A의 속력이 0인 최고점에서 S까지의 거리와 P와 R 사이의 거리는 같다. B가 P에서 S까지 이동하는 데 걸린 시간은 P에서 R까지 이동하는 데 걸린 시간의 $\frac{5}{4}$배이고, P와 S 사이의 거리는 d이다.

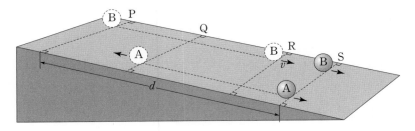

이에 대한 설명으로 옳은 것만을 〈보기〉에서 있는 대로 고른 것은? (단, 물체의 크기, 공기 저항은 무시한다.)

보기
ㄱ. $t=0$일 때 A의 속력은 $\frac{1}{4}v$이다.
ㄴ. R에서 S까지 운동하는 동안 평균 속력은 A가 B보다 크다.
ㄷ. A가 최고점에 도달하는 순간 A와 S 사이의 거리와 B와 P 사이의 거리의 차는 $\frac{3}{5}d$이다.

① ㄱ   ② ㄷ   ③ ㄱ, ㄴ   ④ ㄱ, ㄷ   ⑤ ㄴ, ㄷ

06

▶24066-0019

그림과 같이 물체 A, B가 수평면의 점 p, r를 각각 속력 v, $2v$로 동시에 지나 서로 반대 방향으로 등가속도 직선 운동을 하여 점 q에서 만난다. p와 q 사이의 거리는 d, q와 r 사이의 거리는 $3d$이고, 가속도의 크기는 B가 A의 2배이며, 가속도의 방향은 같다.

이에 대한 설명으로 옳은 것만을 〈보기〉에서 있는 대로 고른 것은? (단, 물체의 크기, 모든 마찰은 무시한다.)

보기
ㄱ. q에서 물체의 속력은 B가 A의 5배이다.
ㄴ. A의 가속도의 크기는 $\frac{8v^2}{25d}$이다.
ㄷ. B의 가속도의 방향은 B의 운동 방향과 반대이다.

① ㄴ   ② ㄷ   ③ ㄱ, ㄴ   ④ ㄱ, ㄷ   ⑤ ㄴ, ㄷ

1 힘

(1) 알짜힘

① 힘: 물체의 모양이나 운동 상태를 변화시키는 원인이다. 힘의 단위로는 N(뉴턴)을 사용하며, $1N$은 $1kg$의 물체를 $1m/s^2$으로 가속시키는 힘의 크기이다.

② 알짜힘(합력): 한 물체에 여러 힘이 작용할 때, 같은 효과를 갖는 하나의 힘을 알짜힘 또는 합력이라고 한다.

③ 힘의 합성: 알짜힘(합력)을 구하는 것을 힘의 합성이라고 한다.
- 두 힘이 같은 방향으로 작용하면 알짜힘의 크기는 두 힘의 크기를 더한 값과 같고, 알짜힘의 방향은 두 힘의 방향과 같다.
- 두 힘이 반대 방향으로 작용하면 알짜힘의 크기는 큰 힘에서 작은 힘을 뺀 값과 같고, 알짜힘의 방향은 큰 힘의 방향과 같다.

▲ 두 힘이 같은 방향일 때 힘의 합성

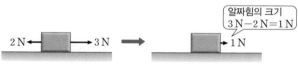

▲ 두 힘이 반대 방향일 때 힘의 합성

(2) 힘의 평형

① 힘의 평형: 한 물체에 여러 힘이 작용하여 알짜힘이 0이 되면, 이 힘들이 서로 평형을 이룬다고 한다. 이때 물체는 힘의 평형 상태에 있다고 한다.

② 물체가 정지해 있거나 등속 직선 운동을 하면 물체에 작용하는 힘들은 평형을 이룬다.

2 뉴턴 운동 제1법칙(관성 법칙)

(1) 관성: 물체가 현재의 운동 상태를 계속 유지하려는 성질을 말한다.
① 버스가 갑자기 출발하면 버스 안의 사람들이 뒤로 쏠린다.
② 버스가 갑자기 정지하면 버스 안의 사람들이 앞으로 쏠린다.

(2) 뉴턴 운동 제1법칙(관성 법칙): 물체에 작용하는 알짜힘이 0일 때, 정지해 있던 물체는 계속 정지해 있고, 운동하던 물체는 현재의 속도로 등속 직선 운동을 계속한다. 이를 뉴턴 운동 제1법칙 또는 관성 법칙이라고 한다.

3 뉴턴 운동 제2법칙(가속도 법칙)

(1) 힘과 가속도: 그림과 같이 수레의 질량을 일정하게 유지하고, 수레에 작용하는 힘의 크기를 2배, 3배, …로 증가시키면, 수레의 가속도의 크기도 2배, 3배, …로 증가한다.

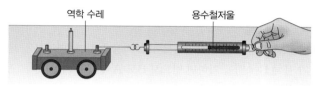

① 힘의 크기를 2배, 3배, …로 증가시키면, 속도-시간 그래프의 기울기가 2배, 3배, …로 증가한다.

② 속도-시간 그래프의 기울기는 가속도와 같다. 따라서 질량이 일정할 때 가속도의 크기는 작용하는 힘의 크기에 비례한다.

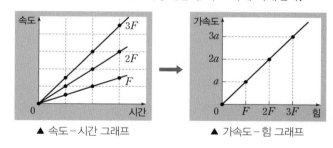

▲ 속도-시간 그래프   ▲ 가속도-힘 그래프

(2) 질량과 가속도: 수레에 작용하는 힘을 일정하게 유지하고 질량을 2배, 3배, …로 증가시키면, 가속도의 크기는 $\frac{1}{2}$배, $\frac{1}{3}$배, …로 감소한다.

① 질량을 2배, 3배, …로 증가시키면, 속도-시간 그래프의 기울기가 $\frac{1}{2}$배, $\frac{1}{3}$배, …로 감소한다.

더 알기   갈릴레이의 사고 실험

갈릴레이는 빗면과 구슬을 이용한 사고 실험을 통해 관성 법칙을 발견하였다.

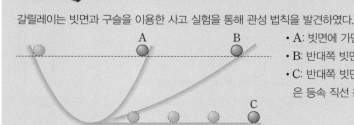

- A: 빗면에 가만히 놓은 구슬은 반대쪽 빗면을 따라 처음 높이까지 올라간다.
- B: 반대쪽 빗면의 기울기를 완만하게 하여도, 구슬은 처음 높이까지 올라간다.
- C: 반대쪽 빗면을 수평면으로 바꾸면, 구슬은 처음 높이까지 도달할 수 없다. 따라서 구슬은 등속 직선 운동을 계속할 것이다.

② 힘의 크기가 일정할 때 가속도의 크기는 질량에 반비례한다.

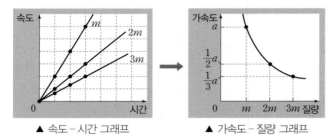

▲ 속도 – 시간 그래프 　　　▲ 가속도 – 질량 그래프

(3) 뉴턴 운동 제2법칙(가속도 법칙): 가속도의 크기(a)는 작용하는 힘의 크기(F)에 비례하고 질량(m)에 반비례하는데, 이를 뉴턴 운동 제2법칙 또는 가속도 법칙이라고 한다.

$$a=\frac{F}{m},\ F=ma$$

❹ 뉴턴 운동 제3법칙(작용 반작용 법칙)

(1) 작용과 반작용

① 힘은 반드시 두 물체 사이에서 상호 작용을 한다. 따라서 물체 A가 물체 B에 힘을 가하면 반드시 B도 A에 힘을 가한다.

② A가 B에 가하는 힘을 작용이라고 하면 B가 A에 가하는 힘을 반작용이라고 한다.

(2) 뉴턴 운동 제3법칙(작용 반작용 법칙): 작용과 반작용은 크기가 같고 방향이 반대인데, 이를 뉴턴 운동 제3법칙 또는 작용 반작용 법칙이라고 한다.

$$F_{AB}=F_{BA}$$

- F_{AB}: A가 B에 가하는 힘의 크기
- F_{BA}: B가 A에 가하는 힘의 크기

① 지구가 달을 당기는 힘과 달이 지구를 당기는 힘은 크기가 같고 방향이 반대이다.

② 사과에 작용하는 중력과 사과가 지구를 당기는 힘은 크기가 같고 방향이 반대이다.

③ 작용 반작용 관계인 두 힘은 각각 다른 물체에 작용하므로 합성할 수 없다.

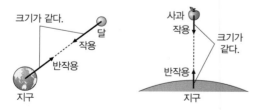

(3) 실생활에서 작용 반작용 법칙

① 뒤로 노를 저으면 그 반작용에 의해 배가 앞으로 나아간다.

② 로켓은 뒤쪽으로 연료를 분출하여 그 반작용으로 앞으로 나아간다.

❺ 뉴턴 운동 법칙의 적용

(1) 접촉 상태로 운동하는 물체에 작용하는 힘과 운동: 그림과 같이 질량이 각각 M, m인 물체 A, B를 접촉시켜 마찰이 없는 수평면에 놓고 A에 수평 방향으로 크기가 F인 힘을 작용한다.

① 전체 질량이 $M+m$이고 작용하는 힘의 크기가 F이므로, 가속도의 크기 a는 다음과 같다.

$$a=\frac{F}{M+m}$$

② B에 작용하는 알짜힘은 A가 B를 미는 힘과 같다. 따라서 A, B 사이에서 상호 작용을 하는 힘의 크기 F_{AB}는 다음과 같다.

$$F_{AB}=ma=\frac{m}{M+m}F$$

(2) 실로 연결된 물체에 작용하는 힘과 운동: 그림과 같이 질량이 각각 M, m인 물체 A, B를 실로 연결하여 마찰이 없는 수평면에 놓고, B에 수평 방향으로 크기가 F인 힘을 작용한다.

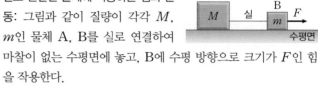

① 전체 질량이 $M+m$이고 작용하는 힘의 크기가 F이므로, 가속도의 크기 a는 다음과 같다.

$$a=\frac{F}{M+m}$$

② A, B에 작용하는 알짜힘은 각각의 질량에 가속도를 곱한 값과 같다. 따라서 A, B에 작용하는 알짜힘의 크기 F_A, F_B는 다음과 같다.

$$F_A=Ma=\frac{M}{M+m}F,\ F_B=ma=\frac{m}{M+m}F$$

(3) 도르래를 통해 ㄱ자 모양으로 연결된 물체에 작용하는 힘과 운동: 그림과 같이 질량이 각각 M, m인 물체 A, B를 도르래를 통해 실로 연결한 후 가만히 놓는다.

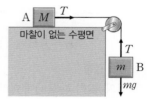

① B에 작용하는 중력이 A, B를 가속시킨다. 따라서 A, B의 가속도의 크기를 a, 실이 A, B를 당기는 힘의 크기를 T라고 하면 다음과 같이 운동 방정식을 세울 수 있다.

- A: $T=Ma$ ⟶ ㉠
- B: $mg-T=ma$ ⟶ ㉡

② ㉠, ㉡을 연립하여 풀면 a와 T는 다음과 같다.

$$a=\frac{m}{M+m}g,\ T=\frac{Mm}{M+m}g$$

- 가속도의 크기는 B에 작용하는 중력을 전체 질량으로 나눈 값과 같다.
- 실이 A, B를 당기는 힘의 크기는 A, B의 위치를 바꿔도 똑같다.

(4) 도르래를 통해 n자 모양으로 연결된 물체에 작용하는 힘과 운동: 그림과 같이 질량이 각각 M, $m(M>m)$인 물체 A, B를 도르래를 통해 실로 연결한 후 가만히 놓는다.

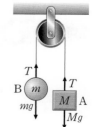

① 실이 A, B를 당기는 힘의 크기를 T라고 하면 다음과 같이 운동 방정식을 세울 수 있다.

$$Mg-T=Ma,\ T-mg=ma$$

② 두 식을 연립하여 풀면 가속도의 크기 a와 T는 다음과 같다.

$$a=\frac{M-m}{M+m}g,\ T=\frac{2Mm}{M+m}g$$

| 2024학년도 대수능 |

그림 (가)는 질량이 5 kg인 판, 질량이 10 kg인 추, 실 p, q가 연결되어 정지한 모습을, (나)는 (가)에서 질량이 1 kg으로 같은 물체 A, B를 동시에 판에 가만히 올려놓았을 때 정지한 모습을 나타낸 것이다.

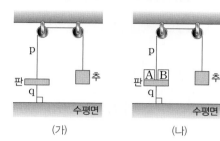

(가)   (나)

이에 대한 설명으로 옳은 것만을 〈보기〉에서 있는 대로 고른 것은? (단, 중력 가속도는 10 m/s²이고, 판은 수평면과 나란하며, 실의 질량과 모든 마찰은 무시한다.)

보기
ㄱ. (가)에서 q가 판을 당기는 힘의 크기는 50 N이다.
ㄴ. p가 판을 당기는 힘의 크기는 (가)에서와 (나)에서가 같다.
ㄷ. 판이 q를 당기는 힘의 크기는 (가)에서가 (나)에서보다 크다.

① ㄱ   ② ㄷ   ③ ㄱ, ㄴ   ④ ㄴ, ㄷ   ⑤ ㄱ, ㄴ, ㄷ

접근 전략

q가 판을 당기는 힘의 반작용은 판이 q를 당기는 힘으로, 두 힘의 크기는 같다.

간략 풀이

ㄱ. 추에 작용하는 힘은 평형을 이룬다. 추에 작용하는 중력의 크기는 p가 추를 당기는 힘의 크기와 같으므로 p가 추를 당기는 힘의 크기는 100 N이고 p가 판을 당기는 힘의 크기도 100 N이다. 판에 작용하는 힘이 평형을 이루고 있고, 판에 작용하는 중력의 크기는 50 N이므로 (가)에서 q가 판을 당기는 힘의 크기는 50 N이다.
ㄴ. (가)와 (나)에서 추는 힘의 평형 상태에 있으므로 p가 추를 당기는 힘의 크기는 100 N으로 같다. 따라서 p가 판을 당기는 힘의 크기도 (가)에서와 (나)에서가 100 N으로 같다.
ㄷ. (나)에서 q가 판을 당기는 힘의 크기를 T라고 하면 100 N = 50 N + (10×2)N + T이고 T = 30 N이다. 따라서 판이 q를 당기는 힘의 크기는 (가)에서가 (나)에서보다 크다.

정답 | ⑤

정답과 해설 6쪽

▶ 24066-0020

그림 (가)는 질량이 4 kg인 판, 질량이 10 kg인 추, 실 p, q가 연결되어 정지한 모습을, (나)는 (가)에서 질량이 0.5 kg으로 같은 물체 A, B를 판에 가만히 올려놓았을 때 정지한 모습을 나타낸 것이다. 그림 (다)는 (나)에서 q가 끊어졌을 때 A, B와 판, 추가 일정한 가속도로 운동하는 모습을 나타낸 것이다.

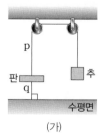 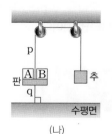 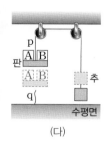

(가)   (나)   (다)

이에 대한 설명으로 옳은 것만을 〈보기〉에서 있는 대로 고른 것은? (단, 중력 가속도는 10 m/s²이고, 판은 수평면과 나란하며 실의 질량, 모든 마찰과 공기 저항은 무시한다.)

보기
ㄱ. 판이 q를 당기는 힘의 크기는 (가)에서와 (나)에서가 같다.
ㄴ. (다)에서 판의 가속도의 크기는 5 m/s²이다.
ㄷ. 추가 p를 당기는 힘의 크기는 (나)에서가 (다)에서보다 크다.

① ㄱ   ② ㄴ   ③ ㄷ   ④ ㄱ, ㄷ   ⑤ ㄴ, ㄷ

유사점과 차이점

힘의 평형과 작용 반작용 관계의 공통점과 차이점을 이해해야 하는 점은 유사하나 물체가 가속될 때 힘과 가속도의 관계를 이해해야 하는 점은 다르다.

배경 지식

물체가 힘의 평형 상태에 있을 때 물체에 작용하는 알짜힘은 0이다.

01
▶24066-0021

그림은 물체 A, B가 각각 벽에 연결된 실과 A와 B에 연결된 실 p에 의해 당겨진 상태로 마찰이 없는 수평면 위에 정지해 있는 모습을 나타낸 것이다. 벽에 연결된 실이 A, B를 당기는 힘은 각각 F_A, F_B이다.

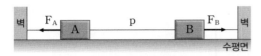

이에 대한 설명으로 옳은 것만을 〈보기〉에서 있는 대로 고른 것은? (단, 실의 질량은 무시한다.)

┌─ 보기 ─────────────────────────────┐
ㄱ. F_A와 p가 A를 당기는 힘은 작용 반작용 관계이다.
ㄴ. p가 A를 당기는 힘과 B가 p를 당기는 힘의 크기는 같다.
ㄷ. F_A와 F_B는 힘의 평형 관계이다.
└──────────────────────────────────┘

① ㄱ ② ㄴ ③ ㄷ ④ ㄱ, ㄴ ⑤ ㄴ, ㄷ

02
▶24066-0022

그림 (가)는 수평면에 고정된 용수철 P에 물체 A를 가만히 올려 놓았을 때 P가 원래 길이에서 압축되어 정지해 있는 모습을, (나)는 수평면과 천장에 각각 고정된 P와 용수철 Q에 A를 연결하였을 때 P는 원래 길이보다 압축되고, Q는 원래 길이보다 늘어난 채로 정지해 있는 모습을 나타낸 것이다.

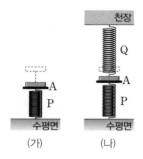

이에 대한 설명으로 옳은 것만을 〈보기〉에서 있는 대로 고른 것은? (단, (가), (나)에서 용수철은 연직선상에 놓여 있으며, 용수철의 질량은 무시한다.)

┌─ 보기 ─────────────────────────────┐
ㄱ. (가)에서 P가 A에 작용하는 힘의 크기는 A에 작용하는 중력의 크기와 같다.
ㄴ. (나)에서 P가 A에 작용하는 힘과 Q가 A에 작용하는 힘은 작용 반작용 관계이다.
ㄷ. P가 A에 작용하는 힘의 크기는 (가)에서와 (나)에서가 같다.
└──────────────────────────────────┘

① ㄱ ② ㄴ ③ ㄷ ④ ㄱ, ㄴ ⑤ ㄱ, ㄷ

03
▶24066-0023

표는 속력 4 m/s로 등속 직선 운동을 하던 질량이 2 kg인 물체가 위치 $x=0$을 지나는 순간부터 물체에 일정한 크기의 힘이 작용하여 x축상에서 운동할 때, 시간에 따른 x를 나타낸 것이다.

시간(s)	0	0.2	0.4	0.6	0.8	1.0	1.2	1.4	1.6
x(m)	0	0.7	1.2	1.5	1.6	1.5	1.2	0.7	0

이에 대한 설명으로 옳은 것만을 〈보기〉에서 있는 대로 고른 것은?

┌─ 보기 ─────────────────────────────┐
ㄱ. 물체가 운동하는 동안 물체에 작용하는 힘의 방향은 1번 바뀐다.
ㄴ. 0.4초일 때 물체의 속력은 0초부터 0.8초까지의 평균 속력과 같다.
ㄷ. 물체에 작용하는 힘의 크기는 10 N이다.
└──────────────────────────────────┘

① ㄱ ② ㄴ ③ ㄱ, ㄷ
④ ㄴ, ㄷ ⑤ ㄱ, ㄴ, ㄷ

04
▶24066-0024

그림 (가)는 일정한 속도로 달리던 버스가 갑자기 멈출 때 승객들이 앞으로 넘어지는 모습을, (나)는 로켓이 가스를 분출하며 날아가는 모습을, (다)는 사과나무에 사과가 매달려 정지해 있는 모습을 나타낸 것이다.

 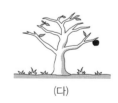

(가)　　　　　　(나)　　　　　　(다)

이에 대한 설명으로 옳은 것만을 〈보기〉에서 있는 대로 고른 것은?

┌─ 보기 ─────────────────────────────┐
ㄱ. (가)에서 승객들은 운동 상태를 유지하려는 성질이 있다.
ㄴ. (나)에서 가스가 로켓을 미는 힘과 로켓이 가스를 미는 힘은 작용 반작용 관계이다.
ㄷ. (다)에서 사과에 작용하는 알짜힘은 0이다.
└──────────────────────────────────┘

① ㄴ ② ㄷ ③ ㄱ, ㄴ
④ ㄱ, ㄷ ⑤ ㄱ, ㄴ, ㄷ

www.ebsi.co.kr

05
▶24066-0025

그림 (가)는 빗면에 놓인 물체 A에 빗면과 나란한 방향으로 크기가 F인 힘을 가하는 모습을, (나)는 (가)의 빗면에 물체 B를 가만히 놓았을 때 B가 빗면 아래 방향으로 운동하는 것을 나타낸 것이다. 그림 (다)는 A와 B의 속력을 시간에 따라 나타낸 것이다. A와 B의 질량은 같고, B의 가속도의 크기는 a이다.

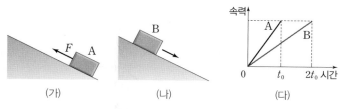

(가)   (나)   (다)

(가)에서 A에 가한 힘의 방향만을 반대로 변화시켰을 때, A의 가속도의 크기는? (단, 모든 마찰과 공기 저항은 무시한다.)

① $2a$ ② $\dfrac{5}{2}a$ ③ $3a$

④ $\dfrac{7}{2}a$ ⑤ $4a$

06
▶24066-0026

그림 (가)는 학생 A가 엘리베이터 바닥에 체중계를 놓고 그 위에 서 있는 모습을 나타낸 것이고, (나)는 연직 아래 방향으로 내려가는 엘리베이터 안에서 체중계의 측정값을 시간에 따라 나타낸 것이다. 정지해 있던 엘리베이터는 2초일 때 운동을 시작하여 22초일 때 정지한다.

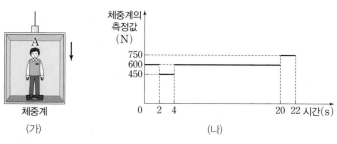

(가)   (나)

이에 대한 설명으로 옳은 것만을 〈보기〉에서 있는 대로 고른 것은? (단, 중력 가속도는 10 m/s^2이다.)

┌ 보기 ┐
ㄱ. 3초일 때 엘리베이터의 가속도의 크기는 2.5 m/s^2이다.
ㄴ. 엘리베이터가 움직인 거리는 90 m이다.
ㄷ. 21초일 때 엘리베이터의 가속도의 방향은 운동 방향과 같다.

① ㄱ   ② ㄷ   ③ ㄱ, ㄴ
④ ㄴ, ㄷ   ⑤ ㄱ, ㄴ, ㄷ

07
▶24066-0027

그림 (가), (나)와 같이 질량이 각각 m, $2m$, m인 물체 A, B, C를 실 p, q로 연결한 후 A에 수평 방향으로 힘 F를 작용할 때, (가)의 A, B, C는 등속도 운동을, (나)의 A, B, C는 크기가 a_1인 가속도로 등가속도 운동을 한다. q를 끊었을 때 (가)에서 A, B는 크기가 a_2인 가속도로 등가속도 운동을, (나)에서 A, B는 등속도 운동을 한다.

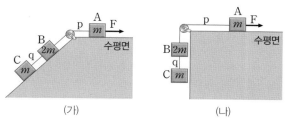

(가)   (나)

이에 대한 설명으로 옳은 것만을 〈보기〉에서 있는 대로 고른 것은? (단, 실의 질량, 모든 마찰과 공기 저항은 무시한다.)

┌ 보기 ┐
ㄱ. (나)에서 q가 끊어진 직후 A의 운동 방향은 q가 끊어지기 전과 같다.
ㄴ. $\dfrac{a_1}{a_2} = \dfrac{9}{8}$이다.
ㄷ. (가)에서 p가 A를 당기는 힘의 크기는 q를 끊은 후가 끊기 전보다 크다.

① ㄴ   ② ㄷ   ③ ㄱ, ㄴ   ④ ㄱ, ㄷ   ⑤ ㄴ, ㄷ

08
▶24066-0028

그림 (가)는 마찰이 없는 수평면 위에 실로 연결되어 놓여 있는 물체 P, Q에 각각 고정되어 있는 동일한 전동기가 수평 방향의 일정한 크기의 힘으로 질량이 각각 50 kg인 물체 A, B를 당기는 모습을 나타낸 것이다. P와 전동기, Q와 전동기의 질량의 합은 각각 20 kg, 30 kg이고, P, Q의 처음 속력은 0이다. 그림 (나)는 전동기가 A, B를 당기기 시작한 순간부터 A, B의 속력을 시간에 따라 나타낸 것이다.

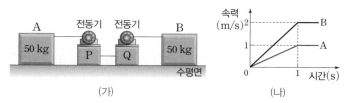

(가)   (나)

이에 대한 설명으로 옳은 것만을 〈보기〉에서 있는 대로 고른 것은? (단, 실의 질량, 전동기와 물체의 크기, 공기 저항은 무시한다.)

┌ 보기 ┐
ㄱ. 0.5초일 때 Q의 가속도의 크기는 1 m/s^2이다.
ㄴ. 0.5초일 때 P와 Q를 연결한 실이 P를 당기는 힘의 크기는 70 N이다.
ㄷ. 0.5초일 때 속도의 방향은 B와 Q가 같다.

① ㄴ   ② ㄷ   ③ ㄱ, ㄴ   ④ ㄱ, ㄷ   ⑤ ㄱ, ㄴ, ㄷ

09

▶24066-0029

다음은 뉴턴 운동 법칙에 대한 실험이다.

[실험 목적] ㉠ 이/가 일정할 때 ㉡ 에 따른 가속도를 측정한다. ㉠, ㉡은 질량과 힘의 크기를 순서 없이 나타낸 것이다.

[실험 과정]

(가) 그림과 같이 질량이 m으로 동일한 추 4개를 질량이 $2m$인 수레 위에 올려놓거나 실로 수레에 연결한 후, 수레를 가만히 놓고 수레의 가속도를 측정한다.

(나) 표와 같이 추의 수를 바꾸어 가면서 과정 (가)를 반복한다.

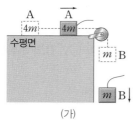

실험	실에 매달린 추의 수	수레 위의 추의 수
I	1	3
II	2	2
III	3	1
IV	4	0

[실험 결과]

실험	I	II	III	IV
가속도의 크기	a_0	a_{II}	a_{III}	$4a_0$

이에 대한 설명으로 옳은 것만을 〈보기〉에서 있는 대로 고른 것은? (단, 모든 마찰과 공기 저항은 무시한다.)

보기
ㄱ. '질량'은 ㉠으로 적절하다.
ㄴ. $a_{III} = \frac{3}{2}a_{II}$이다.
ㄷ. '㉠'이/가 일정할 때 가속도의 크기는 '㉡'에 비례한다.

① ㄱ ② ㄴ ③ ㄱ, ㄷ ④ ㄴ, ㄷ ⑤ ㄱ, ㄴ, ㄷ

10

▶24066-0030

그림 (가)는 실로 연결된 질량이 각각 $4m$, m인 물체 A, B가 함께 운동하던 도중 실이 끊어진 모습을, (나)는 (가)에서 A의 속력을 시간에 따라 나타낸 것이다. t_0일 때 실이 끊어졌다.

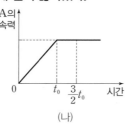

이에 대한 설명으로 옳은 것만을 〈보기〉에서 있는 대로 고른 것은? (단, 실의 질량, 물체의 크기, 모든 마찰과 공기 저항은 무시한다.)

보기
ㄱ. $\frac{1}{2}t_0$일 때 A와 B에 작용하는 알짜힘의 크기는 같다.
ㄴ. $\frac{1}{2}t_0$일 때 실이 A를 당기는 힘의 크기는 실이 B를 당기는 힘의 크기와 같다.
ㄷ. t_0부터 $\frac{3}{2}t_0$까지 B가 이동한 거리는 0부터 t_0까지 A가 이동한 거리의 $\frac{9}{4}$배이다.

① ㄱ ② ㄴ ③ ㄷ ④ ㄱ, ㄷ ⑤ ㄴ, ㄷ

11

▶24066-0031

그림 (가)는 연직 위 방향으로 운동하는 엘리베이터의 천장에 연결된 실 p에 질량이 m인 물체 A를 연결하고, 실 q로 질량이 $2m$인 물체 B를 연결한 모습을 나타낸 것이다. 그림 (나)는 엘리베이터의 속력을 시간에 따라 나타낸 것이다. q가 B를 당기는 힘의 크기는 t일 때가 $3t$일 때의 $\frac{4}{3}$배이다.

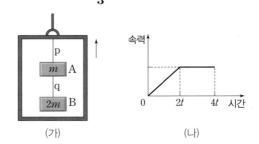

이에 대한 설명으로 옳은 것만을 〈보기〉에서 있는 대로 고른 것은? (단, 중력 가속도는 g이고, 실의 질량, 모든 마찰과 공기 저항은 무시한다.)

보기
ㄱ. t일 때 엘리베이터의 가속도의 크기는 $\frac{1}{3}g$이다.
ㄴ. q가 B를 당기는 힘과 B에 작용하는 중력은 작용 반작용 관계이다.
ㄷ. $3t$일 때 p가 A를 당기는 힘의 크기는 q가 B를 당기는 힘의 크기의 2배이다.

① ㄱ ② ㄴ ③ ㄱ, ㄷ
④ ㄴ, ㄷ ⑤ ㄱ, ㄴ, ㄷ

12

▶24066-0032

그림과 같이 질량이 m인 물체 A와 B를 실 p, q로 연결하고 A를 수평면 위에 가만히 놓았더니 A와 B가 등가속도 운동을 한다. 같은 시간 동안 A의 이동 거리는 B의 2배이고, A의 가속도의 크기는 a_A, q가 B를 당기는 힘의 크기는 T_B이다.

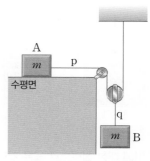

a_A와 T_B로 옳은 것은? (단, 중력 가속도는 g이고, 실과 도르래의 질량, 모든 마찰과 공기 저항은 무시한다.)

	a_A	T_B		a_A	T_B
①	$\frac{1}{5}g$	$\frac{2}{5}mg$	②	$\frac{1}{5}g$	$\frac{4}{5}mg$
③	$\frac{1}{3}g$	$\frac{2}{3}mg$	④	$\frac{2}{5}g$	$\frac{2}{5}mg$
⑤	$\frac{2}{5}g$	$\frac{4}{5}mg$			

01

▶24066-0033

그림은 절연된 천장과 수평면에 각각 연결된 절연된 실 p, q에 대전된 두 도체구 A, B가 연결되어 정지해 있는 모습을 나타낸 것이다. 질량은 A와 B가 같다.

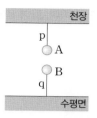

이에 대한 설명으로 옳은 것만을 〈보기〉에서 있는 대로 고른 것은? (단, 실의 질량은 무시한다.)

┌ 보기 ┌
ㄱ. A와 B 사이에는 서로 당기는 전기력이 작용한다.
ㄴ. p가 A를 당기는 힘의 크기는 q가 B를 당기는 힘의 크기보다 크다.
ㄷ. A가 B에 작용하는 전기력의 크기와 B가 A에 작용하는 전기력의 크기는 같다.

① ㄱ   ② ㄷ   ③ ㄱ, ㄴ   ④ ㄴ, ㄷ   ⑤ ㄱ, ㄴ, ㄷ

02

▶24066-0034

그림 (가)와 같이 질량이 각각 m, m, $2m$인 물체 A, B, C를 실로 연결하고 B를 수평면의 점 p에 가만히 놓았더니 A, B, C가 등가속도 운동을 하였다. 그림 (나)는 B가 수평면의 점 q를 속력 v_0으로 지나는 순간 B와 C를 연결한 실이 끊어진 모습을 나타낸 것이다.

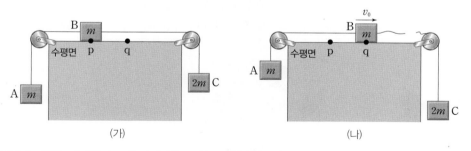

(가)   (나)

이에 대한 설명으로 옳은 것만을 〈보기〉에서 있는 대로 고른 것은? (단, 중력 가속도는 g이고, 실의 질량, 모든 마찰과 공기 저항은 무시한다.)

┌ 보기 ┌
ㄱ. 실이 A를 당기는 힘의 크기는 (가)에서가 (나)에서보다 작다.
ㄴ. (나)에서 실이 끊어진 순간부터 B의 속력이 0이 될 때까지 걸린 시간은 $\frac{2v_0}{g}$이다.
ㄷ. (나)에서 실이 끊어진 후 B가 p를 지나는 순간의 속력은 $\sqrt{3}v_0$이다.

① ㄴ   ② ㄷ   ③ ㄱ, ㄷ   ④ ㄴ, ㄷ   ⑤ ㄱ, ㄴ, ㄷ

03

▶24066-0035

그림 (가)와 같이 질량이 각각 M, m인 물체 A, B가 실 p, q로 수조 바닥에 연결되어 물에 잠겨 정지해 있다. 그림 (나)는 q가 끊어졌을 때 A의 일부가 물 위로 떠올라 A와 B가 정지해 있는 것을 나타낸 것이다. (가)와 (나)에서 물이 A에 연직 위 방향으로 작용하는 힘의 크기는 각각 F_1, F_2이고 F_2는 $\frac{2}{3}F_1$이며, 물이 B에 연직 위 방향으로 작용하는 힘의 크기는 (가)에서와 (나)에서가 같다.

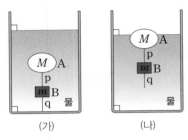

(가)   (나)

(가)에서 q가 B에 작용하는 힘의 크기를 T_1이라고 할 때, T_1은? (단, 실의 질량과 부피는 무시한다.)

① $\frac{1}{3}F_1$ ② $\frac{1}{2}F_1$ ③ $\frac{2}{3}F_1$ ④ $\frac{3}{4}F_1$ ⑤ $\frac{5}{6}F_1$

04

▶24066-0036

그림 (가)는 질량이 각각 $2m$, $3m$인 물체 A, B가 실 p로 연결되어 빗면에 정지해 있는 것을, (나)는 (가)에서 A와 B를 바꾸어 연결하여 가만히 놓았을 때 A, B가 등가속도 운동을 하는 모습을 나타낸 것이다. (가)에서 p가 A를 당기는 힘의 크기는 F_0이다.

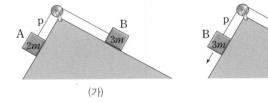

(가)   (나)

이에 대한 설명으로 옳은 것만을 〈보기〉에서 있는 대로 고른 것은? (단, 실의 질량, 모든 마찰과 공기 저항은 무시한다.)

┌─ 보기 ┐
ㄱ. (가)에서 A에 작용하는 알짜힘은 0이다.
ㄴ. (나)에서 A의 가속도의 크기는 $\frac{F_0}{6m}$이다.
ㄷ. (나)에서 p가 A를 당기는 힘의 크기는 F_0이다.

① ㄱ   ② ㄷ   ③ ㄱ, ㄴ   ④ ㄴ, ㄷ   ⑤ ㄱ, ㄴ, ㄷ

05

▶ 24066-0037

그림 (가)는 마찰이 없는 수평면에 정지해 있는 물체 B 위에 물체 A를 올려놓고, A를 실 p로 벽에 연결하고 B는 실 q로 물체 C와 연결한 모습을 나타낸 것이다. p는 A에 수평면과 나란한 방향으로 힘을 작용하며, A는 수평면에 대해 정지해 있고 B와 C는 크기가 $\frac{1}{6}g$인 가속도로 등가속도 운동을 한다. 그림 (나)는 수평면에 놓인 B가 A와 같은 가속도로 등가속도 운동을 하는 것을 나타낸 것이다. A, B, C의 질량은 각각 m, $2m$, m이다.

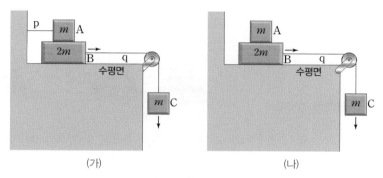

(가)   (나)

이에 대한 설명으로 옳은 것만을 〈보기〉에서 있는 대로 고른 것은? (단, 중력 가속도는 g이고, 실의 질량, 도르래의 마찰과 공기 저항은 무시한다.)

┌─ 보기 ┐
ㄱ. B가 A에 수평 방향으로 작용하는 힘의 방향은 (가)에서와 (나)에서가 같다.
ㄴ. B가 A에 수평 방향으로 작용하는 힘의 크기는 (나)에서가 (가)에서의 2배이다.
ㄷ. B에 작용하는 알짜힘의 크기는 (가)에서가 (나)에서의 $\frac{3}{2}$배이다

① ㄱ   ② ㄴ   ③ ㄱ, ㄷ   ④ ㄴ, ㄷ   ⑤ ㄱ, ㄴ, ㄷ

06

▶ 24066-0038

그림 (가)는 마찰이 없는 수평면에 정지해 있는 물체 C 위에 물체 A, B를 올려놓고 A, B에 크기가 각각 $3F$, F인 힘을 서로 반대 방향으로 수평면과 나란하게 작용하는 모습을, (나)는 (가)에서 B를 A 위에 올려놓고 C에 크기가 $2F$인 힘을 수평면과 나란한 방향으로 작용하는 모습을 나타낸 것이다. (가), (나)에서 A, B는 미끄러지지 않고 C와 함께 등가속도 운동을 하였고 A, B, C의 질량은 각각 m, m, $2m$이다.

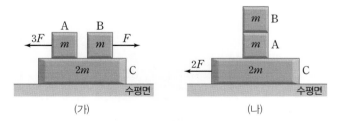

(가)   (나)

이에 대한 설명으로 옳은 것만을 〈보기〉에서 있는 대로 고른 것은?

┌─ 보기 ┐
ㄱ. C가 A에 수평 방향으로 작용하는 힘의 방향은 (가)에서와 (나)에서가 같다.
ㄴ. (가)에서 C가 물체에 수평 방향으로 작용하는 힘의 크기는 A가 B의 $\frac{5}{3}$배이다.
ㄷ. (나)에서 C가 A에 수평 방향으로 작용하는 힘의 크기는 $\frac{3}{2}F$이다.

① ㄱ   ② ㄴ   ③ ㄷ   ④ ㄴ, ㄷ   ⑤ ㄱ, ㄴ, ㄷ

1 운동량 보존 법칙

(1) **운동량**: 물체의 운동 정도를 나타내는 물리량으로, 질량과 속도를 곱한 값이다. 운동량의 단위로는 $kg \cdot m/s$를 사용한다.

① 질량이 m인 물체의 속도가 v이면 운동량 p는 다음과 같다.

$$p = mv$$

- 질량이 같으면 속도의 크기가 클수록 운동량의 크기가 크다.
- 속도의 크기가 같으면 질량이 클수록 운동량의 크기가 크다.
- 운동량의 방향은 속도의 방향과 같다.

② **운동량과 힘**: 시간에 따른 운동량의 변화율은 물체에 작용하는 알짜힘과 같다.

$$\frac{\Delta p}{\Delta t} = m\frac{\Delta v}{\Delta t} = ma = F$$

(2) **충돌과 운동량 보존**

① 두 물체 A, B가 충돌할 때, A가 B에 가한 힘을 F라고 하면 작용 반작용 법칙에 따라 B가 A에 가한 힘은 $-F$이다.

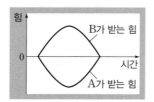

② A, B의 질량이 각각 m_A, m_B이고, 충돌 전 속도가 각각 v_A, v_B, 충돌 후 속도가 각각 v_A', v_B', A, B가 충돌한 시간을 Δt라고 하면 다음 관계가 성립한다.

$$F = m_B\frac{v_B' - v_B}{\Delta t} \cdots \text{㉠} \qquad -F = m_A\frac{v_A' - v_A}{\Delta t} \cdots \text{㉡}$$

③ 식 ㉠, ㉡을 더하여 정리하면 다음과 같다.

$$m_A v_A + m_B v_B = m_A v_A' + m_B v_B'$$

④ 충돌 전후 A, B 각각의 운동량은 변하지만, A, B의 운동량의 합은 변하지 않는다.

(3) **운동량 보존 법칙**: 외력이 작용하지 않으면 운동량의 총합이 일정하게 보존되는데, 이를 운동량 보존 법칙이라고 한다.

① 운동량이 각각 $p_1 = m_1 v_1$, $p_2 = m_2 v_2$인 두 물체 A, B가 충돌하여 한 덩어리가 되어 운동하면 충돌 후 속도 v는 다음과 같다.

$$m_1 v_1 + m_2 v_2 = (m_1 + m_2)v \implies v = \frac{m_1 v_1 + m_2 v_2}{m_1 + m_2}$$

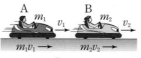
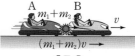

충돌 전 / 충돌 후

② 인라인스케이트를 신은 두 학생이 정지 상태에서 서로 밀어 분리되는 경우, 처음 운동량이 모두 0이므로 분리된 후 운동량의 합도 0이다. 따라서 두 학생은 서로 반대 방향으로 운동하며, 질량이 작은 학생의 속력이 더 크다.

$$0 = m_1(-v_1) + m_2 v_2$$
$$\implies m_1 v_1 = m_2 v_2$$

분리 전 / 분리 후

(4) **금속구 실험**

① 금속구 실험 장치의 왼쪽에 있는 금속구 하나를 들었다가 놓으면 반대쪽 끝에 있던 금속구 하나가 오른쪽으로 튕겨 나간다.

② 금속구 2개, 3개를 들었다가 놓으면 충돌 직후 반대쪽에 있던 금속구가 각각 2개, 3개 튕겨 나간다.

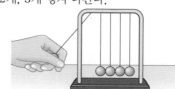

더 알기 충돌과 운동량 보존 실험

[실험 과정]

(1) 그림과 같이 역학 수레 A를 정지해 있던 역학 수레 B에 정면으로 충돌시키는 장면을 동영상으로 촬영한 후, A, B의 운동을 분석한다.

(2) A, B의 질량을 변화시켜 과정 (1)을 반복한다.

동영상 촬영

역학 수레 A   줄자   역학 수레 B

[실험 결과]

질량		충돌 전 A의 속도(v_A)	충돌 후 속도		충돌 전 운동량	충돌 후 운동량의 합
A(m_A)	B(m_B)		A(v_A')	B(v_B')	$m_A v_A$	$m_A v_A' + m_B v_B'$
1 kg	1 kg	6 m/s	0	6 m/s	6 kg·m/s	6 kg·m/s
1 kg	2 kg	6 m/s	−2 m/s	4 m/s	6 kg·m/s	6 kg·m/s
2 kg	1 kg	6 m/s	2 m/s	8 m/s	12 kg·m/s	12 kg·m/s

➡ $m_A v_A = m_A v_A' + m_B v_B'$이므로 충돌 전 운동량의 총합과 충돌 후 운동량의 총합이 같다.

(5) 여러 가지 충돌과 운동 에너지: 충돌할 때 운동량은 일정하게 보존되지만 운동 에너지는 감소할 수 있으며, 운동 에너지가 어떻게 변하는지에 따라 충돌을 분류한다.

① 탄성 충돌: 충돌 전후 운동 에너지가 변하지 않는 충돌이다. 특히 질량이 같은 두 물체가 정면으로 탄성 충돌을 하면 두 물체의 속도가 교환된다.

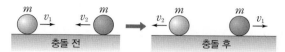
충돌 전 ➡ 충돌 후

② 비탄성 충돌: 충돌 과정에서 운동 에너지가 감소하는 충돌이다. 운동 에너지의 일부가 물체의 모양을 찌그러뜨리는 일이나 열 등으로 전환된다.

• 완전 비탄성 충돌: 충돌한 후 두 물체가 한 덩어리가 되는 충돌이다.

충돌 전 ➡ 충돌 후

② 충격량과 운동량

(1) **충격량**: 물체가 받은 충격의 정도를 나타내는 물리량으로, 물체에 작용한 힘과 힘이 작용한 시간을 곱한 값을 충격량이라고 한다. 충격량의 단위로는 N·s를 사용한다.

① 힘 F를 시간 Δt 동안 작용하면, 물체가 받은 충격량 I는 다음과 같다.

$$I = F\Delta t$$

② 힘-시간 그래프 아래의 면적은 충격량과 같다.

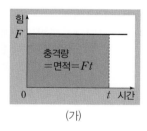
(가)

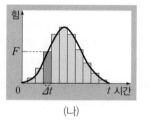
(나)

• 그림 (가)에서 그래프 아래의 면적은 Ft이므로 충격량과 같다.
• 그림 (나)에서 짙게 색칠한 직사각형의 면적은 매우 짧은 시간 Δt 동안 받은 충격량과 같다. 그런데 직사각형의 면적을 모두 더하면 그래프 아래의 면적과 같다. 따라서 그래프 아래의 면적은 충격량과 같다.

(2) 운동량과 충격량의 관계

① $\dfrac{\Delta p}{\Delta t} = F$에서 $F\Delta t = \Delta p$이다. 따라서 충격량은 운동량의 변화량과 같다. ➡ $I = F\Delta t = \Delta p = mv - mv_0$

② 운동량과 충격량의 단위: 힘의 단위는 질량의 단위와 가속도의 단위를 곱한 것과 같으므로 $N = kg \cdot m/s^2$이다. 따라서 $N \cdot s = kg \cdot m/s$이다. 즉, 운동량의 단위인 $kg \cdot m/s$와 충격량의 단위인 $N \cdot s$는 같은 단위이다.

(3) 실생활에서의 운동량과 충격량: $\Delta p = F\Delta t$이므로 힘을 더 크게 하거나 힘을 작용하는 시간을 길게 하면 물체의 운동량 변화량이 크므로, 물체를 더 빠른 속력으로 출발시킬 수 있다.

① 팔로스루(Follow Through): 스포츠 경기에서 공을 치거나 던진 이후, 스윙을 끝까지 연결하는 자세를 팔로스루라고 한다. 팔로스루는 공에 힘을 작용하는 시간을 증가시켜 공을 더 빠른 속력으로 보낼 수 있다.

② 포신의 길이가 길수록 포탄이 힘을 받는 시간이 증가한다. 따라서 포탄이 더 멀리까지 날아갈 수 있다.

③ 충격력을 감소시키는 방법

(1) **충격력**: 충격량이 가해질 때 받는 힘을 충격력이라고 한다.

① 물체가 충돌 과정에서 받은 충격량의 크기가 I이고, 힘을 받은 시간이 Δt이면 충격력의 크기 F는 다음과 같다.

$$I = F\Delta t \; \Rightarrow \; F = \dfrac{I}{\Delta t}$$

② 충돌과 충격량: 물체가 받은 충격량은 운동량의 변화량과 같으므로, 크기가 p인 운동량으로 운동하던 물체가 충돌한 후 정지하면 물체가 받은 충격량의 크기는 p로 정해진다. 따라서 에어백과 같이 충격을 감소시키는 장치를 사용하더라도 사람이 받는 충격량의 크기를 줄이지 못한다.

③ 충돌이 일어날 때 힘을 받는 시간을 증가시키면 충격량은 변화시킬 수 없지만 충격력을 감소시킬 수 있다.

(2) **충격력을 감소시키는 방법**: 충돌 사고에서 사람이 부상을 당하는 정도는 충격력과 밀접한 관계가 있다. 따라서 힘을 받는 시간을 증가시켜 충격력을 줄이면 충격에 의한 피해를 감소시킬 수 있다.

더 알기 충격력을 감소시키는 원리

• 달걀을 단단한 바닥에 떨어뜨리면 힘을 받는 시간이 짧으므로 큰 충격력을 받아 달걀이 깨지지만, 달걀을 푹신한 방석에 떨어뜨리면 힘을 받는 시간이 길어서 충격력이 작으므로 달걀이 깨지지 않는다.
• 이 관계를 힘과 시간의 그래프로 나타내면 그림과 같다.

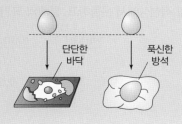

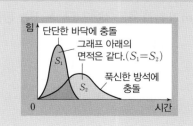

테마 대표 문제

| 2024학년도 대수능 |

그림 (가)와 같이 마찰이 없는 수평면에서 등속도 운동을 하던 수레가 벽과 충돌한 후, 충돌 전과 반대 방향으로 등속도 운동을 한다. 그림 (나)는 수레의 속도와 수레가 벽으로부터 받은 힘의 크기를 시간 t에 따라 나타낸 것이다. 수레와 벽이 충돌하는 0.4초 동안 힘의 크기를 나타낸 곡선과 시간 축이 만드는 면적은 10 N·s이다.

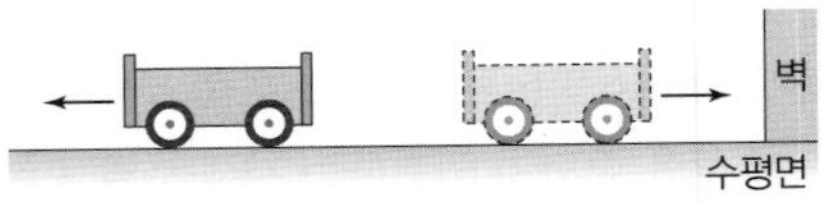

(가)

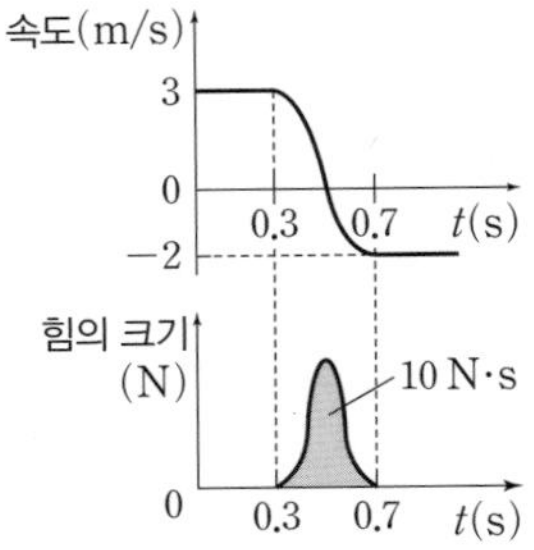

(나)

이에 대한 설명으로 옳은 것만을 <보기>에서 있는 대로 고른 것은?

보기

ㄱ. 충돌 전후 수레의 운동량 변화량의 크기는 10 kg·m/s이다.
ㄴ. 수레의 질량은 2 kg이다.
ㄷ. 충돌하는 동안 벽이 수레에 작용한 평균 힘의 크기는 40 N이다.

① ㄱ ② ㄷ ③ ㄱ, ㄴ ④ ㄴ, ㄷ ⑤ ㄱ, ㄴ, ㄷ

접근 전략

힘의 크기를 시간에 따라 나타낸 그래프에서 곡선과 시간 축이 만드는 면적은 물체에 작용하는 충격량의 크기와 같다.

간략 풀이

ㄱ. 벽과 충돌 전후 운동량 변화량의 크기는 충돌하는 동안 수레가 벽으로부터 받은 충격량의 크기와 같다. (나)에서 수레가 벽으로부터 받은 충격량의 크기는 10 N·s이므로 운동량 변화량의 크기는 10 kg·m/s이다.

ㄴ. 충돌 전과 충돌 후 수레의 속도는 각각 3 m/s, −2 m/s이다. 수레의 질량을 m이라고 하면 $5m=10$ kg·m/s에서 $m=2$ kg이다.

ㄷ. 충격량의 크기는 물체에 작용하는 평균 힘의 크기와 힘이 작용한 시간의 곱과 같다. 따라서 충돌하는 동안 벽이 수레에 작용한 평균 힘의 크기는 $\frac{10\ \text{N·s}}{0.4\ \text{s}}=25$ N이다.

정답 | ③

닮은 꼴 문제로 유형 익히기

정답과 해설 10쪽

▸ 24066-0039

그림 (가)는 마찰이 없는 수평면에서 벽을 향해 등속도 운동을 하던 물체 A가 벽과 충돌한 후, 속력 2 m/s로 벽을 향해 등속도 운동을 하는 물체 B를 향해 운동하는 모습을 나타낸 것이다. 충돌 후 A와 B는 함께 일정한 속력 v_1로 운동한다. A와 B의 질량은 m으로 같다. 그림 (나)는 B와 충돌하기 전까지 A의 속도와 벽과 충돌하는 동안 A가 벽으로부터 받은 힘의 크기를 시간 t에 따라 나타낸 것이다. A와 벽이 충돌하는 동안 힘의 크기를 나타낸 곡선과 시간 축이 만드는 면적은 7 N·s이다.

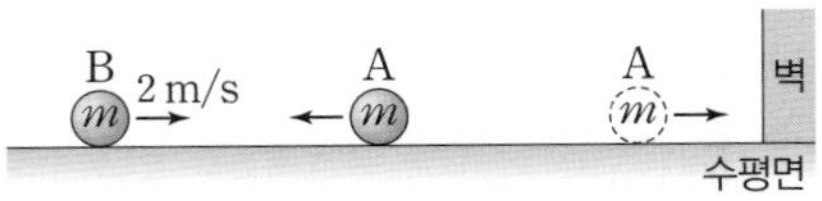

(가)

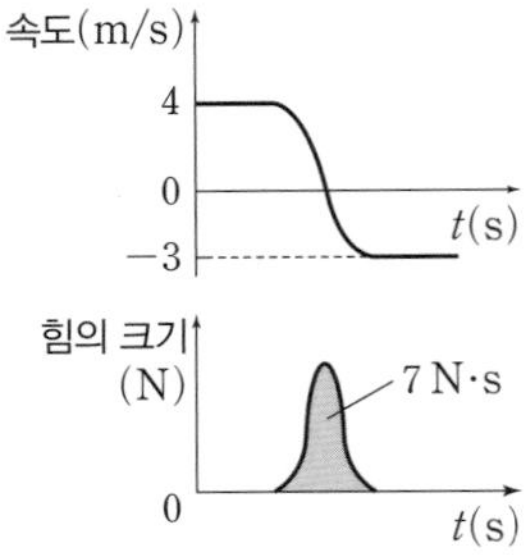

(나)

m과 v_1로 옳은 것은? (단, A, B는 동일 직선상에서 운동하고, 물체의 크기는 무시한다.)

	m(kg)	v_1(m/s)
①	0.5	0.5
②	1	0.5
③	1	2.5
④	2	0.5
⑤	2	2.5

유사점과 차이점

충격량과 운동량 변화량의 관계를 이해해야 하는 점은 유사하나 운동량 보존 법칙을 적용해야 하는 점은 다르다.

배경 지식

A와 B가 충돌하는 동안 A의 운동량 변화량의 크기는 B로부터 받은 충격량의 크기와 같다.

01
▶24066-0040

그림 (가)는 경사각이 각각 θ_1, θ_2인 두 빗면에서 질량이 각각 m, $2m$인 물체 A, B가 속력 v_0으로 출발하여 빗면을 따라 등가속도 직선 운동을 하여 같은 높이에서 속력이 0이 된 모습을 나타낸 것이다. $\theta_1 > \theta_2$이다. 그림 (나)는 A, B의 속력의 제곱을 이동 거리에 따라 실선과 점선으로 순서 없이 나타낸 것이다. A가 빗면을 올라가 속력이 0이 될 때까지 받은 충격량의 크기는 I_0이다.

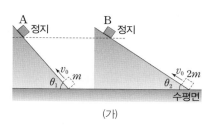 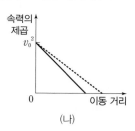

(가)   (나)

이에 대한 설명으로 옳은 것만을 〈보기〉에서 있는 대로 고른 것은? (단, 물체의 크기, 모든 마찰과 공기 저항은 무시한다.)

┌─ 보기 ┐
ㄱ. 물체가 출발할 때 운동량의 크기는 A와 B가 같다.
ㄴ. (나)에서 실선 그래프가 A의 속력의 제곱을 이동 거리에 따라 나타낸 것이다.
ㄷ. B가 출발할 때부터 빗면을 올라가 속력이 0이 될 때까지 받은 충격량의 크기는 $2I_0$이다.
└──────┘

① ㄱ   ② ㄷ   ③ ㄱ, ㄴ   ④ ㄴ, ㄷ   ⑤ ㄱ, ㄴ, ㄷ

02
▶24066-0041

다음은 충격량과 관련된 예를 나타낸 것이다.

A. 글러브를 뒤로 빼면서 공을 받는다.
B. 사람을 안전하게 구조하기 위해 낙하 지점에 에어 매트를 설치한다.
C. 테니스 선수가 공을 치면서 팔을 끝까지 휘두른다.

이에 대한 설명으로 옳은 것만을 〈보기〉에서 있는 대로 고른 것은?

┌─ 보기 ┐
ㄱ. A에서 공의 운동량의 변화량의 크기와 공이 받는 충격량의 크기는 같다.
ㄴ. B에서 에어 매트는 충돌 시간을 늘어나게 하여 사람이 받는 평균 힘의 크기를 감소시킨다.
ㄷ. C에서 테니스 선수가 팔을 끝까지 휘두르면 힘이 작용하는 시간이 길어져서 공의 속력이 증가한다.
└──────┘

① ㄴ   ② ㄷ   ③ ㄱ, ㄴ   ④ ㄱ, ㄷ   ⑤ ㄱ, ㄴ, ㄷ

03
▶24066-0042

그림은 시간 $t=0$일 때 마찰이 없는 수평면에서 일정한 속력으로 운동하던 물체 A가 $t=t_0$일 때 수평면의 점 O에 정지해 있는 물체 B와 충돌하여 $t=t_1$일 때 A, B가 각각 일정한 속력으로 운동하는 것을 나타낸 것이다. $t=0$일 때 O와 A 사이의 거리는 $2s$이고 $t=t_1$일 때 O와 A 사이의 거리, A와 B 사이의 거리는 각각 $2s$, s이다. A, B의 질량은 각각 $3m$, m이다.

이에 대한 설명으로 옳은 것만을 〈보기〉에서 있는 대로 고른 것은? (단, A, B는 동일 직선상에서 운동하고, 충돌 시간, A, B의 크기는 무시한다.)

┌─ 보기 ┐
ㄱ. A의 속력은 충돌 전이 충돌 후의 $\frac{3}{2}$배이다.
ㄴ. $t_0 = \frac{4}{5}t_1$이다.
ㄷ. 물체가 충돌하는 동안 A가 B로부터 받은 충격량의 크기는 B가 A로부터 받은 충격량의 크기와 같다.
└──────┘

① ㄱ   ② ㄴ   ③ ㄱ, ㄷ
④ ㄴ, ㄷ   ⑤ ㄱ, ㄴ, ㄷ

04
▶24066-0043

그림 (가)는 마찰이 없는 수평면에 가만히 놓인 물체에 수평 방향으로 힘 F를 작용하는 것을 나타낸 것이고, (나)는 F를 시간에 따라 나타낸 것이다. t, $2t$일 때 물체의 속력은 각각 v_1, v_2이다.

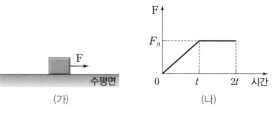

(가)   (나)

$v_1 : v_2$는? (단, 공기 저항은 무시한다.)

① 1 : 2   ② 1 : 3   ③ 1 : 9
④ 2 : 3   ⑤ 4 : 9

05

▶24066-0044

그림 (가)는 마찰이 없는 수평면에서 물체 A, B, C가 일직선상에서 등속도 운동을 하는 것을 나타낸 것이고, (나)는 A로부터 B, C 까지의 거리를 시간에 따라 나타낸 것이다. A, B, C는 모두 같은 방향으로 운동하며 0부터 t_0까지 A는 $2L$만큼 이동하고, B의 질량은 m이며, 충돌 전 B의 속력은 v이다.

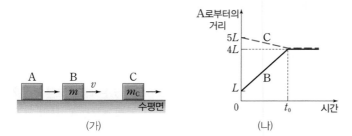

(가)   (나)

C의 질량 m_C와 B가 C로부터 받은 충격량의 크기 I_{BC}로 옳은 것은? (단, 물체의 크기는 무시한다.)

	m_C	I_{BC}		m_C	I_{BC}
①	$2m$	$\frac{2}{5}mv$	②	$2m$	$\frac{3}{5}mv$
③	$3m$	$\frac{2}{5}mv$	④	$3m$	$\frac{3}{5}mv$
⑤	$5m$	$\frac{2}{5}mv$			

06

▶24066-0045

그림은 마찰이 없는 수평면에서 물체 A, B가 서로를 향해 각각 속력 v_A, v_B로 등속도 운동을 하는 것을 나타낸 것이고, 표는 충돌 전후 A, B의 운동량을 나타낸 것이다. 충돌 전과 충돌 후 A와 B의 운동 에너지의 합은 같다.

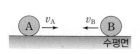

물체	운동량	
	충돌 전	충돌 후
A	p_0	$-3p_0$
B	$-4p_0$	㉠

이에 대한 설명으로 옳은 것만을 〈보기〉에서 있는 대로 고른 것은? (단, A, B는 동일 직선상에서 운동한다.)

┌ 보기 ┐
ㄱ. ㉠은 0이다.
ㄴ. 충돌하는 동안 A가 B로부터 받은 충격량의 크기는 $4p_0$이다.
ㄷ. $v_A : v_B = 1 : 4$이다.

① ㄴ   ② ㄷ   ③ ㄱ, ㄴ
④ ㄱ, ㄷ   ⑤ ㄱ, ㄴ, ㄷ

07

▶24066-0046

그림은 질량이 2 kg인 물체에 수평 방향으로 알짜힘 F가 작용하여 직선 운동을 할 때, 시간에 따른 운동량을 나타낸 것이다.

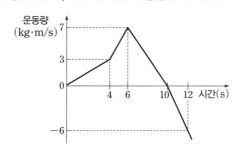

이에 대한 설명으로 옳은 것만을 〈보기〉에서 있는 대로 고른 것은?

┌ 보기 ┐
ㄱ. 5초일 때 F의 크기는 4 N이다.
ㄴ. 7초일 때 F의 방향은 운동 방향과 반대이다.
ㄷ. 6초부터 12초까지 물체가 받은 충격량의 크기는 1 N·s이다.

① ㄱ   ② ㄴ   ③ ㄷ
④ ㄱ, ㄴ   ⑤ ㄴ, ㄷ

08

▶24066-0047

그림 (가)는 질량이 같은 물체 A, B를 수평면으로부터 높이 h인 곳에서 서로 다른 재질의 수평면을 향해 동시에 가만히 놓은 모습을 나타낸 것이다. 그림 (나)는 A와 B가 수평면에 충돌하는 순간부터 정지할 때까지 A, B의 속력을 시간에 따라 나타낸 것이다.

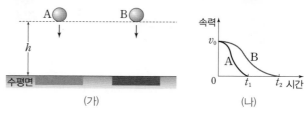

(가)   (나)

이에 대한 설명으로 옳은 것만을 〈보기〉에서 있는 대로 고른 것은? (단, 중력 가속도는 g이고, 물체의 크기, 공기 저항은 무시한다.)

┌ 보기 ┐
ㄱ. $v_0 = \sqrt{2gh}$이다.
ㄴ. 충돌하는 동안 물체가 받은 충격량의 크기는 B가 A보다 크다.
ㄷ. 충돌하는 동안 수평면으로부터 받은 평균 힘의 크기는 B가 A보다 크다.

① ㄱ   ② ㄴ   ③ ㄱ, ㄷ
④ ㄴ, ㄷ   ⑤ ㄱ, ㄴ, ㄷ

09

▶24066-0048

그림과 같이 기준선 P, Q에 각각 정지해 있던 물체 A, B에 수평 방향으로 힘을 작용하였더니 A, B가 각각 등가속도 직선 운동을 하여 기준선 R를 지난다. 물체의 질량은 A가 B의 2배이고, 물체에 수평 방향으로 작용하는 힘의 크기는 B에서가 A에서의 2배이다. Q와 R 사이의 거리는 P와 Q 사이의 거리의 2배이고, A가 P에서 Q까지 운동하는 동안 받은 충격량의 크기는 I_1, B가 Q에서 R까지 운동하는 동안 받은 충격량의 크기는 I_2이다.

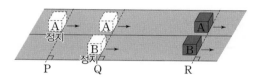

이에 대한 설명으로 옳은 것만을 〈보기〉에서 있는 대로 고른 것은? (단, 물체의 크기, 모든 마찰과 공기 저항은 무시한다.)

┌ 보기 ┐
ㄱ. A의 운동량의 크기는 R에서가 Q에서의 2배이다.
ㄴ. $I_1 : I_2 = 1 : \sqrt{2}$이다.
ㄷ. A가 P에서 R까지 운동하는 데 걸린 시간은 B가 Q에서 R까지 운동하는 데 걸린 시간의 $\frac{\sqrt{3}}{2}$배이다.

① ㄴ ② ㄷ ③ ㄱ, ㄴ
④ ㄴ, ㄷ ⑤ ㄱ, ㄷ

10

▶24066-0049

그림과 같이 마찰이 없는 수평면에서 질량이 각각 m, $2m$인 물체 A, B 사이에 용수철을 넣고 양쪽에서 밀어 용수철을 압축시킨 후 동시에 가만히 놓았더니 A, B가 용수철에서 분리되어 마찰이 없는 경사면을 따라 운동하여 각각 최고점에 도달하여 속력이 0이 된다.

A의 물리량이 B의 물리량보다 큰 것만을 〈보기〉에서 있는 대로 고른 것은? (단, 수평면에서 물체는 동일 직선상에서 운동하고, 용수철의 질량, 물체의 크기, 공기 저항은 무시한다.)

┌ 보기 ┐
ㄱ. 분리 직후 물체의 운동량의 크기
ㄴ. 용수철에서 분리될 때까지 물체가 받은 충격량의 크기
ㄷ. 경사면에서 물체가 도달한 최고점의 높이

① ㄱ ② ㄴ ③ ㄷ
④ ㄱ, ㄴ ⑤ ㄴ, ㄷ

11

▶24066-0050

그림 (가)는 마찰이 없는 수평면 위에 정지해 있는 물체 B를 향해 가는 막대로 물체 A를 미는 모습을 나타낸 것이다. B는 A와 충돌한 후 정지해 있던 C와 충돌한다. 그림 (나)는 A, B, C의 운동량을 시간에 따라 나타낸 것이다. A와 B가 충돌할 때 충돌 전과 충돌 후 A와 B의 운동 에너지의 합은 같고, 질량은 B가 C의 3배이다.

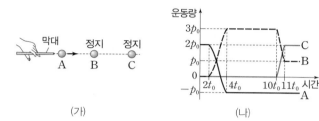

이에 대한 설명으로 옳은 것만을 〈보기〉에서 있는 대로 고른 것은? (단, 물체는 동일 직선상에서 운동하고, 물체의 크기, 모든 마찰과 공기 저항은 무시한다.)

┌ 보기 ┐
ㄱ. 질량은 A와 C가 같다.
ㄴ. B와 C가 충돌한 후 물체의 속력은 C가 B의 3배이다.
ㄷ. 충돌하는 동안 B에 작용하는 평균 힘의 크기는 A와 B가 충돌하는 동안이 B와 C가 충돌하는 동안의 $\frac{3}{4}$배이다.

① ㄱ ② ㄴ ③ ㄷ ④ ㄱ, ㄴ ⑤ ㄱ, ㄷ

12

▶24066-0051

그림 (가)는 마찰이 없는 수평면의 동일 직선상에서 움직이는 물체 A, B의 위치를 시간에 따라 나타낸 것이고, (나)는 A와 B가 충돌하는 동안 B가 A로부터 받은 힘의 크기를 시간에 따라 나타낸 것이다. A의 질량은 m이고 B가 받은 힘이 시간 축과 이루는 면적은 mv이다.

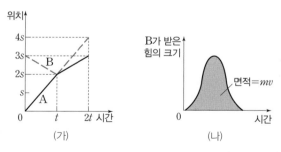

B의 질량과 충돌 후 A의 속력으로 옳은 것은? (단, 물체의 크기는 무시한다.)

	B의 질량	A의 속력		B의 질량	A의 속력
①	$\frac{1}{3}m$	$\frac{1}{2}v$	②	$\frac{1}{3}m$	v
③	m	$\frac{1}{2}v$	④	m	v
⑤	$\frac{3}{2}m$	v			

01

▶24066-0052

그림 (가)는 마찰이 없는 수평면에서 운동하던 질량이 2 kg인 물체 A가 시간 $t=3$초일 때 속력 2 m/s로 A를 향해 운동하는 질량이 2 kg인 물체 B와 충돌하는 모습을 나타낸 것이다. A는 $t=0$부터 $t=2$초까지 등가속도 운동을 하고, $t=2$초부터 $t=3$초까지 등속도 운동을 한다. 그림 (나)는 A의 가속도를 t에 따라 나타낸 것이다. $t=0$일 때 A의 속력은 0이고, $t=0$부터 $t=2$초까지 A가 받은 충격량의 크기는 A와 B가 충돌하는 동안 A가 B로부터 받은 충격량의 크기와 같다.

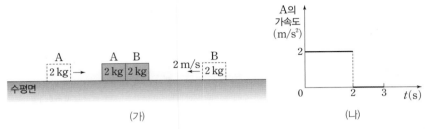

(가)

(나)

이에 대한 설명으로 옳은 것만을 〈보기〉에서 있는 대로 고른 것은? (단, A, B는 동일 직선상에서 운동하고, A, B의 크기, 공기 저항은 무시한다.)

┌ 보기 ┐
ㄱ. $t=2$초일 때 A의 속력은 4 m/s이다.
ㄴ. 충돌한 후 A는 정지한다.
ㄷ. 충돌 전후 B의 속력은 같다.

① ㄱ   ② ㄴ   ③ ㄱ, ㄴ   ④ ㄴ, ㄷ   ⑤ ㄱ, ㄴ, ㄷ

02

▶24066-0053

다음은 운동량과 충격량의 관계에 대한 실험이다.

[실험 과정]
(가) 그림과 같이 질량이 m인 수레에 용수철 상수가 k인 용수철 A를 연결하고, 노트북과 연결된 힘 센서와 속도 측정 장치를 준비한다.
(나) 마찰이 없는 수평면에서 수레를 일정한 속도로 운동시켜, 고정된 힘 센서에 충돌하는 순간부터 용수철이 최대로 압축된 후 수레가 반대 방향으로 되돌아나와 용수철이 원래 길이로 되돌아올 때까지 수레에 작용하는 힘의 크기를 측정한다.
(다) (나)에서 충돌 전후 수레의 속도를 속도 측정 장치로 측정한다.
(라) (가)에서 A만을 용수철 상수가 $4k$인 용수철 B로 바꾸어 (나), (다)를 반복한다.

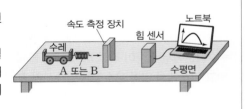

[실험 결과]

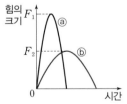

용수철	속도	
	충돌 전	충돌 후
A	v_0	$-v_0$
B	v_0	$-v_0$

이에 대한 설명으로 옳은 것만을 〈보기〉에서 있는 대로 고른 것은? (단, 충돌 전후 수레는 일직선상에서 운동하고, 용수철의 질량과 공기 저항은 무시한다.)

┌ 보기 ┐
ㄱ. ⓐ는 A의 실험 결과이다.
ㄴ. $F_1=2F_2$이다.
ㄷ. ⓐ, ⓑ 그래프와 시간 축이 이루는 면적은 $2mv_0$으로 같다.

① ㄱ   ② ㄴ   ③ ㄱ, ㄷ   ④ ㄴ, ㄷ   ⑤ ㄱ, ㄴ, ㄷ

03

▶24066-0054

그림 (가), (나)는 수평면에서 각각 속력 v_A, v_B로 운동하던 질량이 m인 물체 A, B가 벽에 정면으로 충돌한 후 각각 속력 v로 튀어나오는 것을 나타낸 것으로, 벽과 충돌 전후 운동 에너지의 변화량의 크기는 A가 B보다 크다. 그림 (다)는 A, B가 각각 벽으로부터 받은 힘의 크기를 시간에 따라 나타낸 것으로, 실선과 점선은 A, B가 받은 힘의 크기를 순서 없이 나타낸 것이다. 실선과 점선이 시간 축과 이루는 면적은 각각 $4mv$, $3mv$이다.

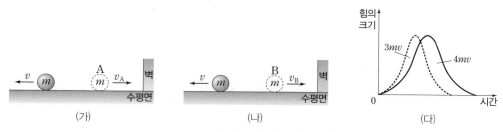

(가)   (나)   (다)

이에 대한 설명으로 옳은 것만을 〈보기〉에서 있는 대로 고른 것은? (단, 물체의 크기, 모든 마찰과 공기 저항은 무시한다.)

┌ 보기 ┐
ㄱ. (다)에서 실선은 B가 벽으로부터 받은 힘을 나타낸 것이다.
ㄴ. $v_A : v_B = 3 : 2$이다.
ㄷ. 벽과의 충돌 전후 운동량의 변화량의 크기는 A가 B의 $\frac{4}{3}$배이다.

① ㄱ   ② ㄴ   ③ ㄷ   ④ ㄱ, ㄷ   ⑤ ㄴ, ㄷ

04

▶24066-0055

그림은 지면으로부터 높이 $2h$인 빗면 위의 점 p에 질량이 $3m$인 물체 A를 가만히 놓았을 때 A가 빗면을 따라 내려와 지면으로부터 높이 h인 수평면에 놓인 질량이 $5m$인 물체 B와 충돌한 후 A, B가 반대 방향으로 운동하는 것을 나타낸 것이다. A는 충돌 후 빗면을 따라 수평면으로부터 높이 $\frac{1}{16}h$인 곳까지 올라가고, B는 충돌 후 빗면을 따라 내려와 지면 위의 점 q에 도달한다. 수평면에서 B와 충돌 전 A의 속력은 v이다.

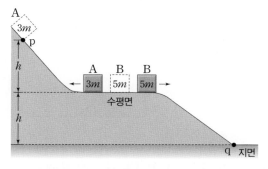

이에 대한 설명으로 옳은 것만을 〈보기〉에서 있는 대로 고른 것은? (단, A, B는 동일 연직면상에서 운동하고, 물체의 크기, 모든 마찰과 공기 저항은 무시한다.)

┌ 보기 ┐
ㄱ. 충돌 직후 수평면에서 운동하는 물체의 속력은 B가 A의 3배이다.
ㄴ. q에서 B의 속력은 $\frac{5}{4}v$이다.
ㄷ. 충돌하는 동안 A가 B로부터 받은 충격량의 크기는 $\frac{9}{4}mv$이다.

① ㄱ   ② ㄴ   ③ ㄱ, ㄴ   ④ ㄴ, ㄷ   ⑤ ㄱ, ㄴ, ㄷ

05

▶24066-0056

그림 (가)와 같이 점 o, s에 정지해 있던 물체 A, B에 수평 방향으로 크기가 각각 F, $2F$인 힘을 동시에 작용하여 A, B가 각각 점 p, r에 동시에 도달할 때까지 힘을 작용했을 때 A, B는 p, r로부터 같은 거리만큼 떨어진 점 q에서 충돌한다. 그림 (나)는 (가)에서 A, B를 각각 물체 C, D로 바꾸었을 때 C와 D가 q에서 충돌하는 모습을 나타낸 것이다. C와 D는 충돌 후 한 덩어리가 되어 함께 운동하고 충돌 후 B와 D의 속도의 크기는 같고 방향은 반대이다. o~s는 수평면의 점이고 o와 p, r와 s 사이의 거리는 같다. A와 C, B와 D의 질량은 각각 같다.

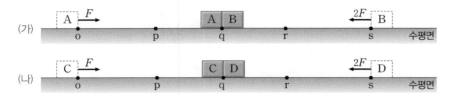

이에 대한 설명으로 옳은 것만을 〈보기〉에서 있는 대로 고른 것은? (단, A와 B, C와 D는 동일 직선상에서 운동하고, 물체의 크기, 모든 마찰과 공기 저항은 무시한다.)

보기
ㄱ. 충돌 전과 충돌 후 A와 B의 운동 에너지의 합은 같다.
ㄴ. 충돌 후 물체의 속력은 A가 B의 2배이다.
ㄷ. 충돌하는 동안 A가 B로부터 받은 충격량의 크기는 C가 D로부터 받은 충격량의 크기의 2배이다.

① ㄱ   ② ㄷ   ③ ㄱ, ㄴ   ④ ㄱ, ㄷ   ⑤ ㄴ, ㄷ

06

▶24066-0057

그림 (가)는 마찰이 없는 수평면에서 질량이 $2m$인 물체 A를 용수철 p의 한쪽 끝에 접촉시켜 x만큼 p를 압축시켰다 놓았더니 A가 수평면에 정지해 있던 질량이 m인 물체 B를 향해 속력 v로 운동하는 모습을, (나)는 A와 충돌한 B가 질량이 $2m$인 C와 충돌하여 속력 $\frac{1}{3}v$로 A를 향해 운동하는 모습을 나타낸 것이다. B와 충돌한 후 A는 속력 v_1로 운동하고, C는 p와 동일한 용수철 q를 향해 운동하여 q를 최대로 x_1만큼 압축시킨다. 그림 (다)는 (가), (나)에서 B가 각각 A, C로부터 받은 힘의 크기를 시간에 따라 나타낸 것으로, B가 A, C와 충돌할 때 B가 받은 힘과 시간 축이 이루는 면적은 각각 S, $\frac{5}{4}S$이다.

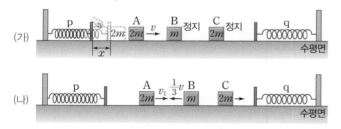

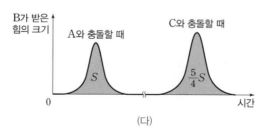

(다)

이에 대한 설명으로 옳은 것만을 〈보기〉에서 있는 대로 고른 것은? (단, A, B, C는 동일 직선상에서 운동하고, 물체의 크기, 용수철의 질량, 공기 저항은 무시한다.)

보기
ㄱ. $S = \frac{2}{3}mv$이다.
ㄴ. $v_1 = \frac{1}{3}v$이다.
ㄷ. $x_1 = \frac{5}{6}x$이다.

① ㄱ   ② ㄴ   ③ ㄱ, ㄷ   ④ ㄴ, ㄷ   ⑤ ㄱ, ㄴ, ㄷ

1 일

(1) **일(W):** 물체가 이동한 거리(s)와 이동 방향으로 물체에 작용한 힘의 크기($F\cos\theta$)를 곱한 값을 힘이 물체에 한 일이라고 한다.

➡ $W=Fs\cos\theta$ (θ: F와 s가 이루는 각) (단위: J)

① 일의 부호

구분	$W>0$	$W=0$	$W<0$
θ의 범위	$0\le\theta<90°$	$\theta=90°$	$90°<\theta\le180°$

② $W=0$인 경우

$F=0$	물체에 힘이 작용하지 않는 경우
$s=0$	물체에 힘이 작용해도 물체가 움직이지 않는 경우
$\theta=90°$	힘의 방향과 물체의 이동 방향이 수직인 경우

(2) **힘 – 거리 그래프**

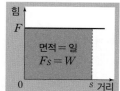

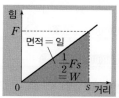

▲ 힘의 크기가 일정할 때   ▲ 힘의 크기가 일정하게 증가할 때

2 역학적 에너지: 운동 에너지와 퍼텐셜 에너지의 합이다.

(1) **운동 에너지(E_k):** 운동하는 물체가 가진 에너지로, 속력의 제곱과 질량에 각각 비례한다.

$$E_k=\frac{1}{2}mv^2=\frac{p^2}{2m}\ (\text{단위: J})$$

(2) **일·운동 에너지 정리:** 물체에 작용하는 알짜힘이 한 일은 물체의 운동 에너지 변화량과 같다.

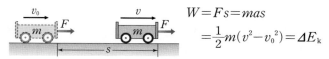

$W=Fs=mas$
$=\frac{1}{2}m(v^2-v_0^2)=\Delta E_k$

• 알짜힘이 한 일이 (＋)인 경우($W>0$): 운동 에너지 증가

• 알짜힘이 한 일이 (－)인 경우($W<0$): 운동 에너지 감소

• 알짜힘이 한 일이 0인 경우($W=0$): 운동 에너지 일정

(3) **중력 퍼텐셜 에너지(E_p):** 기준면과 다른 높이에 있는 물체가 가지는 에너지로, 물체를 기준면에서 지정된 높이까지 일정한 속력으로 들어 올리는 동안 물체를 들어 올리는 힘이 물체에 한 일과 같다.

① 질량이 m인 물체가 기준면으로부터 높이가 h인 곳에 있을 때 물체가 갖는 중력 퍼텐셜 에너지는 $E_p=mgh$ (단위: J)이다.

② 기준면보다 낮은 위치에 있는 물체의 중력 퍼텐셜 에너지는 (－) 값을 갖는다.

③ 기준면이 달라지면 물체의 중력 퍼텐셜 에너지도 달라진다.

④ 두 지점 사이에서 물체의 중력 퍼텐셜 에너지 차는 기준면과 관계가 없다.

(4) **탄성 퍼텐셜 에너지(E_p):** 용수철과 같은 탄성체가 변형되었을 때 가지는 에너지이다.

① 용수철을 당기는 동안 힘은 일정하게 증가하며($F=kx$, k: 용수철 상수), 평형 위치로부터 x만큼 당기는 동안 물체를 당기는 힘이 한 일 W는 힘 – 늘어난 길이 그래프 아래의 삼각형 면적과 같으므로 $W=\frac{1}{2}Fx=\frac{1}{2}kx^2$이다.

② 용수철을 당기는 힘이 용수철에 한 일은 $\frac{1}{2}kx^2$이므로, 평형 위치로부터 용수철의 늘어난 길이 또는 압축된 길이가 x일 때 용수철에 저장된 탄성 퍼텐셜 에너지는 $E_p=\frac{1}{2}kx^2$ (단위: J)이다.

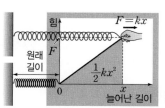
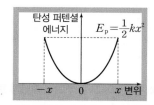

▲ 용수철을 당길 때 하는 일   ▲ 탄성 퍼텐셜 에너지 – 변위 그래프

더 알기 **여러 가지 힘이 한 일**

연직 방향으로 크기가 F인 외력이 작용하여 물체가 운동할 때 물체에 작용하는 힘이 한 일은 다음과 같다.

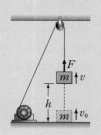

• 외력이 한 일: $W_F=Fh$

• 중력 mg가 한 일: $W_{mg}=-mgh$

• 물체에 작용한 알짜힘의 크기: $F_N=F-mg$

• 알짜힘 F_N이 한 일: $W_{F_N}=F_Nh=(F-mg)h=Fh-mgh=W_F+W_{mg}=\frac{1}{2}mv^2-\frac{1}{2}mv_0^2$

➡ 외력이 물체에 한 일은 물체의 역학적 에너지 변화량과 같고, 알짜힘이 물체에 한 일은 물체의 운동 에너지 변화량과 같다.

3 역학적 에너지 보존

(1) 중력에 의한 역학적 에너지 보존

① 중력 이외의 힘(마찰력, 공기 저항력 등)이 일을 하지 않으면 물체의 역학적 에너지는 일정하게 보존된다. ➡ $E_k + E_p$ = 일정
- 물체의 운동 에너지 변화량과 물체의 중력 퍼텐셜 에너지 변화량의 합은 0이다.
- 물체의 운동 에너지가 증가하면 그만큼 물체의 중력 퍼텐셜 에너지는 감소하고, 물체의 운동 에너지가 감소하면 그만큼 물체의 중력 퍼텐셜 에너지는 증가한다.

② 질량이 m인 물체가 자유 낙하 하면서 지면으로부터의 높이가 h_1, h_2인 두 지점 A, B를 지날 때의 속력을 각각 v_1, v_2라고 하면, 물체가 A에서 B까지 낙하하는 동안 중력이 물체에 한 일은 $W = Fs = mg(h_1 - h_2)$이고, 중력이 물체에 한 일과 물체의 운동 에너지 증가량이 같으므로 $mg(h_1 - h_2) = \frac{1}{2}mv_2^2 - \frac{1}{2}mv_1^2$이다.

이 식을 정리하면 $mgh_1 + \frac{1}{2}mv_1^2 = mgh_2 + \frac{1}{2}mv_2^2$이므로, A와 B에서 물체의 역학적 에너지는 같다.

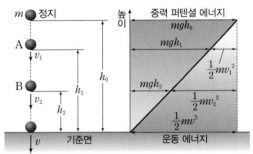

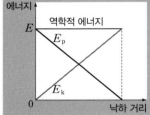

▲ 낙하 거리와 에너지의 관계

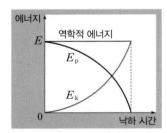

▲ 낙하 시간과 에너지의 관계

(2) 탄성력에 의한 역학적 에너지 보존

① 탄성력 이외의 힘(마찰력, 공기 저항력 등)이 일을 하지 않으면 물체의 운동 에너지와 용수철의 탄성 퍼텐셜 에너지의 합은 일정하게 보존된다. ➡ $E_k + E_p$ = 일정

② 마찰과 공기 저항이 없을 때, 물체를 용수철에 연결하여 A만큼 당겼다가 놓으면 평형 위치 O를 중심으로 진폭이 A인 진동을 한다. 평형 위치에 가까워지면 물체의 운동 에너지가 증가하고 탄성 퍼텐셜 에너지는 감소하며, 평형 위치에서 멀어지면 물체의 운동 에너지가 감소하고 탄성 퍼텐셜 에너지는 증가한다. 그림에서 평형 위치로부터의 위치가 각각 x_1, x_2인 두 지점 P, Q를 지날 때의 속력을 각각 v_1, v_2라고 하면, P에서 Q까지 탄성력이 물체에 한 일은 $W = \frac{1}{2}kx_1^2 - \frac{1}{2}kx_2^2$이다. 탄성력이 한 일이 물체의 운동 에너지 증가량과 같으므로 $\frac{1}{2}kx_1^2 - \frac{1}{2}kx_2^2 = \frac{1}{2}mv_2^2 - \frac{1}{2}mv_1^2$이며, 이 식을 정리하면 $\frac{1}{2}kx_1^2 + \frac{1}{2}mv_1^2 = \frac{1}{2}kx_2^2 + \frac{1}{2}mv_2^2$으로 P와 Q에서 역학적 에너지가 같다. 진폭이 A이고 평형 위치에서의 속력이 V이면 역학적 에너지는 다음과 같다.

$$\frac{1}{2}kA^2 = \frac{1}{2}kx_1^2 + \frac{1}{2}mv_1^2 = \frac{1}{2}kx_2^2 + \frac{1}{2}mv_2^2 = \frac{1}{2}mV^2$$

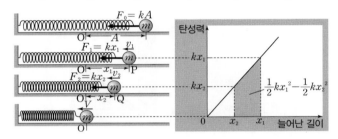

③ 용수철에서의 에너지 전환 그래프: 마찰과 공기 저항이 없을 때, 용수철에 연결된 물체가 진동하는 경우 탄성 퍼텐셜 에너지가 증가하면 물체의 운동 에너지는 감소하고, 탄성 퍼텐셜 에너지가 감소하면 물체의 운동 에너지는 증가한다. 그러나 탄성 퍼텐셜 에너지와 물체의 운동 에너지를 합한 역학적 에너지는 일정하다.

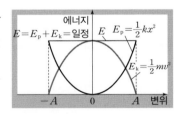

(3) 역학적 에너지가 보존되지 않는 경우: 마찰력, 공기 저항력이 물체에 일을 하면 물체의 역학적 에너지는 열, 소리, 빛 등과 같은 다른 에너지로 전환되어 물체의 역학적 에너지는 감소하게 된다. 하지만 에너지는 새로 생성되거나 소멸하지 않으므로 전환 전의 에너지의 총량과 전환 후의 에너지의 총량은 같다.

더 알기 ◆ 공기 저항에 따른 물체의 역학적 에너지

물체가 진공에서 자유 낙하를 하면 시간에 따라 속력이 일정하게 증가하는 등가속도 운동을 하게 된다. 반면 물체가 공기 중에서 낙하를 하면 물체의 속력이 증가함에 따라 공기 저항력도 점차 커지다가 중력과 공기 저항력이 평형을 이룰 때 물체는 일정한 속도로 낙하하게 되며, 이 속도를 종단 속도(Terminal Velocity)라고 한다. 빗방울이 높은 곳에서 낙하를 하더라도 공기 저항력에 의해 종단 속도로 지면에 도착하게 되므로 비를 맞아도 사람들이 다치지 않게 된다. 빗방울의 속력은 일정하므로 운동 에너지는 일정하고, 낙하하는 빗방울의 중력 퍼텐셜 에너지는 감소한다. 따라서 빗방울의 역학적 에너지는 감소한다.

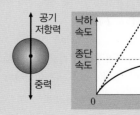

| 2024학년도 대수능 |

그림 (가)와 같이 질량이 m인 물체 A를 높이 $9h$인 지점에 가만히 놓았더니 A가 마찰 구간 Ⅰ을 지나 수평면에 정지한 질량이 $2m$인 물체 B와 충돌한다. 그림 (나)는 A와 B가 충돌한 후, A는 다시 Ⅰ을 지나 높이 H인 지점에서 정지하고, B는 마찰 구간 Ⅱ를 지나 높이 $\frac{7}{2}h$인 지점에서 정지한 순간의 모습을 나타낸 것이다. A가 Ⅰ을 한 번 지날 때 손실되는 역학적 에너지는 B가 Ⅱ를 지날 때 손실되는 역학적 에너지와 같고, 충돌에 의해 손실되는 역학적 에너지는 없다.

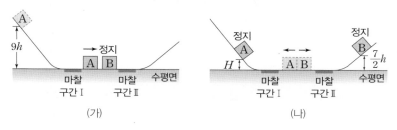

(가)   (나)

H는? (단, 물체는 동일 연직면상에서 운동하고, 물체의 크기, 공기 저항, 마찰 구간 외의 모든 마찰은 무시한다.)

① $\frac{5}{17}h$　　② $\frac{7}{17}h$　　③ $\frac{9}{17}h$　　④ $\frac{11}{17}h$　　⑤ $\frac{13}{17}h$

접근 전략

마찰이 없는 수평면에서 A와 B가 충돌할 때, A와 B의 운동량의 총합과 운동 에너지의 총합은 각각 보존된다.

간략 풀이

② 수평면에서 A와 B가 충돌할 때, 충돌 직전 A의 속력을 v, 충돌 직후 A, B의 속도를 각각 v_A, v_B라고 하자. 운동량 보존 법칙을 적용하면 $mv = mv_A + 2mv_B$ … ①이고, 충돌 과정에서 역학적 에너지 보존 법칙을 적용하면
$\frac{1}{2}mv^2 = \frac{1}{2}mv_A^2 + \frac{1}{2}(2m)v_B^2$ … ②
이다. ①, ②를 정리하면
$v_A = -\frac{1}{3}v$, $v_B = \frac{2}{3}v$이다. Ⅰ, Ⅱ에서 손실되는 역학적 에너지를 W, 중력 가속도를 g라고 하면,
$9mgh - W = \frac{1}{2}mv^2$ … ③,
$\frac{1}{2}mv_A^2 - W = mgH$ … ④,
$\frac{1}{2}(2m)v_B^2 - W = 2mg\left(\frac{7}{2}h\right)$ … ⑤
이다. ③, ④, ⑤를 정리하면
$W = \frac{1}{32}mv^2$이고 $H = \frac{7}{17}h$이다.

정답 | ②

닮은 꼴 문제로 유형 익히기

정답과 해설 13쪽

▶ 24066-0058

그림과 같이 물체 A, B를 각각 높이 $3h$, h인 지점에 가만히 놓았더니 A가 마찰 구간을 지나 수평면에서 B와 충돌한 후 A와 B는 정지한다. A, B의 질량은 각각 $2m$, m이다.

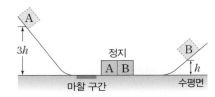

마찰 구간에서 손실된 역학적 에너지는? (단, 중력 가속도는 g이고, 물체의 크기, 공기 저항, 마찰 구간 외의 모든 마찰은 무시한다.)

① $\frac{9}{2}mgh$　　② $5mgh$　　③ $\frac{11}{2}mgh$　　④ $6mgh$　　⑤ $\frac{13}{2}mgh$

유사점과 차이점

경사면에서 내려온 두 물체가 수평면에서 충돌한다는 점은 유사하지만, A만 마찰 구간을 지나고 A와 B가 수평면에서 충돌한 후 정지한다는 점이 차이가 있다.

배경 지식

A와 B의 충돌 과정에서 운동량의 총합은 보존된다.

01
▶24066-0059

그림 (가)는 전동기에 실 p로 연결된 물체 A가 수평면에 정지해 있는 것을 나타낸 것이고, (나)는 전동기가 A를 연직 위 방향으로 당기는 힘 F의 크기를 A의 높이에 따라 나타낸 것이다. A의 질량은 1 kg이고, A가 수평면으로부터 높이가 2 m인 지점을 지나는 순간 p가 끊어진다.

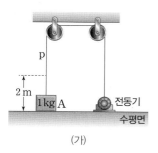

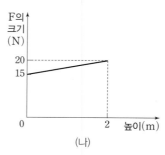

(가)   (나)

p가 끊어진 순간 A의 위치로부터 A의 최고점까지의 높이는? (단, 중력 가속도는 10 m/s²이고, 물체의 크기, 실의 질량, 모든 마찰과 공기 저항은 무시한다.)

① 0.5 m   ② 1 m   ③ 1.5 m

④ 2 m   ⑤ 2.5 m

02
▶24066-0060

그림과 같이 물체 B와 실 p로 연결된 물체 A에 빗면과 나란한 방향으로 크기가 F_0인 힘이 작용하여 A가 점 a에 정지해 있다. 이 상태에서 크기가 $2F_0$인 힘으로 A를 빗면과 나란한 방향으로 당기다가 A가 점 b를 지나는 순간 놓는다. A를 크기가 $2F_0$인 힘으로 당기는 순간부터 놓을 때까지와 A를 놓은 후 A는 각각 등가속도 운동을 한다. A, B의 질량은 각각 m, $2m$이고, a와 b 사이의 거리는 d이다. A가 빗면을 따라 올라갈 때 b에서의 속력은 v_1, A가 빗면을 따라 내려갈 때 a에서의 속력은 v_2이다.

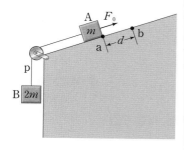

$\dfrac{v_1}{v_2}$은? (단, 물체의 크기, 실의 질량, 모든 마찰과 공기 저항은 무시한다.)

① $\dfrac{1}{4}$ ② $\dfrac{1}{3}$ ③ $\dfrac{1}{2}$

④ $\dfrac{1}{\sqrt{3}}$ ⑤ $\dfrac{1}{\sqrt{2}}$

03
▶24066-0061

그림 (가)는 수평면에서 물체 A, B를 실 p로 연결하고 $x=0$에 정지해 있던 B를 전동기로 끌어당기는 모습을 나타낸 것이고, (나)는 전동기가 B를 끌어당기는 힘의 크기를 x에 따라 나타낸 것이다. B가 $x=1$ m를 지나는 순간 p가 끊어진다. A, B의 질량은 각각 10 kg, 5 kg이고, 전동기가 B를 당기는 순간부터 p가 끊어질 때까지 A와 B는 같은 가속도로 등가속도 운동을 한다. B가 $x=1$ m를 지나는 순간 A의 운동 에너지는 E_A이고, B가 $x=2$ m를 지나는 순간 B의 운동 에너지를 E_B이다.

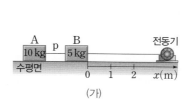

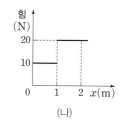

(가)   (나)

$\dfrac{E_A}{E_B}$는? (단, 물체의 크기, 실의 질량, 모든 마찰과 공기 저항은 무시한다.)

① $\dfrac{1}{7}$ ② $\dfrac{2}{7}$ ③ $\dfrac{3}{7}$

④ $\dfrac{4}{7}$ ⑤ $\dfrac{5}{7}$

04
▶24066-0062

그림은 연직 위로 던져진 물체가 점 a를 지나는 것을 나타낸 것으로, 점 b는 물체가 올라간 최고점이다. 물체의 속력은 점 d에서가 점 c에서의 2배이고, a와 b의 높이차, c와 d의 높이차는 각각 H이다. 물체가 b에 도달한 순간부터 c까지 운동하는 데 걸린 시간은 t_1이고, a를 연직 아래 방향으로 통과한 순간부터 d까지 운동하는 데 걸린 시간은 t_2이다. 물체의 질량은 m이다.

이에 대한 설명으로 옳은 것만을 〈보기〉에서 있는 대로 고른 것은? (단, 중력 가속도는 g이고, 물체의 크기, 공기 저항은 무시한다.)

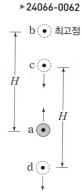

┌─ 보기 ┐
ㄱ. 물체가 b에서 c까지 운동하는 동안 중력이 물체에 한 일은 $\dfrac{1}{4}mgH$이다.

ㄴ. 물체의 속력은 a에서가 d에서의 $\dfrac{\sqrt{3}}{2}$배이다.

ㄷ. $\dfrac{t_2}{t_1}=\dfrac{\sqrt{2}}{2}$이다.
└─────┘

① ㄱ   ② ㄴ   ③ ㄷ

④ ㄱ, ㄴ   ⑤ ㄴ, ㄷ

05

▶24066-0063

그림은 물체 A, B가 실로 연결되어 빗면에서 속력이 증가하는 등가속도 운동을 하는 것을 나타낸 것이다.

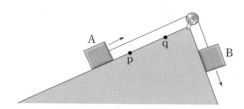

A가 p에서 q까지 운동하는 동안, 이에 대한 설명으로 옳은 것만을 〈보기〉에서 있는 대로 고른 것은? (단, 물체의 크기, 실의 질량, 모든 마찰은 무시한다.)

┌ 보기 ┐
ㄱ. A의 역학적 에너지는 감소한다.
ㄴ. B의 중력 퍼텐셜 에너지 감소량은 B의 운동 에너지 증가량보다 크다.
ㄷ. A의 중력 퍼텐셜 에너지 증가량은 B의 중력 퍼텐셜 에너지 감소량보다 작다.

① ㄱ   ② ㄴ   ③ ㄷ
④ ㄱ, ㄴ   ⑤ ㄴ, ㄷ

06

▶24066-0064

그림은 질량이 m인 물체가 면을 따라 점 p, q, r를 지나며 운동하는 것을 나타낸 것이다. q, r의 높이는 각각 $2h$, h이고, 물체의 속력은 r에서가 q에서의 $\sqrt{2}$배이다.

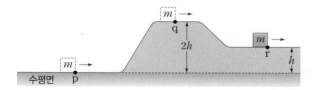

물체의 운동에 대한 설명으로 옳은 것만을 〈보기〉에서 있는 대로 고른 것은? (단, 중력 가속도는 g이고, 수평면에서 중력 퍼텐셜 에너지는 0이며, 물체의 크기, 모든 마찰과 공기 저항은 무시한다.)

┌ 보기 ┐
ㄱ. q에서 운동 에너지는 중력 퍼텐셜 에너지보다 크다.
ㄴ. 물체의 역학적 에너지는 $3mgh$이다.
ㄷ. 속력은 p에서가 q에서의 $\sqrt{3}$배이다.

① ㄱ   ② ㄴ   ③ ㄷ
④ ㄱ, ㄷ   ⑤ ㄴ, ㄷ

07

▶24066-0065

그림은 수평면에서 정지해 있는 물체 A를 향해 물체 B가 등속도 운동을 하는 것을 나타낸 것이다. B가 A와 충돌한 후 A와 B는 접촉한 상태로 운동하면서 용수철을 압축시킨다. A에 충돌하기 전 B의 운동 에너지는 E_1이고, 용수철에 저장된 탄성 퍼텐셜 에너지의 최댓값은 E_2이다. A, B의 질량은 각각 $3m$, m이다.

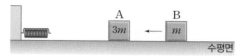

$\dfrac{E_1}{E_2}$은? (단, 물체의 크기, 용수철의 질량, 모든 마찰과 공기 저항은 무시한다.)

① 3   ② $\dfrac{7}{2}$ ③ 4   ④ $\dfrac{9}{2}$ ⑤ 5

08

▶24066-0066

그림은 물체 A에 물체 B, C를 높이차가 $4d$가 되도록 실로 연결하고 A를 손으로 잡아 수평면의 점 p에 정지시킨 모습을 나타낸 것이다. A를 가만히 놓았더니 A가 수평면의 점 q, r, s를 지나며 운동한다. p에서 q까지, r에서 s까지의 거리는 d로 같고, 마찰 구간인 q에서 r까지의 거리는 $2d$이다. A는 마찰 구간에서는 등속도 운동을 하고, 마찰 구간 외에서는 등가속도 운동을 한다. A가 p에서 q까지 운동하는 동안 A의 운동 에너지 증가량은 B의 중력 퍼텐셜 에너지 증가량의 $\dfrac{9}{8}$배이다. B, C의 질량은 각각 m, $4m$이다.

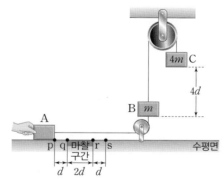

이에 대한 설명으로 옳은 것만을 〈보기〉에서 있는 대로 고른 것은? (단, 중력 가속도는 g이고, 물체의 크기, 실의 질량, 공기 저항, 마찰 구간 외의 모든 마찰은 무시한다.)

┌ 보기 ┐
ㄱ. A의 질량은 $2m$이다.
ㄴ. B와 C의 높이가 같을 때 B의 운동 에너지는 $\dfrac{3}{8}mgd$이다.
ㄷ. A의 속력은 s에서가 q에서의 $\sqrt{2}$배이다.

① ㄱ   ② ㄴ   ③ ㄷ   ④ ㄱ, ㄴ   ⑤ ㄴ, ㄷ

09
▶ 24066-0067

그림은 수평 구간의 점 p를 속력 $2v$로 통과한 물체가 면을 따라 점 q, 마찰 구간을 차례로 지나 수평면에서 속력 v로 등속도 운동을 하는 것을 나타낸 것이다. 물체의 질량은 m이고, p, q의 높이는 각각 h, $2h$이다. q에서 물체의 운동 에너지는 물체가 p에서 q까지 운동하는 동안 물체의 중력 퍼텐셜 에너지 증가량의 $\frac{1}{5}$배이다.

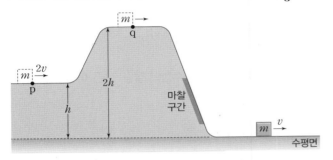

마찰 구간에서 물체의 역학적 에너지 감소량은? (단, 중력 가속도는 g이고, 물체의 크기, 공기 저항, 마찰 구간 외의 모든 마찰은 무시한다.)

① $\frac{11}{10}mgh$ 　　② $\frac{13}{10}mgh$ 　　③ $\frac{3}{2}mgh$

④ $\frac{17}{10}mgh$ 　　⑤ $\frac{19}{10}mgh$

10
▶ 24066-0068

그림은 빗면의 점 a를 속력 $2v$로 통과한 물체가 면을 따라 점 b, c, d, e를 지나 점 f를 통과하는 것을 나타낸 것이다. b에서 물체의 속력은 v이다. 물체는 빗면의 마찰 구간인 d에서 e까지 등속도 운동을 하며, 이때 걸린 시간은 T이다. 물체의 속력은 f에서가 c에서의 $\sqrt{5}$배이다. c와 d 사이, d와 e의 사이의 높이차는 h로 같고, e와 f 사이의 높이차는 H이다.

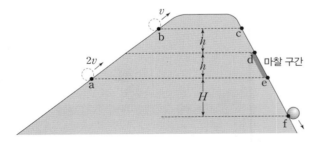

이에 대한 설명으로 옳은 것만을 〈보기〉에서 있는 대로 고른 것은? (단, 물체의 크기, 공기 저항, 마찰 구간 외의 모든 마찰은 무시한다.)

┌─ 보기 ┐
ㄱ. a에서 b까지 물체의 운동 에너지 감소량은 마찰 구간에서 물체의 역학적 에너지 감소량의 2배이다.
ㄴ. $H=\frac{5}{3}h$이다.
ㄷ. 물체가 e에서 f까지 운동하는 데 걸린 시간은 $\frac{10}{3}T$이다.
└────────┘

① ㄱ 　② ㄷ 　③ ㄱ, ㄴ 　④ ㄴ, ㄷ 　⑤ ㄱ, ㄴ, ㄷ

11
▶ 24066-0069

그림은 수평면에서 용수철 P에 물체를 접촉시키고 P를 원래 길이에서 $3d$만큼 압축시켰다가 가만히 놓았더니 면을 따라 운동하는 물체가 마찰 구간을 등속도로 지나 높이가 d인 평면에 놓인 용수철 Q를 원래 길이에서 d만큼 압축시킬 때 속력이 0이 된 것을 나타낸 것이다. 물체가 P에서 분리된 후 점 a까지 운동하는 동안 중력 퍼텐셜 에너지 증가량은 a에서 운동 에너지의 $\frac{1}{2}$배이다. 마찰 구간의 높이차는 h이고, P, Q의 용수철 상수는 같다.

h는? (단, 용수철의 질량, 물체의 크기, 공기 저항, 마찰 구간 외의 모든 마찰은 무시한다.)

① $\frac{5}{4}d$ 　② $\frac{4}{3}d$ 　③ $\frac{3}{2}d$ 　④ $\frac{5}{3}d$ 　⑤ $\frac{7}{4}d$

12
▶ 24066-0070

그림 (가)와 같이 수평면에서 물체 A로 용수철을 원래 길이에서 $3d$만큼 압축시킨 후 가만히 놓고, 물체 B를 높이 $6h$인 지점에 가만히 놓았더니 A와 B가 높이가 h인 수평 구간에서 서로 같은 속력으로 충돌한다. 그림 (나)는 (가)에서 A와 B가 충돌한 후 A는 용수철을 원래 길이에서 최대 $2d$만큼 압축시키고, B는 마찰 구간에 도달하지 못하며 높이가 h_B인 지점에서 속력이 0이 된 순간을 나타낸 것이다. A, B는 질량이 각각 $3m$, $2m$이고 면을 따라 운동한다. 수평 구간에서 A의 운동량의 크기는 B와 충돌하기 전이 충돌한 후의 3배이고, 마찰 구간에서 손실된 B의 역학적 에너지는 E이다.

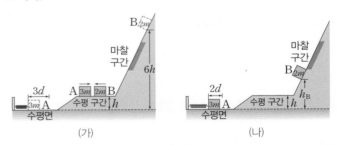

(가)　　　　　　　　(나)

이에 대한 설명으로 옳은 것만을 〈보기〉에서 있는 대로 고른 것은? (단, 중력 가속도는 g이고, 용수철의 질량, 물체의 크기, 공기 저항, 마찰 구간 외의 모든 마찰은 무시한다.)

┌─ 보기 ┐
ㄱ. 용수철 상수는 $\frac{16mgh}{9d^2}$이다.　　ㄴ. $E=6mgh$이다.
ㄷ. $h_B=\frac{7}{3}h$이다.
└────────┘

① ㄱ 　② ㄴ 　③ ㄷ 　④ ㄱ, ㄴ 　⑤ ㄱ, ㄷ

수능 3점 테스트

01

▶24066-0071

그림은 물체 A, B, C를 실로 연결하고 전동기가 C를 연직 아래 방향으로 크기가 F인 힘으로 당겼더니 B가 빗면의 점 a에 정지해 있는 모습을 나타낸 것이다. A, B, C의 질량은 각각 m, $2m$, m이다. 전동기가 C를 당기는 힘의 크기를 F로 유지한 상태로 A와 B를 연결한 실 p를 끊었더니 B가 등가속도 운동을 하며, 빗면의 점 b를 속력 v로 지난다. a와 b 사이의 거리는 d이다. B가 a에서 b까지 운동하는 동안 C의 운동 에너지 증가량은 C의 중력 퍼텐셜 에너지 감소량의 $\frac{2}{15}$배이다.

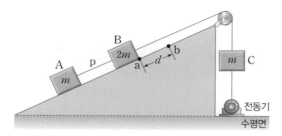

이에 대한 설명으로 옳은 것만을 〈보기〉에서 있는 대로 고른 것은? (단, 중력 가속도는 g이고, 물체의 크기, 실의 질량, 모든 마찰과 공기 저항은 무시한다.)

┌ 보기 ┐
ㄱ. A가 정지해있을 때, p가 A를 당기는 힘의 크기는 $\frac{3}{2}F$이다.
ㄴ. B가 a에서 b까지 운동하는 동안, B의 중력 퍼텐셜 에너지 증가량은 $\frac{4}{5}mgd$이다.
ㄷ. p가 끊어진 순간부터 B가 b를 지날 때까지 A와 B 사이의 거리의 증가량은 $4d$이다.
└ ┘

① ㄱ ② ㄴ ③ ㄷ ④ ㄱ, ㄴ ⑤ ㄴ, ㄷ

02

▶24066-0072

그림은 빗면에 놓여있는 물체 A와 실로 연결한 물체 B를 잡고 있는 모습을 나타낸 것이다. B를 가만히 놓았더니 빗면의 점 p에 정지해 있던 A는 빗면의 점 q, r, s를 지나며 운동한다. A는 마찰 구간에서는 등속도 운동을 하고, 마찰 구간 외에서는 등가속도 운동을 한다. q에서 r까지 A에는 크기가 f로 일정한 마찰력이 작용하고, A의 운동 에너지는 s에서가 r에서의 $\frac{3}{2}$배이다. A가 q에서 r까지 운동하는 동안 A의 역학적 에너지 증가량은 B의 중력 퍼텐셜 에너지 감소량의 $\frac{1}{5}$배이다. p에서 q까지와 q에서 r까지의 거리는 d로 같고, r에서 s까지의 거리는 x이다.

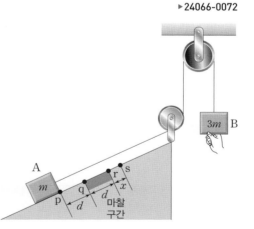

x와 f로 옳은 것은? (단, 중력 가속도는 g이고, 물체의 크기, 실의 질량, 공기 저항, 마찰 구간을 제외한 모든 마찰은 무시한다.)

	x	f			x	f
①	$\frac{1}{4}d$	$2mg$		②	$\frac{1}{2}d$	$2mg$
③	$\frac{1}{4}d$	$\frac{12}{5}mg$		④	$\frac{1}{2}d$	$\frac{12}{5}mg$
⑤	$\frac{1}{4}d$	$\frac{14}{5}mg$				

03

▶24066-0073

그림 (가)는 수평면에서 물체 A를 물체 B에 연결된 용수철에 접촉하여 용수철을 원래 길이에서 x_1만큼 압축시킨 후 동시에 가만히 놓았더니 A는 높이 h에서 속력이 0이 되고, B는 벽을 향해 등속도 운동을 하는 것을 나타낸 것이다. 그림 (나)는 (가)에서 빗면에서 내려온 A와 벽과 충돌한 B가 수평면에서 같은 속력으로 서로를 향해 등속도 운동을 하다가 A가 B에 연결된 용수철에 접촉했을 때, 용수철을 원래 길이에서 최대 x_2만큼 압축시킨 것을 나타낸 것이다. A, B의 질량은 각각 $2m$, m이다.

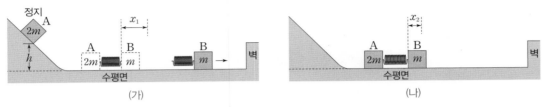

| (가) | (나) |

이에 대한 설명으로 옳은 것만을 〈보기〉에서 있는 대로 고른 것은? (단, 중력 가속도는 g이고, 용수철의 질량, 모든 마찰과 공기 저항은 무시한다.)

보기
ㄱ. (가)에서 A가 용수철에서 분리된 후 수평면에서 운동 에너지는 B가 A의 2배이다.
ㄴ. B가 벽에 충돌하는 과정에서 B의 운동 에너지 감소량은 $3mgh$이다.
ㄷ. $\dfrac{x_1}{x_2}=\dfrac{3}{2}$이다.

① ㄱ   ② ㄷ   ③ ㄱ, ㄴ   ④ ㄴ, ㄷ   ⑤ ㄱ, ㄴ, ㄷ

04

▶24066-0074

그림 (가)와 같이 용수철과 실로 연결된 물체 A, B가 기준선에 정지해 있을 때, 용수철이 원래 길이에서 늘어난 길이는 d이다. 그림 (나)는 (가)에서 B를 기준선에서 d만큼 연직 아래로 내려서 잡고 있는 모습을, (다)는 (나)에서 B를 가만히 놓았더니 A, B가 기준선을 통과하는 순간의 모습을 나타낸 것이다. A, B의 질량은 각각 m, $3m$이다.

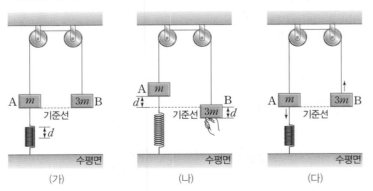

| (가) | (나) | (다) |

이에 대한 설명으로 옳은 것만을 〈보기〉에서 있는 대로 고른 것은? (단, 물체의 크기, 실과 용수철의 질량, 모든 마찰과 공기 저항은 무시한다.)

보기
ㄱ. (다)에서 역학적 에너지는 A가 B보다 크다.
ㄴ. A의 역학적 에너지는 (나)에서가 (다)에서보다 크다.
ㄷ. (다)에서 용수철에 저장된 탄성 퍼텐셜 에너지는 B의 운동 에너지의 $\dfrac{3}{4}$배이다.

① ㄱ   ② ㄴ   ③ ㄷ   ④ ㄱ, ㄴ   ⑤ ㄴ, ㄷ

05

▶ 24066-0075

그림은 물체 A, B를 실로 연결하고 A에 빗면과 나란한 위 방향으로 크기가 $2F$ 인 힘을 작용했더니 A가 빗면의 점 p에 정지해 있는 것을 나타낸 것이다. A, B의 질량은 각각 $3m$, m이다. A를 빗면과 나란한 위 방향으로 크기가 F인 힘을 유지 하며 계속 당겼더니 A와 B는 등가속도 운동을 하여 A가 점 q를 통과하였다. p와 q 사이의 거리는 d이다. A가 p에서 q까지 운동하는 동안 B의 운동 에너지 증가 량은 B의 중력 퍼텐셜 에너지 감소량의 $\frac{3}{8}$배이다.

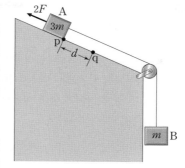

A가 p에서 q까지 운동하는 동안, 이에 대한 설명으로 옳은 것만을 〈보기〉에서 있 는 대로 고른 것은? (단, 중력 가속도는 g이고, 물체의 크기, 실의 질량, 모든 마찰 과 공기 저항은 무시한다.)

┌ 보기 ┐

ㄱ. $F = \frac{3}{2}mg$이다.

ㄴ. A의 중력 퍼텐셜 에너지 감소량은 $\frac{2}{3}mgd$이다.

ㄷ. 역학적 에너지 감소량은 A가 B의 $\frac{8}{5}$배이다.

① ㄱ   ② ㄴ   ③ ㄷ   ④ ㄱ, ㄷ   ⑤ ㄱ, ㄴ, ㄷ

06

▶ 24066-0076

그림은 빗면의 점 a를 속력 v로 지난 질량이 m인 물체가 면을 따라 점 b, 수평 마찰 구간, 점 c, d를 지나는 것을 나 타낸 것이다. c에서 물체의 속력은 $\frac{1}{4}v$이고, b와 c의 높이는 같다. a와 b의 높이차는 h이고, c와 d의 높이차는 $2h$이 다. a에서 b까지 운동하는 데 걸린 시간은 $2t$이고, c에서 d까지 운동하는 데 걸린 시간은 $3t$이다. 물체의 속력은 d에 서가 b에서의 $\frac{5}{2}$배이다.

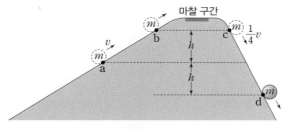

물체의 운동에 대한 설명으로 옳은 것만을 〈보기〉에서 있는 대로 고른 것은? (단, 중력 가속도는 g이고, 물체의 크기, 모든 마찰과 공기 저항은 무시한다.)

┌ 보기 ┐

ㄱ. 평균 속도의 크기는 a에서 b까지와 c에서 d까지가 같다.

ㄴ. 가속도의 크기는 b에서가 c에서의 $\frac{3}{4}$배이다.

ㄷ. 마찰 구간에서 물체의 역학적 에너지 감소량은 $\frac{1}{4}mgh$이다.

① ㄱ   ② ㄴ   ③ ㄷ   ④ ㄱ, ㄴ   ⑤ ㄱ, ㄴ, ㄷ

테마 05 열역학 법칙

Ⅰ. 역학과 에너지

🔲 온도와 열

(1) **온도**: 물체의 뜨겁고 차가운 정도를 나타내는 물리량이다.

(2) **열**: 온도가 다른 두 물체 사이에서 이동하는 에너지이다.

(3) **열평형 상태**: 온도가 다른 두 물체 사이에 열이 이동하여 온도가 같아져 더 이상 온도가 변하지 않는 상태이다.

🔲 열역학 제1법칙

(1) **기체가 하는 일**: 기체가 팽창하면 기체가 외부에 일을 하게 되고, 기체가 외부로부터 일을 받으면 수축하게 된다. 압력이 일정할 때 기체가 하는 일은 다음과 같다.

$$W = F\Delta l = PA\Delta l = P\Delta V$$

압력-부피 그래프에서 그래프 아래 면적은 기체가 외부에 한 일이다.

부피 변화	일의 부호와 의미
증가($\Delta V > 0$)	기체가 외부에 일을 한다. ($W > 0$)
감소($\Delta V < 0$)	기체가 외부로부터 일을 받는다. ($W < 0$)

(2) **기체의 내부 에너지(U)**: 기체 분자의 운동 에너지와 퍼텐셜 에너지의 총합이다.

① 이상 기체는 분자 사이의 인력이 없으므로 퍼텐셜 에너지가 없다. 따라서 이상 기체의 내부 에너지는 이상 기체 분자의 운동 에너지만의 총합으로 나타난다.

② 이상 기체의 내부 에너지(U)는 기체 분자의 평균 운동 에너지($\overline{E_k}$)에 비례하고, 기체 분자의 평균 운동 에너지는 절대 온도(T)에 비례한다. ➡ $U \propto \overline{E_k} \propto T$

(3) **열역학 제1법칙**: 기체의 내부 에너지 증가량(ΔU)은 기체가 흡수한 열량(Q)에서 기체가 외부에 한 일(W)을 뺀 값과 같다.

$$\Delta U = Q - W, \quad Q = \Delta U + W$$

구분	(+)부호의 의미	(−)부호의 의미
Q	기체가 외부로부터 열을 흡수함	기체가 외부로 열을 방출함
ΔU	기체의 내부 에너지가 증가함 (기체의 온도가 올라감)	기체의 내부 에너지가 감소함 (기체의 온도가 내려감)
W	기체가 외부에 일을 함 (기체의 부피가 증가함)	기체가 외부로부터 일을 받음 (기체의 부피가 감소함)

• **제1종 영구 기관**: 외부에서 에너지를 공급받지 않아도 계속 작동하는 열기관으로, 열역학 제1법칙, 즉 에너지 보존 법칙에 어긋나므로 만들 수 없다.

(4) **열역학 과정**

① **등압 과정**: 기체의 압력이 일정하게 유지되면서 기체의 부피와 온도가 변하는 과정이다. ($\Delta P = 0$)

구분	등압 팽창	등압 수축
압력-부피 그래프	$W = P(V_2 - V_1)$	$W = P(V_1 - V_2)$
기체가 외부에 한 일	$\Delta V > 0$, $W > 0$	$\Delta V < 0$, $W < 0$
내부 에너지 변화	$\Delta T > 0$, $\Delta U > 0$	$\Delta T < 0$, $\Delta U < 0$
특징	기체가 흡수한 열량은 기체가 외부에 한 일과 기체의 내부 에너지 증가량의 합과 같다. ➡ 기체의 부피, 내부 에너지, 절대 온도는 각각 증가한다.	기체가 방출한 열량은 기체가 외부로부터 받은 일과 기체의 내부 에너지 감소량의 합과 같다. ➡ 기체의 부피, 내부 에너지, 절대 온도는 각각 감소한다.

② **등적 과정**: 기체의 부피가 일정하게 유지되면서 기체의 압력과 온도가 변하는 과정이다. ($\Delta V = 0$, $W = 0$)

구분	등적 가열(압력 증가)	등적 냉각(압력 감소)
압력-부피 그래프	$\Delta U = Q$ $W = 0$	$\Delta U = Q$ $W = 0$
기체가 외부에 한 일	$\Delta V = 0$, $W = 0$	$\Delta V = 0$, $W = 0$
내부 에너지 변화	$\Delta T > 0$, $\Delta U > 0$	$\Delta T < 0$, $\Delta U < 0$
특징	기체가 흡수한 열량은 기체의 내부 에너지 증가량과 같다. ➡ 기체의 압력, 내부 에너지, 절대 온도는 각각 증가한다.	기체가 방출한 열량은 기체의 내부 에너지 감소량과 같다. ➡ 기체의 압력, 내부 에너지, 절대 온도는 각각 감소한다.

더 알기 열역학 제1법칙

에너지는 한 형태에서 다른 형태로 전환될 수 있지만 에너지의 총량은 변하지 않는다는 것을 의미하므로 에너지 보존 법칙이라고도 한다. 즉, 하나의 계에 들어간 열이 일과 내부 에너지로 전환되어 전체 에너지의 양은 변하지 않는다는 것이다.

③ 등온 과정: 기체의 온도가 일정하게 유지되면서 기체의 압력과 부피가 변하는 과정이다. ($\Delta T = 0$, $\Delta U = 0$)

구분	등온 팽창	등온 압축
압력-부피 그래프	(압력-부피 그래프, T: 일정) $\Delta U = 0$ $W = Q$	(압력-부피 그래프, T: 일정) $\Delta U = 0$ $W = Q$
기체가 외부에 한 일	$\Delta V > 0$, $W > 0$	$\Delta V < 0$, $W < 0$
내부 에너지 변화	$\Delta T = 0$, $\Delta U = 0$	$\Delta T = 0$, $\Delta U = 0$
특징	기체가 흡수한 열량은 기체가 외부에 한 일과 같다. 기체의 부피는 증가하고, 압력은 감소한다. 압력-부피 그래프 아래의 면적은 기체가 흡수한 열량 또는 기체가 외부에 한 일과 같다.	기체가 방출한 열량은 기체가 외부로부터 받은 일과 같다. 기체의 부피는 감소하고, 압력은 증가한다. 압력-부피 그래프 아래의 면적은 기체가 방출한 열량 또는 기체가 외부로부터 받은 일과 같다.

④ 단열 과정: 기체가 외부와의 열 출입이 없는 상태에서 압력, 부피, 온도가 변하는 과정이다. ($Q = 0$)

구분	단열 팽창	단열 압축
압력-부피 그래프	(압력-부피 그래프, $T_1 < T_2$) $\Delta U = -W$ $Q = 0$	(압력-부피 그래프, $T_1 < T_2$) $\Delta U = -W$ $Q = 0$
기체가 외부에 한 일	$\Delta V > 0$, $W > 0$	$\Delta V < 0$, $W < 0$
내부 에너지 변화	$\Delta T < 0$, $\Delta U < 0$	$\Delta T > 0$, $\Delta U > 0$
특징	기체가 외부에 한 일은 기체의 내부 에너지 감소량과 같다. 기체의 부피는 증가하고, 압력과 온도는 감소한다. 압력-부피 그래프 아래의 면적은 기체가 외부에 한 일 또는 기체의 내부 에너지 감소량과 같다.	기체가 외부로부터 받은 일은 기체의 내부 에너지 증가량과 같다. 기체의 부피는 감소하고, 압력과 온도는 증가한다. 압력-부피 그래프 아래의 면적은 기체가 외부로부터 받은 일 또는 기체의 내부 에너지 증가량과 같다.

3 열역학 제2법칙

(1) **가역 현상과 비가역 현상**

① 가역 현상: 물체가 외부에 어떠한 변화도 남기지 않고 처음의 상태로 되돌아가는 현상이다.

　예 역학적 에너지가 보존되는 용수철의 진동, 마찰이 없는 진공 중에서 운동하는 진자

② 비가역 현상: 어떤 현상이 한쪽 방향으로는 저절로(자발적으로) 일어나지만, 그 반대 방향으로는 저절로 일어나지 않는 현상이다. 가역 현상은 마찰이나 공기 저항이 없는 이상적인 상황에서만 가능하기 때문에 자연 현상은 대부분 한쪽 방향으로만 일어나는 비가역 현상이다.

　예 공기 중에서 용수철의 진동 또는 단진자의 감쇠 진동, 열의 이동, 잉크 또는 연기의 확산

(2) **열역학 제2법칙**

① 자연 현상은 대부분 비가역적으로 일어나며, 무질서도가 증가하는 방향으로 일어난다.

② 어떤 계를 고립시켜 외부와의 상호 작용을 없애 줄 때 그 계는 더욱더 불규칙한 상태로 변하며, 그 반대 현상은 자발적으로 일어나지 않는다.

③ 역학적 에너지는 전부 열에너지로 전환될 수 있으나(마찰열), 열에너지는 전부 역학적 에너지로 전환될 수 없다.

④ 열은 항상 고온에서 저온으로 저절로 이동한다.

⑤ 고립계에서 자발적으로 일어나는 자연 현상은 항상 확률이 높은 방향으로 진행된다.

⑥ 제2종 영구 기관: 열에너지를 모두 일로 바꾸는 기관으로, 열역학 제2법칙에 위배되어 만들 수 없는 열기관이다.

4 열기관과 열효율

(1) **열기관**: 열에너지를 일로 바꾸는 기관이다.

(2) **열기관의 열효율(e)**

$$e = \frac{W}{Q_1} = \frac{Q_1 - Q_2}{Q_1} = 1 - \frac{Q_2}{Q_1}$$

➡ 열기관의 열효율 e는 항상 1보다 작다.

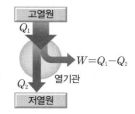

더 알기 카르노 기관

- 카르노 기관은 열효율이 최대인 이상적인 열기관이다.
- 순환 과정: 등온 팽창(A→B)→단열 팽창(B→C)→등온 압축(C→D)→단열 압축(D→A)
- 열효율: 고열원에서 흡수하는 열량 Q_1과 저열원으로 방출하는 열량 Q_2가 각각 고온부의 절대 온도 T_1과 저온부의 절대 온도 T_2에 비례한다. 따라서 카르노 기관의 열효율은 다음과 같다.

$$e = \frac{W}{Q_1} = \frac{Q_1 - Q_2}{Q_1} = 1 - \frac{Q_2}{Q_1} = 1 - \frac{T_2}{T_1} \ (0 \le e < 1)$$

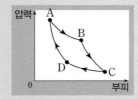

열역학 과정	Q	W	ΔU
등온 팽창(A → B)	+	+	0
단열 팽창(B → C)	0	+	−
등온 압축(C → D)	−	−	0
단열 압축(D → A)	0	−	+

(열역학 제1법칙: $Q = \Delta U + W$)

| 2024학년도 대수능 |

그림은 열효율이 0.25인 열기관에서 일정량의 이상 기체가 상태 A → B → C → D → A를 따라 순환하는 동안 기체의 압력과 부피를 나타낸 것이다. B → C는 등온 과정이고, D → A는 단열 과정이다. 기체가 B → C 과정에서 외부에 한 일은 150 J이고, D → A 과정에서 외부로부터 받은 일은 100 J이다.

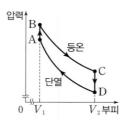

이에 대한 설명으로 옳은 것만을 〈보기〉에서 있는 대로 고른 것은?

┌ 보기 ┌
ㄱ. 기체의 온도는 A에서가 C에서보다 높다.
ㄴ. A → B 과정에서 기체가 흡수한 열량은 50 J이다.
ㄷ. C → D 과정에서 기체의 내부 에너지 감소량은 150 J이다.

① ㄱ   ② ㄴ   ③ ㄱ, ㄷ   ④ ㄴ, ㄷ   ⑤ ㄱ, ㄴ, ㄷ

접근 전략

A → B 과정과 C → D 과정에서 기체의 부피는 일정하므로 기체가 한 일은 0이다.

간략 풀이

✗ 기체의 온도는 B에서와 C에서가 같고, A에서가 B에서보다 낮다. 따라서 기체의 온도는 A에서가 C에서보다 낮다.

◯ A → B 과정에서 흡수한 열량을 Q_1, C → D 과정에서 방출한 열량을 Q_2라고 하자. 기체는 B → C 과정에서 150 J의 열량을 흡수한다. 한 번의 순환 과정에서 기체가 한 일은 50 J, 기체가 흡수한 열량은 $Q_1 + 150$ J이고, 열기관의 열효율이 0.25이므로

$$0.25 = \frac{50}{Q_1 + 150}$$ 에서 $Q_1 = 50$ J이다.

◯ C → D 과정은 부피가 일정한 과정이므로 기체의 내부 에너지 감소량은 기체가 방출한 열량과 같다. 열기관의 열효율이 0.25이므로

$$0.25 = 1 - \frac{Q_2}{200}$$ 에서 $Q_2 = 150$ J이다. 따라서 C → D 과정에서 기체의 내부 에너지 감소량은 150 J이다.

정답 | ④

닮은 꼴 문제로 유형 익히기

정답과 해설 18쪽

▶ 24066-0077

그림은 열효율이 0.25인 열기관에서 일정량의 이상 기체가 상태 A → B → C → D → A를 따라 순환하는 동안 기체의 압력과 부피를 나타낸 것이다. B → C와 D → A는 등온 과정이다. B → C 과정에서 기체가 흡수한 열량은 500 J이고, D →A 과정에서 기체가 외부로부터 받은 일은 300 J이다. 이에 대한 설명으로 옳은 것만을 〈보기〉에서 있는 대로 고른 것은?

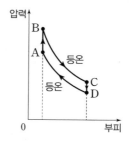

┌ 보기 ┌
ㄱ. 기체의 온도는 A에서가 C에서보다 낮다.
ㄴ. A → B 과정에서 기체의 내부 에너지 증가량은 300 J이다.
ㄷ. B → C 과정에서 기체가 외부에 한 일은 C → D 과정에서 기체가 방출한 열량의 $\frac{5}{3}$배이다.

① ㄱ   ② ㄷ   ③ ㄱ, ㄴ   ④ ㄴ, ㄷ   ⑤ ㄱ, ㄴ, ㄷ

유사점과 차이점

이상 기체가 열기관 내에서 압력과 부피가 변한다는 점은 유사하지만, 등온 과정과 부피가 일정한 과정을 다룬다는 점이 다르다.

배경 지식

부피가 일정한 과정에서 기체가 한 일은 0이고, 등온 과정에서 내부 에너지 변화량은 0이다.

01
▶24066-0078

그림은 단열된 실린더에 채워진 이상 기체에 열량 Q를 공급했더니 기체가 일정한 압력을 유지하면서 부피가 서서히 증가하는 것을 나타낸 것이다.

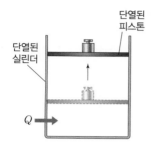

기체의 부피가 증가하는 동안, 이에 대한 설명으로 옳은 것만을 〈보기〉에서 있는 대로 고른 것은? (단, 피스톤의 마찰은 무시한다.)

┌ 보기 ┐
ㄱ. 기체는 외부에 일을 한다.
ㄴ. 기체의 내부 에너지 변화량은 Q이다.
ㄷ. 기체 분자의 평균 속력은 커진다.

① ㄱ   ② ㄴ   ③ ㄷ
④ ㄱ, ㄷ   ⑤ ㄴ, ㄷ

02
▶24066-0079

그림 (가)는 같은 양의 동일한 이상 기체 A, B가 단열된 실린더의 단열된 피스톤에 의해 나누어져 있고, 피스톤이 정지해 있는 것을 나타낸 것이다. 기체의 부피는 A가 B보다 크다. 그림 (나)는 (가)에서 B에 열량 Q를 공급했더니 A, B의 부피가 같아진 상태에서 피스톤이 정지해 있는 것을 나타낸 것이다.

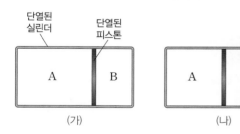

이에 대한 설명으로 옳은 것만을 〈보기〉에서 있는 대로 고른 것은? (단, 피스톤의 마찰은 무시한다.)

┌ 보기 ┐
ㄱ. (가)에서 기체의 온도는 A가 B보다 높다.
ㄴ. A의 압력은 (가)에서가 (나)에서보다 크다.
ㄷ. (가) → (나) 과정에서 A와 B의 내부 에너지 변화량의 합은 Q보다 작다.

① ㄱ   ② ㄴ   ③ ㄷ
④ ㄱ, ㄴ   ⑤ ㄱ, ㄷ

03
▶24066-0080

그림은 일정한 양의 이상 기체가 상태 A → B → C를 따라 변할 때, 압력과 부피를 나타낸 것이다. 기체의 내부 에너지는 A에서와 C에서가 같다.

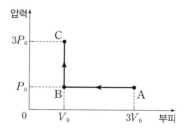

이에 대한 설명으로 옳은 것만을 〈보기〉에서 있는 대로 고른 것은?

┌ 보기 ┐
ㄱ. A → B 과정에서 기체가 외부로부터 받은 일은 $2P_0V_0$이다.
ㄴ. B → C 과정에서 기체의 내부 에너지는 감소한다.
ㄷ. A → B 과정에서 기체가 방출한 열량은 B → C 과정에서 기체가 흡수한 열량보다 크다.

① ㄴ   ② ㄷ   ③ ㄱ, ㄴ
④ ㄱ, ㄷ   ⑤ ㄱ, ㄴ, ㄷ

04
▶24066-0081

그림은 일정한 양의 이상 기체가 상태 A → B → C를 따라 변할 때, 압력과 온도를 나타낸 것이다. A → B 과정에서 기체가 흡수한 열량은 기체의 내부 에너지 변화량과 같으며, B → C 과정은 압력이 일정한 과정이다. A → B 과정과 B → C 과정에서 기체가 흡수한 열량은 같다.

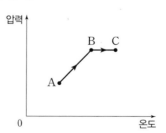

이에 대한 설명으로 옳은 것만을 〈보기〉에서 있는 대로 고른 것은?

┌ 보기 ┐
ㄱ. A → B 과정에서 기체는 외부에 일을 한다.
ㄴ. B → C 과정에서 기체의 부피는 증가한다.
ㄷ. 기체의 내부 에너지 증가량은 A → B 과정에서와 B → C 과정에서가 같다.

① ㄱ   ② ㄴ   ③ ㄷ
④ ㄱ, ㄴ   ⑤ ㄴ, ㄷ

05

▶24066-0082

그림은 일정량의 이상 기체가 상태 A → B → C를 따라 변할 때 온도와 부피를 나타낸 것이다. A → B 과정에서 기체가 흡수하거나 방출한 열량은 Q이고, 기체의 온도는 A에서와 C에서가 같다.

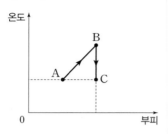

이에 대한 설명으로 옳은 것만을 〈보기〉에서 있는 대로 고른 것은?

보기
ㄱ. A → B 과정에서 기체는 열을 흡수한다.
ㄴ. A → B 과정에서 기체는 외부로부터 일을 받는다.
ㄷ. B → C 과정에서 기체의 내부 에너지 감소량은 Q보다 작다.

① ㄱ   ② ㄴ   ③ ㄷ
④ ㄱ, ㄷ   ⑤ ㄴ, ㄷ

06

▶24066-0083

그림은 열 현상에 대해 학생 A, B, C가 대화하는 모습을 나타낸 것이다.

제시한 내용이 옳은 학생만을 있는 대로 고른 것은?

① A   ② C   ③ A, B
④ B, C   ⑤ A, B, C

07

▶24066-0084

그림은 일정량의 이상 기체가 상태 A → B → C → D → A를 따라 순환하는 동안 기체의 압력과 부피를 나타낸 것이다. 표는 각 과정에서 기체가 흡수 또는 방출하는 열량과 기체의 내부 에너지 증가량 또는 감소량을 나타낸 것이다.

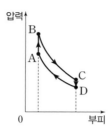

과정	흡수 또는 방출하는 열량	내부 에너지 증가량 또는 감소량
A → B	㉠	Q
B → C	$5Q$	0
C → D	㉡	㉢
D → A	$4Q$	0

이에 대한 설명으로 옳은 것만을 〈보기〉에서 있는 대로 고른 것은?

보기
ㄱ. ㉠－㉡＝㉢이다.
ㄴ. 기체의 내부 에너지는 B에서가 D에서보다 크다.
ㄷ. 기체가 한 번 순환하는 동안 한 일은 Q이다.

① ㄱ   ② ㄴ   ③ ㄷ
④ ㄱ, ㄴ   ⑤ ㄴ, ㄷ

08

▶24066-0085

그림 (가)는 고열원에서 $3Q$의 열을 흡수하여 저열원으로 Q_L의 열을 방출하는 열기관을 나타낸 것이다. 열기관의 열효율은 0.3이다. 그림 (나)는 (가)의 열기관 내부의 이상 기체가 상태 A → B → C → D → A를 따라 변할 때 압력과 부피를 나타낸 것이다. A → B 과정과 C → D 과정은 등온 과정이고, B → C 과정과 D → A 과정은 단열 과정이다.

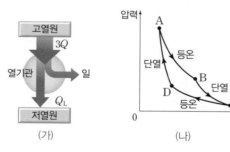

(가)   (나)

이에 대한 설명으로 옳은 것만을 〈보기〉에서 있는 대로 고른 것은?

보기
ㄱ. $Q_L = 2Q$이다.
ㄴ. A → B 과정에서 기체가 외부에 한 일은 $3Q$이다.
ㄷ. B → C 과정에서 기체의 내부 에너지 감소량은 D → A 과정에서 기체가 외부로부터 받은 일과 같다.

① ㄱ   ② ㄷ   ③ ㄱ, ㄴ
④ ㄴ, ㄷ   ⑤ ㄱ, ㄴ, ㄷ

01

▶24066-0086

그림은 일정한 양의 이상 기체가 상태 A → B → C → D를 따라 변할 때, 압력과 부피를 나타낸 것이다. A → B 과정과 C → D 과정은 부피가 일정한 과정이고, B → C 과정은 단열 과정이다. 기체의 온도는 A에서와 D에서가 같다.

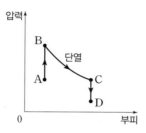

이에 대한 설명으로 옳은 것만을 〈보기〉에서 있는 대로 고른 것은?

보기
ㄱ. A → B 과정에서 기체는 열을 흡수한다.
ㄴ. B → C 과정에서 기체가 한 일은 기체의 내부 에너지 감소량과 같다.
ㄷ. A → B 과정에서 기체의 내부 에너지 증가량은 C → D 과정에서 기체가 방출한 열량보다 크다.

① ㄴ   ② ㄷ   ③ ㄱ, ㄴ   ④ ㄱ, ㄷ   ⑤ ㄱ, ㄴ, ㄷ

02

▶24066-0087

그림 (가)와 같이 단열된 실린더에 같은 양의 동일한 이상 기체 A, B가 채워져 있고, 진공인 다른 쪽에는 실린더와 피스톤 사이에 용수철이 끼워져 있다. A와 B 사이에는 열전달이 잘되는 금속판이 고정되어 있고, A와 B는 열평형을 이루고 있다. 그림 (나)는 (가)의 A에 열량 Q를 공급했더니 A의 부피가 증가하여 피스톤이 힘의 평형을 이루며 정지한 모습을 나타낸 것이다.

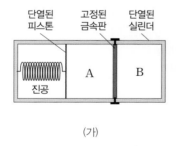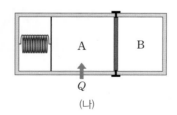

(가)   (나)

이에 대한 설명으로 옳은 것만을 〈보기〉에서 있는 대로 고른 것은? (단, 피스톤의 마찰은 무시한다.)

보기
ㄱ. B의 압력은 (가)에서가 (나)에서보다 작다.
ㄴ. (가)에서 (나)로 변하는 과정에서 A가 흡수한 열량은 B의 내부 에너지 증가량보다 작다.
ㄷ. (가)에서 (나)로 변하는 과정에서 B의 내부 에너지 증가량은 $\frac{1}{2}Q$보다 작다.

① ㄱ   ② ㄴ   ③ ㄷ   ④ ㄱ, ㄴ   ⑤ ㄱ, ㄷ

03

▶24066-0088

그림은 열효율이 $\frac{1}{4}$인 열기관에서 일정량의 이상 기체가 상태 A → B → C → D → A를 따라 순환하는 동안 기체의 압력과 부피를 나타낸 것이다. 색칠된 부분의 면적은 W이다.

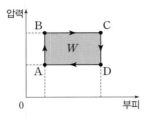

이에 대한 설명으로 옳은 것만을 〈보기〉에서 있는 대로 고른 것은?

보기
ㄱ. A → B 과정에서 기체는 열을 흡수한다.
ㄴ. C → D → A 과정에서 기체가 방출한 열량은 $3W$이다.
ㄷ. B → C 과정에서 기체의 내부 에너지 증가량은 D → A 과정에서 기체의 내부 에너지 감소량보다 크다.

① ㄱ   ② ㄷ   ③ ㄱ, ㄴ   ④ ㄴ, ㄷ   ⑤ ㄱ, ㄴ, ㄷ

04

▶24066-0089

그림은 열효율이 $\frac{1}{3}$인 열기관 내부의 이상 기체가 상태 A → B → C → D → A를 따라 변할 때 압력과 부피를 나타낸 것이다. B → C 과정과 D → A 과정은 단열 과정이다. 표는 각 과정에서 기체가 외부에 한 일 또는 외부로부터 받은 일을 나타낸 것이다. C → D 과정에서 기체가 방출한 열량은 $10W$이다.

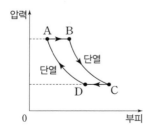

과정	외부에 한 일 또는 외부로부터 받은 일
A → B	$6W$
B → C	㉠
C → D	$4W$
D → A	㉡

이에 대한 설명으로 옳은 것만을 〈보기〉에서 있는 대로 고른 것은?

보기
ㄱ. 기체가 한 번 순환하는 동안 외부에 한 일은 $5W$이다.
ㄴ. ㉠<㉡이다.
ㄷ. A → B 과정에서 기체의 내부 에너지 증가량은 C → D 과정에서 기체의 내부 에너지 감소량의 $\frac{4}{3}$배이다.

① ㄱ   ② ㄴ   ③ ㄷ   ④ ㄱ, ㄴ   ⑤ ㄴ, ㄷ

1 특수 상대성 이론

(1) 상대 속도: 물체의 운동 상태는 관찰자의 운동 상태에 따라 다르게 관찰된다. 즉, 상대방의 속도는 관찰자가 정지해 있을 때와 운동할 때가 다르게 나타나는데, 운동하는 관찰자가 측정하는 상대방의 속도를 상대 속도라고 한다.

(2) 관성계(관성 좌표계): 정지해 있거나 등속도 운동을 하는 관찰자를 기준으로 한 좌표계로, 관성 법칙이 성립하는 좌표계이다. 한 관성계에 대하여 일정한 속도로 움직이는(상대 속도가 일정한) 좌표계는 모두 관성계이다.

(3) 특수 상대성 이론의 배경

① 에테르: 19세기 과학자들이 생각한 빛을 전파시키는 가상의 매질이다. 빛이 파동이므로 빛은 '에테르'라는 가상의 매질을 통해 전달된다고 생각하였다.

② 마이컬슨·몰리 실험: 빛의 매질인 에테르가 움직이면 빛의 속력 차가 발생하는 것을 이용하여 에테르의 존재를 확인하고자 한 실험이다. 실험 결과 에테르가 존재하지 않는다는 것이 밝혀졌다.

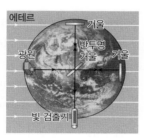

(4) 특수 상대성 이론의 두 가지 가정

① 상대성 원리: 모든 관성계에서 물리 법칙은 동일하게 성립한다. 따라서 관성계가 정지 상태인지 등속도 운동을 하고 있는 상태인지 구분할 수 없다.

S는 자신이 정지해 있고 S′가 v의 속도로 운동한다고 관측한다.

기차에 타고 있는 S′는 자신이 정지해 있고 S가 $-v$의 속도로 운동한다고 관측한다.

② 광속 불변 원리: 모든 관성계에서 진공 속을 진행하는 빛의 속력은 광원이나 관찰자의 속력에 관계없이 광속 c로 일정하다.

▲ 광원이 관찰자 쪽으로 다가올 때

▲ 광원이 관찰자로부터 멀어질 때

▲ 광원과 관찰자가 서로 다가갈 때

(5) 특수 상대성 이론에 의한 현상

① 사건의 측정: 물리적 현상의 발생을 사건이라고 하며, 사건을 측정한다는 것은 그 사건이 발생한 좌표와 시간을 측정한다는 것이다.

② 동시성의 상대성: 한 관성계에서 동시에 일어난 사건이 다른 관성계에서는 동시에 일어난 사건이 아닐 수 있다.

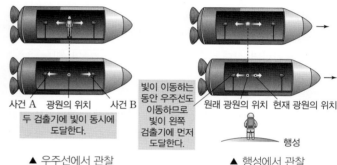

사건 A   광원의 위치   사건 B

두 검출기에 빛이 동시에 도달한다.

빛이 이동하는 동안 우주선도 이동하므로 빛이 왼쪽 검출기에 먼저 도달한다.

원래 광원의 위치   현재 광원의 위치

행성

▲ 우주선에서 관찰

▲ 행성에서 관찰

③ 시간 지연(시간 팽창): 관찰자에 대해 운동하고 있는 시계의 시간이 느리게 가므로 여러 다른 관성계에서 측정한 시간은 고유 시간보다 크다. 이것을 시간 지연이라고 한다.

- 고유 시간: 관찰자에 대해 정지해 있는 시계로 측정한 동일한 장소에서 일어난 두 사건 사이의 시간 간격을 고유 시간이라고 한다.

④ 길이 수축: 관찰자에 대해 운동하고 있는 물체는 관찰자에게 운동 방향과 나란한 방향으로 그 길이가 줄어든 것으로 보인다. 이것을 길이 수축이라고 한다.

더 알기 ◆ **시간 지연**

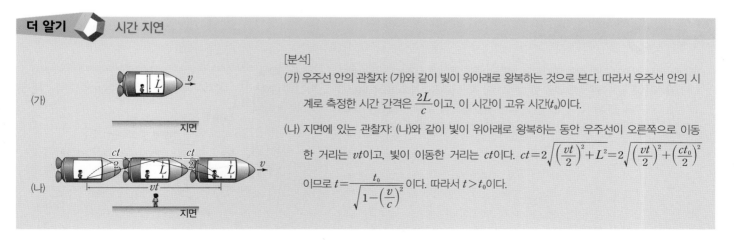

[분석]

(가) 우주선 안의 관찰자: (가)와 같이 빛이 위아래로 왕복하는 것으로 본다. 따라서 우주선 안의 시계로 측정한 시간 간격은 $\dfrac{2L}{c}$이고, 이 시간이 고유 시간(t_0)이다.

(나) 지면에 있는 관찰자: (나)와 같이 빛이 위아래로 왕복하는 동안 우주선이 오른쪽으로 이동한 거리는 vt이고, 빛이 이동한 거리는 ct이다. $ct = 2\sqrt{\left(\dfrac{vt}{2}\right)^2 + L^2} = 2\sqrt{\left(\dfrac{vt}{2}\right)^2 + \left(\dfrac{ct_0}{2}\right)^2}$

이므로 $t = \dfrac{t_0}{\sqrt{1 - \left(\dfrac{v}{c}\right)^2}}$이다. 따라서 $t > t_0$이다.

• 고유 길이: 관찰자에 대해 정지해 있는 물체의 길이 또는 한 관성계에 대하여 고정된 두 지점 사이의 길이를 고유 길이라고 한다.

지구의 관찰자가 측정한 지구에서 지구에 대해 정지해 있는 행성까지의 거리는 고유 길이(L_0)이다. 우주선의 관찰자가 측정한 지구에서 행성까지의 거리는 고유 길이(L_0)보다 짧다.

2 질량과 에너지

(1) 질량 에너지 동등성

① 정지 질량과 상대론적 질량: 관성계에 대해 정지해 있는 물체의 질량을 정지 질량(m_0)이라 하고, 운동하는 물체의 질량을 상대론적 질량(m)이라고 하며, 물체의 속력이 증가하면 상대론적 질량도 증가한다.

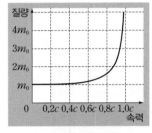

▲ 상대론적 질량

② 질량 에너지 동등성: 질량 m을 에너지 E로 환산하면 $E=mc^2$이다. 즉, 질량은 에너지로 전환될 수 있고, 반대로 에너지는 질량으로 전환될 수 있다. 정지 질량이 m_0인 물체가 정지해 있을 때 $E=m_0c^2$의 에너지를 가지며, 이것을 정지 에너지라고 한다.

③ 특수 상대성 이론에서의 에너지 보존 법칙: 질량과 에너지가 서로 변환되더라도 운동 에너지와 같은 물체의 에너지와 정지 에너지를 더한 총에너지는 항상 보존된다.

④ 질량과 에너지 사이의 전환 예
  • 태양에서의 수소 핵융합처럼 가벼운 원소들의 원자핵이 결합해서 무거운 원소가 되는 핵융합과 원자력 발전소에서처럼 무거운 원소의 원자핵이 분열해서 가벼운 원소가 되는 핵분열은 질량이 에너지로 변환되는 현상이다.

• 양전자 방출 단층 촬영(PET)에서 전자의 반입자로 양($+$)전하를 띠는 양전자와 전자가 만나면 함께 소멸하며 그 질량이 모두 에너지로 변환되어 한 쌍의 감마(γ)선을 생성한다.

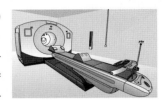

(2) **원자핵**: 원자에서 매우 작은 부피를 차지하고 있으며, 크기는 10^{-15} m 정도이다. 또한 원자핵을 구성하는 입자를 핵자라고 하며, 이 핵자에는 양성자와 중성자가 있다.

중성자 양성자

① 원자핵의 표현
  • 원자 번호(Z): 원자핵 속에 들어 있는 양성자수
  • 질량수(A): 원자핵 속 양성자수(Z)와 중성자수(N)의 합

질량수-A
원자 번호-ZX

② 동위 원소: 양성자수는 같지만 중성자수가 다른 원소로, 화학적 성질은 같으나 물리적 성질은 다르다.
  예 수소($^1_1$H)의 동위 원소에는 중수소($^2_1$H), 삼중수소($^3_1$H)가 있다.

(3) **핵반응**: 원자핵이 분열하거나 융합하는 것을 말하며, 핵반응을 하는 동안 반응 전후 전하량과 질량수는 보존되고, 분열하거나 융합하는 과정에서 반응 전 질량의 총합보다 반응 후 질량의 총합이 작아진다. 이때 핵반응 후 줄어든 질량을 질량 결손이라고 하며, 질량 결손에 해당하는 에너지가 방출된다.

$$^a_w\mathrm{A}+^b_x\mathrm{B} \longrightarrow ^c_y\mathrm{C}+^d_z\mathrm{D}+에너지 \left(\begin{array}{l} \text{• 전하량 보존: } w+x=y+z \\ \text{• 질량수 보존: } a+b=c+d \end{array} \right)$$

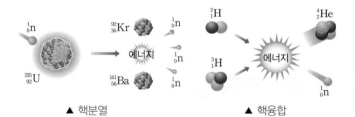

▲ 핵분열   ▲ 핵융합

핵분열과 핵융합 과정에서 발생하는 질량 결손에 해당하는 만큼 에너지가 방출된다.

더 알기 　 원자핵의 안정성

핵자당 평균 질량이 가장 작은 원자핵은 철($^{56}_{26}$Fe) 원자핵이다. 우라늄과 같이 철보다 질량수가 큰 원자핵은 핵분열을 할 때 핵자당 평균 질량이 감소하므로 에너지를 방출하여 더욱 안정해진다. 반대로 수소나 헬륨과 같이 철보다 질량수가 작은 원자핵은 핵융합을 할 때 핵자당 평균 질량이 감소하므로 에너지를 방출하여 더욱 안정해진다.

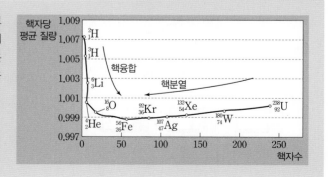

테마 대표 문제

그림과 같이 관찰자 A에 대해 광원 P, 검출기, 광원 Q가 정지해 있고 관찰자 B, C가 탄 우주선이 각각 광속에 가까운 속력으로 P, 검출기, Q를 잇는 직선과 나란하게 서로 반대 방향으로 등속도 운동을 한다. A의 관성계에서, P, Q에서 검출기를 향해 동시에 방출된 빛은 검출기에 동시에 도달한다. P와 Q 사이의 거리는 B의 관성계에서가 C의 관성계에서보다 크다.

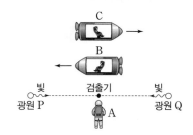

이에 대한 설명으로 옳은 것만을 〈보기〉에서 있는 대로 고른 것은?

> 보기
>
> ㄱ. A의 관성계에서, B의 시간은 C의 시간보다 느리게 간다.
> ㄴ. B의 관성계에서, 빛은 P에서가 Q에서보다 먼저 방출된다.
> ㄷ. C의 관성계에서, 검출기에서 P까지의 거리는 검출기에서 Q까지의 거리보다 크다.

① ㄱ   ② ㄴ   ③ ㄱ, ㄷ   ④ ㄴ, ㄷ   ⑤ ㄱ, ㄴ, ㄷ

접근 전략

한 지점에서 동시에 일어난 두 사건은 다른 관성계에서도 동시에 일어난다.

간략 풀이

✗ P와 Q 사이의 거리는 B의 관성계에서가 C의 관성계에서보다 크므로 길이 수축 효과는 C의 관성계에서가 B의 관성계에서보다 더 많이 일어났다. 우주선의 속력이 클수록 길이 수축 효과와 시간 지연 효과가 더 많이 일어나므로 A의 관성계에서 우주선의 속력은 C가 B보다 크다. 따라서 A의 관성계에서 C의 시간이 B의 시간보다 느리게 간다.

◯ A의 관성계에서 P와 Q에서 검출기를 향해 동시에 방출된 빛은 검출기에 동시에 도달하고, B의 관성계에서도 P와 Q에서 방출된 빛은 검출기에 동시에 도달한다. B의 관성계에서 검출기는 Q와 가까워지는 방향으로 이동하므로 검출기에 빛이 동시에 도달하기 위해서 빛은 P에서가 Q에서보다 먼저 방출되어야 한다.

✗ C의 관성계에서 P와 Q 사이의 거리는 동일한 비율로 수축되므로 검출기에서 P까지의 거리는 검출기에서 Q까지의 거리와 같다.

정답 | ②

닮은 꼴 문제로 유형 익히기

정답과 해설 21쪽

▶ 24066-0090

그림과 같이 관찰자 A에 대해 관찰자 B가 탄 우주선이 광속에 가까운 속력으로 광원 P, 검출기, 광원 Q를 잇는 직선과 나란하게 등속도 운동을 한다. A의 관성계에서, P, Q에서 검출기를 향해 동시에 방출된 빛은 검출기에 동시에 도달한다.
이에 대한 설명으로 옳은 것만을 〈보기〉에서 있는 대로 고른 것은?

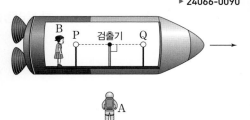

> 보기
>
> ㄱ. P에서 검출기까지의 거리는 A의 관성계에서가 B의 관성계에서보다 크다.
> ㄴ. Q에서 방출된 빛이 검출기까지 진행한 거리는 A의 관성계에서가 B의 관성계에서보다 작다.
> ㄷ. B의 관성계에서, 빛은 P에서가 Q에서보다 먼저 방출된다.

① ㄱ   ② ㄴ   ③ ㄷ   ④ ㄱ, ㄴ   ⑤ ㄴ, ㄷ

유사점과 차이점

한 지점에서 동시에 일어난 사건에 대해 다룬다는 점에서 대표 문제와 유사하지만, 검출기와 광원이 우주선에 있다는 점이 다르다.

배경 지식

한 지점에서 동시에 일어난 두 사건은 다른 관성계에서도 동시에 일어난다.

01
▶24066-0091

그림은 관찰자 A, B가 탄 우주선이 관찰자 C가 탄 우주선에 대해 서로 반대 방향으로 각각 0.6c, 0.8c의 속력으로 등속도 운동을 하는 것을 나타낸 것이다. A, B, C가 탄 우주선의 고유 길이는 모두 같고, 각각의 우주선에서 광원과 거울 사이의 고유 길이는 같다. 빛 p, q, r는 A, B, C가 탄 우주선의 광원에서 각각 방출된 빛이다.

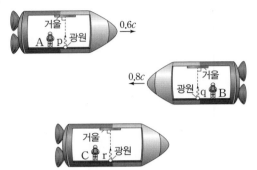

이에 대한 설명으로 옳은 것만을 〈보기〉에서 있는 대로 고른 것은? (단, c는 빛의 속력이다.)

〈보기〉
ㄱ. C의 관성계에서, A가 탄 우주선의 길이는 B가 탄 우주선의 길이보다 길다.
ㄴ. B의 관성계에서, p와 r의 속력은 같다.
ㄷ. C의 관성계에서, 광원에서 방출된 빛이 거울에 도달할 때까지 걸린 시간은 p가 q보다 크다.

① ㄱ ② ㄷ ③ ㄱ, ㄴ ④ ㄴ, ㄷ ⑤ ㄱ, ㄴ, ㄷ

02
▶24066-0092

그림은 관찰자 A가 탄 우주선이 관찰자 B에 대해 0.8c의 속력으로 등속도 운동을 하는 것을 나타낸 것이다. A의 관성계에서, 광원 P, Q에서 동시에 방출된 빛은 검출기에 동시에 도달한다. B의 관성계에서, 우주선의 운동 방향은 P와 검출기를 잇는 직선과 나란한 방향이다.

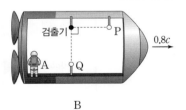

이에 대한 설명으로 옳은 것만을 〈보기〉에서 있는 대로 고른 것은? (단, c는 빛의 속력이다.)

〈보기〉
ㄱ. A의 관성계에서, B의 시간은 A의 시간보다 빠르게 간다.
ㄴ. B의 관성계에서, 빛은 Q에서가 P에서보다 먼저 방출된다.
ㄷ. B의 관성계에서, P와 검출기 사이의 거리는 Q와 검출기 사이의 거리보다 크다.

① ㄱ ② ㄴ ③ ㄷ ④ ㄱ, ㄴ ⑤ ㄱ, ㄷ

03
▶24066-0093

그림은 관찰자 A가 탄 우주선이 관찰자 B에 대해 행성 P에서 행성 Q를 향해 0.6c의 속력으로 등속도 운동을 하는 것을 나타낸 것이다. Q에 정지해 있는 B는 A가 P를 지나는 순간 빛 신호를 A를 향해 보낸다. B의 관성계에서, 정지해 있는 P와 Q 사이의 거리는 6광년이다.

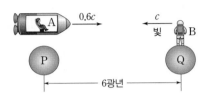

이에 대한 설명으로 옳은 것만을 〈보기〉에서 있는 대로 고른 것은? (단, c는 빛의 속력이고, 1광년은 빛이 1년 동안 진행한 거리이다.)

〈보기〉
ㄱ. B가 보낸 빛 신호의 속력은 A의 관성계에서가 B의 관성계에서보다 크다.
ㄴ. A의 관성계에서, P가 A를 지난 순간부터 Q가 A를 지날 때까지 걸린 시간은 10년이다.
ㄷ. B의 관성계에서, B가 빛 신호를 보낸 순간부터 A가 빛 신호를 수신하는 데까지 걸린 시간은 $\frac{15}{4}$년이다.

① ㄱ ② ㄴ ③ ㄷ ④ ㄱ, ㄴ ⑤ ㄴ, ㄷ

04
▶24066-0094

그림과 같이 관찰자 A가 탄 우주선이 관찰자 B에 대해 0.8c의 속력으로 등속도 운동을 한다. 광원에서 방출된 빛은 거울 P, Q를 향해 진행하고, 우주선의 운동 방향은 P와 광원을 잇는 직선과 나란하다. 표는 A, B의 관성계에서 측정한 물리량을 나타낸 것이다.

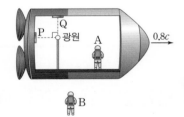

관성계	광원에서 P까지의 거리	광원에서 Q까지의 거리	빛이 광원에서 P에 도달할 때까지 걸린 시간	빛이 광원에서 Q에 도달할 때까지 걸린 시간
A	L	ⓒ	T	T
B	ⓐ	L	ⓑ	ⓓ

이에 대한 설명으로 옳은 것만을 〈보기〉에서 있는 대로 고른 것은? (단, c는 빛의 속력이다.)

〈보기〉
ㄱ. ⓐ<ⓒ이다.
ㄴ. ⓑ>ⓓ이다.
ㄷ. $L<cT$이다.

① ㄱ ② ㄴ ③ ㄷ ④ ㄱ, ㄴ ⑤ ㄱ, ㄷ

05

▶24066-0095

그림은 관찰자 P에 대해 관찰자 Q, R가 탄 우주선이 각각 서로 반대 방향으로 $0.6c$, $0.8c$의 속력으로 등속도 운동을 하는 것을 나타낸 것이다. P에 대해 광원, 검출기 A, B, C는 정지해 있고, P의 관성계에서 광원에서 방출된 빛은 A, B, C에 동시에 도달한다. Q, R가 탄 우주선의 운동 방향은 A, 광원, B를 잇는 직선과 나란하다.

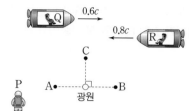

이에 대한 설명으로 옳은 것만을 〈보기〉에서 있는 대로 고른 것은? (단, c는 빛의 속력이다.)

┌─ 보기 ┌
ㄱ. Q의 관성계에서, 광원에서 방출된 빛은 C보다 B에 먼저 도달한다.
ㄴ. R의 관성계에서, A와 광원 사이의 거리는 B와 광원 사이의 거리보다 작다.
ㄷ. C에서 광원까지의 거리는 Q의 관성계에서가 R의 관성계에서보다 크다.

① ㄱ   ② ㄴ   ③ ㄷ   ④ ㄱ, ㄴ   ⑤ ㄱ, ㄷ

06

▶24066-0096

다음은 특수 상대성 이론에 대한 사고 실험의 일부이다.

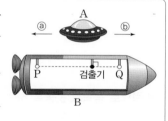

우주선 B에 대해 우주선 A가 광속에 가까운 속력으로 등속도 운동을 하고 있다. 광원 P, 검출기, 광원 Q를 잇는 직선은 A의 운동 방향과 나란하다. B의 관성계에서 A의 운동 방향은 ⓐ와 ⓑ 중 하나이다.

[자료 분석]
(가) A의 관성계에서, P, Q에서 동시에 방출된 빛은 검출기에 동시에 도달한다.
(나) B의 관성계에서, P에서 검출기까지의 거리는 Q에서 검출기까지의 거리보다 크다.
(다) P에서 Q까지의 거리는 A의 관성계에서가 B의 관성계에서보다 ⓒⓘⓔ.
[결론] B의 관성계에서 A의 운동 방향은 ⓒⓛ이다.

이에 대한 설명으로 옳은 것만을 〈보기〉에서 있는 대로 고른 것은? (단, c는 빛의 속력이다.)

┌─ 보기 ┌
ㄱ. '크다'는 ㉠에 해당한다.   ㄴ. ㉡은 ⓑ이다.
ㄷ. B의 관성계에서, 빛은 P보다 Q에서 먼저 방출된다.

① ㄱ   ② ㄴ   ③ ㄷ   ④ ㄱ, ㄴ   ⑤ ㄴ, ㄷ

07

▶24066-0097

다음은 두 가지 핵반응을 나타낸 것이다.

(가) $^{235}_{92}\text{U} + ^{1}_{0}\text{n} \longrightarrow ^{141}_{56}\text{Ba} + ^{92}_{36}\text{Kr} + 3^{1}_{0}\text{n} + 200\,\text{MeV}$

(나) $^{2}_{1}\text{H} + ^{3}_{2}\text{He} \longrightarrow ^{4}_{2}\text{He} + \boxed{\ \ ㉠\ \ } + 18.3\,\text{MeV}$

이에 대한 설명으로 옳은 것만을 〈보기〉에서 있는 대로 고른 것은?

┌─ 보기 ┌
ㄱ. (가)는 핵분열 반응이다.
ㄴ. ㉠의 중성자수는 1이다.
ㄷ. (나)에서 입자들의 질량수의 합은 반응 전이 반응 후보다 크다.

① ㄱ   ② ㄷ   ③ ㄱ, ㄴ
④ ㄴ, ㄷ   ⑤ ㄱ, ㄴ, ㄷ

08

▶24066-0098

다음은 두 가지 핵반응을 나타낸 것이다.

(가) $^{2}_{1}\text{H} + \boxed{\ \ ㉠\ \ } \longrightarrow ^{3}_{2}\text{He} + 5.49\,\text{MeV}$

(나) $^{2}_{1}\text{H} + ^{2}_{1}\text{H} \longrightarrow \boxed{\ \ ㉠\ \ } + \boxed{\ \ ㉡\ \ } + 4.1\,\text{MeV}$

이에 대한 설명으로 옳은 것만을 〈보기〉에서 있는 대로 고른 것은?

┌─ 보기 ┌
ㄱ. 질량 결손은 (가)에서가 (나)에서보다 크다.
ㄴ. ㉠은 양성자수와 중성자수가 같다.
ㄷ. ㉡은 헬륨 원자핵이다.

① ㄱ   ② ㄴ   ③ ㄷ
④ ㄱ, ㄴ   ⑤ ㄱ, ㄷ

수능 3점 테스트

01

▶ 24066-0099

그림은 우주선 A의 관성계에서 +x 방향으로 $0.8c$의 속력으로 등속도 운동을 하는 우주선 B가 터널을 통과하는 순간의 모습을 나타낸 것이다. A의 관성계에서, x축과 나란한 방향으로 길이가 L인 터널은 정지해 있고 B의 앞쪽 끝이 터널의 출구를 지나는 순간 B의 뒤쪽 끝이 터널의 입구를 지난다.

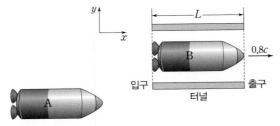

이에 대한 설명으로 옳은 것만을 〈보기〉에서 있는 대로 고른 것은? (단, c는 빛의 속력이다.)

┌─ 보기 ┐
ㄱ. A의 관성계에서, B의 시간은 A의 시간보다 느리게 간다.
ㄴ. B의 관성계에서, B의 x축과 나란한 방향으로의 길이는 L이다.
ㄷ. B의 관성계에서, 터널의 입구가 B의 앞쪽 끝을 지난 순간부터 터널의 출구가 B의 앞쪽 끝을 지날 때까지 걸린 시간은 $\dfrac{L}{0.8c}$이다.

① ㄱ   ② ㄴ   ③ ㄷ   ④ ㄱ, ㄴ   ⑤ ㄱ, ㄷ

02

▶ 24066-0100

그림은 관찰자 A에 대해 관찰자 B가 탄 우주선이 +x 방향으로 $0.8c$의 속력으로 등속도 운동을 하는 것을 나타낸 것이다. 거울 P, 광원, 거울 Q를 잇는 직선은 x축과 나란하고, 거울 R와 광원을 잇는 직선은 y축과 나란하다. 표는 A와 B의 관성계에서, 빛이 광원에서 P, Q, R까지 진행하는 데 걸린 시간을 나타낸 것이다.

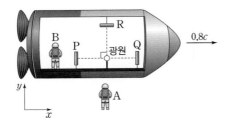

구분	A	B
광원→P	t_1	t_2
광원→Q	ⓐ	t_2
광원→R	t_1	ⓑ

이에 대한 설명으로 옳은 것만을 〈보기〉에서 있는 대로 고른 것은? (단, c는 빛의 속력이다.)

┌─ 보기 ┐
ㄱ. A의 관성계에서, 광원에서 방출된 빛이 P에 도달할 때까지 진행한 거리는 P에서 반사된 빛이 광원에 도달할 때까지 진행한 거리보다 짧다.
ㄴ. ⓑ<t_1<ⓐ이다.
ㄷ. ⓑ<t_2이다.

① ㄱ   ② ㄴ   ③ ㄱ, ㄴ   ④ ㄴ, ㄷ   ⑤ ㄱ, ㄴ, ㄷ

03

▶ 24066-0101

그림은 관찰자 P의 관성계에서, 우주선 Q는 $+x$ 방향으로, 입자 A는 $+y$ 방향으로 각각 $0.6c$, $0.8c$의 속력으로 등속도 운동을 하는 것을 나타낸 것이다. 점 a, b는 A가 운동하는 경로상의 지점이고, P의 관성계에서 a와 b 사이의 거리는 d이다.

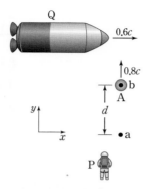

이에 대한 설명으로 옳은 것만을 〈보기〉에서 있는 대로 고른 것은? (단, c는 빛의 속력이다.)

─┐ 보기 ┌─
ㄱ. P의 상대론적 질량은 A의 관성계에서가 Q의 관성계에서보다 크다.
ㄴ. Q의 관성계에서, a와 b 사이의 거리는 d보다 작다.
ㄷ. A가 a에서 b까지 진행한 거리는 P의 관성계에서가 Q의 관성계에서보다 크다.

① ㄱ   ② ㄴ   ③ ㄷ   ④ ㄱ, ㄴ   ⑤ ㄱ, ㄷ

04

▶ 24066-0102

다음은 두 가지 핵반응을 나타낸 것이고, 표는 원자핵 a, b, c의 질량, 질량수, 중성자수를 나타낸 것이다.

(가) a+a ⟶ b+ ⬚⊙⬚ +3.27 MeV
(나) a+a ⟶ c+ ⬚ⓛ⬚ +4.03 MeV

원자핵	질량	질량수	중성자수
a	m_1	2	1
b	m_2	3	1
c	m_3	3	2

이에 대한 설명으로 옳은 것만을 〈보기〉에서 있는 대로 고른 것은?

─┐ 보기 ┌─
ㄱ. ⓛ의 양성자수는 2이다.
ㄴ. ⊙과 ⓛ의 질량의 합은 $4m_1-m_2-m_3$보다 작다.
ㄷ. 질량 결손은 (가)에서가 (나)에서보다 작다.

① ㄱ   ② ㄴ   ③ ㄷ   ④ ㄱ, ㄴ   ⑤ ㄴ, ㄷ

1 원자와 전기력

(1) 원자의 구성 입자

① 전자: 톰슨이 음극선 실험으로 발견하였다.

• 전자의 전하량: 음(−)전하를 띠며 크기는 $e=1.6\times10^{-19}$ C (기본 전하량)이다.

② 원자핵: 러더퍼드가 알파(α) 입자 산란 실험으로 발견하였다.

• 원자핵의 크기와 질량: 크기는 원자에 비해 매우 작으며, 질량은 원자 질량의 대부분을 차지한다.

• 원자핵의 전하량: 양(+)전하를 띠며 기본 전하량의 정수배이다.

톰슨의 음극선 실험	러더퍼드의 알파(α) 입자 산란 실험
음극선 (−)극 (+)극	라듐 알파(α) 입자 금박 원자핵
음극선이 (+)극판 쪽으로 휘어진다. ➡ 음극선은 음(−)전하를 띤 입자의 흐름이다.	소수의 알파(α) 입자가 큰 각도로 산란된다. ➡ 원자 중심에 양(+)전하를 띤 입자가 집중되어 있다.

(2) 전기력

① 전기력: 전하 사이에 작용하는 힘

• 같은 종류의 전하 사이에는 서로 미는 전기력이, 다른 종류의 전하 사이에는 서로 당기는 전기력이 작용한다.

② 전기력의 크기(쿨롱 법칙): 두 점전하 사이에 작용하는 전기력의 크기 F는 두 점전하 전하량의 크기의 곱에 비례하고, 두 점전하 사이의 거리의 제곱에 반비례한다.

$$F=k\frac{q_1 q_2}{r^2} \text{ (쿨롱 상수 } k=8.99\times10^9 \text{ N·m}^2/\text{C}^2)$$

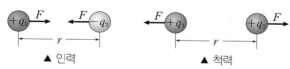

▲ 인력   ▲ 척력

③ 원자에 속박된 전자: 원자핵은 양(+)전하를 띠고 전자는 음(−)전하를 띠므로, 전자와 원자핵 사이에는 서로 당기는 전기력이 작용한다. 따라서 전자가 원자핵 주위를 벗어나지 않고 운동한다.

2 원자와 스펙트럼

(1) 스펙트럼: 빛이 파장에 따라 분리되어 나타나는 색의 띠

① 연속 스펙트럼: 색의 띠가 모든 파장에서 연속적으로 나타나는 스펙트럼 예 햇빛, 백열등 빛

② 선 스펙트럼: 특정 위치에 밝은 색의 선이 띄엄띄엄 나타나는 스펙트럼 예 수소, 네온 등과 같은 기체 방전관의 빛

• 원소의 종류에 따라 선의 위치와 개수가 다르다.

• 선 스펙트럼을 분석하여 원소의 종류를 알 수 있다.

③ 흡수 스펙트럼: 기체가 특정한 파장의 빛을 흡수하여 연속 스펙트럼에 검은 선이 나타나는 스펙트럼

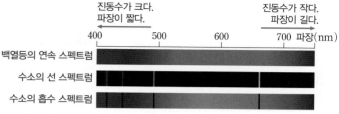

④ 빛의 에너지 E가 클수록 진동수 f가 크고 파장 λ가 짧다.

$$E=hf=\frac{hc}{\lambda} \text{ (}h\text{: 플랑크 상수, } c\text{: 진공에서 빛의 속력)}$$

(2) 원자의 에너지 준위

① 보어의 원자 모형: 원자핵을 중심으로 전자가 특정 궤도에서 원운동을 한다. 이때 전자는 전자기파를 방출하지 않고 안정한 상태로 존재한다.

② 원자핵에서 가장 가까운 궤도부터 $n=1, 2, 3, \cdots$인 궤도라고 부르며, n을 양자수라고 한다.

• 에너지 양자화: 전자는 양자수와 관련된 특정한 에너지 값만을 갖는다.

③ 에너지 준위: 원자 내 전자가 갖는 에너지 값 또는 에너지 상태

• 양자수 n이 클수록 에너지 준위도 크다.

궤도 사이에는 전자가 존재하지 않는다.   원자핵에서 멀어질수록 에너지 준위가 커진다.

수소 원자에서 전자의 에너지 상태
· $n=1$일 때: 바닥상태
➡ 가장 낮은 에너지 상태
· $n\geq2$일 때: 들뜬상태
➡ 전자가 불안정한 상태

(3) 전자의 전이와 선 스펙트럼

① 전자가 에너지 준위 사이에서 전이할 때 에너지를 흡수하거나 방출한다.

에너지를 흡수할 때	에너지를 방출할 때
전자 $E=hf$ (흡수) 전자 에너지 흡수	전자 $E=hf$ (방출) 전자 에너지 방출
전자가 낮은 에너지 준위에서 높은 에너지 준위로 전이한다. ➡ 전자가 바깥쪽 궤도로 이동한다.	전자가 높은 에너지 준위에서 낮은 에너지 준위로 전이한다. ➡ 전자가 안쪽 궤도로 이동한다.

② 원자의 에너지 준위가 불연속적이므로 원자에서 방출되는 빛의 에너지가 불연속적이고, 선 스펙트럼이 나타난다.

• 선 스펙트럼은 원자의 에너지 준위가 양자화되었음을 의미한다.

③ 광양자설: 빛은 진동수 f에 비례하는 에너지 $E=hf$를 갖는 광자의 흐름이다.

④ 양자수 m(에너지 준위 E_m), 양자수 n(에너지 준위 E_n) 사이를 전이할 때 흡수 또는 방출하는 빛의 진동수 f와 파장 λ는 다음과 같다.

$$f=\frac{c}{\lambda}=\frac{|E_m-E_n|}{h}$$

(4) 수소 원자의 선 스펙트럼

① 수소 원자의 에너지 준위: $E_n = -\dfrac{13.6}{n^2}$ eV (단, $n=1, 2, 3, \cdots$)

② 에너지 준위가 불연속적이므로 수소 원자에서 방출되는 빛은 선 스펙트럼으로 나타난다.

❸ 에너지띠 이론

(1) 고체의 에너지띠

① 기체 원자: 원자들이 멀리 떨어져 있어 원자의 에너지 준위가 독립적이다.

② 고체 원자: 원자 사이의 거리가 매우 가까워 인접한 원자들의 에너지 준위가 겹친다.

• 에너지띠: 전자의 에너지 준위가 매우 가까워 연속적인 것으로 취급할 수 있는 에너지 준위 영역

▲ 원자가 1개일 때   ▲ 원자가 2개일 때   ▲ 원자가 매우 많을 때

(2) 에너지띠 구조

① 허용된 띠: 전자가 존재할 수 있는 영역

• 원자가 띠: 원자의 가장 바깥쪽에 있는 원자가 전자가 차지하는 에너지띠로, 전자가 채워져 있다.

• 전도띠: 원자가 띠 위에 있는 에너지띠로, 원자가 띠의 전자가 띠 간격 이상의 에너지를 흡수하면 전도띠로 전이할 수 있다.

② 원자가 띠와 전도띠 사이의 띠 간격에는 전자가 존재할 수 없다.

❹ 물질의 전기 전도성

(1) 고체의 전기 전도성: 물질 내에서 전류가 얼마나 잘 흐르는지를 나타내는 성질로, 에너지띠의 구조에 따라 달라진다.

① 전자가 모두 채워져 있는 원자가 띠에 있는 전자는 자유롭게 움직이지 못하지만 전도띠로 전이한 전자는 자유롭게 움직일 수 있다.

② 자유 전자: 전도띠로 전이한 전자로, 작은 에너지만 주어져도 자유롭게 움직인다.

③ 양공: 원자가 띠에 전자가 채워질 수 있는 빈 자리로, 이웃한 전자가 채워지면서 움직일 수 있기 때문에 양(+)전하를 띤 입자와 같은 역할을 한다.

(2) 전기 전도성과 에너지띠

구분	도체	절연체(부도체)	반도체
정의	전기가 잘 통하는 물질	전기가 잘 통하지 않는 물질	전기 전도성이 도체와 절연체의 중간 정도인 물질
전기 저항	매우 작다.	매우 크다.	절연체보다 작다.
예	은, 구리, 알루미늄	나무, 고무, 유리	규소(Si), 저마늄(Ge)
에너지띠 구조	원자가 띠의 일부분만 전자가 채워져 있거나 원자가 띠와 전도띠가 일부 겹쳐 있다.	원자가 띠가 모두 전자로 채워져 있고, 원자가 띠와 전도띠 사이의 띠 간격이 매우 크다.	원자가 띠가 모두 전자로 채워져 있고, 원자가 띠와 전도띠 사이의 띠 간격이 작다.
전자의 이동	전자가 비어 있는 에너지 준위로 쉽게 이동할 수 있으므로 전류가 잘 흐른다.	전류가 흐르기 위해서는 원자가 띠의 전자가 띠 간격 이상의 에너지를 얻어 전도띠로 전이해야 한다. 띠 간격이 커서 상온에서 전도띠로 전자의 전이가 거의 일어나지 않는다.	띠 간격이 작아서 상온에서 전도띠에 전자가 일부 존재한다.

(3) 전기 전도도: 고체에서 전류가 잘 흐르는 정도를 나타내는 물리량

① 비저항(ρ): 일정한 온도에서 물체의 저항 R는 길이 l에 비례하고 단면적 A에 반비례한다. 이때 비례 상수를 비저항(ρ)이라고 한다. 비저항의 단위는 $\Omega \cdot$m이다. ➡ $R = \rho\dfrac{l}{A}$

② 전기 전도도(σ): 비저항의 역수와 같다.

➡ $\sigma = \dfrac{1}{\rho}$ (단위: $\Omega^{-1} \cdot$m^{-1})

더 알기   점전하 3개가 나란히 있고, 한 점전하에 작용하는 전기력이 0일 때 나머지 두 점전하에 대한 정보

① 가장 자리에 있는 점전하에 작용하는 전기력이 0인 경우

• 나머지 두 점전하의 전하의 종류가 다르다.

• 전하량의 크기는 나머지 두 점전하 중 멀리 떨어져 있는 점전하가 가까이에 있는 점전하보다 크다.

📘 A에 작용하는 전기력이 0일 때

• B와 C의 전하의 종류가 다르다.

• 전하량의 크기는 C가 B보다 크다.

② 두 점전하 사이에 있는 점전하에 작용하는 전기력이 0인 경우

• 나머지 두 점전하의 전하의 종류가 같다.

• 이웃하는 점전하 사이의 간격이 동일하면, 나머지 두 점전하의 전하량의 크기는 서로 같다.

• 이웃하는 점전하 사이의 간격이 다르면, 나머지 두 점전하 중 멀리 떨어져 있는 점전하가 가까이에 있는 점전하보다 전하량의 크기가 크다.

📘 점전하 사이의 간격이 동일하고, B에 작용하는 전기력이 0일 때

• A와 C의 전하의 종류가 같고, 전하량의 크기도 같다.

| 2024학년도 대수능 |

그림 (가)는 보어의 수소 원자 모형에서 양자수 n에 따른 에너지 준위와 전자의 전이에 따른 스펙트럼 계열 중 라이먼 계열, 발머 계열을 나타낸 것이다. 그림 (나)는 (가)에서 방출되는 빛의 스펙트럼 계열을 파장에 따라 나타낸 것으로 X, Y는 라이먼 계열, 발머 계열 중 하나이고, ㉠과 ㉡은 각 계열에서 파장이 가장 긴 빛의 스펙트럼선이다.
이에 대한 설명으로 옳은 것만을 〈보기〉에서 있는 대로 고른 것은?

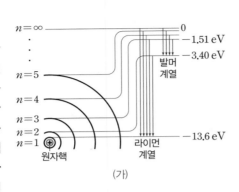

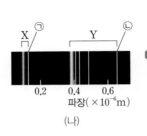

(가)

(나)

┌─ 보기 ┐
ㄱ. X는 라이먼 계열이다.
ㄴ. 광자 1개의 에너지는 ㉠에서가 ㉡에서보다 작다.
ㄷ. ㉡은 전자가 $n=\infty$에서 $n=2$로 전이할 때 방출되는 빛의 스펙트럼선이다.
└──────┘

① ㄱ　　② ㄴ　　③ ㄱ, ㄷ　　④ ㄴ, ㄷ　　⑤ ㄱ, ㄴ, ㄷ

접근 전략

보어의 수소 원자 모형에서 전자가 높은 에너지 준위에서 낮은 에너지 준위로 전이할 때 방출하는 에너지는 방출하는 빛의 진동수에 비례한다.

간략 풀이

㉠ X의 스펙트럼선은 Y의 스펙트럼선보다 파장이 짧다. 따라서 X는 전자가 $n \geq 2$인 궤도에서 $n=1$인 궤도로 전이하는 라이먼 계열이다.

✗ 광자 1개의 에너지는 방출되는 빛의 진동수가 클수록 크다. 따라서 광자 1개의 에너지는 ㉠에서가 ㉡에서보다 크다.

✗ ㉡은 발머 계열에서 파장이 가장 긴 빛의 스펙트럼선이다. 따라서 ㉡은 전자가 $n=3$에서 $n=2$로 전이할 때 방출되는 빛의 스펙트럼선이다.

정답 | ①

닮은 꼴 문제로 유형 익히기

정답과 해설 23쪽

▶ 24066-0103

그림 (가)는 보어의 수소 원자 모형에서 양자수 n에 따른 에너지 준위와 전자의 전이를 나타낸 것이다. 그림 (나)는 (가)에서 방출되는 빛의 스펙트럼 계열을 파장에 따라 라이먼 계열과 발머 계열로 나타낸 것이다. a는 전자가 에너지 준위 $n=3$에서 $n=2$로 전이하는 과정이고, X, Y는 라이먼 계열, 발머 계열 중 하나이며, E는 Y에서 방출하는 광자 1개의 에너지 중 하나이다.
이에 대한 설명으로 옳은 것만을 〈보기〉에서 있는 대로 고른 것은?

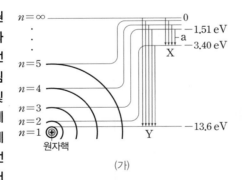

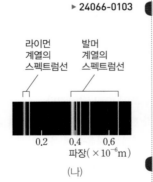

(가)

(나)

┌─ 보기 ┐
ㄱ. X는 발머 계열이다.
ㄴ. $E < 10.2$ eV이다.
ㄷ. a에서 방출하는 빛은 자외선 영역의 빛이다.
└──────┘

① ㄱ　　② ㄴ　　③ ㄷ　　④ ㄱ, ㄴ　　⑤ ㄴ, ㄷ

유사점과 차이점

보어의 수소 원자 모형에서 양자수 n에 따른 에너지 준위와 전자의 전이에 따른 라이먼 계열과 발머 계열을 설명하는 부분은 유사하지만 각각의 계열의 특징과 방출하는 광자 1개의 에너지를 정량적으로 구하는 부분이 다르다.

배경 지식

라이먼 계열과 발머 계열에서 방출되는 빛은 각각 자외선 영역과 가시광선을 포함하는 영역의 빛이다.

01
▶24066-0104

그림과 같이 점전하 A~D를 원점으로부터 각각 d만큼 떨어진 x축과 y축상에, 점전하 E를 원점에 고정시켰다. E에 작용하는 전기력은 0이고, 전하량의 크기는 A가 B의 2배이며, C와 E는 양(＋)전하이다.

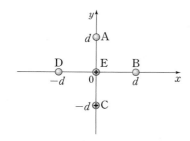

이에 대한 설명으로 옳은 것만을 〈보기〉에서 있는 대로 고른 것은?

보기
ㄱ. A가 E에 작용하는 전기력의 방향은 $-y$ 방향이다.
ㄴ. 전하량의 크기는 C가 D의 2배이다.
ㄷ. A가 C에 작용하는 전기력의 크기와 B가 D에 작용하는 전기력의 크기는 같다.

① ㄱ   ② ㄷ   ③ ㄱ, ㄴ
④ ㄱ, ㄷ   ⑤ ㄴ, ㄷ

02
▶24066-0105

그림 (가)와 같이 길이가 같은 절연된 실에 매단 질량이 같은 대전된 도체구 A, B, C가 정지해 있다. 그림 (나)는 (가)에서 B의 전하량의 크기만 변화시켰을 때 A, B, C가 정지해 있는 모습을 나타낸 것이다. $\theta_1 > \theta_2$이고 A, B에 대전된 전하의 종류는 같다.

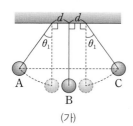 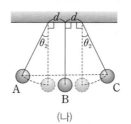

(가)   (나)

이에 대한 설명으로 옳은 것만을 〈보기〉에서 있는 대로 고른 것은? (단, 실의 질량, A, B, C의 크기는 무시한다.)

보기
ㄱ. 전하량의 크기는 A와 C가 같다.
ㄴ. A와 C는 같은 종류의 전하이다.
ㄷ. B의 전하량의 크기는 (가)에서가 (나)에서보다 크다.

① ㄱ   ② ㄷ   ③ ㄱ, ㄴ
④ ㄴ, ㄷ   ⑤ ㄱ, ㄴ, ㄷ

03
▶24066-0106

그림 (가), (나)와 같이 점전하 A, B와 C, D를 x축상에 고정시킨다. A는 양(＋)전하이고 C는 음(－)전하이며, 전하량의 크기는 A가 D의 2배이다. (가)와 (나)에서 점 p, q와 r, s는 x축상의 점이고, 전하량의 크기가 같은 양(＋)전하인 점전하를 각각 q, r에 놓았을 때 q, r에 놓인 점전하에 작용하는 전기력은 0이다.

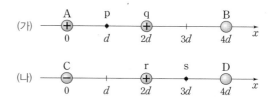

q, r에 놓인 점전하를 각각 (가)에서는 p로, (나)에서는 s로 이동시켰을 때, 이에 대한 설명으로 옳은 것만을 〈보기〉에서 있는 대로 고른 것은?

보기
ㄱ. 전하량의 크기는 A가 B보다 크다.
ㄴ. p, s에 놓인 점전하에 작용하는 전기력의 방향은 서로 같다.
ㄷ. p에 놓인 점전하에 작용하는 전기력의 크기는 s에 놓인 점전하에 작용하는 전기력의 크기의 2배이다.

① ㄱ   ② ㄷ   ③ ㄱ, ㄴ
④ ㄴ, ㄷ   ⑤ ㄱ, ㄴ, ㄷ

04
▶24066-0107

그림은 보어의 수소 원자 모형에서 양자수 n에 따른 전자의 궤도 일부와 전자의 전이 a, b, c를 나타낸 것이다. b, c에서 방출되는 빛의 파장은 각각 λ_b, λ_c이다.

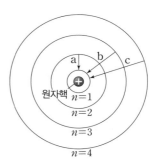

이에 대한 설명으로 옳은 것만을 〈보기〉에서 있는 대로 고른 것은?

보기
ㄱ. $\lambda_b < \lambda_c$이다.
ㄴ. a에서 방출된 빛은 자외선이다.
ㄷ. 전이하기 전 전자의 에너지는 b 과정에서가 c 과정에서보다 크다.

① ㄱ   ② ㄴ   ③ ㄱ, ㄷ
④ ㄴ, ㄷ   ⑤ ㄱ, ㄴ, ㄷ

05

▶24066-0108

그림 (가), (나)는 보어의 수소 원자 모형에서 전자가 원자핵을 중심으로 특정한 궤도 p, q, r 중 p, r에서 각각 원운동을 하는 모습을 나타낸 것이다.

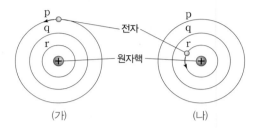

이에 대한 설명으로 옳은 것만을 〈보기〉에서 있는 대로 고른 것은?

┌─ 보기 ┐
ㄱ. 전자의 에너지 준위는 p에서가 r에서보다 낮다.
ㄴ. (가)에서 전자가 p에서 r로 전이할 때 방출하는 에너지와 (나)에서 전자가 r에서 q로 전이할 때 흡수하는 에너지는 같다.
ㄷ. 원자핵과 전자 사이에는 서로 당기는 전기력이 작용한다.

① ㄱ   ② ㄷ   ③ ㄱ, ㄴ
④ ㄴ, ㄷ   ⑤ ㄱ, ㄴ, ㄷ

06

▶24066-0109

그림 (가)는 보어의 수소 원자 모형에서 양자수 n에 따른 전자의 에너지 준위 일부와 전자의 전이 a, b, c, d를 나타낸 것이다. 그림 (나)는 (가)의 a 또는 b의 전이 중 방출된 빛이 파장에 따라 분리되어 나타난 스펙트럼선 p를 나타낸 것이다.

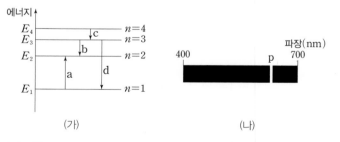

이에 대한 설명으로 옳은 것만을 〈보기〉에서 있는 대로 고른 것은? (단, h는 플랑크 상수이다.)

┌─ 보기 ┐
ㄱ. a에서는 빛을 흡수한다.
ㄴ. p에 해당하는 빛의 진동수는 $\dfrac{|E_3-E_2|}{h}$이다.
ㄷ. c에서 방출되는 빛의 파장은 d에서 방출되는 빛의 파장보다 짧다.

① ㄱ   ② ㄷ   ③ ㄱ, ㄴ
④ ㄱ, ㄷ   ⑤ ㄴ, ㄷ

07

▶24066-0110

그림 (가), (나)는 도체와 반도체 중 하나인 고체 A, B의 에너지띠 구조를 순서 없이 나타낸 것이다. 표는 A, B의 전기 전도도를 나타낸 것이다.

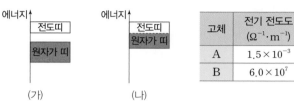

고체	전기 전도도 $(\Omega^{-1} \cdot m^{-1})$
A	1.5×10^{-3}
B	6.0×10^{7}

이에 대한 설명으로 옳은 것만을 〈보기〉에서 있는 대로 고른 것은?

┌─ 보기 ┐
ㄱ. (가)는 A의 에너지띠 구조이다.
ㄴ. B는 도체이다.
ㄷ. (나)의 에너지띠 구조에서는 (가)의 에너지띠 구조에서보다 상온에서 원자 사이를 자유롭게 이동할 수 있는 전자들이 많다.

① ㄱ   ② ㄷ   ③ ㄱ, ㄴ
④ ㄴ, ㄷ   ⑤ ㄱ, ㄴ, ㄷ

08

▶24066-0111

다음은 재질이 같은 고체 A, B, C의 전기적 성질을 확인하는 실험이다.

[실험 과정]
(가) 길이는 같고 단면적이 다른 원기둥 막대 A, B와 B와 단면적은 같고 길이는 다른 원기둥 막대 C를 준비한다.

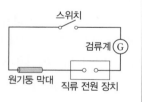

(나) 그림과 같이 회로에 A를 연결한다.
(다) 스위치를 닫아 검류계에 흐르는 전류의 세기를 측정한다.
(라) (나)에서 A를 B로 바꾸어 (다)를 반복한다.
(마) (라)에서 B를 C로 바꾸어 (다)를 반복한다.

[실험 결과]
• 전류의 세기는 A를 연결했을 때가 B를 연결했을 때보다 크다.
• 전류의 세기는 B를 연결했을 때가 C를 연결했을 때보다 크다.

이에 대한 설명으로 옳은 것만을 〈보기〉에서 있는 대로 고른 것은?

┌─ 보기 ┐
ㄱ. 단면적은 A가 B보다 크다.
ㄴ. 길이는 B가 C보다 길다.
ㄷ. 전기 전도도는 A가 C보다 작다.

① ㄱ   ② ㄷ   ③ ㄱ, ㄴ   ④ ㄴ, ㄷ   ⑤ ㄱ, ㄴ, ㄷ

01

▶ 24066-0112

그림 (가)는 x축상에 점전하 A, B, C와 양(+)전하인 점전하 P를 고정시킨 모습을, (나)는 (가)에서 C를 제외한 A, P, B만 고정시킨 모습을 나타낸 것이다. 그림 (다)는 (가)에서 P를 x축을 따라 +x 방향으로 이동시키며 고정시켰을 때 P의 위치 x가 $d \leq x \leq 3d$인 구간에서 P에 작용하는 전기력을 나타낸 것으로, 전기력의 방향은 +x 방향일 때가 양(+)이다. 전하량의 크기는 A가 B의 2배이고, B, C는 양(+)전하이다.

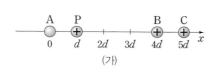

(가)

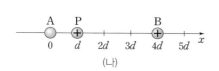

(나)

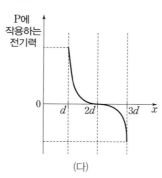

(다)

이에 대한 설명으로 옳은 것만을 〈보기〉에서 있는 대로 고른 것은?

┌ 보기 ┐
ㄱ. A는 양(+)전하이다.
ㄴ. 전하량의 크기는 B가 C의 $\frac{8}{9}$배이다.
ㄷ. (나)에서 P에 작용하는 전기력의 방향은 +x 방향이다.

① ㄱ   ② ㄴ   ③ ㄱ, ㄷ   ④ ㄴ, ㄷ   ⑤ ㄱ, ㄴ, ㄷ

02

▶ 24066-0113

그림 (가), (나)와 같이 x축상에서 점전하 B의 위치만 다르게 하여 점전하 A, B, C를 고정시킨다. A는 음(−)전하이고, B는 양(+)전하이다. 표는 (가), (나)에서 B에 작용하는 전기력의 크기와 방향을 나타낸 것이다.

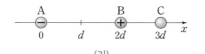

(가)

(나)

구분	B에 작용하는 전기력의 크기	B에 작용하는 전기력의 방향
(가)	F	+x 방향
(나)	$2F$	−x 방향

이에 대한 설명으로 옳은 것만을 〈보기〉에서 있는 대로 고른 것은?

┌ 보기 ┐
ㄱ. C는 음(−)전하이다.
ㄴ. 전하량의 크기는 A가 C의 $\frac{2}{3}$배이다.
ㄷ. B에 작용하는 전기력이 0인 B의 위치 x는 $d < x < 2d$인 구간에 존재한다.

① ㄱ   ② ㄴ   ③ ㄱ, ㄷ   ④ ㄴ, ㄷ   ⑤ ㄱ, ㄴ, ㄷ

03

▶24066-0114

그림은 보어의 수소 원자 모형에서 양자수 n에 따른 에너지 준위의 일부와 전자의 전이 a, b, c, d를 나타낸 것이고, 표는 n에 따른 전자의 에너지를 나타낸 것이다. 전자의 전이 과정에서 흡수 또는 방출하는 광자 1개의 에너지는 a, c에서 각각 10.2 eV, 0.66 eV이다.

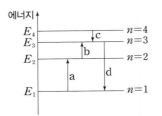

양자수	에너지
$n=1$	㉠
$n=2$	-3.40 eV
$n=3$	㉡
$n=4$	-0.85 eV

이에 대한 설명으로 옳은 것만을 〈보기〉에서 있는 대로 고른 것은?

보기
ㄱ. ㉠은 -13.6 eV이다.
ㄴ. b에서 흡수하는 광자 1개의 에너지는 0.66 eV보다 작다.
ㄷ. d에서 방출하는 광자 1개의 에너지는 |㉠$-$㉡|이다.

① ㄴ   ② ㄷ   ③ ㄱ, ㄴ   ④ ㄱ, ㄷ   ⑤ ㄱ, ㄴ, ㄷ

04

▶24066-0115

다음은 단면적과 길이가 같은 도체 A, B의 전기 전도도를 알아보기 위한 탐구이다.

[자료 조사 결과]

그림 (가)와 같이 직류 전원 장치와 전류계가 연결된 전기 회로에 A, B의 양 끝을 각각 연결하여 전압에 따른 전류의 세기를 측정한 결과를 그래프로 나타내었더니 (나)와 같았다. P, Q는 A, B를 연결했을 때의 결과를 순서 없이 나타낸 것이다.

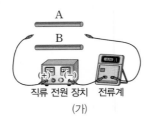

(가)

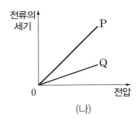

(나)

[실험 과정]
(1) 오른쪽 그림과 같이 저항 측정기에 A, B를 각각 연결하여 저항값을 측정한다.
(2) 측정한 저항값을 이용하여 A, B의 전기 전도도를 각각 구한다.

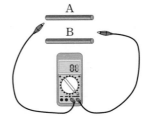

[실험 결과]

도체	A	B
전기 전도도($\Omega^{-1}\cdot m^{-1}$)	3.50×10^7	6.30×10^7

이에 대한 설명으로 옳은 것만을 〈보기〉에서 있는 대로 고른 것은? (단, A, B의 온도는 일정하다.)

보기
ㄱ. P는 B를 연결했을 때의 결과이다.
ㄴ. 도체의 비저항은 A가 B보다 작다.
ㄷ. A의 길이만 2배로 하여 실험할 경우 A의 전기 전도도는 $3.50 \times 10^7 \ \Omega^{-1} \cdot m^{-1}$보다 크다.

① ㄱ   ② ㄴ   ③ ㄱ, ㄷ   ④ ㄴ, ㄷ   ⑤ ㄱ, ㄴ, ㄷ

1 반도체

(1) 반도체의 특성

① 띠 간격이 1.14 eV(Si), 0.67 eV(Ge) 정도여서 전기 전도성이 도체와 절연체의 중간 정도이다.

② 낮은 온도에서는 양공이나 자유 전자가 거의 없어 절연체에 가깝다.

③ 온도가 높아질수록 원자가 띠에서 전도띠로 전이하는 전자가 많아진다. 따라서 반도체는 온도가 높아질수록 전기 전도성이 좋아진다.

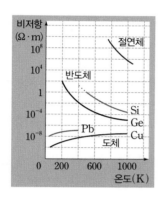

(2) 규소(Si), 저마늄(Ge)으로 이루어진 고유 반도체(순수 반도체)

① 불순물이 없는 반도체

② 4개의 원자가 전자가 모두 공유 결합을 한다.

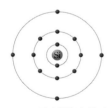

▲ 규소(Si)의 원자 구조와 원자가 전자의 배열

(3) 불순물 반도체: 고유 반도체에 불순물을 첨가한 반도체

① 도핑: 고유 반도체에 불순물을 첨가하여 반도체의 성질을 바꾸는 기술

• 주로 원자가 전자가 3개인 13족 원소나 원자가 전자가 5개인 15족 원소를 도핑한다.

② 종류: p형 반도체, n형 반도체

13족	14족	15족
5 B 붕소		
13 Al 알루미늄	14 Si 규소	15 P 인
31 Ga 갈륨	32 Ge 저마늄	33 As 비소
49 In 인듐		51 Sb 안티모니

(4) p형 반도체

① 고유 반도체에 원자가 전자가 3개인 붕소(B), 알루미늄(Al), 갈륨(Ga), 인듐(In) 등을 첨가한 반도체이다.

② 원자가 띠 바로 위에 도핑된 원자에 의한 에너지 준위가 생겨 원자가 띠의 전자가 작은 에너지를 흡수하여 전이할 수 있다.

③ 원자가 띠에 양공(전자가 빈 자리)이 생긴다.

• 주변의 전자가 양공을 채우면서 이동한다.

• 양공이 주로 전하를 운반한다.

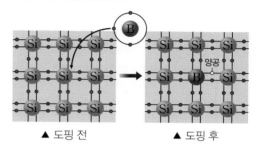

▲ 도핑 전   ▲ 도핑 후

(5) n형 반도체

① 고유 반도체에 원자가 전자가 5개인 인(P), 비소(As), 안티모니(Sb) 등을 첨가한 반도체이다.

② 전도띠 바로 아래에 도핑된 원자에 의한 에너지 준위가 생겨 전자가 작은 에너지를 흡수하여 전이할 수 있다.

③ 전도띠에 자유 전자가 생긴다.

• 공유 결합에 참여하지 않는 전자가 자유롭게 이동이 가능하다.

• 전자가 주로 전하를 운반한다.

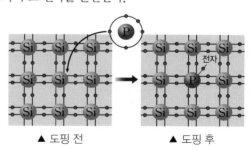

▲ 도핑 전   ▲ 도핑 후

p형 반도체	n형 반도체
• 양공: 불순물에 의해 생김 • 자유 전자: 전도띠로 전자가 전이하여 생김 • 양공의 수 > 자유 전자의 수 • 양공이 주된 전하 운반자	• 양공: 전도띠로 전자가 전이하여 생김 • 자유 전자: 불순물에 의해 생김 • 자유 전자의 수 > 양공의 수 • 전자가 주된 전하 운반자

2 다이오드

(1) p - n 접합 다이오드: p형 반도체와 n형 반도체를 접합하여 양 끝에 전극을 붙인 것이다.

모양:　　　　　　회로 기호:

(2) 순방향 전압과 역방향 전압

구분	특성
순방향 전압	• p형 반도체에 전원의 (+)극을, n형 반도체에 전원의 (−)극을 연결한다. 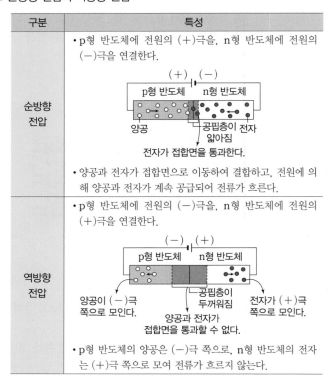 • 양공과 전자가 접합면으로 이동하여 결합하고, 전원에 의해 양공과 전자가 계속 공급되어 전류가 흐른다.
역방향 전압	• p형 반도체에 전원의 (−)극을, n형 반도체에 전원의 (+)극을 연결한다. • p형 반도체의 양공은 (−)극 쪽으로, n형 반도체의 전자는 (+)극 쪽으로 모여 전류가 흐르지 않는다.

(3) 다이오드의 정류 작용: 다이오드는 순방향 전압일 때에만 전류를 흐르게 한다. ➡ 한쪽 방향으로만 전류가 흐른다.

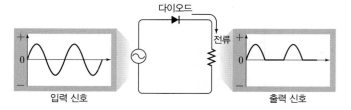

입력 신호　　　　　　출력 신호

(4) 다이오드의 이용

① 정류 회로: 다이오드의 한쪽 방향으로만 전류를 흐르게 하는 특성을 이용한다.

　• 가정에 공급되는 교류를 전기 기구에 필요한 직류로 변환한다.
　• 4개의 다이오드를 이용하면 전체 교류를 직류로 변환이 가능하다.

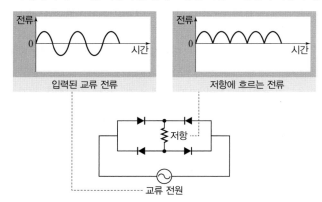

입력된 교류 전류　　　　저항에 흐르는 전류

교류 전원

② 발광 다이오드(LED): 전류가 흐를 때 빛을 방출하는 다이오드
　• 원리: 전류가 흐를 때 전도띠의 전자가 원자가 띠로 전이하며 띠 간격에 해당하는 만큼의 에너지를 빛으로 방출한다. 띠 간격이 클수록 파장이 짧은 빛을 방출한다.
　• 특징: 소모 전력이 작고 수명이 길며 소형으로 제작할 수 있다.
　• 이용: 영상 표시 장치, 리모컨, 조명 장치 등

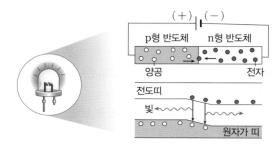

③ 광 다이오드: 빛을 전기 신호로 변환하는 다이오드
　• 원리: 접합면 부근에서 빛이 흡수되면 원자가 띠의 전자가 전도띠로 전이하여 양공과 자유 전자가 생긴다.
　• 이용: 광센서, 화재 감지기, 조도계, 광통신 등

더 알기 p - n 접합 발광 다이오드(LED)의 전기적 특성

[실험 과정]
(1) 전지에 LED와 꼬마전구를 병렬로 연결하고 스위치를 연결한다.
(2) 스위치를 닫고 LED와 꼬마전구에 불이 켜지는지 관찰한다.
(3) 스위치를 열고 전지의 (+)극과 (−)극을 반대로 연결한 후 과정 (2)를 반복한다.

[실험 결과]

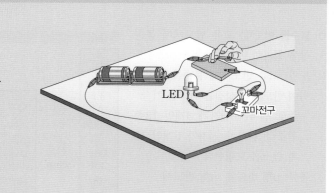

	LED	꼬마전구
과정 (2)	○	○
과정 (3)	×	○

(○: 켜짐, ×: 켜지지 않음)

➡ p - n 접합 발광 다이오드(LED)는 순방향 전압이 걸릴 때에만 켜진다.

| 2024학년도 대수능 |

그림 (가)는 동일한 p-n 접합 발광 다이오드(LED) A와 B, 고체 막대 P와 Q로 회로를 구성하고, 스위치를 a 또는 b에 연결할 때 A, B의 빛의 방출 여부를 나타낸 것이다. P, Q는 도체와 절연체를 순서 없이 나타낸 것이고, Y는 p형 반도체와 n형 반도체 중 하나이다. 그림 (나)의 ㉠, ㉡은 각각 P 또는 Q의 에너지띠 구조를 나타낸 것으로 음영으로 표시된 부분까지 전자가 채워져 있다.

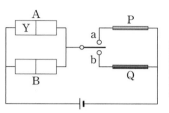

스위치	A	B
a에 연결	○	×
b에 연결	×	×

(○: 방출됨, ×: 방출되지 않음)

(가)

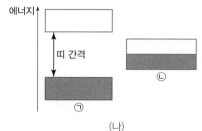

(나)

이에 대한 설명으로 옳은 것만을 〈보기〉에서 있는 대로 고른 것은?

┌─ 보기 ┐
ㄱ. Y는 주로 양공이 전류를 흐르게 하는 반도체이다.
ㄴ. (나)의 ㉠은 Q의 에너지띠 구조이다.
ㄷ. 스위치를 a에 연결하면 B의 n형 반도체에 있는 전자는 p-n 접합면으로 이동한다.
└───────┘

① ㄱ　　　② ㄷ　　　③ ㄱ, ㄴ　　　④ ㄴ, ㄷ　　　⑤ ㄱ, ㄴ, ㄷ

정답과 해설 26쪽

▶ 24066-0116

그림은 동일한 p-n 접합 발광 다이오드(LED) A와 B, 고체 막대 P와 Q, 저항 R를 교류 전원에 연결하여 회로를 구성한 것을 나타낸 것이고, 표는 스위치를 a 또는 b에 연결할 때 A, B의 빛의 방출 여부와 A, B 중 한 개라도 빛을 방출하였을 때 R에 흐르는 전류의 방향을 나타낸 것이다. c, d는 도선 위의 지점이고, P, Q는 도체와 절연체를 순서 없이 나타낸 것이며, Y는 p형 반도체와 n형 반도체 중 하나이다.

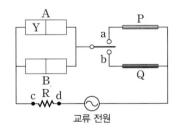

스위치	A	B	R에 흐르는 전류의 방향
a에 연결	○	×	c → R → d
	×	○	㉠
b에 연결	×	×	전류가 흐르지 않음

(○: 방출됨, ×: 방출되지 않음)

이에 대한 설명으로 옳은 것만을 〈보기〉에서 있는 대로 고른 것은?

┌─ 보기 ┐
ㄱ. Y는 n형 반도체이다.
ㄴ. 'd → R → c'는 ㉠으로 적절하다.
ㄷ. 전기 전도도는 P가 Q보다 크다.
└───────┘

① ㄱ　　　② ㄷ　　　③ ㄱ, ㄴ　　　④ ㄴ, ㄷ　　　⑤ ㄱ, ㄴ, ㄷ

01
▶24066-0117

그림 (가)는 규소(Si)로 이루어진 고유 반도체 A의 원자가 전자의 배열을, (나)는 A에 불순물을 도핑한 반도체의 에너지띠 구조를 나타낸 것이다. C는 전자와 양공 중 하나이다.

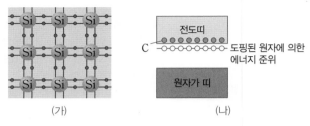

(가)   (나)

이에 대한 설명으로 옳은 것만을 〈보기〉에서 있는 대로 고른 것은?

┌─ 보기 ┐
ㄱ. 전기 전도도는 (가)의 반도체가 (나)의 반도체보다 크다.
ㄴ. C는 전자이다.
ㄷ. (나)의 반도체는 n형 반도체이다.
└──────┘

① ㄱ   ② ㄷ   ③ ㄱ, ㄴ
④ ㄴ, ㄷ   ⑤ ㄱ, ㄴ, ㄷ

02
▶24066-0118

그림 (가)는 규소(Si)로 이루어진 고유 반도체의 원자가 전자 배열을, (나), (다)는 (가)의 반도체에 각각 불순물 A, B를 도핑한 반도체의 원자가 전자 배열을 나타낸 것이다.

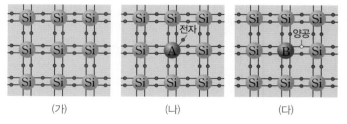

(가)   (나)   (다)

이에 대한 설명으로 옳은 것만을 〈보기〉에서 있는 대로 고른 것은?

┌─ 보기 ┐
ㄱ. 전기 전도도는 (가)의 반도체가 (나)의 반도체보다 크다.
ㄴ. (다)의 반도체의 주된 전하 운반자는 전자이다.
ㄷ. 원자가 전자 수는 A가 B보다 크다.
└──────┘

① ㄱ   ② ㄷ   ③ ㄱ, ㄴ
④ ㄴ, ㄷ   ⑤ ㄱ, ㄴ, ㄷ

03
▶24066-0119

그림과 같이 p-n 접합 발광 다이오드(LED) 1~4와 저항 R를 교류 전원 장치에 연결하여 회로를 구성하였다. LED 1, LED 4가 빛을 방출할 때 LED 2, LED 3은 빛을 방출하지 않으며, LED 2, LED 3이 빛을 방출할 때 LED 1, LED 4는 빛을 방출하지 않는다. X, Y는 각각 p형 반도체와 n형 반도체 중 하나이다.

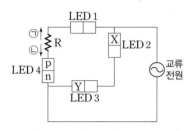

이에 대한 설명으로 옳은 것만을 〈보기〉에서 있는 대로 고른 것은?

┌─ 보기 ┐
ㄱ. LED 1에서 빛을 방출할 때 R에 흐르는 전류의 방향은 ⓛ 방향이다.
ㄴ. X는 p형 반도체이다.
ㄷ. Y의 주된 전하 운반자는 전자이다.
└──────┘

① ㄱ   ② ㄷ   ③ ㄱ, ㄴ
④ ㄴ, ㄷ   ⑤ ㄱ, ㄴ, ㄷ

04
▶24066-0120

그림과 같이 p-n 접합 발광 다이오드(LED) 1~3과 저항 R, 스위치 S₁, S₂를 직류 전원 장치에 연결하여 회로를 구성하였다. S₁, S₂가 열려 있을 때 R에 흐르는 전류의 방향은 ⊙이고 LED 2는 빛을 방출한다. S₁만 닫았을 때 LED 1은 빛을 방출하지 않으며, S₂만 닫았을 때 LED 3은 빛을 방출한다. X, Y, Z는 각각 p형 반도체와 n형 반도체 중 하나이다.

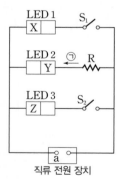

이에 대한 설명으로 옳은 것만을 〈보기〉에서 있는 대로 고른 것은?

┌─ 보기 ┐
ㄱ. a는 (+)극이다.
ㄴ. X, Y의 반도체의 종류는 같다.
ㄷ. S₂를 닫으면 Z 내부에서의 전자는 LED 3의 p-n 접합면으로 이동한다.
└──────┘

① ㄱ   ② ㄷ   ③ ㄱ, ㄴ
④ ㄴ, ㄷ   ⑤ ㄱ, ㄴ, ㄷ

05

▶24066-0121

그림과 같이 p-n 접합 다이오드 A, B, 전구 P, Q, 스위치 S를 직류 전원에 연결하여 회로를 구성하였다. X, Y는 각각 p형 반도체와 n형 반도체 중 하나이다. S를 열어 놓았을 때 Q만 불이 켜지고, S를 닫았을 때 P, Q 모두 불이 켜졌다.

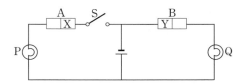

이에 대한 설명으로 옳은 것만을 〈보기〉에서 있는 대로 고른 것은?

┌─ 보기 ┐
ㄱ. X는 p형 반도체이다.
ㄴ. Y의 주된 전하 운반자는 전자이다.
ㄷ. B 내부에서의 전자와 양공은 B의 p-n 접합면으로 이동한다.
└──────┘

① ㄱ   ② ㄷ   ③ ㄱ, ㄴ
④ ㄴ, ㄷ   ⑤ ㄱ, ㄴ, ㄷ

06

▶24066-0122

그림과 같이 p-n 접합 다이오드, p-n 접합 발광 다이오드(LED)를 직류 전원 장치에 연결했을 때 LED에서 빛을 방출하였다. a, b는 직류 전원 장치의 전극이며, X는 p형 반도체와 n형 반도체 중 하나이다.

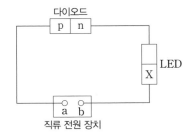

이에 대한 설명으로 옳은 것만을 〈보기〉에서 있는 대로 고른 것은?

┌─ 보기 ┐
ㄱ. a는 (+)극이다.
ㄴ. X는 n형 반도체이다.
ㄷ. 다이오드의 p형 반도체에서 양공은 p-n 접합면으로 이동한다.
└──────┘

① ㄱ   ② ㄷ   ③ ㄱ, ㄴ
④ ㄴ, ㄷ   ⑤ ㄱ, ㄴ, ㄷ

07

▶24066-0123

그림과 같이 광 다이오드(광센서) A에 빛을 비추었더니 p-n 접합 발광 다이오드(LED)가 빛을 방출하였다. 저항 R에 흐르는 전류의 방향은 a → R → b이다. X, Y는 p형 반도체와 n형 반도체 중 하나이다.

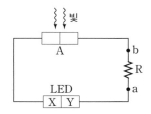

이에 대한 설명으로 옳은 것만을 〈보기〉에서 있는 대로 고른 것은?

┌─ 보기 ┐
ㄱ. X는 p형 반도체이다.
ㄴ. Y의 주된 전하 운반자는 양공이다.
ㄷ. A의 접합면 부근의 원자가 띠의 전자는 빛에너지를 흡수하여 전도띠로 전이한다.
└──────┘

① ㄱ   ② ㄴ   ③ ㄱ, ㄷ
④ ㄴ, ㄷ   ⑤ ㄱ, ㄴ, ㄷ

08

▶24066-0124

그림과 같이 p-n 접합 발광 다이오드(LED) 1~6과 스위치 S_1, S_2, S_3, S_4, 저항 R를 직류 전원 장치 Ⅰ, Ⅱ에 연결하여 회로를 구성하였다. X는 p형 반도체와 n형 반도체 중 하나이다. S_1과 S_2만 닫으면 LED 1~3만 빛을 방출하며, S_3과 S_4만 닫으면 LED 4~6만 빛을 방출한다. a~d는 직류 전원 장치의 전극이다.

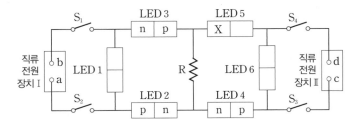

이에 대한 설명으로 옳은 것만을 〈보기〉에서 있는 대로 고른 것은?

┌─ 보기 ┐
ㄱ. a와 c는 서로 다른 종류의 전극이다.
ㄴ. X는 p형 반도체이다.
ㄷ. S_1과 S_2만 닫았을 때와 S_3과 S_4만 닫았을 때 R에 흐르는 전류의 방향은 같다.
└──────┘

① ㄱ   ② ㄴ   ③ ㄱ, ㄷ
④ ㄴ, ㄷ   ⑤ ㄱ, ㄴ, ㄷ

01
▶24066-0125

그림은 규소(Si)로 이루어진 고유 반도체에 원자가 전자가 3개 또는 5개인 불순물을 도핑한 반도체의 에너지띠 구조에 대해 학생 A, B, C가 대화하는 모습을 나타낸 것이다.

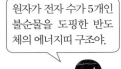

원자가 전자 수가 5개인 불순물을 도핑한 반도체의 에너지띠 구조야.

학생 A

P는 전자이고, 불순물 반도체의 주된 전하 운반자야.

학생 B

고유 반도체보다 불순물 반도체의 전기 전도도가 커.

학생 C

제시한 내용이 옳은 학생만을 있는 대로 고른 것은?

① A   ② C   ③ A, B   ④ B, C   ⑤ A, B, C

02
▶24066-0126

다음은 p–n 접합 다이오드와 불순물 반도체 X, Y의 특징을 알아보는 탐구이다.

[자료 조사 결과]
• X는 고유 반도체에 원자가 전자가 5개인 불순물을 도핑한 반도체이고, Y는 고유 반도체에 원자가 전자가 3개 또는 5개인 불순물을 도핑한 반도체이다.
• X, Y의 에너지띠 구조는 P와 Q 중 하나이다.

[실험 과정]
(가) p–n 접합 다이오드 A, B, 오실로스코프 1과 2, 저항 R_1과 R_2, 스위치 S_1과 S_2를 교류 전원에 연결하여 회로를 구성한다.
(나) S_1과 S_2를 동시에 닫았을 때 R_1과 R_2에 걸리는 전압을 오실로스코프 1과 2로 관찰한다.

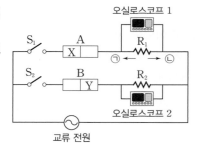

[실험 결과]

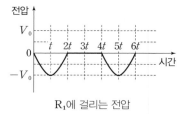

R_1에 걸리는 전압

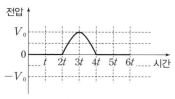

R_2에 걸리는 전압

이에 대한 설명으로 옳은 것만을 〈보기〉에서 있는 대로 고른 것은?

┌─ 보기 ─────────────────────────────
ㄱ. Y의 에너지띠 구조는 Q이다.
ㄴ. t일 때 R_1에 흐르는 전류의 방향은 ㉠ 방향이다.
ㄷ. $3t$일 때 A에는 역방향 전압이, B에는 순방향 전압이 걸린다.
└──────────────────────────────────

① ㄱ   ② ㄴ   ③ ㄱ, ㄷ   ④ ㄴ, ㄷ   ⑤ ㄱ, ㄴ, ㄷ

03

▶24066-0127

그림과 같이 p–n 접합 다이오드, 전구 A, B, 저항 R_1, R_2, 스위치 S_1, S_2를 2개의 직류 전원에 연결하여 회로를 구성하였다. X는 p형 반도체와 n형 반도체 중 하나이며, S_1만 닫았을 때 A, B 모두 불이 켜진다.

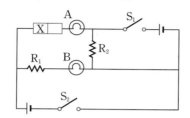

이에 대한 설명으로 옳은 것만을 〈보기〉에서 있는 대로 고른 것은?

┌ 보기 ┐
ㄱ. X는 n형 반도체이다.
ㄴ. S_2만 닫았을 때 A만 불이 켜진다.
ㄷ. R_1에 흐르는 전류의 방향은 S_1만 닫았을 때와 S_2만 닫았을 때가 서로 같다.

① ㄱ   ② ㄴ   ③ ㄱ, ㄷ   ④ ㄴ, ㄷ   ⑤ ㄱ, ㄴ, ㄷ

04

▶24066-0128

다음은 p–n 접합 다이오드의 특징과 고체 A, B의 전기 전도도를 알아보는 실험이다.

[실험 과정]
(가) 직류 전원 장치 c의 단자 a를 P에, c의 단자 b를 Q에 각각 연결한다.
(나) S_1만 닫았을 때 검류계에 흐르는 전류를 관찰한다.
(다) S_2만 닫았을 때 검류계에 흐르는 전류를 관찰한다.
(라) 직류 전원 장치 d의 (+)극을 P에, d의 (−)극을 Q에 각각 연결하고 과정 (나), (다)를 반복한다.

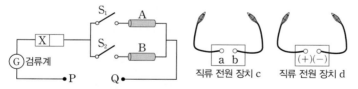

직류 전원 장치 c   직류 전원 장치 d

* A, B는 도체와 절연체 중 하나이고, X는 p형 반도체와 n형 반도체 중 하나이다.

[실험 결과]

직류 전원 장치	S_1과 S_2 중 닫힌 스위치	검류계 관찰 결과
c	S_1	전류가 흐르지 않는다.
	S_2	전류가 흐르지 않는다.
d	S_1	전류가 흐른다.
	S_2	전류가 흐르지 않는다.

이에 대한 설명으로 옳은 것만을 〈보기〉에서 있는 대로 고른 것은? (단, 직류 전원 장치의 전압은 같다.)

┌ 보기 ┐
ㄱ. X는 p형 반도체이다.
ㄴ. a는 (−)극이다.
ㄷ. 전기 전도도는 A가 B보다 크다.

① ㄱ   ② ㄷ   ③ ㄱ, ㄴ   ④ ㄴ, ㄷ   ⑤ ㄱ, ㄴ, ㄷ

전류에 의한 자기장

1 자기장의 일반적인 특징

(1) 자기력과 자기장

① 자기력: 자석 사이에 작용하는 힘을 자기력이라고 한다.
- 자석의 N극과 S극 사이에는 서로 당기는 방향으로 자기력(인력)이 작용한다.
- 자석의 N극과 N극, S극과 S극 사이에는 서로 미는 방향으로 자기력(척력)이 작용한다.

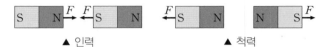
▲ 인력　　　　　　　▲ 척력

② 자기장: 자석이나 전류 주위에 자기력이 작용하는 공간을 자기장이라고 한다.
- 자기장의 세기: 자석의 자극에 가까울수록 자기장의 세기가 크다.
- 자석 주변에서 자기장의 방향: N극에서 나와서 S극으로 들어가는 방향이다.

③ 자기력선: 자기장 내에서 자침의 N극이 가리키는 방향을 연속적으로 연결한 선이다.

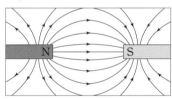
▲ N극과 S극 사이의 자기력선

④ 자기력선의 특징
- 자석의 N극에서 나와서 S극으로 들어가는 폐곡선이다.
- 서로 교차하거나 도중에 갈라지거나 끊어지지 않는다.
- 자기력선 위의 한 점에서 그은 접선 방향이 그 점에서 자기장의 방향이다.
- 자기장에 수직인 단위 면적을 지나는 자기력선의 수가 많을수록 자기장의 세기가 크다.

2 직선 전류에 의한 자기장

(1) 자기장의 형태: 직선 도선에 전류가 흐르면 도선 주위에 도선을 중심으로 하는 동심원의 자기장이 형성된다.

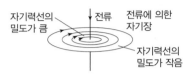
▲ 직선 도선 주변의 자기장

(2) 자기장의 방향: 직선 전류가 흐르는 방향으로 오른손의 엄지손가락을 향하게 하면 직선 전류에 의한 자기장의 방향은 나머지 네 손가락이 도선을 감아쥐는 방향이다. 앙페르 법칙은 오른나사의 진행 방향을 전류의 방향으로 할 때 자기장의 방향이 오른나사가 회전하는 방향과 같으므로 오른나사 법칙이라고도 한다.

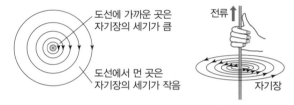
▲ 직선 전류 주변 자기장의 세기　　▲ 전류와 자기장의 방향

(3) 자기장의 세기: 전류의 세기에 비례하고, 도선으로부터 떨어진 거리에 반비례한다.

$$\text{자기장의 세기} \propto \frac{\text{전류의 세기}}{\text{직선 도선으로부터의 거리}}$$

(4) 나침반과 전류: 전류가 흐르는 도선 주위에 나침반을 두면 자기장의 방향으로 자침이 회전하는데, 자침의 N극이 가리키는 방향이 자기장의 방향이다. (지구 자기장은 무시함)

▲ 도선 위의 나침반　　　　▲ 도선 아래의 나침반

더 알기　여러 원형 전류에 의한 자기장

그림과 같이 중심이 점 O로 같은 세 원형 도선 A, B, C가 종이면에 고정되어 있다. 표는 A, B, C에 흐르는 전류의 세기와 O에서 A, B, C의 전류에 의한 자기장의 세기와 방향을 나타낸 것이다. A에 흐르는 전류의 방향은 시계 반대 방향이다.

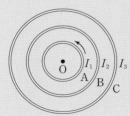

상황	전류의 세기			O에서 자기장	
	A	B	C	세기	방향
(가)	I_1	0	0	B	●
(나)	I_1	I_2	0	$0.5B$	×
(다)	I_1	I_2	I_3	B	●

(×: 종이면에 수직으로 들어가는 방향, ●: 종이면에서 수직으로 나오는 방향)

[자료 분석 결과]
① B에 흐르는 전류의 방향은 시계 방향이고, $I_2 > I_1$이다.
② C에 흐르는 전류의 방향은 시계 반대 방향이고, $I_3 > I_2$이다.

❸ 원형 전류에 의한 자기장

(1) **원형 전류에 의한 자기장**: 원형 도선에 흐르는 전류에 의해 형성되는 자기장은 작은 직선 도선이 만드는 자기장의 합으로 생각해 볼 수 있다. 전류의 방향으로 오른손의 엄지손가락을 향하게 하면 자기장의 방향은 나머지 네 손가락이 도선을 감아쥐는 방향이다.

 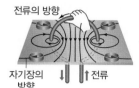

▲ 원형 도선에 흐르는 전류와 자기장의 방향

(2) **원형 전류 중심에서 자기장의 방향**: 오른손 네 손가락을 전류의 방향으로 감아쥘 때 엄지손가락이 가리키는 방향이다.

(3) **원형 전류 중심에서 자기장의 세기**: 전류의 세기에 비례하고, 원형 도선의 반지름에 반비례한다.

$$자기장의 세기 \propto \frac{전류의 세기}{원형 도선의 반지름}$$

❹ 솔레노이드에 흐르는 전류에 의한 자기장

(1) **솔레노이드**: 긴 원통에 도선을 촘촘하게 감은 것을 솔레노이드라고 한다.

(2) **솔레노이드 내부에서 자기장의 방향**: 오른손의 네 손가락을 전류의 방향으로 감아쥘 때 엄지손가락이 가리키는 방향이다.

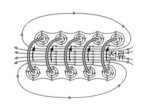 

▲ 솔레노이드에 의한 자기장　　▲ 전류와 자기장의 방향

(3) **솔레노이드 내부에서 자기장의 세기**: 전류의 세기에 비례하고, 단위 길이당 도선의 감은 수에 비례하며, 이때 솔레노이드 내부에는 균일한 세기의 자기장이 형성된다.

자기장의 세기∝(전류의 세기)×(단위 길이당 도선의 감은 수)

❺ 전류의 자기 작용

(1) **전자석**: 코일 내부에 철심을 넣어 코일에 전류가 흐를 때 자석의 성질을 갖게 한 것을 말한다.

① 특징
- 영구 자석과 달리 전류의 세기를 조절하여 자기장의 세기를 조절할 수 있다.
- 전류의 방향을 반대 방향으로 하면 전자석의 극을 바꿀 수 있다.
- 센 전자석을 만들려면 센 전류를 흘려보내야 하고, 코일을 촘촘히 감아야 한다.

② 이용: 전자석 기중기, 스피커, 자기 부상 열차, 초인종, 도난 경보 장치 등

전자석 기중기	스피커	자기 부상 열차

전류가 흐르면 자석의 성질이 나타나 철제품이 달라붙고, 전류가 흐르지 않으면 자석의 성질이 사라지는 전자석의 성질을 이용하여 고철을 옮긴다.	전류의 방향이 바뀌면 전자석의 극이 바뀌어 자기력에 의해 영구 자석과 같은 극끼리는 서로 밀고, 다른 극끼리는 서로 당겨 진동판이 진동하여 소리가 발생한다.	코일에 전류를 흐르게 하면 전자석이 레일의 자석과 서로 밀거나 끌어당겨 차량이 떠서 움직이게 한다.

(2) **전동기**: 도선에 전류를 흘려주면 도선 주변에 형성되는 자기장과 외부 자기장의 상호 작용에 의해 도선이 자기력을 받게 되는데, 이러한 힘을 이용하여 전기 에너지를 역학적 에너지로 전환할 수 있다.

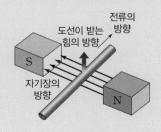 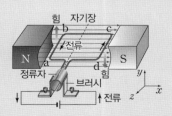

더 알기　🔷　자기장 속에서 전류가 흐르는 도선이 받는 힘

자기장 속에서 전류가 흐르는 도선은 힘을 받는다. 이때 도선이 받는 힘의 방향은 전류의 방향과 자기장의 방향에 각각 수직이다. 또한 도선에 흐르는 전류의 세기가 클수록, 자기장의 세기가 클수록 도선은 자기장 속에서 더 큰 힘을 받는다.

전동기의 코일에 전류가 흐르면 자석의 자기장에 의해 자기력을 받는다. 그림과 같은 경우 자기장의 방향은 $+x$ 방향이고, 전류가 흐르는 코일 ab와 cd에는 각각 $+y$ 방향, $-y$ 방향으로 자기력이 작용하여 코일은 시계 방향으로 회전한다. 또한 정류자에 의해 전류의 방향이 조절되므로 코일은 한쪽 방향으로 계속 회전한다.

| 2024학년도 대수능 |

그림과 같이 가늘고 무한히 긴 직선 도선 A, B, C가 정삼각형을 이루어 xy 평면에 고정되어 있다. A, B, C에는 방향이 일정하고 세기가 각각 I_0, I_0, I_C인 전류가 흐른다. A에 흐르는 전류의 방향은 $+x$ 방향이다. 점 O는 A, B, C가 교차하는 점을 지나는 반지름이 $2d$인 원의 중심이고, 점 p, q, r는 원 위의 점이다. O에서 A에 흐르는 전류에 의한 자기장의 세기는 B_0이고, p, q에서 A, B, C에 흐르는 전류에 의한 자기장의 세기는 각각 0, $3B_0$이다.

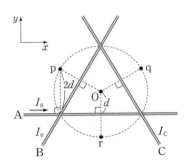

r에서 A, B, C에 흐르는 전류에 의한 자기장의 세기는?

① 0 ② $\dfrac{1}{2}B_0$ ③ B_0 ④ $2B_0$ ⑤ $3B_0$

접근 전략

직선 전류에 의한 자기장의 세기는 전류의 세기에 비례하고, 도선으로부터 떨어진 거리에 반비례한다.

간략 풀이

⑤ p에서 C에 흐르는 전류에 의한 자기장의 세기를 $\dfrac{1}{2}B_C$라고 하면, p에서 A, B, C에 흐르는 전류에 의한 자기장의 세기가 0이므로 B에 흐르는 전류의 방향은 오른쪽 위 방향이고, $\dfrac{1}{2}B_0 + B_0 = \dfrac{1}{2}B_C$에서 $B_C = 3B_0$이 성립한다. 따라서 C에 흐르는 전류의 방향은 오른쪽 아래 방향이고, r에서 A, B, C에 흐르는 전류에 의한 자기장의 세기는 $B_0 + \dfrac{1}{2}B_0 + \dfrac{3}{2}B_0 = 3B_0$이다.

정답 | ⑤

닮은 꼴 문제로 유형 익히기

정답과 해설 28쪽

▶ 24066-0129

그림과 같이 가늘고 무한히 긴 직선 도선 A, B, C가 정삼각형을 이루어 xy 평면에 고정되어 있다. A, B, C에는 방향이 일정하고 세기가 각각 I_0, I_0, I_C인 전류가 흐른다. A에 흐르는 전류의 방향은 $+x$ 방향이다. 점 O는 A, B, C가 교차하는 점을 지나는 반지름이 $2d$인 원의 중심이고, 점 p, q, r는 원 위의 점이다. O에서 A, B, C에 흐르는 전류에 의한 자기장은 0이다.

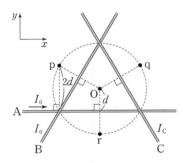

이에 대한 설명으로 옳은 것만을 〈보기〉에서 있는 대로 고른 것은?

┌ 보기 ┐
ㄱ. $I_C = 2I_0$이다.
ㄴ. A, B, C에 흐르는 전류에 의한 자기장의 세기는 p에서가 q에서의 $\dfrac{1}{2}$배이다.
ㄷ. A, B, C에 흐르는 전류에 의한 자기장의 방향은 p에서와 r에서가 같은 방향이다.

① ㄱ ② ㄷ ③ ㄱ, ㄴ ④ ㄴ, ㄷ ⑤ ㄱ, ㄴ, ㄷ

유사점과 차이점

세 직선 전류에 의한 자기장을 이용하는 부분은 유사하나, 주어진 조건 및 세부 요소를 묻는 부분이 다르다.

배경 지식

• 직선 전류에 의한 자기장의 세기는 전류의 세기에 비례하고, 도선으로부터 떨어진 거리에 반비례한다.

• 직선 전류에 의한 자기장의 방향은 직선 전류가 흐르는 방향으로 오른손의 엄지손가락을 향하게 하면 나머지 네 손가락이 도선을 감아쥐는 방향이다.

01

▶24066-0130

그림은 자석 주위의 자기력선을 보며 학생 A, B, C가 대화하는 모습을 나타낸 것이다. X, Y는 각각 자석의 N극과 S극 중 하나이고, P, Q는 자기력선 위의 한 지점이다.

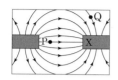
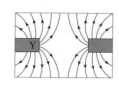

제시한 내용이 옳은 학생만을 있는 대로 고른 것은?

① A
② B
③ A, B
④ A, C
⑤ B, C

02

▶24066-0131

그림 (가)는 직선 도선에 흐르는 전류에 의한 자기장에 대한 실험 장치를 나타낸 것으로, 나침반 자침은 직선 도선의 수직 아래에 위치한다. 그림 (가)에서 도선에 전류가 흐를 때 나침반 자침은 (나)와 같이 시계 방향으로 θ만큼 회전하여 정지해 있다.

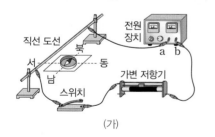

이에 대한 설명으로 옳은 것만을 〈보기〉에서 있는 대로 고른 것은?

┌ 보기 ┐
ㄱ. a는 전원 장치의 (+)극이다.
ㄴ. 가변 저항기의 저항값만을 증가시키면 북쪽 방향과 자침이 가리키는 방향 사이의 각은 θ보다 커진다.
ㄷ. a, b에 연결된 집게의 위치만을 서로 바꾸어 연결하면 자침은 시계 반대 방향으로 회전한다.

① ㄴ
② ㄷ
③ ㄱ, ㄴ
④ ㄱ, ㄷ
⑤ ㄱ, ㄴ, ㄷ

03

▶24066-0132

그림과 같이 가늘고 무한히 긴 직선 도선 A, B를 각각 xy 평면의 x축과 y축에 고정하였다. A에는 $+x$ 방향으로 세기가 I_0인 전류가 흐르고, B에는 세기와 방향이 일정한 전류가 흐른다. 점 p, q, r는 xy 평면상에 있고, p에서 A의 전류에 의한 자기장의 세기는 B_0이다.

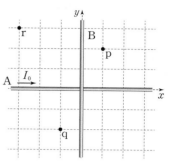

p에서 A, B의 전류에 의한 자기장이 0일 때, 이에 대한 설명으로 옳은 것만을 〈보기〉에서 있는 대로 고른 것은? (단, 모눈 간격은 모두 같다.)

┌ 보기 ┐
ㄱ. B에 흐르는 전류의 세기는 $2I_0$이다.
ㄴ. q에서 A, B의 전류에 의한 자기장은 0이다.
ㄷ. r에서 A, B의 전류에 의한 자기장의 세기는 B_0이다.

① ㄱ
② ㄴ
③ ㄱ, ㄷ
④ ㄴ, ㄷ
⑤ ㄱ, ㄴ, ㄷ

04

▶24066-0133

그림과 같이 가늘고 무한히 긴 직선 도선 A, B를 각각 xy 평면의 y축에 나란하게 고정하였다. A에는 세기와 방향이 일정한 전류가 흐르고, B에는 $+y$ 방향으로 세기가 I_0으로 일정한 전류가 흐른다.

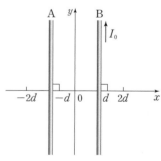

$x=2d$에서 A, B의 전류에 의한 자기장이 0일 때, 이에 대한 설명으로 옳은 것만을 〈보기〉에서 있는 대로 고른 것은?

┌ 보기 ┐
ㄱ. A에 흐르는 전류의 방향은 $-y$ 방향이다.
ㄴ. $x=0$에서 A, B의 전류에 의한 자기장의 방향은 xy 평면에서 수직으로 나오는 방향이다.
ㄷ. $x<-d$인 구간에서 A, B의 전류에 의한 자기장이 0인 지점이 존재한다.

① ㄱ
② ㄷ
③ ㄱ, ㄴ
④ ㄴ, ㄷ
⑤ ㄱ, ㄴ, ㄷ

05 ▸24066-0134

그림과 같이 중심이 점 O이고 반지름이 각각 d, $2d$인 원형 도선 A, B가 종이면에 고정되어 있다. A에는 세기가 I_0인 전류가 시계 방향으로 흐르고, B에는 세기가 I_0보다 작은 전류가 일정하게 흐른다. 표는 O에서 B에 흐르는 전류의 방향에 따른 A, B의 전류에 의한 자기장의 세기를 나타낸 것이다.

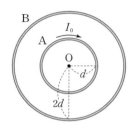

B에 흐르는 전류의 방향	O에서 A, B의 전류에 의한 자기장의 세기
시계 반대 방향	B_0
시계 방향	$2B_0$

이에 대한 설명으로 옳은 것만을 〈보기〉에서 있는 대로 고른 것은?

┌ 보기 ┐
ㄱ. O에서 A의 전류에 의한 자기장의 방향은 종이면에 수직으로 들어가는 방향이다.
ㄴ. B에 시계 반대 방향으로 전류가 흐를 때, O에서 A, B의 전류에 의한 자기장의 방향은 종이면에 수직으로 들어가는 방향이다.
ㄷ. B에 흐르는 전류의 세기는 $\frac{2}{3}I_0$이다.

① ㄱ   ② ㄷ   ③ ㄱ, ㄴ
④ ㄴ, ㄷ   ⑤ ㄱ, ㄴ, ㄷ

06 ▸24066-0135

그림과 같이 원점 O를 중심으로 하는 반지름이 d인 원형 도선 A와 가늘고 무한히 긴 직선 도선 B가 xy 평면에 각각 고정되어 있다. A, B에는 각각 세기와 방향이 일정한 전류가 흐르고, A에는 시계 반대 방향으로 전류가 흐른다. O에서 A, B의 전류에 의한 자기장은 0이다.
이에 대한 설명으로 옳은 것만을 〈보기〉에서 있는 대로 고른 것은?

┌ 보기 ┐
ㄱ. B에 흐르는 전류의 방향은 $+y$ 방향이다.
ㄴ. A의 반지름만을 감소시키면 O에서 A, B의 전류에 의한 자기장의 방향은 xy 평면에서 수직으로 나오는 방향이다.
ㄷ. B의 위치만을 $x=3d$로 옮겨 고정시키면 O에서 A, B의 전류에 의한 자기장의 방향은 xy 평면에서 수직으로 나오는 방향이다.

① ㄱ   ② ㄷ   ③ ㄱ, ㄴ
④ ㄴ, ㄷ   ⑤ ㄱ, ㄴ, ㄷ

07 ▸24066-0136

그림과 같이 단위 길이당 감은 수만 다른 두 솔레노이드 A, B와 직류 전원 장치를 이용하여 회로를 구성한 후 고정시켰다. 점 p는 A와 B의 중심축을 잇는 x축상의 점이고, A와 B의 중심에서 p까지의 거리는 같다. 도선의 단위 길이당 감은 수는 B가 A보다 크고, p에서 A, B의 전류에 의한 자기장의 방향은 $-x$ 방향이다.

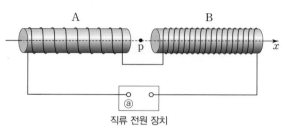

직류 전원 장치

이에 대한 설명으로 옳은 것만을 〈보기〉에서 있는 대로 고른 것은?

┌ 보기 ┐
ㄱ. p에서 A의 전류에 의한 자기장의 세기는 B의 전류에 의한 자기장의 세기보다 작다.
ㄴ. ⓐ는 (+)극이다.
ㄷ. 직류 전원 장치의 연결 방향만을 반대로 하면 p에서 A, B의 전류에 의한 자기장의 방향은 $+x$ 방향이다.

① ㄱ   ② ㄷ   ③ ㄱ, ㄴ   ④ ㄴ, ㄷ   ⑤ ㄱ, ㄴ, ㄷ

08 ▸24066-0137

다음은 자기 공명 영상(MRI) 장치에 대한 설명이다.

병원에서 사용하는 의료 장비 중 하나인 자기 공명 영상(MRI) 장치에는 자기장을 발생시키는 코일이 설치되어 있다. 이 장치에 인체를 넣고 고주파의 자기장을 발생시키면 자기장에 의해 수소 원자핵이 공명하면서 신호를 발생시키고, 장치는 컴퓨터를 통해 신호를 재구성하여 인체 내부를 영상으로 나타낸다.

코일

자석

스캐너

이에 대한 설명으로 옳은 것만을 〈보기〉에서 있는 대로 고른 것은?

┌ 보기 ┐
ㄱ. MRI 장치의 코일에 전류가 흐르면 코일 주변에 자기장이 발생한다.
ㄴ. MRI 장치의 코일에 흐르는 전류의 세기를 증가시키면 코일에 의해 코일 주변에 발생하는 자기장의 세기가 증가한다.
ㄷ. 코일에 흐르는 전류의 세기가 일정할 때, 코일 주변에서 발생하는 자기장의 세기는 코일의 단위 길이당 감은 수에 비례한다.

① ㄱ   ② ㄷ   ③ ㄱ, ㄴ   ④ ㄴ, ㄷ   ⑤ ㄱ, ㄴ, ㄷ

01

▶24066-0138

그림과 같이 가늘고 무한히 긴 직선 도선 A, C와 원형 도선 B가 xy 평면에 각각 고정되어 있다. A에는 세기가 I_0으로 일정한 전류가 화살표 방향으로 흐르고, B에는 세기와 방향이 일정한 전류가 흐르며, C에는 세기가 일정한 전류가 $-y$ 방향으로 흐른다. 원점 O에서 A와 C의 전류에 의한 자기장의 세기는 각각 B_0으로 같고, O에서 A, B, C의 전류에 의한 자기장은 0이다.

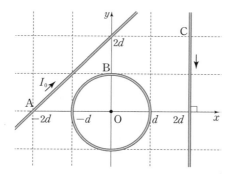

이에 대한 설명으로 옳은 것만을 〈보기〉에서 있는 대로 고른 것은? (단, 모눈 간격은 모두 같다.)

> **보기**
> ㄱ. C에 흐르는 전류의 세기는 $\sqrt{2}I_0$이다.
> ㄴ. O에서 B의 전류에 의한 자기장의 세기는 $2B_0$이다.
> ㄷ. B에 흐르는 전류의 방향만을 반대로 했을 때 O에서 A, B, C의 전류에 의한 자기장의 세기는 $4B_0$이다.

① ㄱ   ② ㄷ   ③ ㄱ, ㄴ   ④ ㄴ, ㄷ   ⑤ ㄱ, ㄴ, ㄷ

02

▶24066-0139

그림과 같이 가늘고 무한히 긴 직선 도선 A, D와 중심이 원점 O로 같은 원형 도선 B, C가 xy 평면에 고정되어 있다. A에는 세기가 I_0으로 일정한 전류가 $+y$ 방향으로 흐르고, B에는 세기가 일정한 전류가 시계 방향으로 흐르며, B, C에는 같은 세기의 전류가 흐르고, D에는 세기와 방향이 일정한 전류가 흐른다. 표는 O에서 C에 흐르는 전류의 방향에 따른 A, B, C, D의 전류에 의한 자기장의 세기를 나타낸 것으로, O에서 A, B 각각의 전류에 의한 자기장의 세기는 B_0으로 같다.

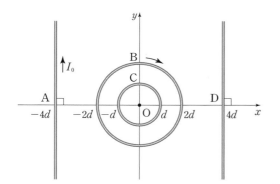

C에 흐르는 전류의 방향	O에서 A, B, C, D의 전류에 의한 자기장의 세기
시계 방향	0
시계 반대 방향	㉠

이에 대한 설명으로 옳은 것만을 〈보기〉에서 있는 대로 고른 것은?

> **보기**
> ㄱ. O에서 C의 전류에 의한 자기장의 세기는 $2B_0$이다.
> ㄴ. D에 흐르는 전류의 세기는 $4I_0$이다.
> ㄷ. ㉠은 $8B_0$이다.

① ㄱ   ② ㄷ   ③ ㄱ, ㄴ   ④ ㄴ, ㄷ   ⑤ ㄱ, ㄴ, ㄷ

03

▶24066-0140

그림 (가)와 같이 같은 세기의 전류가 일정하게 흐르는 가늘고 무한히 긴 직선 도선 A, B, C, D가 xy 평면의 y축과 나란한 방향으로 고정되어 있다. 그림 (나)는 x축상에서 A, B, C, D의 전류에 의한 자기장 B를 나타낸 것으로, B의 방향은 xy 평면에서 수직으로 나오는 방향이 양(+)이다.

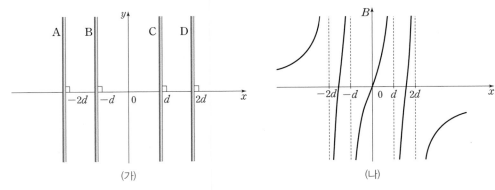

(가)   (나)

이에 대한 설명으로 옳은 것만을 〈보기〉에서 있는 대로 고른 것은?

┌─ 보기 ┐
ㄱ. A에 흐르는 전류의 방향은 $+y$ 방향이다.
ㄴ. B와 C에 흐르는 전류의 방향은 같다.
ㄷ. D에 흐르는 전류의 방향만을 반대로 하면, $x > 2d$인 구간에서 A, B, C, D의 전류에 의한 자기장이 0인 지점이 존재한다.

① ㄱ   ② ㄷ   ③ ㄱ, ㄴ   ④ ㄴ, ㄷ   ⑤ ㄱ, ㄴ, ㄷ

04

▶24066-0141

그림과 같이 xy 평면에 화살표 방향으로 각각 같은 세기의 전류가 일정하게 흐르고 있는 가늘고 무한히 긴 직선 도선 A, B, C, D가 고정되어 있다. 원점 O와 점 p, q는 xy 평면상에 있다.

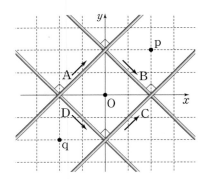

A, B, C, D의 전류에 의한 자기장에 대한 설명으로 옳은 것만을 〈보기〉에서 있는 대로 고른 것은? (단, 모눈 간격은 모두 같다.)

┌─ 보기 ┐
ㄱ. O에서 전류에 의한 자기장은 0이다.
ㄴ. 전류에 의한 자기장의 세기는 p에서와 q에서가 같다.
ㄷ. A에 흐르는 전류의 방향만을 반대로 하면 전류에 의한 자기장의 방향은 p에서와 q에서가 같다.

① ㄱ   ② ㄷ   ③ ㄱ, ㄴ   ④ ㄴ, ㄷ   ⑤ ㄱ, ㄴ, ㄷ

05

▶24066-0142

그림과 같이 중심이 점 O이고 반지름이 각각 d, $2d$, $3d$인 원형 도선 A, B, C가 xy 평면에 고정되어 있다. A에는 세기가 I_0인 전류가 시계 방향으로 흐르고, B와 C에는 각각 세기가 일정한 전류가 흐른다. 표는 O에서 A, B, C의 전류에 의한 자기장을 B, C에 흐르는 전류의 방향에 따라 나타낸 것이다.

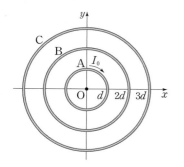

B에 흐르는 전류의 방향	C에 흐르는 전류의 방향	O에서 A, B, C의 전류에 의한 자기장	
		세기	방향
시계 방향	시계 방향	$2B_0$	xy 평면에 수직으로 들어가는 방향
시계 방향	시계 반대 방향	0	해당 없음
시계 반대 방향	시계 방향	㉠	㉡
시계 반대 방향	시계 반대 방향	B_0	㉢

이에 대한 설명으로 옳은 것만을 〈보기〉에서 있는 대로 고른 것은?

보기
ㄱ. C에 흐르는 전류의 세기는 $6I_0$이다.
ㄴ. ㉠은 $2B_0$이다.
ㄷ. ㉡과 ㉢은 같다.

① ㄱ   ② ㄷ   ③ ㄱ, ㄴ   ④ ㄱ, ㄷ   ⑤ ㄴ, ㄷ

06

▶24066-0143

그림과 같이 수평면에 고정된 솔레노이드, 직류 전원 장치, 저항, 스위치를 이용하여 회로를 구성한 후 솔레노이드의 오른쪽에 막대자석을 고정시켰다. 회로의 스위치를 닫고 충분한 시간이 지났을 때 솔레노이드와 막대자석 사이에는 서로 당기는 방향으로 크기가 F인 자기력이 작용한다. 막대자석과 솔레노이드의 중심축은 일치한다.

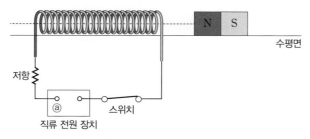

이에 대한 설명으로 옳은 것만을 〈보기〉에서 있는 대로 고른 것은? (단, 자석과 수평면 사이의 마찰은 무시한다.)

보기
ㄱ. ⓐ는 (+)극이다.
ㄴ. 회로의 스위치를 닫고 솔레노이드에 흐르는 전류의 세기를 감소시킨 후 충분한 시간이 지났을 때 솔레노이드와 막대자석 사이에 작용하는 자기력의 크기는 F보다 작다.
ㄷ. 전원 장치의 (+)극, (−)극을 반대로 연결하여 회로의 스위치를 닫으면 솔레노이드와 막대자석 사이에는 서로 당기는 방향으로 자기력이 작용한다.

① ㄱ   ② ㄴ   ③ ㄱ, ㄷ   ④ ㄴ, ㄷ   ⑤ ㄱ, ㄴ, ㄷ

1 물질의 자성

(1) 자성과 자기화(자화)

① 자성: 물질이 나타내는 자기적인 성질

② 자기화: 외부 자기장에 의해 물질 내의 원자가 나타내는 자기장의 배열이 바뀌어 물질이 자석의 성질을 갖게 되는 현상

(2) 자성체

① 강자성체: 외부 자기장의 방향과 같은 방향으로 자기화되는 비율이 높은 물질로, 외부 자기장이 제거되어도 자성을 오래 유지한다. 예 철, 니켈, 코발트 등

외부 자기장이 없을 때	외부 자기장을 걸 때	외부 자기장을 제거할 때
자기 구역의 자기장 방향이 다양하게 분포한다.	자기 구역이 외부 자기장과 같은 방향으로 강하게 자기화된다.	자기화된 상태를 오래 유지한다.

② 상자성체: 외부 자기장의 방향과 같은 방향으로 자기화되는 비율이 낮은 물질로, 외부 자기장을 제거하면 자성이 바로 사라진다. 예 알루미늄, 산소, 마그네슘 등

외부 자기장이 없을 때	외부 자기장을 걸 때	외부 자기장을 제거할 때
원자들의 자기장 방향이 불규칙하게 분포되어 자성을 나타내지 않는다.	외부 자기장과 같은 방향으로 약하게 자기화된다.	원자들의 자기장 방향이 흐트러져 자기화된 상태가 바로 사라진다.

③ 반자성체: 자성을 갖는 원자가 없어 외부 자기장을 걸어 줄 때에만 외부 자기장과 반대 방향으로 자기화된다. 예 구리, 물 등

외부 자기장이 없을 때	외부 자기장을 걸 때	외부 자기장을 제거할 때
자성을 갖는 원자가 없어 자기장을 갖지 않는다.	외부 자기장과 반대 방향으로 약하게 자기화된다.	자기화된 상태가 바로 사라진다.

(3) 자성체의 이용

전자석	고무 자석

전류가 흐르는 코일 안에 강자성체를 넣으면 강자성체가 전류에 의한 자기장과 같은 방향으로 자기화되므로 매우 강한 자석이 된다.	강자성체 분말을 고무에 섞어 만든 고무 자석은 제작 단가가 낮고, 사용이 편리하기 때문에 냉장고 문, 메모지 고정, 광고 전단지 등에 많이 사용된다.

액체 자석	하드 디스크
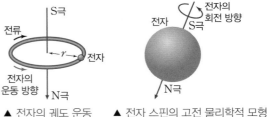	
지폐의 위조 방지를 위해 지폐의 숫자 부분에 액체 자석 잉크가 사용되고 있으며, 장기 내부를 살펴보는 MRI 조영제로 활용하기 위한 연구도 진행되고 있다.	강자성체인 산화 철로 코팅된 얇은 디스크(플래터) 위에 헤드가 놓여 있는 구조로, 헤드에 전류가 흐르면서 생기는 자기장에 의해 헤드 근처를 지나가는 디스크의 작은 부분들이 자기화되면서 정보를 저장한다.

(4) 자성의 원인

① 전자의 궤도 운동: 원자 내의 전자의 궤도 운동에 의해 전류가 흘러 원형 고리에 흐르는 전류가 만드는 것과 같은 자기장을 형성한다.

② 전자의 스핀: 전자의 고유한 성질로 전자가 자기장을 형성한다.

③ 원자는 전자의 궤도 운동과 스핀에 의해 하나의 매우 작은 원자 자석으로 생각할 수 있다.

④ 물질의 자성: 반자성은 원자 내의 전자들이 모두 짝을 이루어 물질을 구성하는 원자가 나타내는 총 자기장이 0이 될 때 나타나며, 강자성과 상자성은 짝을 이루지 않는 전자가 있을 때 나타난다.

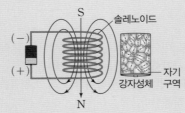 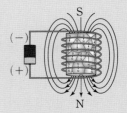

▲ 전자의 궤도 운동　　▲ 전자 스핀의 고전 물리학적 모형

더 알기　　전자석의 원리

솔레노이드 안에 강자성체를 넣고 전류를 흘려보내서 만드는 전자석은 물질의 자성이 활용되는 대표적인 예이다. 그림 (가)와 같이 솔레노이드 안에 강자성체를 넣지 않았을 때는 강자성체 내의 자기 구역의 자기장 방향이 다양하게 분포하여 자성을 띠지 않는다. 그러나 그림 (나)와 같이 솔레노이드 안에 강자성체를 넣으면 강자성체 내의 자기 구역이 전류에 의한 자기장의 방향과 같은 방향으로 강하게 자기화된다. 따라서 솔레노이드에 의한 자기장과 강자성체에 의한 자기장이 합쳐져 매우 강한 자석이 된다.

(가) 솔레노이드 안에 강자성체를 넣지 않았을 때

(나) 솔레노이드 안에 강자성체를 넣었을 때

2 전자기 유도

(1) **자기 선속(Φ)**: 자기장(B)에 수직인 단면(S)을 지나가는 자기장의 세기를 말하며, 자기력 선속이라고도 한다.

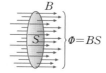

$$\Phi = BS \text{ (단위: Wb)}$$

(2) **전자기 유도**

① 전자기 유도: 자석과 코일의 상대적인 운동에 의해 코일 내부를 통과하는 자기 선속이 변할 때 코일에 유도 기전력이 발생하여 유도 전류가 흐르는 현상이다.

② 렌츠 법칙: 전자기 유도가 일어날 때 자기 선속의 변화를 방해하는 방향으로 자기장이 형성되도록 유도 전류가 흐른다.

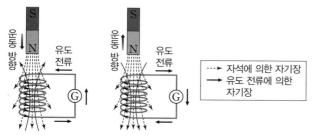

▲ 유도 전류의 방향

③ 패러데이 법칙: 유도 기전력(V)은 코일의 감은 수(N)가 많을수록 크고, 단위 시간당 자기 선속의 변화량$\left(\dfrac{\Delta\Phi}{\Delta t}\right)$이 클수록 크다.

$$V = -N\frac{\Delta\Phi}{\Delta t} \text{ (단위: V)}$$

($-$)부호는 유도 기전력에 의한 전류의 방향이 자기 선속의 변화를 방해하는 방향이라는 의미이다.

(3) **전자기 유도 이용**

① 발전기: 자석 사이에 놓인 코일을 회전시키면 자기장에 수직 방향인 코일의 단면적이 변하면서 코일 내부를 통과하는 자기 선속이 계속 변해 유도 전류가 흐른다.

② 마이크: 소리가 진동판을 울리면 코일이 진동하고, 코일을 통과하는 자기 선속이 변해 유도 전류가 흐른다.

③ 교통 카드: 교통 카드 가장자리에는 코일이 감겨 있어 단말기의 변하는 자기장 근처에 교통 카드를 가져가면 코일을 지나는 자기 선속이 변해 유도 전류가 흐른다.

▲ 발전기   ▲ 마이크   ▲ 교통 카드

④ 무선 충전: 충전 패드의 1차 코일에 변하는 전류가 흐르면 스마트폰 내부의 2차 코일을 통과하는 자기 선속이 시간에 따라 변하여 2차 코일에 유도 전류가 흘러 스마트폰이 충전된다.

⑤ 금속 탐지기: 금속 탐지기의 전송 코일에서 발생한 자기장이 금속에 닿으면 자기장이 변하고, 이를 금속 탐지기의 수신 코일이 감지하여 유도 전류가 발생해 금속을 탐지한다.

⑥ 전자 기타: 영구 자석에 의해 자기화된 기타 줄이 진동하면 기타 줄 아래에 있는 코일을 통과하는 자기 선속이 변하여 코일에 유도 전류가 흐르게 된다.

▲ 무선 충전   ▲ 금속 탐지기   ▲ 전자 기타

⑦ 발광 바퀴: 바퀴가 회전하면서 코일을 감은 철심이 바퀴의 축에 고정된 영구 자석 주위를 회전하면, 코일을 통과하는 자기 선속에 변화가 생겨 유도 전류가 흘러 발광 다이오드가 켜진다.

⑧ 도난 방지 장치: 출입구 기둥 속에 코일이 들어 있어 자성을 제거하지 않은 채 물건을 가지고 통과하면 코일에 유도 전류가 흘러 경고음이 발생한다.

더 알기 균일한 자기장 영역을 일정한 속도로 지나는 사각형 도선에서의 전자기 유도

	균일한 자기장 영역으로 들어갈 때	균일한 자기장 영역 내에서 이동할 때	균일한 자기장 영역에서 빠져나갈 때
도선의 이동	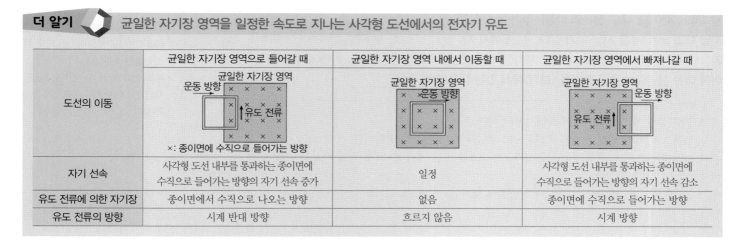		
자기 선속	사각형 도선 내부를 통과하는 종이면에 수직으로 들어가는 방향의 자기 선속 증가	일정	사각형 도선 내부를 통과하는 종이면에 수직으로 들어가는 방향의 자기 선속 감소
유도 전류에 의한 자기장	종이면에서 수직으로 나오는 방향	없음	종이면에 수직으로 들어가는 방향
유도 전류의 방향	시계 반대 방향	흐르지 않음	시계 방향

테마 대표 문제

| 2024학년도 대수능 |

그림과 같이 한 변의 길이가 $2d$인 정사각형 금속 고리가 xy 평면에서 균일한 자기장 영역 Ⅰ~Ⅲ을 $+x$ 방향으로 등속도 운동을 하며 지난다. 금속 고리의 한 변의 중앙에 고정된 점 p가 $x=d$와 $x=5d$를 지날 때, p에 흐르는 유도 전류의 세기는 같고 방향은 $-y$ 방향이다. Ⅰ, Ⅱ에서 자기장의 세기는 각각 B_0이고, Ⅲ에서 자기장의 세기는 일정하고 방향은 xy 평면에 수직이다.

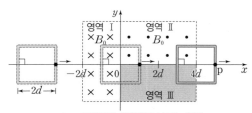

- • : xy 평면에서 수직으로 나오는 방향
- × : xy 평면에 수직으로 들어가는 방향

p에 흐르는 유도 전류를 p의 위치에 따라 나타낸 그래프로 가장 적절한 것은? (단, p에 흐르는 유도 전류의 방향은 $+y$ 방향이 양(+)이다.)

① 유도 전류 ... $-2d$ 0 $2d$ $4d$ $6d$ x
② 유도 전류 ... $-2d$ 0 $2d$ $4d$ $6d$ x
③ 유도 전류 ... $-2d$ 0 $2d$ $4d$ $6d$ x
④ 유도 전류 ... $-2d$ 0 $2d$ $4d$ $6d$ x
⑤ 유도 전류 ... $-2d$ 0 $2d$ $4d$ $6d$ x

닮은 꼴 문제로 유형 익히기

정답과 해설 31쪽

▶ 24066-0144

그림과 같이 한 변의 길이가 $2d$인 정사각형 금속 고리가 xy 평면에서 균일한 자기장 영역 Ⅰ~Ⅲ을 $+x$ 방향으로 등속도 운동을 하며 지난다. 금속 고리의 한 변의 중앙에 고정된 점 p에 흐르는 유도 전류의 세기는 p가 $x=d$를 지날 때가 $x=5d$를 지날 때의 2배이고, 유도 전류의 방향은 p가 $x=d$를 지날 때와 $x=5d$를 지날 때가 같다. Ⅰ, Ⅱ에서 자기장의 세기는 각각 B_0이고, Ⅲ에서 자기장의 세기는 일정하고 방향은 xy 평면에 수직이다. 이에 대한 설명으로 옳은 것만을 〈보기〉에서 있는 대로 고른 것은?

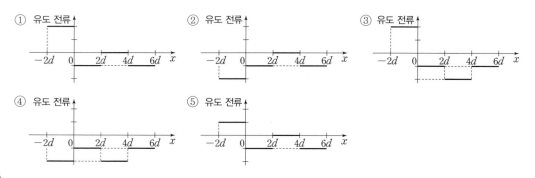

- • : xy 평면에서 수직으로 나오는 방향
- × : xy 평면에 수직으로 들어가는 방향

보기
ㄱ. 자기장의 세기는 Ⅰ에서가 Ⅲ에서보다 작다.
ㄴ. p가 $x=5d$를 지날 때 p에 흐르는 유도 전류의 방향은 $-y$ 방향이다.
ㄷ. p에 흐르는 유도 전류의 세기는 p가 $x=-d$를 지날 때가 $x=d$를 지날 때보다 크다.

① ㄱ ② ㄷ ③ ㄱ, ㄴ ④ ㄴ, ㄷ ⑤ ㄱ, ㄴ, ㄷ

01
▶24066-0145

그림은 자성체를 자기적인 성질에 따라 분류한 것이다. A, B는 각각 상자성체와 반자성체 중 하나이다.

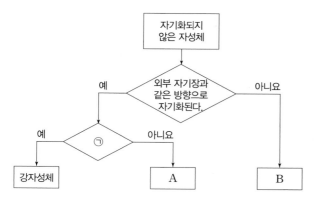

이에 대한 설명으로 옳은 것만을 〈보기〉에서 있는 대로 고른 것은?

┌─ 보기 ┐
ㄱ. '외부 자기장을 제거해도 자기화된 상태가 오래 유지된다.'는 ㉠으로 적절하다.
ㄴ. A는 상자성체이다.
ㄷ. 동일한 외부 자기장 안에 자기화되지 않은 A와 B를 놓은 후 외부 자기장을 제거하면 A와 B 사이에 서로 미는 방향으로 자기력이 작용한다.

① ㄱ   ② ㄷ   ③ ㄱ, ㄴ   ④ ㄴ, ㄷ   ⑤ ㄱ, ㄴ, ㄷ

02
▶24066-0146

그림은 자기화되어 있지 않은 자성체 X에 자석의 N극을 가까이하였을 때 X가 자석과 멀어지는 것을 보며 학생 A, B, C가 대화하는 모습을 나타낸 것이다.

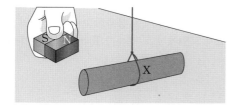

학생 A: X가 외부 자기장의 방향과 반대 방향으로 자기화되어 자석을 밀어내.
학생 B: 자석을 제거해도 X의 자기화된 상태는 오래 유지돼.
학생 C: X에 자석의 S극을 가까이하면 X와 자석 사이에 서로 당기는 방향으로 자기력이 작용해.

제시한 내용이 옳은 학생만을 있는 대로 고른 것은?

① A   ② C   ③ A, B   ④ B, C   ⑤ A, B, C

03
▶24066-0147

그림은 중심축이 일치하도록 평면에 고정된 원형 금속 고리 A와 B 사이에 놓인 막대자석이 중심축을 따라 $+x$ 방향으로 운동하는 모습을 나타낸 것이다.

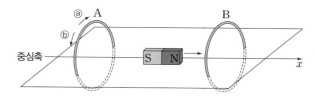

이에 대한 설명으로 옳은 것만을 〈보기〉에서 있는 대로 고른 것은?

┌─ 보기 ┐
ㄱ. A에 흐르는 유도 전류의 방향은 ⓑ 방향이다.
ㄴ. 자석이 A와 B로부터 각각 받는 자기력의 방향은 서로 반대 방향이다.
ㄷ. B의 중심에는 $-x$ 방향으로 B에 흐르는 유도 전류에 의한 자기장이 형성된다.

① ㄱ   ② ㄴ   ③ ㄷ
④ ㄱ, ㄴ   ⑤ ㄱ, ㄷ

04
▶24066-0148

그림은 세기가 일정하고 xy 평면에 수직인 방향의 균일한 자기장 영역에서 정사각형 금속 고리 A, 직사각형 금속 고리 B, C가 각각 $+y$ 방향, $+x$ 방향, $+x$ 방향으로 동일한 속력으로 운동하고 있는 순간의 모습을 나타낸 것이다. 금속 고리의 재질은 같고, B에 흐르는 유도 전류의 방향은 시계 방향이다.

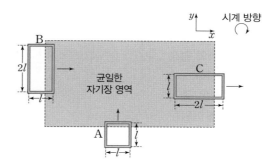

이에 대한 설명으로 옳은 것만을 〈보기〉에서 있는 대로 고른 것은?

┌─ 보기 ┐
ㄱ. 단위 시간당 자기 선속의 변화량의 크기는 A에서가 B에서보다 작다.
ㄴ. 자기장 영역의 자기장 방향은 xy 평면에서 수직으로 나오는 방향이다.
ㄷ. 금속 고리에 흐르는 유도 전류의 세기는 B에서와 C에서가 같다.

① ㄱ   ② ㄷ   ③ ㄱ, ㄴ
④ ㄴ, ㄷ   ⑤ ㄱ, ㄴ, ㄷ

05

▶24066-0149

그림과 같이 막대자석으로 수평면에 연결된 용수철을 L만큼 압축시켰다가 놓았더니 막대자석이 용수철과 분리되어 점 p를 통과한 후, 고정된 원형 도선과 점 q를 지나 올라갔다가 다시 내려와 p를 지난다. p, q는 원형 도선의 중심축상의 점이고, 막대자석은 원형 도선의 중심축을 따라 운동한다.

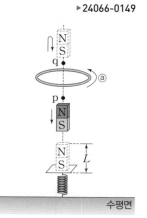

이에 대한 설명으로 옳은 것만을 〈보기〉에서 있는 대로 고른 것은? (단, 공기 저항은 무시한다.)

┌─ 보기 ┐
ㄱ. 막대자석이 처음 p를 지날 때 원형 도선에 흐르는 유도 전류의 방향은 ⓐ 방향이다.
ㄴ. 막대자석에 작용하는 자기력의 방향은 막대자석이 올라가면서 q를 지날 때와 내려오면서 q를 지날 때가 서로 반대 방향이다.
ㄷ. 막대자석의 속력은 p를 처음 통과할 때와 내려오면서 다시 p를 지날 때가 서로 같다.

① ㄱ   ② ㄴ   ③ ㄷ
④ ㄱ, ㄴ   ⑤ ㄴ, ㄷ

06

▶24066-0150

그림과 같이 한 변의 길이가 d인 정사각형 금속 고리가 균일한 자기장 영역 Ⅰ, Ⅱ를 $+x$ 방향의 일정한 속력으로 통과한다. Ⅰ에서 자기장의 방향은 종이면에 수직으로 들어가는 방향이고, 금속 고리의 한

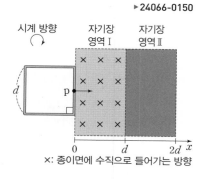

변의 중앙에 고정된 점 p가 $x=0.5d$, $x=2.5d$를 지날 때 고리에 흐르는 유도 전류의 세기와 방향은 같다.
이에 대한 설명으로 옳은 것만을 〈보기〉에서 있는 대로 고른 것은?

┌─ 보기 ┐
ㄱ. p가 $x=0.5d$를 지날 때 금속 고리에 흐르는 유도 전류의 방향은 시계 반대 방향이다.
ㄴ. Ⅰ의 자기장의 세기는 Ⅱ의 자기장의 세기와 같다.
ㄷ. p에 흐르는 유도 전류의 세기는 p가 $x=1.5d$를 지날 때가 $x=0.5d$를 지날 때의 2배이다.

① ㄱ   ② ㄷ   ③ ㄱ, ㄴ
④ ㄴ, ㄷ   ⑤ ㄱ, ㄴ, ㄷ

07

▶24066-0151

그림 (가)는 균일한 자기장 영역에 금속 고리가 고정되어 있는 것을 나타낸 것이고, (나)는 (가)의 균일한 자기장을 시간에 따라 나타낸 것이다. 자기장의 방향은 종이면에 수직으로 들어가는 방향이 양($+$)이다.

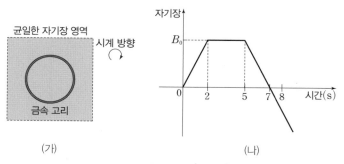

(가)   (나)

금속 고리에 흐르는 유도 전류에 대한 설명으로 옳은 것만을 〈보기〉에서 있는 대로 고른 것은?

┌─ 보기 ┐
ㄱ. 유도 전류의 세기는 1초일 때와 6초일 때가 같다.
ㄴ. 7초일 때 유도 전류는 흐르지 않는다.
ㄷ. 8초일 때 유도 전류의 방향은 시계 반대 방향이다.

① ㄱ   ② ㄴ   ③ ㄱ, ㄴ
④ ㄱ, ㄷ   ⑤ ㄴ, ㄷ

08

▶24066-0152

다음은 스마트폰의 무선 충전에 대한 설명이다.

충전 패드의 1차 코일에 세기와 방향이 변하는 전류가 흘러 스마트폰 내부의 2차 코일을 통과하는 자기 선속이 시간에 따라 변하면 2차 코일에 유도 전류가 흘러 스마트폰이 충전된다.

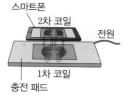

이에 대한 설명으로 옳은 것만을 〈보기〉에서 있는 대로 고른 것은?

┌─ 보기 ┐
ㄱ. 무선 충전은 전자기 유도 현상을 이용한다.
ㄴ. 단위 시간당 1차 코일에 흐르는 전류의 세기의 변화량이 클수록 2차 코일에 흐르는 유도 전류의 세기는 증가한다.
ㄷ. 충전 패드와 스마트폰 사이의 거리가 멀수록 2차 코일에 흐르는 유도 전류의 세기는 감소한다.

① ㄱ   ② ㄷ   ③ ㄱ, ㄴ
④ ㄴ, ㄷ   ⑤ ㄱ, ㄴ, ㄷ

01

▶24066-0153

다음은 물질의 자성에 대한 실험으로, A, B, C는 강자성체, 상자성체, 반자성체를 순서 없이 나타낸 것이다.

[실험 과정]

(가) 그림 Ⅰ과 같이 자기화되어 있지 않은 A를 코일에 넣고 코일에 전류를 흐르게 한다.

(나) 그림 Ⅱ와 같이 (가)에서 A를 꺼내어 용수철저울과 연결하고, A의 연직 아래에 자기화되지 않은 B를 놓은 후, 정지된 상태에서 용수철저울과 전자저울의 측정값을 읽는다.

(다) A를 C로 바꾼 후 과정 (가), (나)를 반복한다.

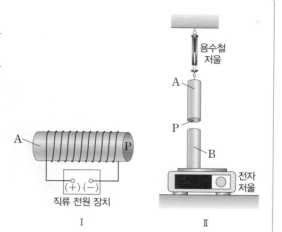

[실험 결과]

과정	용수철저울의 측정값	전자저울의 측정값
(나)	A의 무게보다 크다.	㉠

이에 대한 설명으로 옳은 것만을 〈보기〉에서 있는 대로 고른 것은? (단, 지구 자기장의 효과는 무시하고, 용수철저울은 자기장의 영향을 받지 않는다.)

보기

ㄱ. P는 S극이다.

ㄴ. 'B의 무게보다 크다.'는 ㉠으로 적절하다.

ㄷ. (다)에서 용수철저울의 측정값은 C의 무게보다 작다.

① ㄱ   ② ㄴ   ③ ㄱ, ㄷ   ④ ㄴ, ㄷ   ⑤ ㄱ, ㄴ, ㄷ

02

▶24066-0154

그림 (가)와 같이 xy 평면에서 한 변의 길이가 d인 정사각형 금속 고리가 $+x$ 방향으로 균일한 자기장 영역 Ⅰ, Ⅱ를 일정한 속력으로 통과한다. Ⅰ, Ⅱ에서 자기장의 방향은 xy 평면에 수직으로 들어가는 방향이고, Ⅰ에서 자기장의 세기는 B_0이다. 그림 (나)는 금속 고리의 한 변의 중앙에 고정된 점 p의 위치에 따른 Ⅱ에서 자기장의 세기를 나타낸 것으로, p에 흐르는 유도 전류의 세기는 p가 $x=4.5d$를 지날 때가 p가 $x=0.5d$를 지날 때의 2배이다.

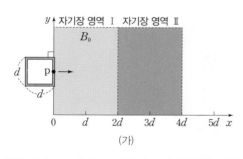

(가)

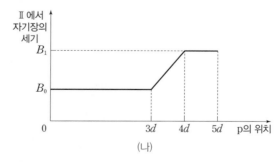

(나)

이에 대한 설명으로 옳은 것만을 〈보기〉에서 있는 대로 고른 것은?

보기

ㄱ. p가 $x=2.5d$를 지날 때 p에 유도 전류가 흐른다.

ㄴ. $B_1=2B_0$이다.

ㄷ. p에 흐르는 유도 전류의 방향은 p가 $x=0.5d$를 지날 때와 p가 $x=3.5d$를 지날 때가 같다.

① ㄴ   ② ㄷ   ③ ㄱ, ㄴ   ④ ㄱ, ㄷ   ⑤ ㄴ, ㄷ

03
▶24066-0155

그림은 xy 평면에 고정된 동일한 재질의 정사각형 금속 고리 A, B, C가 균일한 자기장 영역 Ⅰ, Ⅱ에 각각 놓여있는 모습을 나타낸 것이다. A, B, C의 한 변의 길이는 각각 d, $2d$, $2d$이고, B가 Ⅰ에 걸친 면적과 Ⅱ에 걸친 면적은 같다. Ⅰ의 자기장의 방향은 xy 평면에 수직으로 들어가는 방향이고, Ⅱ의 자기장의 방향은 xy 평면에서 수직으로 나오는 방향이다. A와 C에 흐르는 유도 전류의 방향은 시계 반대 방향으로 같고, 유도 전류의 세기도 같다.

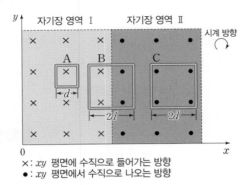

이에 대한 설명으로 옳은 것만을 〈보기〉에서 있는 대로 고른 것은? (단, A, B, C의 상호 작용은 무시한다.)

┌ 보기 ┐
ㄱ. Ⅰ에서 자기장의 세기는 감소한다.
ㄴ. 단위 시간당 자기장의 변화량의 크기는 Ⅰ에서가 Ⅱ에서보다 크다.
ㄷ. 유도 전류의 세기는 B에서가 C에서보다 크다.

① ㄴ   ② ㄷ   ③ ㄱ, ㄴ   ④ ㄱ, ㄷ   ⑤ ㄴ, ㄷ

04
▶24066-0156

그림은 수평면으로부터 높이가 h인 왼쪽 경사면의 한 지점에 가만히 놓은 막대자석이 수평면상의 점 p, 발광 다이오드(LED)가 연결된 수평면에 고정된 솔레노이드, 점 q를 차례대로 지나 오른쪽 경사면에 올라갔다가 내려오는 모습을 나타낸 것이다. 막대자석이 오른쪽 경사면에서 내려와 q를 지날 때 LED에서 빛이 방출된다. a는 막대자석의 고정된 한 점이고, p, q는 솔레노이드 중심축상의 점으로, 솔레노이드의 중심으로부터 p와 q까지의 거리는 같다.

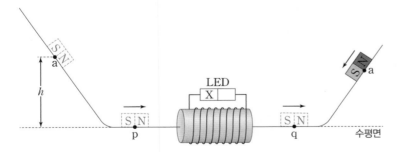

이에 대한 설명으로 옳은 것만을 〈보기〉에서 있는 대로 고른 것은? (단, 모든 마찰과 공기 저항은 무시한다.)

┌ 보기 ┐
ㄱ. X는 n형 반도체이다.
ㄴ. 가만히 놓은 막대자석이 왼쪽 경사면에서 내려온 후 p를 지날 때 LED에서 빛이 방출된다.
ㄷ. 오른쪽 경사면에서 막대자석의 속력이 0이 되었을 때 a의 높이는 h보다 작다.

① ㄱ   ② ㄴ   ③ ㄱ, ㄷ   ④ ㄴ, ㄷ   ⑤ ㄱ, ㄴ, ㄷ

1 파동의 진행

(1) 파동의 특성

① 파동: 공간이나 물질에서, 한 파원에서 발생한 진동이 주위로 퍼져 나가는 현상
  • 파원: 파동이 처음 시작된 곳
  • 매질: 용수철이나 물과 같이 파동을 전달하는 물질

② 파동의 전파: 파동이 전파될 때 매질은 제자리에서 진동할 뿐 파동과 함께 이동하지 않고, 에너지가 전달된다.

(2) 매질의 진동 방향에 따른 파동의 종류

① 횡파: 파동의 진행 방향과 매질의 진동 방향이 서로 수직인 파동
  예 지진파의 S파

② 종파: 파동의 진행 방향과 매질의 진동 방향이 서로 나란한 파동
  예 지진파의 P파, 소리(초음파) 등

(3) 파동의 표현

① 파장(λ): 매질의 각 점이 한 번 진동하는 동안 파동이 진행한 거리, 이웃한 마루와 마루 또는 이웃한 골과 골 사이의 거리

② 진폭(A): 매질의 최대 변위의 크기, 즉 진동의 중심에서 마루나 골까지의 거리

③ 주기(T): 매질의 각 점이 한 번 진동하는 데 걸린 시간 (단위: s)

④ 진동수(f): 매질의 각 점이 1초 동안 진동하는 횟수로, 주기와 역수 관계 (단위: Hz) ➡ $f = \dfrac{1}{T}$ 또는 $T = \dfrac{1}{f}$

⑤ 위상: 매질의 각 점들의 위치와 진동(운동) 상태를 나타내는 물리량

⑥ 주기와 진동수는 파원에 의해서 결정되며, 매질이 달라져도 주기와 진동수는 달라지지 않는다.

⑦ 파동 그래프: 파동은 매질의 변위를 위치 또는 시간에 따라 그래프로 나타낼 수 있다.

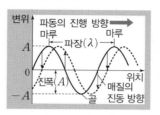
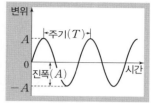

▲ 변위-위치 그래프　　　▲ 변위-시간 그래프

(4) 파동의 진행 속력: 파동이 단위 시간 동안 이동한 거리이다. 파동은 한 주기 동안 한 파장만큼 진행하므로 파동의 주기를 T, 파장을 λ, 진동수를 f라고 하면 파동의 진행 속력 v는 다음과 같다.

$$v = \frac{\lambda}{T} = f\lambda \text{ (단위: m/s)}$$

① 줄에서 파동의 속력(줄의 재질이 같을 때)

굵은 줄　　　가는 줄

  • 굵은 줄에서보다 가는 줄에서 더 빠르다.
  • 굵은 줄과 가는 줄에서 진동수는 같다.
  • 파동의 속력이 빠를수록 파장이 길다.

② 소리의 속력
  • 기체에서의 속력: 동일한 기체에서는 기체의 온도가 높을수록 소리의 속력이 빠르다. ➡ $v_{고온} > v_{저온}$
  • 매질의 상태에 따른 속력: 고체에서 가장 빠르고, 기체에서 가장 느리다. ➡ $v_{고체} > v_{액체} > v_{기체}$

③ 물결파의 속력: 물의 깊이가 깊을수록 물결파의 속력이 빠르므로 파장이 길다.

더 알기 **위상**

한 파동에서 매질의 변위와 진동 방향이 모두 같은 점들은 위상이 같으며, 매질의 변위와 진동 방향이 모두 반대인 점들은 위상이 반대이다. 한 파장 간격의 두 점 A와 C 또는 B와 D는 변위와 매질의 진동 방향이 같으므로 위상이 같은 점이다. 그러나 A와 B, B와 C, C와 D는 변위와 진동 방향 모두 반대이므로 위상이 반대인 점이다. 위상이 같은 이웃한 두 점 사이의 거리는 파장이고, 위상이 반대인 이웃한 두 점 사이의 거리는 파장의 $\frac{1}{2}$배이다.

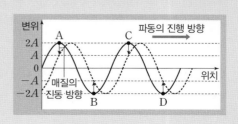

2 파동의 굴절

(1) **파동의 굴절**: 파동이 진행할 때 서로 다른 매질의 경계면에서 진행 방향이 변하는 현상

① 굴절의 원인: 매질의 종류와 상태에 따라서 파동의 진행 속력이 달라지기 때문이다.
- 법선: 두 매질의 경계면에 수직인 직선
- 입사각(i): 입사파의 진행 방향과 법선이 이루는 각
- 굴절각(r): 굴절파의 진행 방향과 법선이 이루는 각

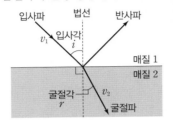

② 굴절 법칙(스넬 법칙)
- 굴절률(n): 매질에서 빛의 속력 v에 대한 진공에서 빛의 속력 c의 비 ➡ $n = \dfrac{c}{v}$

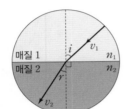

- 상대 굴절률: 매질 1의 굴절률이 n_1, 매질 2의 굴절률이 n_2일 때 매질 1의 굴절률에 대한 매질 2의 굴절률 ➡ $\dfrac{n_2}{n_1}$

- 굴절 법칙: 매질 1에서 매질 2로 빛이 진행할 때, 매질 1의 굴절률이 n_1, 매질 2의 굴절률이 n_2이면 다음과 같은 관계가 성립한다.

$$\frac{\sin i}{\sin r} = \frac{v_1}{v_2} = \frac{\dfrac{c}{n_1}}{\dfrac{c}{n_2}} = \frac{n_2}{n_1} = \text{일정}$$

③ 파동의 굴절
- 빛의 굴절

빛의 속력이 빠른 매질 → 느린 매질	빛의 속력이 느린 매질 → 빠른 매질
$i > r$	$i < r$

- 물결파의 굴절: 깊은 물에서 얕은 물로 진행할 때 이웃한 파면과 파면 사이의 거리(파장)는 짧아지고 물결파의 속력은 느려진다. ➡ $v_1 > v_2$

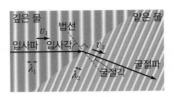

(2) **생활 속 굴절 현상**

① 소리의 굴절: 낮에는 높이 올라갈수록 기온이 낮아지므로 소리가 위로 휘어지고, 밤에는 높이 올라갈수록 기온이 높아지므로 소리가 아래로 휘어진다.

② 신기루: 공기의 온도에 따른 밀도의 변화로 빛의 진행 방향이 바뀌어 물체의 실제 위치가 아닌 곳에서 물체가 보이는 현상

③ 렌즈: 빛을 모으거나 퍼지게 할 수 있도록 만든 광학 기구

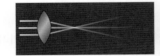 

▲ 볼록 렌즈   ▲ 오목 렌즈

④ 수심이 얕아 보이는 현상: 빛이 물속에서 공기 중으로 나올 때 굴절각이 입사각보다 크고, 이때 굴절된 광선의 연장선이 만나는 지점에 물체가 있는 것으로 보인다.

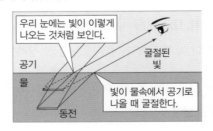

더 알기   굴절률 차이에 따른 굴절

굴절률 1인 공기에서 굴절률이 각각 $\sqrt{3}$, 1.5인 매질 A, B에 입사각 60°로 입사한 단색광 L의 굴절각을 각각 θ_1, θ_2라고 하면 굴절 법칙에 의해 다음과 같은 식이 각각 성립한다.

A: $1 \times \sin 60° = \dfrac{\sqrt{3}}{2} = \sqrt{3} \times \sin\theta_1$에서 $\theta_1 = 30°$

B: $1 \times \sin 60° = \dfrac{\sqrt{3}}{2} = 1.5 \times \sin\theta_2$에서 $\theta_2 = 35.3°$

따라서 입사각이 동일하면 공기와 굴절률 차이가 큰 A로 입사할 때가 공기와 굴절률 차이가 작은 B로 입사할 때보다 굴절각이 작아 공기에서의 경로에서 더 많이 굴절된다.

| 2024학년도 대수능 |

그림은 주기가 2초인 파동이 x축과 나란하게 매질 Ⅰ에서 매질 Ⅱ로 진행할 때, 시간 $t=0$인 순간과 $t=3$초인 순간의 파동의 모습을 각각 나타낸 것이다. 실선과 점선은 각각 마루와 골이다.

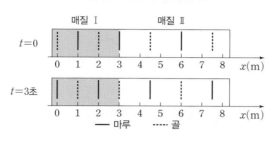

이에 대한 설명으로 옳은 것만을 〈보기〉에서 있는 대로 고른 것은?

┌ 보기 ┌
ㄱ. Ⅰ에서 파동의 파장은 1 m이다.
ㄴ. Ⅱ에서 파동의 진행 속력은 $\frac{3}{2}$ m/s이다.
ㄷ. $t=0$부터 $t=3$초까지, $x=7$ m에서 파동이 마루가 되는 횟수는 2회이다.

① ㄱ   ② ㄴ   ③ ㄷ   ④ ㄴ, ㄷ   ⑤ ㄱ, ㄴ, ㄷ

접근 전략

이웃한 마루 사이의 간격이 파동의 파장이고, 파동의 주기가 T, 파장이 λ일 때 파동의 진행 속력은 $\frac{\lambda}{T}$이다.

간략 풀이

✗. Ⅰ에서 이웃한 마루 사이의 간격이 2 m이므로 Ⅰ에서 파동의 파장은 2 m이다.

◯. 파동의 주기가 2초이고, Ⅱ에서 파동의 파장이 3 m이므로 Ⅱ에서 파동의 진행 속력은 $\frac{3}{2}$ m/s이다.

◯. $t=0$초일 때, $x=6$ m에서 파동이 마루가 되었고, 파동의 진행 속력이 $\frac{3}{2}$ m/s이며 파동의 주기가 2초이므로 $t=\frac{2}{3}$초, $\frac{8}{3}$초, $\frac{14}{3}$초, …일 때, $x=7$ m에서 파동이 마루가 된다. 따라서 $t=0$부터 $t=3$초까지, $x=7$ m에서 파동이 마루가 되는 횟수는 2회이다.

정답 | ④

정답과 해설 33쪽

▶ 24066-0157

그림은 x축과 나란하게 매질 Ⅰ에서 매질 Ⅱ로 진행하는 파동의 시간 $t=0$인 순간과 $t=6$초인 순간의 모습을 나타낸 것이다. 실선과 점선은 각각 마루와 골이다. Ⅰ에서 파동의 진행 속력은 v이고, $t=0$부터 $t=6$초까지, $x=7$ m에서 파동이 골이 되는 횟수는 3회이다.

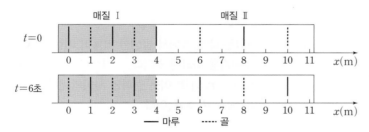

v는?

① $\frac{2}{3}$ m/s   ② $\frac{3}{4}$ m/s   ③ $\frac{4}{5}$ m/s   ④ $\frac{5}{6}$ m/s   ⑤ $\frac{6}{7}$ m/s

유사점과 차이점

x축과 나란하게 Ⅰ에서 Ⅱ로 진행하는 파동의 모습을 통해 Ⅰ에서의 파장을 구하는 상황은 유사하나 $x=7$ m에서 파동이 골이 되는 횟수를 통해 파동의 주기를 찾아내어 Ⅰ에서의 진행 속력을 구하는 점은 다르다.

배경 지식

• 파동의 이웃한 골 사이의 간격은 파장이다.
• 파동이 골에서 다음 골이 될 때까지 걸리는 시간은 주기이다.

01
▶24066-0158

그림은 2 cm/s의 속력으로 x축과 나란하게 진행하는 파동의 변위를 위치 x에 따라 나타낸 것이다.

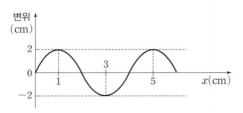

이 파동에 대한 설명으로 옳은 것만을 〈보기〉에서 있는 대로 고른 것은?

┌ 보기 ┐
ㄱ. 진폭은 4 cm이다.
ㄴ. 파장은 4 cm이다.
ㄷ. 주기는 2초이다.

① ㄱ   ② ㄷ   ③ ㄱ, ㄴ
④ ㄴ, ㄷ   ⑤ ㄱ, ㄴ, ㄷ

02
▶24066-0159

그림은 v의 일정한 속력으로 x축과 나란하게 $+x$ 방향으로 진행하는 파동의 시간 $t=0$일 때의 변위를 위치 x에 따라 나타낸 것이다. $x=3$ cm에서 파동의 변위가 -3 cm가 될 때까지 걸리는 최소 시간은 2초이다.

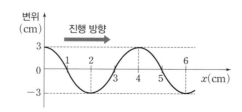

v는?

① 0.25 cm/s   ② 0.5 cm/s   ③ 0.75 cm/s
④ 1 cm/s   ⑤ 1.25 cm/s

03
▶24066-0160

그림 (가)는 시간 $t=0$일 때, $+x$ 방향으로 진행하는 파동의 변위를 위치 x에 따라 나타낸 것이다. 그림 (나)는 (가)의 $x=2$ cm에서 파동의 변위를 t에 따라 나타낸 것이다.

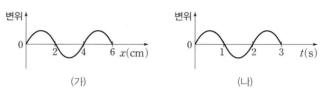

(가)   (나)

이 파동에 대한 설명으로 옳은 것만을 〈보기〉에서 있는 대로 고른 것은?

┌ 보기 ┐
ㄱ. 파장은 4 cm이다.
ㄴ. 진동수는 2 Hz이다.
ㄷ. 진행 속력은 8 cm/s이다.

① ㄱ   ② ㄷ   ③ ㄱ, ㄴ
④ ㄱ, ㄷ   ⑤ ㄴ, ㄷ

04
▶24066-0161

그림은 매질 A에서 발생한 파동이 매질 B, C로 진행할 때 파면의 모습을 나타낸 것이다. A, B, C에서 파동의 진행 속력은 각각 v_A, v_B, v_C이고, 이웃한 파면 사이의 간격은 각각 d_A, d_B, d_C이며, $d_B > d_C > d_A$이다.

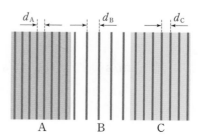

v_A, v_B, v_C를 옳게 비교한 것은?

① $v_A > v_C > v_B$ ② $v_B > v_A > v_C$ ③ $v_B > v_C > v_A$
④ $v_C > v_A > v_B$ ⑤ $v_C > v_B > v_A$

05

▶24066-0162

그림 (가)는 x축과 나란하게 진행하는 파동의 변위를 위치 x에 따라 나타낸 것이다. 그림 (나)는 (가)에서 파동의 진동수와 진폭을 변화시켜 발생시켰을 때, x축과 나란하게 진행하는 파동의 변위를 위치 x에 따라 나타낸 것이다. (가), (나)에서 파동의 진행 속력은 같다.

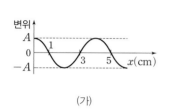

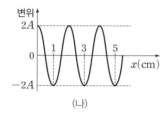

(가)   (나)

(가)의 파동에서가 (나)의 파동에서보다 큰 물리량만을 〈보기〉에서 있는 대로 고른 것은?

┌ 보기 ┐
ㄱ. 진폭
ㄴ. 파장
ㄷ. 진동수

① ㄴ   ② ㄷ   ③ ㄱ, ㄴ
④ ㄱ, ㄷ   ⑤ ㄴ, ㄷ

06

▶24066-0163

그림과 같이 공기에서 원형 매질 A에 입사각 θ_1로 입사한 단색광 L이 A에서 공기로 굴절각 θ_2로 굴절한다.

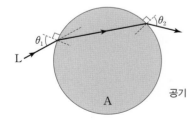

이에 대한 설명으로 옳은 것만을 〈보기〉에서 있는 대로 고른 것은?

┌ 보기 ┐
ㄱ. L의 속력은 공기에서가 A에서보다 크다.
ㄴ. L의 파장은 공기에서가 A에서보다 길다.
ㄷ. $\theta_1=\theta_2$이다.

① ㄱ   ② ㄷ   ③ ㄱ, ㄴ
④ ㄴ, ㄷ   ⑤ ㄱ, ㄴ, ㄷ

07

▶24066-0164

그림과 같이 단색광 L이 매질 A에서 매질 B로 입사각 θ_0으로 입사할 때 일부는 반사하고, 일부는 굴절한다. A, B의 경계면에서 L의 반사각은 θ이다.

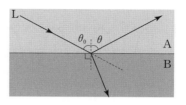

이에 대한 설명으로 옳은 것만을 〈보기〉에서 있는 대로 고른 것은?

┌ 보기 ┐
ㄱ. $\theta_0=\theta$이다.
ㄴ. L의 파장은 A에서가 B에서보다 길다.
ㄷ. L의 진동수는 A에서가 B에서보다 크다.

① ㄱ   ② ㄷ   ③ ㄱ, ㄴ
④ ㄴ, ㄷ   ⑤ ㄱ, ㄴ, ㄷ

08

▶24066-0165

그림 (가)는 단색광 L이 공기에서 매질 A로 입사각 θ_0으로 입사할 때 굴절각 θ_1로 굴절하는 모습을, (나)는 L이 매질 B에서 공기로 입사각 θ_1로 입사할 때 굴절각 θ_2로 굴절하는 모습을 나타낸 것이다. $\theta_2>\theta_0$이다.

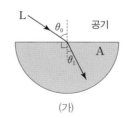

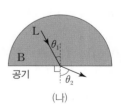

(가)   (나)

이에 대한 설명으로 옳은 것만을 〈보기〉에서 있는 대로 고른 것은?

┌ 보기 ┐
ㄱ. L의 파장은 공기에서가 B에서보다 길다.
ㄴ. 굴절률은 A가 B보다 크다.
ㄷ. L의 속력은 A에서가 B에서보다 크다.

① ㄱ   ② ㄷ   ③ ㄱ, ㄴ
④ ㄱ, ㄷ   ⑤ ㄴ, ㄷ

01

▶24066-0166

그림 (가)는 시간 $t=0$일 때, x축과 나란하게 진행하는 파동의 변위를 위치 x에 따라 나타낸 것이고, (나)는 (가)의 $x=0.5$ cm에서 파동의 변위를 t에 따라 나타낸 것이다.

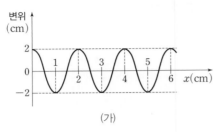
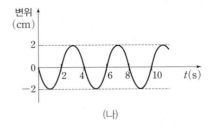

(가) (나)

이에 대한 설명으로 옳은 것만을 〈보기〉에서 있는 대로 고른 것은?

┌ 보기 ┌
ㄱ. 파동의 진행 방향은 $+x$ 방향이다.
ㄴ. 파동의 진행 속력은 0.5 cm/s이다.
ㄷ. $t=4$초일 때 $x=3.5$ cm에서 파동의 변위는 2 cm이다.

① ㄴ   ② ㄷ   ③ ㄱ, ㄴ   ④ ㄱ, ㄷ   ⑤ ㄴ, ㄷ

02

▶24066-0167

그림은 시간 $t=0$일 때, x축과 나란하게 매질 A에서 매질 B로 진행하는 파동의 변위를 위치 x에 따라 나타낸 것이다. B에서 파동의 진행 속력은 3 m/s이다.

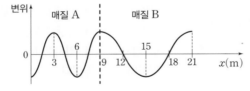

$x=4.5$ m에서 파동의 변위를 t에 따라 나타낸 것으로 가장 적절한 것은?

①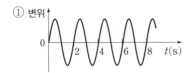

②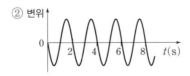

③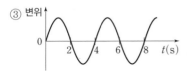

④

⑤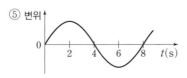

03

▶24066-0168

그림과 같이 단색광 L이 매질 A, B와 매질 C의 경계면의 점 a, b에 동일한 입사각으로 각각 입사한 후 굴절한다. C의 점 c, d는 각각 L의 경로상의 점이고, a와 b 사이의 거리는 c와 d 사이의 거리보다 크다.

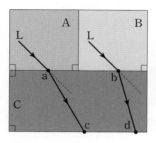

이에 대한 설명으로 옳은 것만을 〈보기〉에서 있는 대로 고른 것은?

┌─ 보기 ┌
ㄱ. L의 속력은 A에서가 C에서보다 크다.
ㄴ. 굴절률은 A가 B보다 크다.
ㄷ. L의 파장은 A에서가 B에서보다 길다.

① ㄱ   ② ㄷ   ③ ㄱ, ㄴ   ④ ㄴ, ㄷ   ⑤ ㄱ, ㄴ, ㄷ

04

▶24066-0169

그림 (가)와 같이 공기에서 원형 매질 A에 입사각 θ_0으로 입사한 단색광 L이 A와 공기의 경계면에서 굴절각 θ_A로 진행한다. 그림 (나)는 공기에서 원형 매질 B에 입사각 θ_0으로 입사한 L이 B와 공기의 경계면에서 굴절각 θ_B로 진행하는 모습을 나타낸 것이다. L이 공기에서 A 또는 B로 입사할 때, (가)의 공기와 A의 경계면에서와 (나)의 공기와 B의 경계면에서의 L의 굴절각은 각각 θ, 2θ이다.

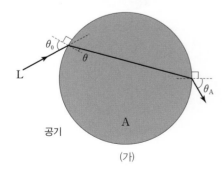 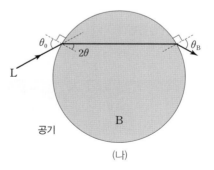

(가)   (나)

이에 대한 설명으로 옳은 것만을 〈보기〉에서 있는 대로 고른 것은? (단, $45° > \theta$이다.)

┌─ 보기 ┌
ㄱ. L의 파장은 공기에서가 A에서보다 길다.
ㄴ. L의 속력은 (가)의 A에서가 (나)의 B에서보다 작다.
ㄷ. $\theta_A > \theta_B$이다.

① ㄱ   ② ㄷ   ③ ㄱ, ㄴ   ④ ㄴ, ㄷ   ⑤ ㄱ, ㄴ, ㄷ

05

▶24066-0170

그림과 같이 매질 A에서 매질 B로 입사각 θ_1로 입사한 단색광 L이 굴절각 θ_2로 굴절하여 진행한 후, B와 매질 C의 경계면에서 굴절각 θ_3으로 굴절한다. $\theta_3 > \theta_1 > \theta_2$이다.

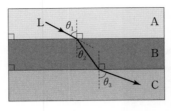

이에 대한 설명으로 옳은 것만을 〈보기〉에서 있는 대로 고른 것은?

보기

ㄱ. L의 파장은 A에서가 B에서보다 길다.
ㄴ. 굴절률은 A가 C보다 크다.
ㄷ. L의 속력은 C에서가 A에서보다 크다.

① ㄱ   ② ㄷ   ③ ㄱ, ㄴ   ④ ㄴ, ㄷ   ⑤ ㄱ, ㄴ, ㄷ

06

▶24066-0171

다음은 빛의 성질을 알아보는 실험이다.

[실험 과정]
(가) 반원 Ⅰ, Ⅱ로 구성된 원이 그려진 종이면의 Ⅰ, Ⅱ에 반원형 매질 A, B를 각각 올려놓는다.
(나) 레이저 빛이 반원 위의 한 점 p에서 원의 중심을 향해 입사하도록 한다.
(다) 그림과 같이 빛이 진행하는 경로를 종이면에 그린다.
(라) p와 x축 사이의 거리 L_1, 빛의 경로가 Ⅱ의 호와 만나는 점과 x축 사이의 거리 L_2를 측정한다.
(마) (가)에서 B를 반원형 유리 C로 바꾸고, (나)~(라)를 반복한다.
(바) (마)에서 A를 B로 바꾸고, (나)~(라)를 반복한다.

[실험 결과]

과정	Ⅰ	Ⅱ	L_1(cm)	L_2(cm)
(라)	A	B	5.0	3.5
(마)	A	C	5.0	3.8
(바)	B	C	5.0	㉠

이에 대한 설명으로 옳은 것만을 〈보기〉에서 있는 대로 고른 것은?

보기

ㄱ. ㉠ > 5.0이다.
ㄴ. 굴절률은 A가 B보다 크다.
ㄷ. 레이저 빛의 속력은 B에서가 C에서보다 크다.

① ㄱ   ② ㄷ   ③ ㄱ, ㄴ   ④ ㄴ, ㄷ   ⑤ ㄱ, ㄴ, ㄷ

1 전반사

(1) 빛의 반사: 빛이 진행하다가 서로 다른 매질의 경계면에서 원래 매질로 되돌아오는 현상

① 입사각과 반사각의 크기는 항상 같다.($i = i'$)

② 입사각(i)이 커지면 반사각(i')과 굴절각(r)도 커진다.

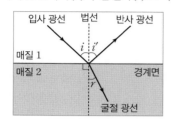

(2) 빛의 전반사: 빛이 매질의 경계면에서 전부 반사되는 현상

① 임계각(i_c): 빛이 굴절률이 큰 매질(n_1)에서 굴절률이 작은 매질(n_2)로 진행할 때 굴절각이 90°일 때의 입사각이다.

$$\sin i_c = \frac{n_2}{n_1} \ (n_1 > n_2)$$

② 전반사 조건: 빛이 굴절률이 큰 매질에서 굴절률이 작은 매질로 진행하면서 입사각이 임계각보다 큰 경우에 전반사가 일어난다.

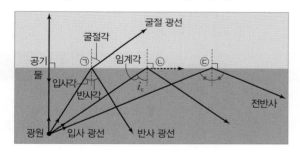

• ㉠의 경우: 입사각 < 임계각

➡ 빛의 일부는 반사하고, 일부는 굴절한다.

• ㉡의 경우: 입사각 = 임계각

➡ 굴절각이 90°이다.

• ㉢의 경우: 입사각 > 임계각

➡ 빛은 전반사한다.

2 광통신

(1) 광섬유: 빛을 전송시킬 수 있는 유리 섬유의 관

① 구조: 굴절률이 큰 중앙의 코어를 굴절률이 작은 클래딩이 감싸고 있는 이중 원기둥 모양이다.

② 광섬유의 코어에서 클래딩으로 임계각보다 큰 입사각으로 입사한 빛은 클래딩으로 굴절하지 못하고 코어를 따라 전반사한다.

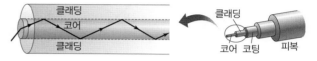

(2) 광통신의 원리

① 광통신: 음성, 영상 등의 정보를 담은 전기 신호를 빛 신호로 변환하여 빛을 통해 정보를 주고받는 통신 방식이다.

② 광통신 과정: 음성, 영상 등과 같은 신호를 전기 신호로 변환한 후 발광 다이오드나 레이저를 이용하여 빛 신호로 변환한다. 빛 신호가 광섬유를 통해서 멀리까지 전달되면 수신기의 광 검출기에서 전기 신호로 변환하여 음성, 영상 등을 재생한다.

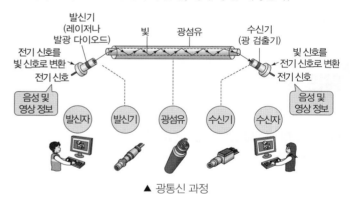

▲ 광통신 과정

③ 광통신의 장단점

• 장점: 도선을 이용한 유선 통신에 비해 정보를 대용량으로 전송할 수 있으며, 외부 전파에 의한 간섭이나 혼선이 없다.

• 단점: 광섬유가 한번 끊어지면 연결하기가 어렵다.

더 알기 굴절률 차이에 따른 임계각의 차이

단색광 L이 굴절률이 각각 1.5, 2인 매질 A, B에서 굴절률이 1인 공기로 입사할 때의 임계각을 각각 θ_{cA}, θ_{cB}라고 하면, 굴절 법칙에 의해 다음과 같은 식이 각각 성립한다.

A: $\sin\theta_{cA} = \frac{1}{1.5}$에서 $\theta_{cA} = 41.8°$

B: $\sin\theta_{cB} = \frac{1}{2}$에서 $\theta_{cB} = 30°$

따라서 공기와 굴절률 차가 작은 A와 공기 사이의 임계각이 공기와 굴절률 차가 큰 B와 공기 사이의 임계각보다 크다.

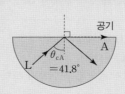
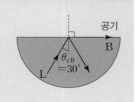

| 2024학년도 대수능 |

다음은 빛의 성질을 알아보는 실험이다.

[실험 과정 및 결과]
(가) 반원형 매질 A, B, C를 준비한다.
(나) 그림과 같이 반원형 매질을 서로 붙여 놓고, 단색광 P의 입사각(i)을 변화시키면서 굴절각(r)을 측정하여 $\sin r$ 값을 $\sin i$ 값에 따라 나타낸다.

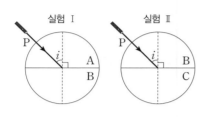

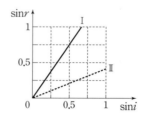

이에 대한 설명으로 옳은 것만을 〈보기〉에서 있는 대로 고른 것은?

보기
ㄱ. 굴절률은 A가 B보다 크다.
ㄴ. P의 속력은 B에서가 C에서보다 작다.
ㄷ. I에서 $\sin i_0 = 0.75$인 입사각 i_0으로 P를 입사시키면 전반사가 일어난다.

① ㄱ 　② ㄴ 　③ ㄱ, ㄷ 　④ ㄴ, ㄷ 　⑤ ㄱ, ㄴ, ㄷ

접근 전략

I에서 $1 > \dfrac{\sin i}{\sin r}$이므로 굴절률은 A가 B보다 크고, II에서 $\dfrac{\sin i}{\sin r} > 1$이므로 굴절률은 B가 C보다 작다.

간략 풀이

◯ A, B의 굴절률을 각각 n_A, n_B라고 하면, I에서 $1 > \dfrac{\sin i}{\sin r}$이므로 $1 > \dfrac{n_B}{n_A}$이다. 따라서 $n_A > n_B$이므로 굴절률은 A가 B보다 크다.

✕ II에서 굴절률이 B가 C보다 작고, P의 속력은 굴절률이 작을수록 크므로 P의 속력은 B에서가 C에서보다 크다.

◯ 굴절률이 큰 매질에서 작은 매질로 P가 임계각 i_c로 입사할 때 $\sin r = 1$이고, i_c보다 큰 각도로 입사할 때 전반사가 일어난다. 따라서 $0.75 = \sin i_0 > \sin i_c$에서 $i_0 > i_c$이므로 I에서 $\sin i_0 = 0.75$인 입사각 i_0으로 P를 굴절률이 큰 A에서 굴절률이 작은 B로 입사시키면 전반사가 일어난다.

정답 | ③

정답과 해설 36쪽

▶ 24066-0172

다음은 빛의 성질을 알아보는 실험이다.

[실험 과정 및 결과]
(가) 반원형 매질 A, B, C를 준비한다.
(나) 그림과 같이 반원형 매질을 서로 붙여 놓고, 단색광 P를 입사각 i로 입사시키면서 굴절각 r를 측정하여 $\dfrac{\sin i}{\sin r}$ 값을 나타낸다.

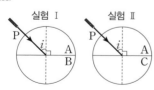

실험	$\dfrac{\sin i}{\sin r}$
I	a
II	b

이에 대한 설명으로 옳은 것만을 〈보기〉에서 있는 대로 고른 것은? (단, $1 > a > b$이다.)

보기
ㄱ. P의 파장은 A에서가 B에서보다 길다.
ㄴ. P의 속력은 B에서가 C에서보다 작다.
ㄷ. 임계각은 A와 B 사이가 A와 C 사이보다 크다.

① ㄴ 　② ㄷ 　③ ㄱ, ㄴ 　④ ㄱ, ㄷ 　⑤ ㄴ, ㄷ

유사점과 차이점

단색광이 매질의 경계면에서 굴절되는 상황에서 $\sin i$와 $\sin r$의 비를 이용하여 문제를 해결하는 상황은 유사하나 P를 동일한 매질 A에서 B, C로 각각 입사시켰을 때를 비교하는 점은 다르다.

배경 지식

• A에서 B로 입사하는 P의 입사각이 굴절각보다 작으면 P의 파장과 속력은 A에서가 B에서보다 작다.

• 굴절률이 큰 A와 굴절률이 작은 B, C의 굴절률 차가 클수록 매질 사이의 임계각은 작다.

01
▶24066-0173

그림 (가)는 매질 A, B를 각각 클래딩과 코어로 제작한 광섬유의 B에서 A로 입사각 θ로 입사한 단색광 L이 일부는 굴절하고 일부는 반사하는 모습을 나타낸 것이다. 그림 (나)는 (가)에서 B만 매질 C로 교체했을 때 C에서 A로 입사각 θ로 입사한 L이 전반사하는 모습을 나타낸 것이다. A, B, C의 굴절률은 각각 n_A, n_B, n_C이다.

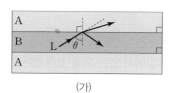
(가)

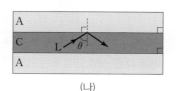
(나)

n_A, n_B, n_C를 옳게 비교한 것은?

① $n_A > n_B > n_C$　　② $n_A > n_C > n_B$　　③ $n_B > n_A > n_C$
④ $n_C > n_A > n_B$　　⑤ $n_C > n_B > n_A$

02
▶24066-0174

그림과 같이 매질 A에서 매질 B로 입사각 θ_0으로 입사한 단색광 L이 A와 B의 경계면에서 전반사한다. A와 B의 경계면에서 L의 반사각은 θ_1이다.

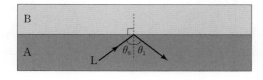

이에 대한 설명으로 옳은 것만을 〈보기〉에서 있는 대로 고른 것은?

┌ 보기 ┐
ㄱ. $\theta_0 = \theta_1$이다.
ㄴ. 굴절률은 A가 B보다 작다.
ㄷ. A와 B 사이의 임계각은 θ_0보다 크다.

① ㄱ　　　　② ㄷ　　　　③ ㄱ, ㄴ
④ ㄱ, ㄷ　　⑤ ㄴ, ㄷ

03
▶24066-0175

그림과 같이 단색광 L이 매질 A, B, C에서 진행한다.

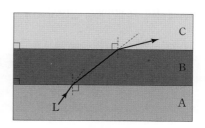

이에 대한 설명으로 옳은 것만을 〈보기〉에서 있는 대로 고른 것은?

┌ 보기 ┐
ㄱ. L의 속력은 A에서가 B에서보다 크다.
ㄴ. 굴절률은 B가 C보다 크다.
ㄷ. 임계각은 A와 B 사이가 A와 C 사이보다 작다.

① ㄴ　　　　② ㄷ　　　　③ ㄱ, ㄴ
④ ㄱ, ㄷ　　⑤ ㄴ, ㄷ

04
▶24066-0176

그림은 매질 A에서 반원형 매질 B의 중심을 지나도록 B에 입사시킨 단색광 L이 B와 A에서 진행하는 모습의 일부를 나타낸 것이다. B와 A의 경계면에서 L의 입사각은 θ이다.

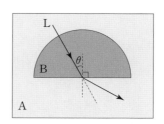

이에 대한 설명으로 옳은 것만을 〈보기〉에서 있는 대로 고른 것은?

┌ 보기 ┐
ㄱ. L의 파장은 A에서가 B에서보다 길다.
ㄴ. 굴절률은 A가 B보다 작다.
ㄷ. B와 A의 경계면에 L을 θ보다 작은 입사각으로 입사시키면 L은 B와 A의 경계면에서 전반사한다.

① ㄱ　　　　② ㄷ　　　　③ ㄱ, ㄴ
④ ㄴ, ㄷ　　⑤ ㄱ, ㄴ, ㄷ

05

▶24066-0177

그림은 광섬유의 코어에서 클래딩으로 입사각 60°로 입사한 단색광 L이 코어와 클래딩의 경계면에서 전반사하며 진행하는 모습을 나타낸 것이다.

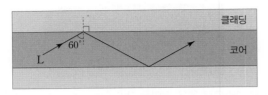

이에 대한 설명으로 옳은 것만을 〈보기〉에서 있는 대로 고른 것은?

> **보기**
> ㄱ. 굴절률은 코어가 클래딩보다 크다.
> ㄴ. 코어와 클래딩 사이의 임계각은 60°보다 크다.
> ㄷ. L을 클래딩에서 코어로 입사각 60°로 입사시키면 L은 클래딩과 코어의 경계면에서 전반사한다.

① ㄱ   ② ㄴ   ③ ㄱ, ㄴ
④ ㄱ, ㄷ   ⑤ ㄴ, ㄷ

06

▶24066-0178

그림과 같이 매질 A에서 매질 B로 입사한 단색광 L이 B와 A의 경계면에서 전반사한 후 다시 A로 돌아온다.

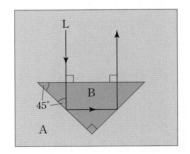

이에 대한 설명으로 옳은 것만을 〈보기〉에서 있는 대로 고른 것은?

> **보기**
> ㄱ. 굴절률은 A가 B보다 크다.
> ㄴ. L의 속력은 A에서가 B에서보다 크다.
> ㄷ. B와 A 사이의 임계각은 45°보다 크다.

① ㄴ   ② ㄷ   ③ ㄱ, ㄴ
④ ㄱ, ㄷ   ⑤ ㄴ, ㄷ

07

▶24066-0179

그림과 같이 매질 A에서 매질 B로 입사한 단색광 L이 B와 매질 C의 경계면에서 전반사한다.

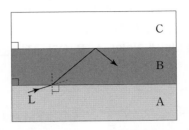

이에 대한 설명으로 옳은 것만을 〈보기〉에서 있는 대로 고른 것은?

> **보기**
> ㄱ. L의 속력은 A에서가 B에서보다 크다.
> ㄴ. 굴절률은 B가 C보다 크다.
> ㄷ. B와 C 사이의 임계각은 B와 A 사이의 임계각보다 크다.

① ㄱ   ② ㄷ   ③ ㄱ, ㄴ
④ ㄴ, ㄷ   ⑤ ㄱ, ㄴ, ㄷ

08

▶24066-0180

그림 (가)는 매질 A에서 직각 삼각형 모양의 매질 B로 입사각 θ_0으로 입사한 단색광 L이 직각 삼각형 모양의 매질 C와 A의 경계면에서 굴절각 θ_1로 굴절하는 모습을, (나)는 A에서 C로 입사각 θ_1로 입사한 L이 B와 A의 경계면에서 굴절각 θ로 굴절하는 모습을 나타낸 것이다. $\theta_1 > \theta_0$이다.

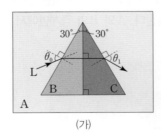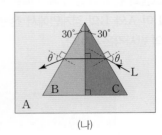

(가)   (나)

이에 대한 설명으로 옳은 것만을 〈보기〉에서 있는 대로 고른 것은?

> **보기**
> ㄱ. $\theta = \theta_0$이다.
> ㄴ. L의 속력은 B에서가 C에서보다 크다.
> ㄷ. L의 임계각은 B와 A 사이가 C와 A 사이보다 크다.

① ㄱ   ② ㄷ   ③ ㄱ, ㄴ
④ ㄴ, ㄷ   ⑤ ㄱ, ㄴ, ㄷ

01

▶24066-0181

그림 (가)는 매질 A에서 원형 매질 B로 입사각 θ_0으로 입사한 단색광 L이 A와 B의 경계면에서 굴절각 θ_1로 굴절하는 모습을, (나)는 A에서 원형 매질 C로 입사각 θ_0으로 입사한 L이 A와 C의 경계면에서 굴절각 θ_2로 굴절하는 모습을 나타낸 것이다. $\theta_1 > \theta_2$이다.

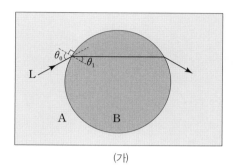
(가)

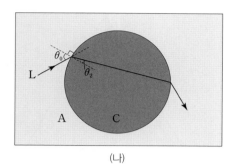
(나)

이에 대한 설명으로 옳은 것만을 〈보기〉에서 있는 대로 고른 것은?

┌ 보기 ┌
ㄱ. 굴절률은 B가 C보다 작다.
ㄴ. B와 A 사이의 임계각은 C와 A 사이의 임계각보다 크다.
ㄷ. (가)에서 θ_0을 조절하면 A에서 B로 입사한 L은 B와 A의 경계면에서 전반사할 수 있다.

① ㄱ   ② ㄷ   ③ ㄱ, ㄴ   ④ ㄴ, ㄷ   ⑤ ㄱ, ㄴ, ㄷ

02

▶24066-0182

그림 (가)는 매질 A에서 매질 B로 입사각 θ_0으로 입사한 단색광 L이 B와 매질 C의 경계면에 임계각 θ로 입사하는 모습을, (나)는 L이 A에서 C로 입사각 θ_0으로 입사하는 모습을 나타낸 것이다. A의 굴절률은 C의 굴절률보다 작다.

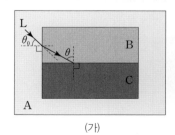
(가)

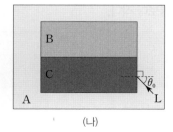
(나)

이에 대한 설명으로 옳은 것만을 〈보기〉에서 있는 대로 고른 것은?

┌ 보기 ┌
ㄱ. (가)에서 L을 θ_0보다 큰 입사각으로 A에서 B로 입사시키면 L은 B와 C의 경계면에서 전반사한다.
ㄴ. (나)에서 C에서 B로 입사하는 L의 입사각은 θ보다 작다.
ㄷ. (나)에서 L은 C와 B의 경계면에서 전반사한다.

① ㄱ   ② ㄴ   ③ ㄱ, ㄴ   ④ ㄱ, ㄷ   ⑤ ㄴ, ㄷ

03

▶24066-0183

그림은 매질 A에서 매질 B에 입사각 θ_0으로 입사한 단색광 L의 일부가 A와 B의 경계면에서 반사한 후 A와 매질 C의 경계면에서 굴절하고, 일부는 굴절각 $60°$로 굴절한 후 B와 C의 경계면에 B와 C 사이의 임계각인 $60°$로 입사하는 모습을 나타낸 것이다.

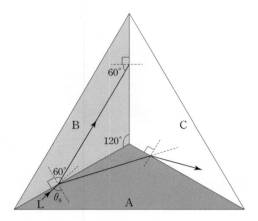

이에 대한 설명으로 옳은 것만을 〈보기〉에서 있는 대로 고른 것은?

보기

ㄱ. 굴절률은 A가 C보다 크다.
ㄴ. B와 A 사이의 임계각은 $60°$보다 크다.
ㄷ. L을 θ_0보다 큰 입사각으로 A에서 B로 입사시키면 L은 B와 C의 경계면에서 전반사한다.

① ㄱ   ② ㄷ   ③ ㄱ, ㄴ   ④ ㄴ, ㄷ   ⑤ ㄱ, ㄴ, ㄷ

04

▶24066-0184

그림 (가)는 매질 A에서 매질 B에 입사각 θ_0으로 입사한 단색광 L이 B와 A의 경계면에 임계각 θ_c로 입사하는 모습을, (나)는 클래딩과 코어로 각각 A, B를 이용하여 제작한 광섬유의 B에 L이 공기에서 입사각 θ_0으로 입사하는 모습을 나타낸 것이다. 공기의 굴절률은 A의 굴절률보다 작다.

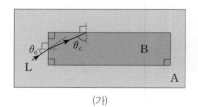
(가)

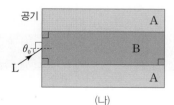
(나)

이에 대한 설명으로 옳은 것만을 〈보기〉에서 있는 대로 고른 것은?

보기

ㄱ. 굴절률은 A가 B보다 작다.
ㄴ. (가)에서 L을 θ_0보다 큰 입사각으로 B에 입사시키면 L은 B와 A의 경계면에서 전반사하지 않는다.
ㄷ. (나)에서 L은 B와 A의 경계면에서 전반사한다.

① ㄱ   ② ㄷ   ③ ㄱ, ㄴ   ④ ㄴ, ㄷ   ⑤ ㄱ, ㄴ, ㄷ

전자기파와 파동의 간섭

1 전자기파의 특성과 종류

(1) **전자기파**: 전자기파는 전기장과 자기장이 각각 시간에 따라 주기적으로 변하며 서로를 유도하면서 공간을 퍼져 나가는 파동이다.

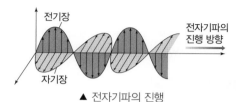
▲ 전자기파의 진행

① 전기장과 자기장의 진동 방향이 서로 수직이고, 각각의 진동 방향과 수직인 방향으로 진행하는 횡파이다.

② 매질이 없어도 진행하며, 진공에서 전자기파의 속력은 파장에 관계없이 약 3×10^8 m/s이다.

③ 간섭, 회절 등의 파동성과 광전 효과와 같은 입자성을 가지고 있다.

④ 1864년 영국의 맥스웰이 처음으로 존재를 예언하였고, 독일의 헤르츠가 전자기파의 존재를 실험으로 확인하였다.

(2) **전자기파의 종류와 이용**: 전자기파는 파장에 따라 분류할 수 있으며, 우리 눈으로 감지할 수 있는 전자기파를 가시광선이라고 한다.

① 가시광선보다 파장이 짧은 전자기파: 감마(γ)선, X선, 자외선

② 가시광선보다 파장이 긴 전자기파: 적외선, 마이크로파, 라디오파(극초단파, 초단파, 단파, 중파, 장파)

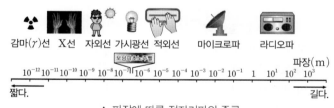
▲ 파장에 따른 전자기파의 종류

③ 전자기파의 특성과 이용

전자기파의 종류		특성과 이용
감마(γ)선		투과력과 에너지가 가장 강하고, 암과 같은 질병을 치료하는 데 이용된다.
X선		투과력이 강해 뼈의 이상, 물질 내부의 구조 조사 및 공항에서 물품을 검사하는 데 이용된다.
자외선		살균 및 소독기에 이용되며, 자외선이 형광 물질에 흡수되면 가시광선을 방출하므로 위조지폐 감별에 이용된다.
가시광선		사람의 눈으로 볼 수 있는 전자기파이다.
적외선		강한 열작용을 하며, 적외선 온도계, 열화상 카메라, 광통신, 적외선 센서, 리모컨에 이용된다.
전파	마이크로파	적외선보다 파장이 길며, 레이더와 위성 통신, 전자레인지에서 음식을 데우는 데 이용된다.
	라디오파	마이크로파보다 파장이 긴 전자기파로, 방송 및 무선 통신에 이용된다.

2 파동의 간섭

(1) **파동의 중첩**

① 중첩 원리: 두 파동이 서로 만나 겹쳐지는 현상을 중첩이라고 하며, 이때 만들어진 합성파의 변위는 각각의 파동의 변위의 합과 같다.

② 파동의 독립성: 두 파동은 중첩 이후에 서로 다른 파동에 아무런 영향을 주지 않고 본래의 특성(진폭, 파형, 진동수, 주기)을 그대로 유지하면서 진행한다.

③ 합성파: 중첩된 결과 만들어지는 파동

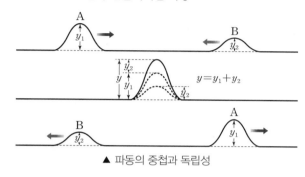
▲ 파동의 중첩과 독립성

(2) **파동의 간섭**: 2개, 혹은 그 이상의 파동이 중첩되어 진폭이 더욱 커지거나 진폭이 작아지는 현상을 파동의 간섭이라고 한다.

① 보강 간섭: 간섭하는 두 파동의 변위의 방향이 같아서 중첩되기 전보다 진폭이 커지는 간섭이다.

② 상쇄 간섭: 간섭하는 두 파동의 변위의 방향이 반대여서 중첩되기 전보다 진폭이 작아지는 간섭이다.

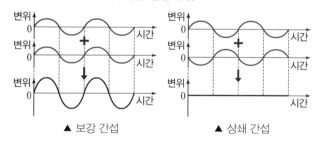
▲ 보강 간섭   ▲ 상쇄 간섭

(3) **소리의 간섭**: 두 스피커에서 발생하는 소리가 크게 들리는 지점에서는 보강 간섭이 일어나고, 작게 들리는 지점에서는 상쇄 간섭이 일어난다.

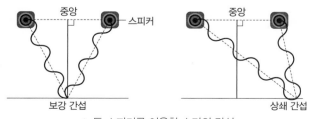
▲ 두 스피커를 이용한 소리의 간섭

(4) 물결파의 간섭: 두 점 S_1, S_2에서 진동수와 진폭이 같은 물결파를 같은 위상으로 발생시킬 때 나타나는 간섭무늬는 다음과 같다.

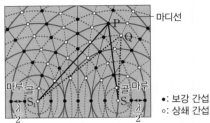

① 보강 간섭(P): 수면의 높이가 계속 변하므로 무늬의 밝기가 변한다.
② 상쇄 간섭(Q): 수면이 거의 진동하지 않으므로 무늬의 밝기가 변하지 않는다. (마디선)
③ S_1, S_2에서 서로 반대 위상의 파동을 발생시키면 보강 간섭 지점과 상쇄 간섭 지점이 서로 뒤바뀐다.

(5) 빛의 간섭: 빛은 보강 간섭이 되면 밝기가 밝아지고, 상쇄 간섭이 되면 밝기가 어두워진다. 보강 간섭이 일어나면 그 색깔의 빛이 더 밝게 보이고, 상쇄 간섭이 일어나면 검게 보인다.

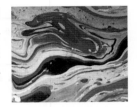
▲ 기름 막에 의한 간섭무늬

▲ 기름 막에 의한 빛의 간섭 원리

(6) 파동의 간섭 이용
① 상쇄 간섭의 이용
• 소음 제거 헤드폰: 헤드폰에 달린 마이크로 소음이 입력되면 소음과 상쇄 간섭을 일으킬 수 있는 소리를 발생시켜서 마이크로 입력된 소음과 헤드폰에서 발생시킨 소리가 서로 상쇄되어 소음이 줄어든다.

소음의 파형　＋　위상이 반대인 소리　➡　소음이 제거됨

• 안경 코팅: 안경에 얇은 반사 방지막을 코팅하면 반사되는 빛의 세기가 감소하므로 안경을 투과하는 빛의 세기가 증가하여 안경을 착용한 사람이 더 밝은 빛을 볼 수 있다.

 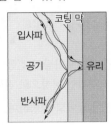

② 보강 간섭의 이용
• 악기: 현악기의 줄, 관악기의 관 내부의 공기 기둥, 타악기의 울림통에서 보강 간섭이 일어나면 크고 선명한 음파를 만든다.
• 초음파 충격: 초음파 발생기에서 발생한 초음파가 결석이 있는 위치에서 보강 간섭을 하여 결석을 깨뜨린다.

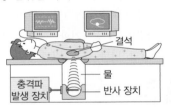

• 지폐 위조 방지: 색 변환 잉크 속에 포함된 미세한 입자들의 모양이 비대칭이어서 빛을 비추는 각도에 따라 보강 간섭되는 빛의 파장이 달라져서 숫자의 색깔이 다르게 보인다.

더 알기　　전자레인지의 원리

• 전자레인지에서 사용하는 마이크로파는 진동수가 약 2.45 GHz이고, 파장이 약 12.2 cm이다. 이 마이크로파는 음식물 속에 들어 있는 물 분자에 잘 흡수된다.
• 그림과 같이 마이크로파의 전기장에 의해 음식물 속의 극성 분자인 물 분자가 운동하고 주위의 분자와 충돌하게 되면서 음식물이 데워진다.

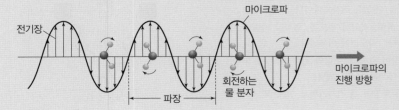

| 2024학년도 대수능 |

그림은 줄에서 연속적으로 발생하는 두 파동 P, Q가 서로 반대 방향으로 x축과 나란하게 진행할 때, 두 파동이 만나기 전 시간 $t=0$인 순간의 줄의 모습을 나타낸 것이다. P와 Q의 진동수는 0.25 Hz로 같다.

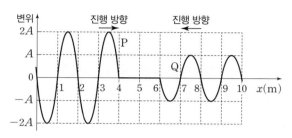

$t=2$초부터 6초까지, $x=5$ m에서 중첩된 파동의 변위의 최댓값은?

① 0   ② A ③ $\frac{3}{2}A$ ④ $2A$ ⑤ $3A$

접근 전략

위상이 같은 파동이 중첩되는 지점에서는 두 파동의 보강 간섭이 일어나고, 위상이 반대인 두 파동이 중첩되는 지점에서는 두 파동의 상쇄 간섭이 일어난다.

간략 풀이

②$x=5$ m에서 P와 Q의 위상이 반대로 중첩되므로 $x=5$ m에서 중첩된 파동의 변위는 |P의 변위의 크기 −Q의 변위의 크기|이다. 따라서 P, Q의 주기가 $\frac{1}{0.25\,\text{Hz}}=4$초이므로 $t=2$초부터 $t=6$초까지, $x=5$ m에서 중첩된 파동의 변위의 최댓값은 $|2A-A|=A$이다.

정답 | ②

닮은꼴 문제로 유형 익히기

정답과 해설 38쪽

▶ 24066-0185

그림은 줄에서 연속적으로 발생하는 두 파동 P, Q가 서로 반대 방향으로 x축과 나란하게 진행할 때, 두 파동이 만나기 전 시간 $t=0$인 순간의 줄의 모습을 나타낸 것이다. P와 Q의 진동수는 0.5 Hz로 같다.

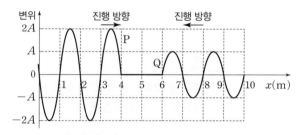

이에 대한 설명으로 옳은 것만을 〈보기〉에서 있는 대로 고른 것은?

┌ 보기 ┐
ㄱ. $t=\frac{1}{2}$초일 때, $x=4$ m에서 P의 변위는 0이다.

ㄴ. Q의 진행 속력은 1 m/s이다.

ㄷ. $t=1$초부터 $t=3$초까지, $x=5$ m에서 중첩된 파동의 변위의 최댓값은 $3A$이다.

① ㄴ   ② ㄷ   ③ ㄱ, ㄴ   ④ ㄱ, ㄷ   ⑤ ㄴ, ㄷ

유사점과 차이점

파동의 간섭을 이용하여 문제를 해결하는 상황은 유사하나 $x=5$ m에서 위상이 동일한 두 파동의 보강 간섭을 이용하는 점은 다르다.

배경 지식

• 파동의 진동수를 f, 파장을 λ라고 할 때 파동의 속력은 $v=f\lambda$이다.

• 한 지점에서 동일한 위상으로 중첩되는 두 파동은 보강 간섭한다.

01
▶24066-0186

그림은 전자기파에 대해 학생 A, B, C가 대화하고 있는 모습을 나타낸 것이다.

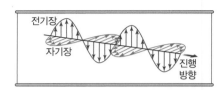

제시한 내용이 옳은 학생만을 있는 대로 고른 것은?

① A   ② C   ③ A, B
④ A, C   ⑤ B, C

02
▶24066-0187

다음은 전자기파 A에 대한 설명이다.

- 식기 소독기는 살균 작용을 할 수 있는 A를 이용해 식기를 소독한다.
- 지폐에 A를 비출 때 형광으로 나타나는 무늬를 통해 위조지폐를 판별한다.

A는?

① 감마선   ② 자외선   ③ 적외선
④ 라디오파   ⑤ 마이크로파

03
▶24066-0188

그림은 파장에 따른 전자기파의 분류를 나타낸 것이다.

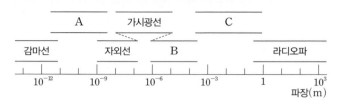

이에 대한 설명으로 옳은 것만을 〈보기〉에서 있는 대로 고른 것은?

┌─ 보기 ┌
ㄱ. 진동수는 A가 B보다 크다.
ㄴ. TV 리모컨은 B를 이용하여 TV 채널을 바꾼다.
ㄷ. 진공에서의 속력은 B와 C가 같다.

① ㄱ   ② ㄷ   ③ ㄱ, ㄴ
④ ㄴ, ㄷ   ⑤ ㄱ, ㄴ, ㄷ

04
▶24066-0189

다음은 전자기파 A, B, C가 실생활에 이용되는 예이다. A, B, C는 감마선, X선, 마이크로파를 순서 없이 나타낸 것이다.

A를 인체에 쪼여 암을 치료한다.

전자레인지는 B를 발생시켜 음식물을 데운다.

공항 검색대에서 C를 이용해 수하물의 내부 영상을 찍는다.

A, B, C의 파장을 각각 λ_A, λ_B, λ_C라고 할 때, 파장을 옳게 비교한 것은?

① $\lambda_A > \lambda_B > \lambda_C$ ② $\lambda_B > \lambda_A > \lambda_C$ ③ $\lambda_B > \lambda_C > \lambda_A$
④ $\lambda_C > \lambda_A > \lambda_B$ ⑤ $\lambda_C > \lambda_B > \lambda_A$

05
▶24066-0190

그림 (가)는 진폭이 각각 2 m, 3 m인 파동 A, B가 각각 +x, −x 방향으로 1 m/s의 속력으로 진행하는 시간 t=0일 때의 모습을 나타낸 것이다. 그림 (나)는 (가)에서 B의 위상만 반대로 발생시켰을 때 A, B가 진행하는 t=0일 때의 모습을 나타낸 것이다.

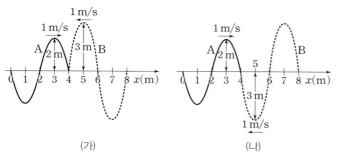

(가)　　　　　(나)

이에 대한 설명으로 옳은 것만을 〈보기〉에서 있는 대로 고른 것은?

ㄱ. A의 주기는 4초이다.
ㄴ. (가)에서 t=1초일 때, x=4 m에서 합성파의 변위의 크기는 5 m이다.
ㄷ. (나)에서 t=1초일 때, x=4 m에서 A와 B는 보강 간섭한다.

① ㄱ　② ㄷ　③ ㄱ, ㄴ
④ ㄴ, ㄷ　⑤ ㄱ, ㄴ, ㄷ

06
▶24066-0191

그림과 같이 스피커 A, B에서 진폭과 진동수가 동일한 소리를 발생시키면 x=0과 x=d에서 보강 간섭이 일어난다.

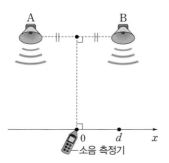

이에 대한 설명으로 옳은 것만을 〈보기〉에서 있는 대로 고른 것은?

ㄱ. A, B에서 동일한 위상의 소리가 발생한다.
ㄴ. x=0과 x=d 사이에 상쇄 간섭이 일어나는 지점이 있다.
ㄷ. A, B에서 발생한 소리는 x=d에서 동일한 위상으로 중첩한다.

① ㄱ　② ㄷ　③ ㄱ, ㄴ
④ ㄴ, ㄷ　⑤ ㄱ, ㄴ, ㄷ

07
▶24066-0192

그림 (가), (나)는 물의 깊이가 각각 h_1, h_2인 수면 위의 두 점 S₁, S₂에서 진동수와 진폭, 위상이 서로 같은 물결파가 발생하고 있는 모습을 나타낸 것이다. 실선과 점선은 각각 물결파의 마루와 골이고, 점 A, B는 수면 위의 고정된 두 지점이다. S₁과 S₂ 사이의 거리는 (가)와 (나)에서 서로 같다.

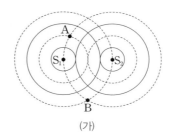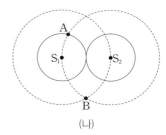

(가)　　　　　(나)

이에 대한 설명으로 옳은 것만을 〈보기〉에서 있는 대로 고른 것은?

ㄱ. $h_1 > h_2$이다.
ㄴ. (나)의 A에서는 물결파의 위상이 반대로 중첩된다.
ㄷ. (가), (나) 모두 B에서는 보강 간섭이 일어난다.

① ㄴ　② ㄷ　③ ㄱ, ㄴ
④ ㄱ, ㄷ　⑤ ㄴ, ㄷ

08
▶24066-0193

그림과 같이 이중 슬릿을 지난 단색광에 의해 스크린에 간섭무늬가 나타난다. O, P, Q는 스크린상의 점이며, 슬릿 S₁, S₂에서 O까지의 거리는 같다. O, P는 밝은 무늬의 중심이고, Q는 어두운 무늬의 중심이다.

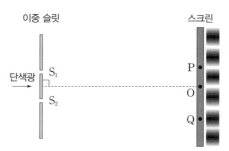

이에 대한 설명으로 옳은 것만을 〈보기〉에서 있는 대로 고른 것은?

ㄱ. S₁, S₂에서 단색광의 위상은 같다.
ㄴ. S₁, S₂를 통과한 단색광은 P에 같은 위상으로 도달한다.
ㄷ. Q에서 S₁, S₂를 통과한 단색광이 보강 간섭한다.

① ㄱ　② ㄷ　③ ㄱ, ㄴ
④ ㄴ, ㄷ　⑤ ㄱ, ㄴ, ㄷ

01

▶24066-0194

그림과 같이 전자기파 A, B를 각각 금속판에 비추었을 때 광전자가 방출되고, 전자기파 C를 금속판에 비추었을 때 광전자가 방출되지 않는다. 방출된 광전자의 최대 운동 에너지는 A를 비추었을 때가 B를 비추었을 때보다 작다. A, B, C는 X선, 자외선, 적외선을 순서 없이 나타낸 것이다.

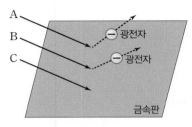

이에 대한 설명으로 옳은 것만을 〈보기〉에서 있는 대로 고른 것은?

보기
ㄱ. 진동수는 A가 C보다 크다.
ㄴ. 전자레인지에서는 B를 이용해 음식물을 데운다.
ㄷ. 공항에서는 C를 이용하여 수하물의 내부 영상을 찍는다.

① ㄱ   ② ㄴ   ③ ㄱ, ㄴ   ④ ㄱ, ㄷ   ⑤ ㄴ, ㄷ

02

▶24066-0195

그림은 파장, 주기, 진폭이 동일한 두 파동이 x축을 따라 서로 반대 방향으로 진행하는 모습을 나타낸 것이다.

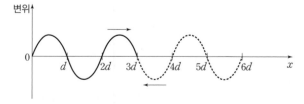

이에 대한 설명으로 옳은 것만을 〈보기〉에서 있는 대로 고른 것은?

보기
ㄱ. $x=2.5d$에서 중첩된 파동의 위상은 서로 같다.
ㄴ. $x=4d$에서 서로 반대 방향으로 진행하는 파동은 보강 간섭한다.
ㄷ. $x=5d$에서 중첩된 파동의 변위는 항상 0이다.

① ㄱ   ② ㄴ   ③ ㄱ, ㄴ   ④ ㄱ, ㄷ   ⑤ ㄴ, ㄷ

03

▶24066-0196

그림은 시간 $t=0$일 때 10 cm/s의 속력으로 파장과 주기, 진폭이 동일한 두 파동이 x축을 따라 서로 반대 방향으로 진행하는 모습을 나타낸 것이다. 두 파동의 진폭은 A이다.

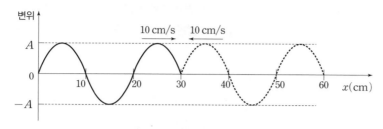

이에 대한 설명으로 옳은 것만을 〈보기〉에서 있는 대로 고른 것은?

┌─ 보기 ┌───
　ㄱ. $t=0.5$초일 때, $x=30 \text{ cm}$에서 중첩된 파동의 변위의 크기는 $2A$이다.
　ㄴ. $t=2$초일 때, $x=20 \text{ cm}$에서 중첩된 파동의 변위는 0이다.
　ㄷ. $t=0.5$초부터 $x=25 \text{ cm}$에서 서로 반대 방향으로 진행하는 파동의 상쇄 간섭이 일어난다.
└──

① ㄱ　　　　　② ㄷ　　　　　③ ㄱ, ㄴ　　　　　④ ㄴ, ㄷ　　　　　⑤ ㄱ, ㄴ, ㄷ

04

▶24066-0197

그림 (가)는 파장, 진폭, 주기가 동일한 두 파동이 x축을 따라 서로 반대 방향으로 진행하면서 만들어진 합성파의 시간 $t=0$일 때의 모습을 나타낸 것이다. 그림 (나)는 (가)에서 진동수를 다르게 발생시킨 두 파동이 x축을 따라 서로 반대 방향으로 진행하면서 만들어진 합성파의 $t=0$일 때의 모습을 나타낸 것이다. (가), (나)에서 파동의 진행 속력은 10 cm/s로 같다.

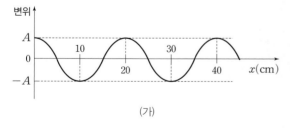

(가)

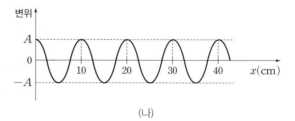

(나)

이에 대한 설명으로 옳은 것만을 〈보기〉에서 있는 대로 고른 것은?

┌─ 보기 ┌───
　ㄱ. (가)에서 파동의 진동수는 2 Hz이다.
　ㄴ. (가)의 $x=5 \text{ cm}$에서 서로 반대 방향으로 진행하는 파동의 위상은 서로 반대이다.
　ㄷ. (나)의 $x=20 \text{ cm}$에서 $t=1$초일 때 합성파의 변위의 크기는 A이다.
└──

① ㄴ　　　　　② ㄷ　　　　　③ ㄱ, ㄴ　　　　　④ ㄱ, ㄷ　　　　　⑤ ㄴ, ㄷ

05

▶24066-0198

그림 (가), (나)는 공기와 A의 경계면에 동일한 입사각으로 입사한 단색광 L₁, L₂가 각각 진행하는 모습을 나타낸 것이다. (가)에서는 공기와 A의 경계면에서 반사된 L₁과 A와 B의 경계면에서 반사된 후 A와 공기의 경계면에서 굴절된 L₁이 사람의 눈에서 서로 반대 위상으로 중첩하고, (나)에서는 공기와 A의 경계면에서 반사된 L₂와 A와 B의 경계면에서 반사된 후 A와 공기의 경계면에서 굴절된 L₂가 사람의 눈에서 서로 같은 위상으로 중첩한다. (가)의 사람의 눈에서 서로 반대 위상으로 중첩한 L₁의 세기는 같다.

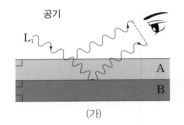
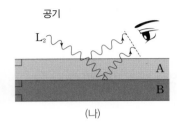

(가)   (나)

이에 대한 설명으로 옳은 것만을 〈보기〉에서 있는 대로 고른 것은?

┌─ 보기 ┌──
│ ㄱ. L₁의 속력은 공기에서가 A에서보다 크다.
│ ㄴ. (나)에서 L₂는 사람의 눈에서 보강 간섭한다.
│ ㄷ. 사람의 눈에는 (가)의 L₁이 (나)의 L₂보다 밝아 보인다.
└──

① ㄱ   ② ㄷ   ③ ㄱ, ㄴ   ④ ㄴ, ㄷ   ⑤ ㄱ, ㄴ, ㄷ

06

▶24066-0199

그림 (가)는 두 점 S₁, S₂에서 발생시킨 진폭과 위상이 같고 진동수가 f_1인 두 물결파의 모습을 나타낸 것이다. 그림 (나)는 (가)에서 물결파의 진동수를 f_2로 바꾸고 S₁에서의 위상만 (가)에서와 반대로 발생시킨 두 물결파의 모습을 나타낸 것이다. 실선과 점선은 각각 물결파의 마루와 골이고, A는 수면에 고정된 점이다.

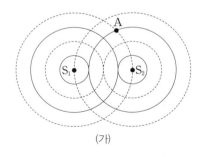
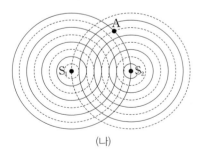

(가)   (나)

이에 대한 설명으로 옳은 것만을 〈보기〉에서 있는 대로 고른 것은?

┌─ 보기 ┌──
│ ㄱ. $f_1 > f_2$이다.
│ ㄴ. S₁, S₂에서 발생된 물결파는 (가)의 A에서 상쇄 간섭한다.
│ ㄷ. S₁과 S₂ 사이에서 물결파의 상쇄 간섭이 일어나는 지점의 개수는 (가)에서가 (나)에서보다 적다.
└──

① ㄴ   ② ㄷ   ③ ㄱ, ㄴ   ④ ㄱ, ㄷ   ⑤ ㄴ, ㄷ

1 광전 효과

(1) **광전 효과**: 금속에 충분히 큰 진동수의 빛을 비출 때 금속에서 전자(광전자)가 방출되는 현상이다.

① **문턱(한계) 진동수**: 금속에서 전자를 방출시키기 위한 최소한의 빛의 진동수로, 금속의 종류에 따라 다르다.

② **광전류**: 광전관의 음극 K에 빛을 비출 때 광전자가 방출되어 양극 P로 이동하므로 광전류가 흐르게 된다.
  - 문턱(한계) 진동수보다 진동수가 작은 빛을 비출 때는 빛의 세기를 증가시켜도 광전자가 방출되지 않는다.
  - 광전자의 최대 운동 에너지는 빛의 세기와 관계없고, 빛의 진동수와 금속판의 문턱(한계) 진동수에 의해 결정된다.

▲ 광전 효과

▲ 광전 효과 실험 장치

(2) **광전 효과 실험 결과**

① 광전자를 방출시키려면 금속에 비추는 빛의 진동수가 문턱(한계) 진동수보다 커야 한다.

② 문턱(한계) 진동수보다 작은 진동수의 빛을 아무리 세게 오랫동안 비추어도 광전자가 방출되지 않는다. 그러나 문턱(한계) 진동수보다 큰 진동수의 빛은 비추는 빛의 세기에 관계없이 비추는 즉시 광전자가 방출된다.

③ 동일한 금속판에서 방출된 광전자의 최대 운동 에너지는 빛의 진동수에만 관계된다.

④ 동일한 진동수의 빛에 의해 방출되는 광전자의 수, 즉 광전류의 세기는 빛의 세기가 증가할수록 커진다.

(3) **광전 효과의 이용**

① **도난 경보기**: 광전관의 음극에 빛을 비추면 광전류가 흘러서 스위치가 열리므로 경보음이 울리지 않고, 빛을 차단하면 광전류가 흐르지 않아서 스위치가 닫히므로 경보음이 울린다.

▲ 빛을 비출 때

▲ 빛을 차단했을 때

② **디지털카메라**: 렌즈를 통해 빛이 전하 결합 소자(CCD)의 광 다이오드에 들어오면, 입사되는 광자의 에너지가 띠 간격 이상일 경우 원자가 띠의 전자가 전도띠로 전이하면서 전자와 양공의 쌍이 형성된다. 이렇게 빛을 비추었을 때 물질 내의 전자가 에너지를 얻어 들뜨게 되는 광전 효과에 의해 빛이 전기 신호로 변환된다.

아날로그 전기 신호를 디지털 신호로 변환

CCD   A/D   메모리 카드

2 빛의 파동 이론의 한계와 광양자설

(1) **파동 이론의 한계**

① 빛이 파동이라면 진동수가 작은 빛이라도 빛의 세기를 증가시키거나 빛을 오랫동안 비추면 금속 내의 전자가 충분한 에너지를 얻어 방출될 수 있어야 한다.

② 빛이 파동이라면 광전자의 운동 에너지의 최댓값은 빛의 세기와 관계가 있어야 한다. 그러나 광전자의 운동 에너지의 최댓값은 빛의 진동수에만 관계가 있다.

(2) **광양자설**

① 아인슈타인은 '빛은 진동수에 비례하는 에너지를 갖는 광자(광양자)라고 하는 입자들의 흐름이다.'라는 광양자설로 광전 효과를 설명하였다.

② 광양자설에 의하면 진동수가 f인 광자 1개가 가지는 에너지는 $E=hf$이다. h는 플랑크 상수이고, 값은 약 6.6×10^{-34} J·s이다.

더 알기 ◆ 광전자의 최대 운동 에너지

- 문턱(한계) 진동수(f_0)와 일함수(W): 금속에서 전자를 방출시키는 데 필요한 최소의 에너지를 일함수라고 한다.

$$W = hf_0 \ (h: \text{플랑크 상수})$$

- 광전자의 최대 운동 에너지(E_k): 금속판에 비춘 광자 1개의 에너지에서 일함수를 뺀 값이다.

$$E_k = hf - W \ (f: \text{빛의 진동수})$$

- 따라서 금속판에서 광전자가 방출될 때, 광전자의 최대 운동 에너지는 금속판에 비춘 빛의 진동수가 클수록, 금속의 일함수(또는 문턱 진동수)가 작을수록 크다.

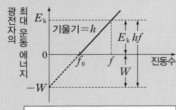

동일한 금속판에 빛을 비출 때, 비추는 빛의 진동수가 클수록 광전자의 최대 운동 에너지가 크다.

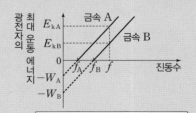

진동수가 같은 빛을 비출 때, 금속판의 일함수가 작을수록 광전자의 최대 운동 에너지가 크다.

❸ 빛의 이중성

(1) 빛은 파동성을 측정할 때에는 파동적인 특성만 관찰되고, 입자성을 측정할 때에는 입자적인 특성만 관찰된다.

(2) 빛의 간섭과 회절 현상은 파동성을 나타낸 것이고, 광전 효과는 입자성을 나타낸 것이다.

(3) 이처럼 빛은 파동이면서 동시에 입자인 이중적인 본질을 지니고 있다.

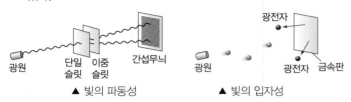

▲ 빛의 파동성　　▲ 빛의 입자성

❹ 영상 정보의 기록

(1) 전하 결합 소자(Charge Coupled Device, CCD)

① 빛을 전기 신호로 바꾸어 주는 장치로, 화소라 불리는 일종의 작은 광 다이오드가 평면적으로 배열된 구조를 가지고 있다.

② 디지털카메라, 광학 스캐너, 비디오 카메라 등에 이용된다.

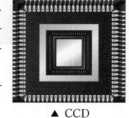

▲ CCD

(2) 영상 정보가 기록되는 원리

① 렌즈를 통과한 빛이 전하 결합 소자 내부로 입사하면 광전 효과로 인해 반도체 내에서 전자와 양공의 쌍이 형성되고, 전자는 (+)전압이 걸려 있는 첫 번째 전극 아래에 쌓이게 된다. 이때 전자의 수는 입사한 빛의 세기가 셀수록 많다.

② 인접한 두 번째 전극에 같은 크기의 전압을 걸어 주면 전자는 고르게 분포하게 된다.

③ 첫 번째 전극의 전압을 0으로 하면 전자는 두 번째 전극 아래로 이동하여 모이게 된다.

④ 다시 인접한 세 번째 전극에 같은 크기의 전압을 걸어 주면 전자는 고르게 분포하게 된다. 이렇게 순차적으로 전극에 전압을 걸어 주어 전자들이 이동하게 된다.

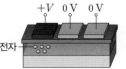

❶ 광전 효과에 의해 발생된 전자가 (+)전압이 걸려 있는 첫 번째 전극 아래에 쌓인다.

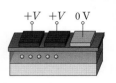

❷ 두 번째 전극에 걸린 전압에 의해 전자는 고르게 분포하게 된다.

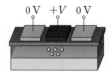

❸ 첫 번째 전극의 전압을 0으로 하면 전자는 두 번째 전극 아래에 모인다.

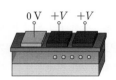

❹ 세 번째 전극에 걸린 전압에 의해 전자는 고르게 분포하게 된다.

⑤ 이와 같은 방식으로 전자는 전하량 측정 장치까지 이동하게 되고, 전하 결합 소자는 각 화소에 도달한 빛의 세기를 측정하여 영상을 기록한다.

❺ 컬러 영상을 얻는 원리

(1) 전하 결합 소자(CCD)는 빛의 세기만 측정하므로, 컬러 영상을 얻기 위해서는 색 필터를 전하 결합 소자 위에 배열해야 한다.

(2) 빨간색, 초록색, 파란색 필터 아래에 있는 전하 결합 소자의 전극에는 각각 빨간색, 초록색, 파란색 빛의 세기에 비례하는 전자가 쌓이게 되어 원래의 색상 정보가 입력된다.

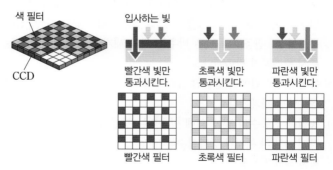

색 필터　　CCD

입사하는 빛

빨간색 빛만 통과시킨다.　초록색 빛만 통과시킨다.　파란색 빛만 통과시킨다.

빨간색 필터　초록색 필터　파란색 필터

더 알기　빛의 입자성을 증명하는 또 다른 실험 – 콤프턴 산란 실험

- 콤프턴은 파장이 짧은 X선을 탄소로 된 흑연판에 비추는 실험을 하였다. 고전적인 전자기파 이론에 의하면 산란된 X선의 파장은 입사된 파장과 같아야 하는데, 실험 결과는 산란된 X선의 파장이 더 길게 나타났으며, 산란된 각도가 클수록 X선의 파장이 더 길어졌다.

- 콤프턴은 X선을 X선 광자로 가정하고, 광자와 전자 사이의 탄성 충돌로 생각하여 산란된 X선 광자의 에너지가 감소하여 파장이 길어진다는 것을 알아내었다.

- 콤프턴은 이 실험 결과로 빛이 입자라고 하는 아인슈타인의 광양자설이 옳다는 것을 증명하였다.

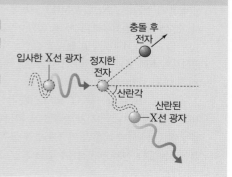

충돌 후 전자

입사한 X선 광자　정지한 전자

산란각

산란된 X선 광자

테마 대표 문제

| 2024학년도 6월 대수능 모의평가 |

그림은 금속판 P, Q에 단색광을 비추었을 때, P, Q에서 방출되는 광전자의 최대 운동 에너지 E_K를 단색광의 진동수에 따라 나타낸 것이다.

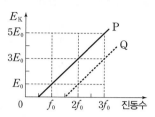

이에 대한 설명으로 옳은 것만을 〈보기〉에서 있는 대로 고른 것은?

┌─ 보기 ───┐
ㄱ. 문턱 진동수는 P가 Q보다 작다.

ㄴ. 광양자설에 의하면 진동수가 f_0인 단색광을 Q에 오랫동안 비추어도 광전자가 방출되지 않는다.

ㄷ. 진동수가 $2f_0$일 때, 방출되는 광전자의 물질파 파장의 최솟값은 Q에서가 P에서의 3배이다.
└──┘

① ㄱ　　　② ㄷ　　　③ ㄱ, ㄴ　　　④ ㄴ, ㄷ　　　⑤ ㄱ, ㄴ, ㄷ

접근 전략
광전자의 방출 여부는 단색광의 진동수에만 관계되며 단색광을 비춘 시간, 단색광의 세기와는 무관하다.

간략 풀이
ㄱ 단색광의 진동수가 f_0일 때 P에서는 광전자가 방출되고 Q에서는 광전자가 방출되지 않으므로 금속판의 문턱 진동수는 P가 Q보다 작다.

ㄴ 문턱 진동수보다 큰 진동수의 단색광을 비추었을 때만 광전자가 방출된다. 단색광의 진동수가 f_0일 때 Q에서는 광전자가 방출되지 않으므로 진동수가 f_0인 단색광을 Q에 아무리 오랫동안 비추어도 광전자가 방출되지 않는다.

✗ 플랑크 상수를 h, 광전자의 질량을 m, 광전자의 최대 운동 에너지를 E_K라고 하면, 광전자의 물질파 파장의 최솟값은 $\lambda = \dfrac{h}{\sqrt{2mE_K}}$이다.
진동수가 $2f_0$일 때 방출되는 광전자의 최대 운동 에너지는 P에서가 Q에서의 3배이므로, 물질파 파장의 최솟값은 Q에서가 P에서의 $\sqrt{3}$배이다.

정답 | ③

닮은꼴 문제로 유형 익히기

정답과 해설 41쪽

▶ 24066-0200

그림 (가)는 금속판 P 또는 Q에 단색광을 비추는 모습을, (나)는 (가)의 금속판에서 방출되는 광전자의 최대 운동 에너지를 단색광의 진동수에 따라 나타낸 것이다. A, B는 (가)의 P, Q에서 방출되는 광전자의 최대 운동 에너지를 순서 없이 나타낸 것이다. 진동수가 $2f_0$인 단색광을 비출 때 P에서는 광전자가 방출되지 않고, Q에서는 광전자가 방출된다.

(가)

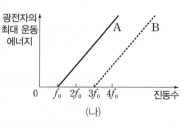
(나)

이에 대한 설명으로 옳은 것만을 〈보기〉에서 있는 대로 고른 것은?

┌─ 보기 ───┐
ㄱ. B는 Q에 해당한다.

ㄴ. 광양자설에 의하면 진동수가 $2f_0$인 단색광을 오랫동안 비추면 P에서 광전자가 방출된다.

ㄷ. 진동수가 $4f_0$인 단색광을 비출 때, 방출되는 광전자의 최대 운동 에너지는 Q에서가 P에서보다 크다.
└──┘

① ㄱ　　　② ㄴ　　　③ ㄷ　　　④ ㄱ, ㄴ　　　⑤ ㄴ, ㄷ

유사점과 차이점
진동수에 따른 광전자의 최대 운동 에너지 그래프를 통해 문턱 진동수 크기를 비교하는 부분은 유사하나 A, B가 P, Q 중 어느 금속판에 해당하는지를 먼저 찾아야 하는 부분이 다르다.

배경 지식
금속판에서 방출되는 광전자의 최대 운동 에너지는 비추는 단색광의 진동수가 클수록, 금속판의 문턱 진동수가 작을수록 크다.

01
▶24066-0201

그림은 진동수가 *f*인 단색광을 금속판에 비출 때 금속판에서 광전자가 방출되는 광전 효과에 대해 학생 A, B, C가 대화하는 모습을 나타낸 것이다.

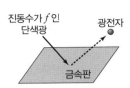

제시한 내용이 옳은 학생만을 있는 대로 고른 것은?

① A   ② B   ③ C
④ A, C   ⑤ B, C

02
▶24066-0202

그림은 광전관의 금속판에 단색광 P, Q를 각각 비추는 모습을 나타낸 것이고, 표는 P, Q의 세기와 P, Q를 금속판에 각각 비추었을 때 광전자의 방출 여부를 나타낸 것이다.

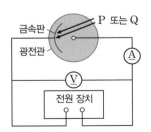

단색광	세기	광전자 방출 여부
P	I_0	방출되지 않음
Q	$2I_0$	방출됨

이에 대한 설명으로 옳은 것만을 〈보기〉에서 있는 대로 고른 것은?

보기
ㄱ. 금속판의 문턱 진동수는 P의 진동수보다 작다.
ㄴ. 광자 1개의 에너지는 P가 Q보다 작다.
ㄷ. P의 세기를 $2I_0$으로 증가시키면 광전자가 방출된다.

① ㄴ   ② ㄷ   ③ ㄱ, ㄴ
④ ㄱ, ㄷ   ⑤ ㄱ, ㄴ, ㄷ

03
▶24066-0203

그림은 네 종류의 단색광 A, B, C, D의 진동수와 세기를 나타낸 것이다. 동일한 금속판에 A, B, C, D를 각각 비추었을 때, A~D 중 세 종류의 단색광에 의해서만 광전자가 방출되었다.

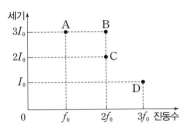

이에 대한 설명으로 옳은 것만을 〈보기〉에서 있는 대로 고른 것은?

보기
ㄱ. 금속판의 문턱 진동수는 f_0보다 작다.
ㄴ. 금속판에서 단위 시간당 방출되는 광전자의 수는 B를 비출 때와 C를 비출 때가 같다.
ㄷ. 금속판에서 방출되는 광전자의 최대 운동 에너지는 C를 비출 때가 D를 비출 때보다 작다.

① ㄱ   ② ㄴ   ③ ㄷ
④ ㄴ, ㄷ   ⑤ ㄱ, ㄴ, ㄷ

04
▶24066-0204

그림 (가)는 금속판에 빛을 비추었을 때 광전 효과에 의해 광전자가 방출되는 모습을 모식적으로 나타낸 것이고, (나)는 (가)에서 방출되는 광전자의 최대 운동 에너지를 금속판에 비추는 빛의 진동수에 따라 나타낸 것이다.

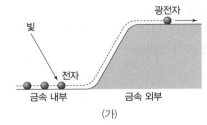 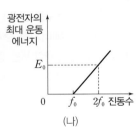

이에 대한 설명으로 옳은 것만을 〈보기〉에서 있는 대로 고른 것은?

보기
ㄱ. (가)에서 광전자의 방출은 빛의 입자성을 나타내는 현상이다.
ㄴ. 진동수가 $\frac{1}{2}f_0$인 빛을 금속판에 오랫동안 비추면 광전자가 방출된다.
ㄷ. 진동수가 $2f_0$인 빛의 광자 1개의 에너지는 E_0보다 크다.

① ㄱ   ② ㄴ   ③ ㄱ, ㄷ
④ ㄴ, ㄷ   ⑤ ㄱ, ㄴ, ㄷ

05

▶24066-0205

다음은 빛의 이중성에 대한 설명이다.

- 그림 (가)와 같이 광원에서 나온 빛이 단일 슬릿과 이중 슬릿을 통과하여 스크린에 밝고 어두운 간섭무늬를 만든다. 이러한 현상은 빛의 ㉠파동성으로 설명할 수 있다.
- 그림 (나)와 같이 ㉡특정 진동수보다 큰 진동수의 빛을 금속판에 비추었을 때 광전자가 방출되는 광전 효과는 빛의 ⓐ (으)로 설명할 수 있다.

(가)　　(나)

이에 대한 설명으로 옳은 것만을 〈보기〉에서 있는 대로 고른 것은?

┌─ 보기 ┌──────────────────────────
ㄱ. 광 다이오드는 빛의 ㉠을 이용한 장치이다.
ㄴ. ㉡의 세기만 증가시키면 (나)의 금속판에서 방출되는 광전자의 최대 운동 에너지가 커진다.
ㄷ. '입자성'은 ⓐ로 적절하다.
└──────────────────────────────

① ㄱ　　　　② ㄴ　　　　③ ㄷ
④ ㄱ, ㄴ　　⑤ ㄱ, ㄷ

06

▶24066-0206

그림 (가)는 얇은 비누막에 여러 가지 색깔의 무늬가 나타나는 모습을, (나)는 광 다이오드에 빛을 비추었을 때 광전 효과에 의해 p-n 접합면에서 전자와 양공의 쌍이 생성되고 전류가 흐르는 모습을 나타낸 것이다.

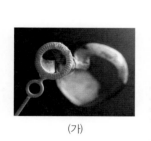 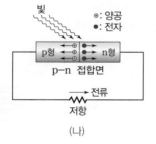

(가)　　(나)

이에 대한 설명으로 옳은 것만을 〈보기〉에서 있는 대로 고른 것은?

┌─ 보기 ┌──────────────────────────
ㄱ. (가)에서 나타나는 여러 가지 색깔의 무늬는 빛의 파동성으로 설명할 수 있다.
ㄴ. (나)에서 빛의 세기가 셀수록 저항에 흐르는 전류의 세기가 크다.
ㄷ. 광 다이오드는 빛 신호를 전기 신호로 전환한다.
└──────────────────────────────

① ㄱ　　　　② ㄷ　　　　③ ㄱ, ㄴ
④ ㄴ, ㄷ　　⑤ ㄱ, ㄴ, ㄷ

07

▶24066-0207

그림은 전하 결합 소자(CCD)를 구성하는 광 다이오드 위에 색 필터가 배열된 모습을 나타낸 것이다. 전하 결합 소자 내부에 광 다이오드의 띠 간격 이상의 에너지를 가진 빛이 입사한다.

이에 대한 설명으로 옳은 것만을 〈보기〉에서 있는 대로 고른 것은?

┌─ 보기 ┌──────────────────────────
ㄱ. 전하 결합 소자는 빛의 입자성을 이용한다.
ㄴ. 전하 결합 소자는 색 필터를 통과한 빛의 세기를 측정하여 색깔을 표현한다.
ㄷ. 전하 결합 소자에 비추는 빛의 세기를 증가시키면 발생하는 전자의 수가 감소한다.
└──────────────────────────────

① ㄱ　　　　② ㄷ　　　　③ ㄱ, ㄴ
④ ㄴ, ㄷ　　⑤ ㄱ, ㄴ, ㄷ

08

▶24066-0208

그림은 전하 결합 소자(CCD)를 구성하는 화소를 모식적으로 나타낸 것으로, 전하 결합 소자에 빛을 비추었을 때 p-n 접합면에서 전자와 양공의 쌍이 형성된다. A는 전자와 양공 중 하나이며, 첫 번째 전극 아래에 모였다.

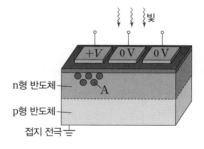

이에 대한 설명으로 옳은 것만을 〈보기〉에서 있는 대로 고른 것은?

┌─ 보기 ┌──────────────────────────
ㄱ. A는 양공이다.
ㄴ. 전하 결합 소자는 광전 효과를 이용한다.
ㄷ. 전하 결합 소자에 비추는 광자의 수가 많을수록 단위 시간당 발생하는 A의 개수가 많아진다.
└──────────────────────────────

① ㄱ　　　　② ㄴ　　　　③ ㄷ
④ ㄴ, ㄷ　　⑤ ㄱ, ㄴ, ㄷ

01

▶24066-0209

그림은 서로 다른 금속판 P, Q에 단색광 A, B를 각각 비추는 모습을 나타낸 것이고, 표는 P, Q에 A, B를 각각 비추었을 때 방출되는 광전자의 최대 운동 에너지를 나타낸 것이다.

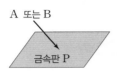

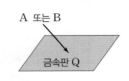

단색광	광전자의 최대 운동 에너지	
	P에 비출 때	Q에 비출 때
A	E_0	$3E_0$
B	㉠	$5E_0$

이에 대한 설명으로 옳은 것만을 〈보기〉에서 있는 대로 고른 것은?

보기
ㄱ. 금속판의 문턱 진동수는 P가 Q보다 작다.
ㄴ. ㉠은 $5E_0$보다 작다.
ㄷ. Q에 A와 B를 동시에 비출 때, 방출되는 광전자의 최대 운동 에너지는 $8E_0$이다.

① ㄱ   ② ㄴ   ③ ㄱ, ㄷ   ④ ㄴ, ㄷ   ⑤ ㄱ, ㄴ, ㄷ

02

▶24066-0210

그림 (가)는 보어의 수소 원자 모형에서 양자수 n에 따른 에너지 준위의 일부와 전자의 전이에서 방출되는 단색광 A, B, C를 나타낸 것이다. 그림 (나)는 분광기를 이용하여 (가)에서 방출되는 A, B, C가 각각 이중 슬릿을 지나 금속판에 도달하는 실험을 나타낸 것으로, A~C 중 하나의 단색광에 의해서만 광전자가 방출된다. 그림 (다)는 (나)에서 방출된 광전자의 개수를 금속판에서의 위치에 따라 나타낸 것이다. 점 O, P는 금속판 위의 지점이다.

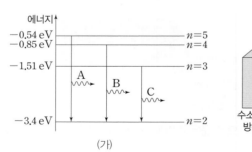

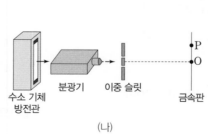

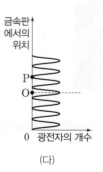

이에 대한 설명으로 옳은 것만을 〈보기〉에서 있는 대로 고른 것은?

보기
ㄱ. (가)에서 단색광의 진동수는 C가 A보다 크다.
ㄴ. (나)에서 B와 C를 동시에 비추면 금속판의 P에서 광전자가 방출된다.
ㄷ. (나)에서 A의 세기를 증가시키면 O에서 방출되는 광전자의 개수가 증가한다.

① ㄱ   ② ㄷ   ③ ㄱ, ㄴ   ④ ㄴ, ㄷ   ⑤ ㄱ, ㄴ, ㄷ

03

▶24066-0211

그림 (가)는 금속판 P가 놓인 검전기의 금속박이 대전되어 벌어진 모습을, (나)는 (가)의 P에 단색광 A, B, C 중 두 단색광을 동시에 비추는 모습을 나타낸 것이다. 표는 P에 A, B, C 중 두 단색광을 동시에 비추었을 때 금속박의 움직임을 나타낸 것이다.

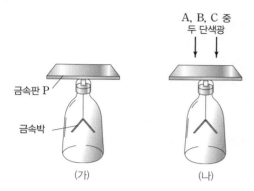

P에 비춘 단색광	금속박의 움직임
A와 B	오므라든다.
B와 C	움직이지 않는다.
A와 C	오므라든다.

이에 대한 설명으로 옳은 것만을 〈보기〉에서 있는 대로 고른 것은?

┌ 보기 ┌
ㄱ. (가)에서 검전기는 음(−)전하로 대전되어 있다.
ㄴ. P의 문턱 진동수는 B의 진동수보다 작다.
ㄷ. 단색광의 진동수는 C가 A보다 크다.

① ㄱ   ② ㄷ   ③ ㄱ, ㄴ   ④ ㄴ, ㄷ   ⑤ ㄱ, ㄴ, ㄷ

04

▶24066-0212

다음은 전하 결합 소자(CCD)의 작동 과정을 나타낸 것이다.

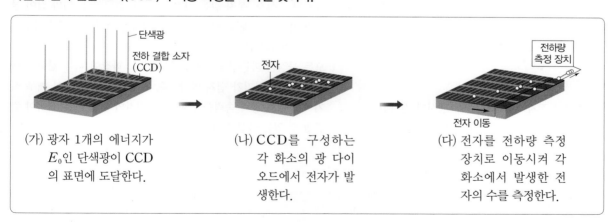

(가) 광자 1개의 에너지가 E_0인 단색광이 CCD의 표면에 도달한다.

(나) CCD를 구성하는 각 화소의 광 다이오드에서 전자가 발생한다.

(다) 전자를 전하량 측정 장치로 이동시켜 각 화소에서 발생한 전자의 수를 측정한다.

이에 대한 설명으로 옳은 것만을 〈보기〉에서 있는 대로 고른 것은?

┌ 보기 ┌
ㄱ. CCD를 구성하는 광 다이오드의 띠 간격은 E_0보다 크다.
ㄴ. (나)에서 전자가 발생하는 현상은 빛의 입자성으로 설명할 수 있다.
ㄷ. (가)에서 단색광의 세기가 감소하면 (다)에서 단위 시간당 측정되는 전자의 수가 증가한다.

① ㄱ   ② ㄴ   ③ ㄱ, ㄷ   ④ ㄴ, ㄷ   ⑤ ㄱ, ㄴ, ㄷ

① 물질의 이중성

(1) 물질파

① 드브로이의 물질파 이론: 드브로이는 '파동이라고 생각했던 빛이 입자성을 나타낸다면 반대로 전자와 같은 입자도 파동성을 나타낼 수 있을 것이다.'라는 가설을 제안하였다.

② 물질파: 입자가 파동성을 나타낼 때 이 파동을 물질파 또는 드브로이파라고 한다.

③ 물질파 파장(드브로이 파장): 운동량의 크기가 p, 질량이 m, 속력이 v인 입자의 물질파 파장 λ는 다음과 같다.

$$\lambda = \frac{h}{p} = \frac{h}{mv} \ (h \approx 6.6 \times 10^{-34} \ \text{J} \cdot \text{s}: \text{플랑크 상수})$$

물체	α입자	골프공	지구
	질량: 6.6×10^{-27} kg 속력: 10^7 m/s	질량: 0.05 kg 속력: 75 m/s	질량: 6×10^{24} kg 속력: 3×10^4 m/s
물질파 파장	약 1×10^{-14} m	약 2×10^{-34} m	약 4×10^{-63} m

▲ 다양한 물체의 물질파 파장

(2) 데이비슨 · 거머 실험

① 데이비슨과 거머는 니켈 결정에 전자선을 입사시킨 후, 입사한 전자선과 튀어나온 전자가 이루는 각에 따른 전자의 분포를 알아보기 위해 전자와 전자 검출기가 이루는 각 θ를 변화시키면서 검출되는 전자의 수를 측정하였다.

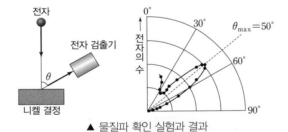

▲ 물질파 확인 실험과 결과

② 실험 결과: 54 V의 전압으로 전자를 가속한 경우 입사한 전자선과 50°의 각을 이루는 곳에서 검출되는 전자의 수가 가장 많았다.

③ 결과에 대한 해석

• X선을 원자가 반복적으로 배열된 결정 표면에 비출 때, 결정면에 대하여 특정한 각으로 입사한 경우에 결정 표면에서 반사된 빛과 이웃한 결정면에서 반사된 빛이 보강 간섭을 일으킨다.

• 전자선을 결정 표면에 입사시킬 때, X선을 비출 때와 마찬가지로 입사한 전자선과 결정 표면에서 튀어나온 전자선이 이루는 각이 특정한 각도에서 전자가 많이 검출된다.

• 드브로이의 물질파 이론으로 구한 전자의 물질파 파장이 특정 산란각으로 보강 간섭할 조건으로 구한 전자의 파장과 일치한다는 사실로 드브로이의 물질파 이론이 증명되었다.

(3) 톰슨의 실험

① 톰슨은 얇은 금속박에 전자선을 입사시켜 전자선의 회절 무늬를 얻었는데, 이것은 X선을 입사시켰을 때 얻어지는 회절 무늬와 유사하였다.

② 전자선의 회절 무늬는 전자와 같은 물질 입자가 파동성을 갖는다는 것을 확인시켜 준다.

▲ X선의 회절 무늬　　▲ 전자선의 회절 무늬

(4) 물질의 이중성

① 물질 입자의 파동성은 전자뿐만 아니라 원자핵의 구성 입자인 양성자와 중성자, 분자 같은 입자에서도 발견되었다. 이와 같이 물질 입자도 파동과 입자의 이중적인 성질을 나타내는 것을 물질의 이중성이라고 한다.

② 모든 물질은 파동성을 가지고 있지만 그 파장이 너무 짧아서 파동성을 관찰하기가 쉽지 않다. 즉, 플랑크 상수의 값이 매우 작기 때문에 질량과 속력을 곱한 값이 전자와 같이 매우 작아야 검출할 수 있는 물질파 파장의 값을 얻을 수 있다.

더 알기 　 전자의 파동성

• 전자를 이중 슬릿을 향해 쏘면 형광판에 무늬가 나타난다.

• 전자가 입자의 성질만 나타낸다면 그림 (가)와 같이 형광판에는 이중 슬릿과 유사한 모양의 무늬가 나타나야 한다.

• 전자가 파동의 성질을 나타낸다면 그림 (나)와 같이 전자가 많이 도달한 곳(보강 간섭)과 도달하지 않는 곳(상쇄 간섭)이 반복적으로 관찰된다. 이는 빛의 이중 슬릿 실험 결과와 매우 유사하므로 전자가 파동의 성질을 갖는다는 것을 확인할 수 있다.

 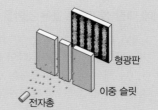

(가) 전자가 입자성을 나타낼 때　　(나) 전자가 파동성을 나타낼 때

③ 전자의 속력을 조절하여 파장이 매우 짧은 물질파의 전자선을 만들면, 이를 이용하여 분해능이 우수한 현미경을 만들 수 있다. 전자의 파동성을 이용한 현미경이 전자 현미경이며, 실물 크기의 10만 배 이상으로 물체를 확대시켜 볼 수 있다.

⑸ 전자의 속력과 전자의 드브로이 파장

① 가속 전압과 전자의 운동 에너지: 그림과 같이 금속판 A와 B에 전압 V가 걸려 있을 경우 A에서 정지해 있던 전자는 전기력을 받아 가속된다. B에 도달하는 순간 전자의 운동 에너지 E_k는 전기력이 전자에 한 일과 같다.

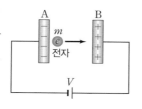

② 전기력을 받아 가속된 전자의 속력이 v일 때 전자의 드브로이 파장은 다음과 같다.

$$\lambda = \frac{h}{p} = \frac{h}{mv} = \frac{h}{\sqrt{2mE_k}} \quad (h: \text{플랑크 상수})$$

2 전자 현미경

⑴ 전자 현미경

① 전자 현미경에서 이용하는 전자의 물질파 파장은 광학 현미경에서 이용하는 가시광선의 파장보다 짧아서 광학 현미경보다 높은 배율과 우수한 분해능을 얻을 수 있다.

② 전자 현미경의 배율과 분해능은 전자의 물질파 파장이 짧을수록, 즉 전자의 속력이 빠를수록 우수하다.

③ 전자 현미경의 자기렌즈는 자기장을 이용하여 전자의 진행 경로를 제어하고 초점을 맞추는 역할을 한다.

④ 전자 현미경은 시료를 현미경의 종류에 맞게 준비하는 작업이 필요하다.

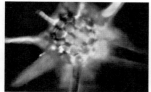

▲ 광학 현미경으로 관찰한 모습

▲ 전자 현미경으로 관찰한 모습

⑵ 전자 현미경의 종류

① 투과 전자 현미경(TEM, Transmission Electron Microscope)

• 전자가 얇은 시료를 통과하게 되고, 이때 시료 내부의 물질에 의해 전자가 산란되는 정도가 달라지는 것을 이용한다.

• 시료를 투과한 전자를 형광면에 투사시켜 상을 나타낸다.

• 시료를 얇게 만들어야 한다. 그렇지 않으면 투과하는 동안 전자의 속력이 느려져 드브로이 파장이 길어지므로 분해능이 나빠져 시료의 영상이 흐려진다.

• 전자선이 얇은 시료를 투과하므로 평면 영상을 관찰할 수 있다.

② 주사 전자 현미경(SEM, Scanning Electron Microscope)

• 전자선을 시료 표면에 쪼일 때 시료에서 튀어나오는 전자를 측정한다.

• 감지기에서 측정한 신호를 해석하여 상을 나타낸다.

• 시료는 전기 전도성이 좋아야 하므로, 생물 시료는 전기 전도도가 높은 물질로 얇게 코팅해야 한다.

• 시료에서 튀어나오는 전자를 분석하여 영상을 얻으므로 시료 표면의 3차원적인 구조를 관찰할 수 있다.

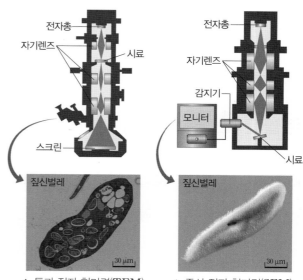

▲ 투과 전자 현미경(TEM) ▲ 주사 전자 현미경(SEM)

더 알기 ◆ **전자 현미경의 분해능**

• 분해능: 서로 떨어져 있는 두 물체를 구별할 수 있는 능력으로, 현미경의 분해능이 좋을수록 미세한 구조까지 선명하게 볼 수 있다.

• 그림 (가)와 같이 인접한 두 점에서 빛을 방출할 때, 파장이 짧은 두 파란색 빛은 구별할 수 있지만, 파장이 긴 두 빨간색 빛은 구별할 수 없다. 즉, 파장이 짧을수록 분해능이 좋다.

• 그림 (나)는 전자 현미경의 전자총의 구조를 나타낸 것이다. 가속 전압 V가 클수록 전자총에서 방출되는 전자의 운동 에너지 E_k가 크므로 전자의 물질파 파장은 짧다. 따라서 가속 전압을 높이면 분해능이 좋아진다.

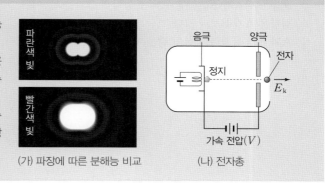

(가) 파장에 따른 분해능 비교 (나) 전자총

| 2024학년도 대수능 |

그림은 입자 P, Q의 물질파 파장의 역수를 입자의 속력에 따라 나타낸 것이다. P, Q는 각각 중성자와 헬륨 원자를 순서없이 나타낸 것이다.

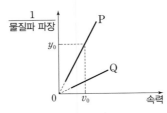

이에 대한 설명으로 옳은 것만을 〈보기〉에서 있는 대로 고른 것은? (단, h는 플랑크 상수이다.)

┌ 보기 ┌
ㄱ. P의 질량은 $h\dfrac{y_0}{v_0}$이다.
ㄴ. Q는 중성자이다.
ㄷ. P와 Q의 물질파 파장이 같을 때, 운동 에너지는 P가 Q보다 작다.

① ㄱ　　　　② ㄷ　　　　③ ㄱ, ㄴ　　　　④ ㄴ, ㄷ　　　　⑤ ㄱ, ㄴ, ㄷ

접근 전략

물질파 파장은 입자의 운동량의 크기에 반비례하며, 입자의 질량은 헬륨 원자가 중성자보다 크다.

간략 풀이

ㄱ. 질량을 m, 속력을 v라고 하면, 물질파 파장 $\lambda = \dfrac{h}{mv}$에 의해 $m = \dfrac{h}{v}\left(\dfrac{1}{\lambda}\right)$ ⋯ ①이다. $\dfrac{1}{\lambda}$는 y축 값이므로 P의 질량은 $h\dfrac{y_0}{v_0}$이다.

ㄴ. ①에서 입자의 속력이 같을 때 $m \propto \dfrac{1}{\lambda}$이다. 입자의 질량은 헬륨 원자가 중성자보다 크므로 P는 헬륨 원자, Q는 중성자이다.

ㄷ. 입자의 운동 에너지를 E_k라고 하면, $\lambda = \dfrac{h}{\sqrt{2mE_k}}$에서 $E_k = \dfrac{h^2}{2m\lambda^2}$이므로 λ가 같을 때, $E_k \propto \dfrac{1}{m}$이다. 따라서 P와 Q의 물질파 파장이 같을 때, 운동 에너지는 P가 Q보다 작다.

정답 | ⑤

정답과 해설 43쪽

▶ 24066-0213

그림은 입자 A, B의 물질파 파장의 역수를 입자의 운동 에너지에 따라 나타낸 것이다.

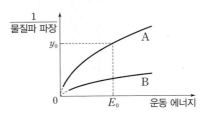

이에 대한 설명으로 옳은 것만을 〈보기〉에서 있는 대로 고른 것은? (단, h는 플랑크 상수이다.)

┌ 보기 ┌
ㄱ. 운동 에너지가 E_0일 때, A의 운동량의 크기는 hy_0이다.
ㄴ. 질량은 A가 B보다 크다.
ㄷ. A와 B의 물질파 파장이 같을 때, 속력은 A가 B보다 크다.

① ㄱ　　　　② ㄴ　　　　③ ㄷ　　　　④ ㄱ, ㄴ　　　　⑤ ㄴ, ㄷ

유사점과 차이점

물질파 파장의 역수를 이용하여 두 입자의 질량 관계를 묻는 부분은 유사하나, 입자의 속력 대신 운동 에너지를 제시하여 운동량의 크기와 속력 관계를 묻는 부분이 다르다.

배경 지식

물질파 파장 λ, 입자의 운동량의 크기 p, 질량 m, 속력 v, 운동 에너지 E_k 사이에는 $\lambda = \dfrac{h}{p} = \dfrac{h}{mv} = \dfrac{h}{\sqrt{2mE_k}}$의 관계가 성립한다.

01

▶ 24066-0214

그림은 입자 A, B, C의 질량과 운동량의 크기를 나타낸 것이다.

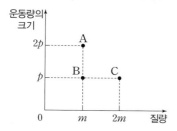

이에 대한 설명으로 옳은 것만을 〈보기〉에서 있는 대로 고른 것은?

┌─ 보기 ┐
ㄱ. 속력은 A가 B의 2배이다.
ㄴ. 물질파 파장은 B와 C가 같다.
ㄷ. 입자의 운동 에너지는 C가 A의 $\frac{1}{4}$배이다.

① ㄱ　　　　② ㄴ　　　　③ ㄷ
④ ㄱ, ㄴ　　　⑤ ㄴ, ㄷ

02

▶ 24066-0215

다음은 전자총에서 방출된 전자가 단일 슬릿과 이중 슬릿을 통과하여 형광판에 밝고 어두운 간섭무늬를 만드는 현상에 대해 학생 A, B, C가 대화하는 모습을 나타낸 것이다.

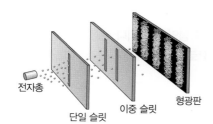

제시한 내용이 옳은 학생만을 있는 대로 고른 것은?

① A　　　　② B　　　　③ C
④ A, C　　　⑤ B, C

03

▶ 24066-0216

그림 (가), (나)는 동일한 물체를 같은 배율의 전자 현미경과 광학 현미경으로 관찰했을 때 상의 모습을 순서 없이 나타낸 것으로, (나)는 (가)보다 더 작은 구조를 구별하여 관찰할 수 있다.

(가)　　　　　　　(나)

이에 대한 설명으로 옳은 것만을 〈보기〉에서 있는 대로 고른 것은?

┌─ 보기 ┐
ㄱ. 전자 현미경으로 관찰했을 때 상의 모습은 (가)이다.
ㄴ. 물체를 관찰할 때 이용하는 파동의 파장은 (가)에서가 (나)에서보다 길다.
ㄷ. 전자 현미경에서 이용하는 전자의 속력이 클수록 더 작은 구조를 구별하여 관찰할 수 있다.

① ㄱ　　　　② ㄴ　　　　③ ㄷ
④ ㄱ, ㄴ　　　⑤ ㄴ, ㄷ

04

▶ 24066-0217

그림은 투과 전자 현미경(TEM)을 나타낸 것이고, 표는 투과 전자 현미경 A, B의 전자총에서 각각 방출된 전자의 물질파 파장을 나타낸 것이다.

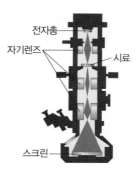

전자 현미경	전자의 물질파 파장
A	2λ
B	λ

이에 대한 설명으로 옳은 것만을 〈보기〉에서 있는 대로 고른 것은?

┌─ 보기 ┐
ㄱ. 전자 현미경은 전자의 파동성을 이용한다.
ㄴ. 전자총에서 방출된 전자의 속력은 B에서가 A에서의 $\sqrt{2}$배이다.
ㄷ. 투과 전자 현미경을 이용하면 시료 표면의 입체적인 구조를 관찰할 수 있다.

① ㄱ　　　　② ㄴ　　　　③ ㄱ, ㄴ
④ ㄱ, ㄷ　　　⑤ ㄴ, ㄷ

01

▶24066-0218

그림 (가)는 전자선을 얇은 금속박에 입사시켰을 때 형광판에 나타나는 전자의 회절 무늬를 나타낸 것이다. 그림 (나)는 니켈 결정에 전자선을 입사시켰을 때 입사 방향과 θ의 각을 이루는 방향에서 가장 많은 전자가 검출되는 것을 나타낸 것이다.

(가)   (나)

이에 대한 설명으로 옳은 것만을 〈보기〉에서 있는 대로 고른 것은?

보기
ㄱ. (가)에서 나타나는 회절 무늬는 전자의 파동성으로 설명할 수 있다.
ㄴ. (가)에서 전자총에서 방출되는 전자의 속력이 클수록 전자의 물질파 파장이 길다.
ㄷ. (나)에서 검출된 전자들의 물질파는 전자선의 입사 방향과 θ의 각을 이루는 방향에서 보강 간섭을 일으킨다.

① ㄱ   ② ㄴ   ③ ㄷ   ④ ㄱ, ㄴ   ⑤ ㄱ, ㄷ

02

▶24066-0219

그림 (가)는 음극판 P에서 정지해 있던 전자가 전기력만을 받아 P와 양극판 Q의 중간 지점인 O를 지나 Q를 향해 등가속도 운동하는 모습을, (나)는 P와 Q 사이에서 전자에 작용하는 전기력의 크기를 P로부터의 거리에 따라 나타낸 것이다. P와 Q 사이의 거리는 L이다.

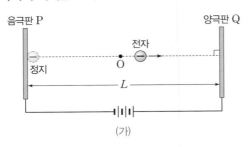 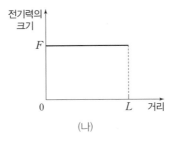

(가)   (나)

이에 대한 설명으로 옳은 것만을 〈보기〉에서 있는 대로 고른 것은?

보기
ㄱ. O에서 전자의 운동 에너지는 FL이다.
ㄴ. 전자의 물질파 파장은 Q에 도달할 때가 O에서의 $\frac{1}{\sqrt{2}}$배이다.
ㄷ. 전자의 운동량의 크기는 Q에 도달할 때가 O에서의 2배이다.

① ㄱ   ② ㄴ   ③ ㄱ, ㄴ   ④ ㄱ, ㄷ   ⑤ ㄴ, ㄷ

03

▶24066-0220

표는 입자 A, B, C의 질량, 운동 에너지, 물질파 파장을 나타낸 것이다.

입자	질량	운동 에너지	물질파 파장
A	m	$4E$	λ_0
B	$2m$	$2E$	㉠
C	m_C	$3E$	$\sqrt{3}\lambda_0$

이에 대한 설명으로 옳은 것만을 〈보기〉에서 있는 대로 고른 것은?

┌ 보기 ┐
ㄱ. 운동량의 크기는 A와 B가 같다.
ㄴ. ㉠은 $\sqrt{2}\lambda_0$이다.
ㄷ. m_C는 $\frac{4}{9}m$이다.

① ㄱ   ② ㄴ   ③ ㄷ   ④ ㄱ, ㄴ   ⑤ ㄱ, ㄷ

04

▶24066-0221

그림 (가)와 (나)는 투과 전자 현미경(TEM)과 주사 전자 현미경(SEM)을 순서 없이 나타낸 것이고, (다)는 (가)와 (나) 중 하나를 이용하여 관찰한 대장균 표면의 입체 구조를 나타낸 것이다.

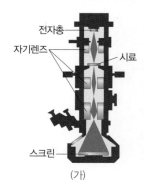

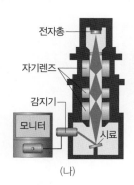

(가)   (나)   (다)

이에 대한 설명으로 옳은 것만을 〈보기〉에서 있는 대로 고른 것은?

┌ 보기 ┐
ㄱ. (다)는 (가)를 이용하여 관찰한 상이다.
ㄴ. 전자 현미경에서 자기렌즈는 전자의 진행 경로를 바꾸는 역할을 한다.
ㄷ. (나)에서 시료가 얇을수록 더 선명한 상을 관찰할 수 있다.

① ㄴ   ② ㄷ   ③ ㄱ, ㄴ   ④ ㄱ, ㄷ   ⑤ ㄱ, ㄴ, ㄷ

15 물질의 이중성   **117**

과학탐구영역 **물리학 I**

실전 모의고사

문항에 따라 배점이 다르니, 각 물음의 끝에 표시된 배점을 참고하시오. 3점 문항에만 점수가 표시되어 있습니다. 점수 표시가 없는 문항은 모두 2점입니다.

01
▶24066-0222

그림은 광통신 과정에 대해 학생 A, B, C가 대화하는 모습을 나타낸 것이다.

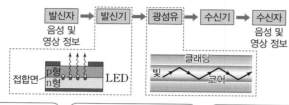

제시한 내용이 옳은 학생만을 있는 대로 고른 것은?

① A   ② C   ③ A, B   ④ B, C   ⑤ A, B, C

02
▶24066-0223

그림은 마찰이 없는 빗면 위에서 점 p를 지난 물체가 등가속도 직선 운동을 하여 점 q를 지나 점 r에서 속력이 0이 된 모습을 나타낸 것이다. 물체가 p에서 r까지 이동하는 데 걸린 시간은 5초이고 p에서 q, q에서 r까지의 거리는 각각 6.4 m, 3.6 m이다. p에서 q까지, q에서 r까지 운동하는 동안 물체의 평균 속력은 각각 v_1, v_2이다.

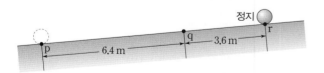

이에 대한 설명으로 옳은 것만을 〈보기〉에서 있는 대로 고른 것은? (단, 물체의 크기는 무시한다.) [3점]

보기
ㄱ. p에서 물체의 속력은 4 m/s이다.
ㄴ. 물체의 가속도의 크기는 0.8 m/s²이다.
ㄷ. $\dfrac{v_2}{v_1} = \dfrac{2}{3}$이다.

① ㄴ   ② ㄷ   ③ ㄱ, ㄴ   ④ ㄱ, ㄷ   ⑤ ㄱ, ㄴ, ㄷ

03
▶24066-0224

그림 (가)는 마찰이 없는 직선 도로에서 물체 A가 기준선 P에서 출발하는 순간 물체 B가 기준선 R를 통과하는 모습을 나타낸 것이다. P와 기준선 Q, Q와 R 사이의 거리는 2L로 같다. 그림 (나)는 P에서 출발하여 운동하는 A의 속도를, (다)는 P로부터 B의 위치를 시간에 따라 나타낸 것으로, t일 때 B의 속력은 v이다.

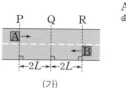

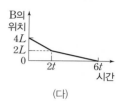

(가)   (나)   (다)

이에 대한 설명으로 옳은 것만을 〈보기〉에서 있는 대로 고른 것은? (단, 물체의 크기는 무시한다.)

보기
ㄱ. A는 B보다 Q를 먼저 통과한다.
ㄴ. 2t일 때 A의 가속도의 방향은 B의 운동 방향과 같다.
ㄷ. B의 속력은 t일 때가 3t일 때보다 크다.

① ㄴ   ② ㄷ   ③ ㄱ, ㄴ   ④ ㄱ, ㄷ   ⑤ ㄱ, ㄴ, ㄷ

04
▶24066-0225

그림 (가)는 투과 전자 현미경(TEM)을 모식적으로 나타낸 것이다. 그림 (나)는 (가)에서 사용되는 전자총에서 가속되어 운동 에너지가 각각 E_1, E_2가 된 전자가 단일 슬릿과 이중 슬릿을 차례대로 통과하여 형광판에 만드는 간섭무늬를 나타낸 것이다. $E_1 < E_2$이다.

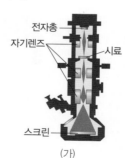

운동 에너지	간섭무늬
E_1	10^{-5} m
E_2	10^{-5} m

(가)   (나)

이에 대한 설명으로 옳은 것만을 〈보기〉에서 있는 대로 고른 것은?

보기
ㄱ. (나)에서 간섭무늬는 전자의 파동성으로 설명할 수 있다.
ㄴ. (나)에서 전자의 물질파 파장은 전자의 운동 에너지가 E_1일 때가 E_2일 때보다 길다.
ㄷ. (가)에서 전자의 운동 에너지가 E_1일 때가 E_2일 때보다 시료의 더 작은 구조를 구분하여 관찰할 수 있다.

① ㄴ   ② ㄷ   ③ ㄱ, ㄴ   ④ ㄴ, ㄷ   ⑤ ㄱ, ㄴ, ㄷ

05

▶24066-0226

다음은 각각 단일한 물질로 이루어진 고체 A, B, C의 전기 전도도를 알아보기 위한 탐구이다.

그림은 A, B, C의 에너지 띠 구조로, 에너지띠의 색칠된 부분까지 전자가 채워져 있다. A, B, C는 도체, 반도체, 절연체를 순서 없이 나타낸 것이다.

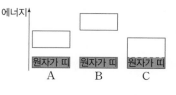

[실험 과정]

(가) 그림과 같이 전기 회로를 구성한다. A, B, C의 단면적과 길이는 같다.

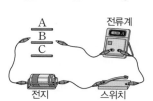

(나) A~C를 회로에 각각 연결하여 전류의 세기를 측정한다.

[실험 결과] 전류의 세기는 C를 연결했을 때가 A를 연결했을 때보다 크고, B를 연결했을 때 0이다.

이에 대한 설명으로 옳은 것만을 〈보기〉에서 있는 대로 고른 것은? (단, 전지의 전압은 일정하다.) [3점]

보기
ㄱ. A에 도핑을 하면 전기 전도도가 증가한다.
ㄴ. C는 온도가 높아지면 전기 전도도가 증가한다.
ㄷ. 같은 온도일 때 A보다 B에서 원자가 띠의 전자가 전도띠로 전이하기 쉽다.

① ㄱ　② ㄴ　③ ㄷ　④ ㄱ, ㄴ　⑤ ㄱ, ㄷ

06

▶24066-0227

다음은 물결파에 대한 실험 과정이다.

(가) 그림과 같이 물결파 투영 장치를 설치하고 유리판을 물속에 넣은 후, 진동수가 일정한 평면파를 발생시켜 스크린에 투영된 모습을 관찰한다.

(나) 영역 A, B에서 이웃한 두 파면 사이의 거리 d_1, d_2와 A에서의 입사각과 B에서의 굴절각을 측정한다.

이에 대한 설명으로 옳은 것만을 〈보기〉에서 있는 대로 고른 것은?

보기
ㄱ. 물결파의 속력은 B에서가 A에서보다 크다.
ㄴ. 물결파의 진동수를 증가시키면 $\frac{d_1}{d_2}$은 감소한다.
ㄷ. 입사각은 굴절각보다 크다.

① ㄱ　② ㄴ　③ ㄱ, ㄷ　④ ㄴ, ㄷ　⑤ ㄱ, ㄴ, ㄷ

07

▶24066-0228

그림은 수평면으로부터 높이가 h인 빗면의 점 p에 가만히 놓은 물체 A가 빗면을 따라 내려와 수평면에 정지해 있는 물체 B와 충돌한 후 A는 속력 v, B는 속력 $2v$로 마찰 구간을 향해 등속도 운동을 하는 것을 나타낸 것이다. A와 B는 마찰 구간에서 운동 방향과 반대 방향으로 크기가 같은 힘을 받아 A는 마찰 구간의 끝점에서 정지하고, B는 마찰 구간을 지나 빗면을 따라 운동하여 수평면으로부터 높이가 h_1인 최고점 s에 도달한다. A, B의 질량은 같고, q, r는 수평면상의 점이다.

이에 대한 설명으로 옳은 것만을 〈보기〉에서 있는 대로 고른 것은? (단, A, B는 동일 연직면상에서 운동하며, 물체의 크기, 마찰 구간을 제외한 모든 마찰과 공기 저항은 무시한다.) [3점]

보기
ㄱ. $h_1 = \frac{1}{3}h$이다.
ㄴ. A와 B가 충돌하는 동안 운동량 변화량의 크기는 A와 B가 같다.
ㄷ. p에서 q까지 운동하는 동안 A가 받은 충격량의 크기는 r에서 s까지 운동하는 동안 B가 받은 충격량의 크기의 $\frac{3}{2}$배이다.

① ㄴ　② ㄷ　③ ㄱ, ㄴ　④ ㄱ, ㄷ　⑤ ㄱ, ㄴ, ㄷ

08

▶24066-0229

그림은 단색광 P를 매질 A에서 매질 C로 입사각 θ_i로 입사시켰을 때, P가 a, b에서 각 θ로 전반사하면서 진행하여 굴절각 θ_r로 굴절하는 것을 나타낸 것이다. a, c는 C와 A의 경계면 위의 점이고, b, d는 C와 B의 경계면 위의 점이다. 매질의 굴절률은 C가 A, B보다 크고, $\theta_r > \theta_i$이다.

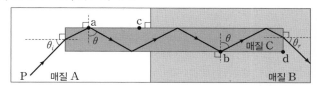

이에 대한 설명으로 옳은 것만을 〈보기〉에서 있는 대로 고른 것은? (단, $45° < \theta < 90°$이고, C의 윗면과 아랫면은 A, B의 표면과 나란하다.) [3점]

보기
ㄱ. P의 속력은 A에서가 B에서보다 크다.
ㄴ. A만을 A보다 굴절률이 작은 매질 D로 바꾸고 P를 a와 c 사이에 도달하게 하였을 때 P는 굴절하여 D로 진행한다.
ㄷ. θ_i만을 감소시켜 P를 b와 d 사이에 도달하게 하였을 때 P는 전반사한다.

① ㄱ　② ㄷ　③ ㄱ, ㄷ　④ ㄴ, ㄷ　⑤ ㄱ, ㄴ, ㄷ

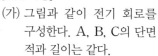

09

▶24066-0230

그림 (가)와 (나)는 피스톤으로 분리된 단열된 실린더에 들어 있는 같은 양의 동일한 이상 기체에 (가)에서는 부피를, (나)에서는 압력을 일정하게 유지하면서 각각 동일한 열량 Q를 공급한 모습을 나타낸 것이다. 실린더의 다른 한쪽은 진공이다. Q를 공급하기 전 (가)와 (나)에서 피스톤의 높이는 h로 같고, 이상 기체의 절대 온도도 같다. (나)의 피스톤에는 질량이 m인 물체가 놓여 있고, Q를 공급한 후 피스톤의 높이는 $2h$이다.

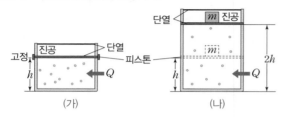

(가)   (나)

이에 대한 설명으로 옳은 것만을 〈보기〉에서 있는 대로 고른 것은? (단, 중력 가속도는 g이고, 피스톤의 질량, 피스톤의 마찰은 무시한다.) [3점]

〈보기〉
ㄱ. 기체의 내부 에너지는 (가)에서가 (나)에서보다 크다.
ㄴ. (나)에서 $Q=mgh$이다.
ㄷ. (가)에서 기체의 내부 에너지의 증가량은 (나)에서 기체가 외부에 한 일과 같다.

① ㄱ   ② ㄴ   ③ ㄷ   ④ ㄱ, ㄴ   ⑤ ㄴ, ㄷ

10

▶24066-0231

그림 (가)와 같이 xy 평면에 가늘고 무한히 긴 직선 도선 A, B, C가 각각 원점 O로부터 거리 r만큼 떨어진 곳에 고정되어 있다. A, B는 y축과 나란한 방향으로 놓여 있고, 일정한 세기의 전류가 흐르는 C는 x축과 나란한 방향으로 놓여 있다. 그림 (나)는 A, B에 흐르는 전류를 시간 t에 따라 나타낸 것이다. O에서 A, B, C의 전류에 의한 자기장의 세기는 $t=0$일 때가 $t=4t_0$일 때의 2배이고 자기장의 방향은 같다.

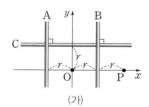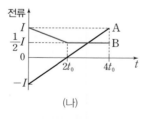

(가)   (나)

이에 대한 설명으로 옳은 것만을 〈보기〉에서 있는 대로 고른 것은? (단, A, B에 흐르는 전류의 방향은 $+y$ 방향을 (+)로 한다.) [3점]

〈보기〉
ㄱ. C에 흐르는 전류의 방향은 $-x$ 방향이다.
ㄴ. $t=3t_0$일 때 P에서 B, C의 전류에 의한 자기장의 방향은 xy 평면에서 수직으로 나오는 방향이다.
ㄷ. $t=0$일 때 A, B, C의 전류에 의한 자기장의 세기는 P에서가 O에서보다 작다.

① ㄴ   ② ㄷ   ③ ㄱ, ㄴ   ④ ㄱ, ㄷ   ⑤ ㄱ, ㄴ, ㄷ

11

▶24066-0232

그림 (가)와 같이 수평면에서 $x=0$에 정지해 있던 물체에 $+x$ 방향으로 크기가 F_0인 일정한 힘을 가하였더니 물체가 $x=2$ m에서 $x=4$ m까지 마찰이 있는 구간을 지나 $x=6$ m까지 운동한다. 그림 (나)는 물체의 운동 에너지를 위치 x에 따라 나타낸 것이다.

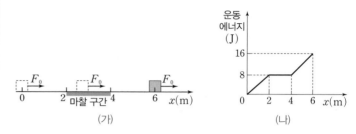

(가)   (나)

이에 대한 설명으로 옳은 것만을 〈보기〉에서 있는 대로 고른 것은? (단, 물체의 크기는 무시하고, 마찰 구간 외에 모든 마찰은 무시한다.)

〈보기〉
ㄱ. $F_0=4$ N이다.
ㄴ. 마찰 구간에서 물체에 작용하는 알짜힘은 0이다.
ㄷ. 물체가 $x=0$부터 $x=6$ m까지 운동하는 동안 크기가 F_0인 힘이 물체에 한 일은 16 J이다.

① ㄴ   ② ㄷ   ③ ㄱ, ㄴ   ④ ㄱ, ㄷ   ⑤ ㄱ, ㄴ, ㄷ

12

▶24066-0233

그림 (가)와 같이 전원 장치에 p-n 접합 다이오드 A, B와 저항값이 같은 저항 R_1, R_2를 연결하고 스위치를 닫았더니 R_2에만 전류가 흘렀다. X와 Y는 각각 p형 반도체와 n형 반도체 중 하나이다. 그림 (나)는 규소(Si)에 인(P)을 첨가한 불순물 반도체의 원자가 전자 배열을 나타낸 것으로, X와 Y의 원자가 전자 배열 중 하나이다.

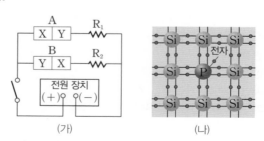

(가)   (나)

이에 대한 설명으로 옳은 것만을 〈보기〉에서 있는 대로 고른 것은?

〈보기〉
ㄱ. (나)는 X의 원자가 전자 배열이다.
ㄴ. Y에 전류가 흐를 때 주로 전자가 전하 운반자 역할을 한다.
ㄷ. (가)에서 스위치를 닫았을 때, A에서 전자와 양공은 p-n 접합면에서 멀어진다.

① ㄴ   ② ㄷ   ③ ㄱ, ㄴ   ④ ㄱ, ㄷ   ⑤ ㄱ, ㄴ, ㄷ

13
▶ 24066-0234

그림 (가)는 반지름이 R인 원 궤도를 따라 등속 원운동을 하는 물체에 평행 광선을 비출 때 스크린에 그림자가 생기는 것을 나타낸 것이다. 그림 (나)는 물체가 원 궤도의 최고점 p에서 최하점 q까지 운동하는 동안 그림자의 위치를 시간에 따라 나타낸 것이다.

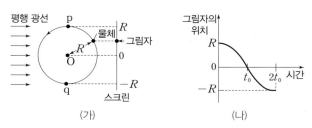

(가)   (나)

물체가 p에서 q까지 운동하는 동안, 이에 대한 설명으로 옳은 것만을 〈보기〉에서 있는 대로 고른 것은?

〈보기〉
ㄱ. 물체는 속도가 일정한 운동을 한다.
ㄴ. 물체의 평균 속력과 그림자의 평균 속력은 같다.
ㄷ. $\frac{3}{2}t_0$일 때 그림자의 운동 방향과 그림자의 가속도의 방향은 반대이다.

① ㄴ   ② ㄷ   ③ ㄱ, ㄴ   ④ ㄱ, ㄷ   ⑤ ㄴ, ㄷ

14
▶ 24066-0235

그림과 같이 물체 A, B를 실로 연결하고 수평면 위의 점 p에 놓인 A에 수평 방향으로 힘 F를 작용하였다. F의 크기가 F_1일 때 A, B는 정지해 있었고 이 상태에서 F의 크기를 F_2로 하여 실을 당겼을 때 A, B는 등가속도 운동을 한다. 1초 동안 크기가 F_2인 힘을 작용하여 A가 q를 지나는 순간에 실을 놓는다. 표는 F의 크기와 A와 B를 연결한 실이 A를 당기는 힘의 크기를 나타낸 것이다.

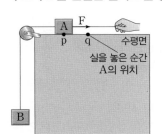

F의 크기(N)	A와 B를 연결한 실이 A를 당기는 힘의 크기(N)
F_1	30
F_2	36
0(힘을 제거함)	12

이에 대한 설명으로 옳은 것만을 〈보기〉에서 있는 대로 고른 것은? (단, 중력 가속도는 10 m/s^2이고, 실의 질량, 물체의 크기, 모든 마찰과 공기 저항은 무시한다.) [3점]

〈보기〉
ㄱ. $F_2 = 40 \text{ N}$이다.
ㄴ. 실을 놓은 순간 A의 운동 에너지는 4 J이다.
ㄷ. 실을 놓은 순간부터 A가 다시 q를 지날 때까지 걸린 시간은 $\frac{1}{3}$초이다.

① ㄱ   ② ㄷ   ③ ㄱ, ㄴ   ④ ㄴ, ㄷ   ⑤ ㄱ, ㄴ, ㄷ

15
▶ 24066-0236

그림 (가)는 가늘고 무한히 긴 직선 도선 A와 원형 도선 B가 xy 평면에 고정되어 있는 것을 나타낸 것이고, (나)는 A의 전류에 의해 B가 이루는 면을 통과하는 자기 선속 Φ를 시간 t에 따라 나타낸 것이다. (가)에서 직선 도선에 전류가 흐를 때 전류의 방향은 $+x$ 방향이다.

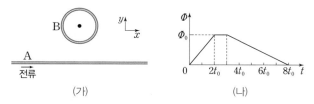

(가)   (나)

B에 흐르는 유도 전류에 대한 설명으로 옳은 것만을 〈보기〉에서 있는 대로 고른 것은?

〈보기〉
ㄱ. 유도 전류의 세기는 t_0일 때가 $4t_0$일 때보다 작다.
ㄴ. $4t_0$일 때 유도 전류의 방향은 시계 반대 방향이다.
ㄷ. $5t_0$부터 $7t_0$까지 유도 전류의 세기는 감소한다.

① ㄱ   ② ㄴ   ③ ㄱ, ㄷ
④ ㄴ, ㄷ   ⑤ ㄱ, ㄴ, ㄷ

16
▶ 24066-0237

그림과 같이 스피커 A, B와 마이크를 설치한 후 A, B에서 진폭과 진동수, 위상이 같은 동일한 소리를 발생시킨다. 표는 진동수가 f_1, f_2인 소리를 발생시키고 마이크를 A와 B의 중간 지점인 O에서부터 x축을 따라 이동시키면서 측정했을 때, 상쇄 간섭이 일어난 위치 x_1, x_2를 나타낸 것이다. x_1, x_2 사이에 소리의 세기가 최대가 되는 위치가 한 번 나타난다.

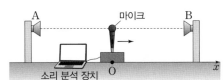

진동수 (Hz)	x_1 (cm)	x_2 (cm)
f_1	12.5	37.5
f_2	17	51

이에 대한 설명으로 옳은 것만을 〈보기〉에서 있는 대로 고른 것은? (단, 소리의 속력은 일정하고, A, B, 마이크의 크기는 무시한다.) [3점]

〈보기〉
ㄱ. 진동수가 f_2인 소리의 파장은 34 cm이다.
ㄴ. $f_1 : f_2 = 34 : 25$이다.
ㄷ. 진동수가 f_1일 때 $x = 50$ cm에서 보강 간섭이 일어난다.

① ㄱ   ② ㄴ   ③ ㄷ
④ ㄱ, ㄷ   ⑤ ㄴ, ㄷ

17
▶24066-0238

다음은 핵반응을 이용한 발전에 대한 설명이다.

[자료 조사]

태양에서 방출되는 에너지의 대부분은 ㉠핵융합 반응으로 발생하고, 핵융합을 이용한 발전은 안정성과 지속성이 높고 방사성 폐기물 발생량이 적어 미래 에너지 기술로 기대되고 있다.

[핵반응]

(가) $_1^3H + _1^2H \longrightarrow _2^4He + \boxed{ⓐ} + 17.6\,MeV$

(나) $_{92}^{235}U + _0^1n \longrightarrow _{56}^{141}Ba + _{36}^{92}Kr + 3\boxed{ⓐ} + 200\,MeV$

이에 대한 설명으로 옳은 것만을 〈보기〉에서 있는 대로 고른 것은?

보기

ㄱ. (가)는 ㉠ 과정이다.

ㄴ. ⓐ는 중성자이다.

ㄷ. 질량 결손은 (나)에서가 (가)에서보다 크다.

---

① ㄴ ② ㄷ ③ ㄱ, ㄴ ④ ㄱ, ㄷ ⑤ ㄱ, ㄴ, ㄷ

18
▶24066-0239

그림 (가)는 점전하 A, B를 x축상에 고정하고 음($-$)전하 P를 옮기며 x축상에 고정하는 것을, (나)는 점전하 A, B, C, D를 x축상에 고정하고 양($+$)전하 R를 옮기며 고정하는 것을 나타낸 것이다. A는 D와, B는 C와 각각 전하량의 크기가 같고, C와 D는 양($+$)전하이다. 전기력의 방향은 $+x$ 방향이 양($+$)이다. 그림 (다)는 (가)에서 P의 위치 x가 $0 < x < 3d$인 구간에서 P에 작용하는 전기력을 나타낸 것이다.

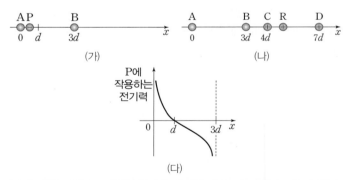

(가)

(나)

(다)

이에 대한 설명으로 옳은 것만을 〈보기〉에서 있는 대로 고른 것은? [3점]

보기

ㄱ. 전하량의 크기는 B가 A의 2배이다.

ㄴ. $x = 3.5d$에서 R에 작용하는 전기력의 방향은 $-x$ 방향이다.

ㄷ. R에 작용하는 전기력의 크기는 $x = 6d$에서가 $x = d$에서보다 크다.

---

① ㄱ ② ㄴ ③ ㄱ, ㄷ ④ ㄴ, ㄷ ⑤ ㄱ, ㄴ, ㄷ

19
▶24066-0240

그림 (가)는 단색광 A, B, C의 세기와 광자 1개의 에너지를 나타낸 것이고, (나)는 전하 결합 소자(CCD)를 구성하는 광 다이오드에 접합된 금속 전극에 전압을 가하고 C를 p-n 접합면을 향해 입사시켰을 때 전자와 양공의 쌍이 형성되는 모습을 나타낸 것이다. 광 다이오드의 원자가 띠와 전도띠 사이의 띠 간격은 E_0이다.

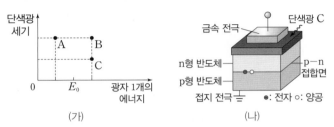

(가)

(나)

이에 대한 설명으로 옳은 것만을 〈보기〉에서 있는 대로 고른 것은?

보기

ㄱ. 전하 결합 소자(CCD)는 빛의 입자성을 이용한 장치이다.

ㄴ. A를 전하 결합 소자(CCD)에 입사시키면 전자와 양공의 쌍이 생성된다.

ㄷ. p-n 접합면에서 생성되는 전자와 양공의 쌍의 개수는 B를 입사시킬 때가 C를 입사시킬 때보다 많다.

---

① ㄱ ② ㄷ ③ ㄱ, ㄴ ④ ㄱ, ㄷ ⑤ ㄴ, ㄷ

20
▶24066-0241

그림은 질량이 4 kg인 물체 B를 질량이 5 kg인 물체 A와 실로 연결하고, 시간 $t = 0$일 때 원래 길이로부터 0.3 m 압축시킨 용수철에 연결하였을 때 B가 정지 상태에서 연직 위 방향으로 운동하는 모습을 나타낸 것이다. $t = t_0$일 때 용수철은 최대로 늘어나 A, B의 속력이 0이 된다. 수평면에 연직 방향으로 연결된 용수철의 용수철 상수는 40 N/m이고, $t = 0$일 때와 $t = t_0$일 때 B의 중력 퍼텐셜 에너지의 차는 44 J이다.

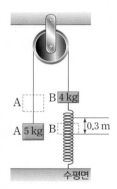

이에 대한 설명으로 옳은 것만을 〈보기〉에서 있는 대로 고른 것은? (단, 중력 가속도는 10 m/s²이고, 실과 용수철의 질량, 물체의 크기, 모든 마찰과 공기 저항은 무시한다.) [3점]

보기

ㄱ. $t = 0$부터 $t = t_0$까지 운동하는 동안 A, B의 중력 퍼텐셜 에너지의 합은 증가한다.

ㄴ. $t = t_0$일 때 용수철에 저장된 탄성 퍼텐셜 에너지는 12.8 J이다.

ㄷ. 용수철이 원래 길이로 되돌아왔을 때 B의 운동 에너지는 최댓값을 갖는다.

---

① ㄱ ② ㄴ ③ ㄱ, ㄷ ④ ㄴ, ㄷ ⑤ ㄱ, ㄴ, ㄷ

문항에 따라 배점이 다르니, 각 물음의 끝에 표시된 배점을 참고하시오. 3점 문항에만 점수가 표시되어 있습니다. 점수 표시가 없는 문항은 모두 2점입니다.

01
▶24066-0242

그림은 전자기파를 파장에 따라 분류한 것을 나타낸 것이고, 표는 전자기파가 이용되는 예를 나타낸 것이다.

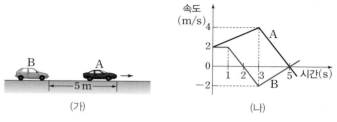

이용	전자기파
공항에서 수하물의 내부 영상을 찍는 데 사용된다.	A
전자레인지에서 음식물을 데우는 데 사용된다.	B
체온을 측정하는 열화상 카메라에 사용된다.	C

이에 대한 설명으로 옳은 것만을 〈보기〉에서 있는 대로 고른 것은?

┌ 보기 ┐
ㄱ. 파장은 A가 B보다 길다.
ㄴ. 진공에서 속력은 B와 C가 같다.
ㄷ. 진동수는 C가 가시광선보다 크다.

① ㄱ   ② ㄴ   ③ ㄷ   ④ ㄱ, ㄴ   ⑤ ㄱ, ㄷ

02
▶24066-0243

그림은 열효율이 0.4인 열기관이 고열원에서 열량 Q를 흡수하여 W의 일을 하고 저열원으로 열을 방출하는 것에 대해 학생 A, B, C가 대화하는 모습을 나타낸 것이다.

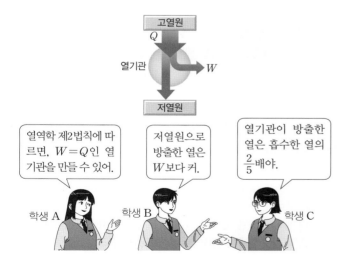

학생 A: 열역학 제2법칙에 따르면, $W=Q$인 열기관을 만들 수 있어.

학생 B: 저열원으로 방출한 열은 W보다 커.

학생 C: 열기관이 방출한 열은 흡수한 열의 $\frac{2}{5}$배야.

제시한 내용이 옳은 학생만을 있는 대로 고른 것은?

① A   ② B   ③ C   ④ A, B   ⑤ B, C

03
▶24066-0244

그림 (가)는 동일 직선상에서 운동하는 자동차 A, B의 모습을 나타낸 것이다. 0초일 때 A와 B 사이의 거리는 5 m이다. 그림 (나)는 A, B의 속도를 시간에 따라 나타낸 것이다.

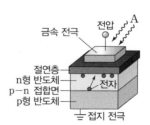

(가)

(나)

이에 대한 설명으로 옳은 것만을 〈보기〉에서 있는 대로 고른 것은? (단, 자동차의 크기는 무시한다.)

┌ 보기 ┐
ㄱ. 3초일 때 운동 방향은 A와 B가 같다.
ㄴ. 5초일 때 가속도의 크기는 A가 B의 2배이다.
ㄷ. 5초일 때 A와 B 사이의 거리는 20 m이다.

① ㄱ   ② ㄴ   ③ ㄷ
④ ㄱ, ㄴ   ⑤ ㄴ, ㄷ

04
▶24066-0245

그림은 전하 결합 소자(CCD)를 구성하는 광 다이오드에 접합된 금속 전극에 전압을 가하고 단색광 A를 입사시켰을 때 p-n 접합면에서 전자가 생성되는 것을 나타낸 것이다.

이에 대한 설명으로 옳은 것만을 〈보기〉에서 있는 대로 고른 것은?

┌ 보기 ┐
ㄱ. A의 세기를 증가시키면 단위 시간당 생성되는 전자의 수는 감소한다.
ㄴ. A의 광자 1개의 에너지는 광 다이오드의 띠 간격보다 크다.
ㄷ. CCD는 빛의 입자성을 이용하여 영상 정보를 저장한다.

① ㄱ   ② ㄴ   ③ ㄷ
④ ㄱ, ㄴ   ⑤ ㄴ, ㄷ

05

▶ 24066-0246

그림은 수평면에서 연직 위 방향으로 속력 $2v$로 던져진 물체가 등가속도 운동을 하며 최고점 p에 도달한 후 높이가 h인 지점에서 속력 v로 내려오는 모습을 나타낸 것이다.

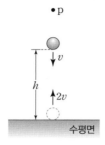

물체가 수평면에서 p까지 운동하는 데 걸린 시간은? (단, 중력 가속도는 g이고, 물체의 크기는 무시한다.)

① $\sqrt{\dfrac{5h}{3g}}$　　② $\sqrt{\dfrac{2h}{g}}$　　③ $\sqrt{\dfrac{7h}{3g}}$

④ $\sqrt{\dfrac{8h}{3g}}$　　⑤ $\sqrt{\dfrac{3h}{g}}$

06

▶ 24066-0247

그림 (가)는 수평면에 놓인 자석 A 위에 떠 있는 자석 B에 연직 아래 방향으로 크기가 F인 힘을 작용했더니 A, B가 정지해 있는 모습을 나타낸 것이다. 그림 (나)는 수평면에 놓인 자석 C 위에 떠 있는 A에 연직 아래 방향으로 크기가 $2F$인 힘을 작용했더니 A, C가 정지해 있는 모습을 나타낸 것이다. 자석 사이에 작용하는 자기력의 크기는 (가)에서와 (나)에서 같다. A, B, C의 질량은 각각 m, $3m$, $2m$이다.

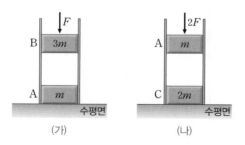

이에 대한 설명으로 옳은 것만을 〈보기〉에서 있는 대로 고른 것은? (단, 중력 가속도는 g이고, 모든 마찰은 무시한다.) [3점]

보기
ㄱ. (가)에서 A가 B에 작용하는 자기력의 크기는 B의 무게보다 크다.
ㄴ. $F = 2mg$이다.
ㄷ. (가)에서 수평면이 A를 떠받치는 힘의 크기는 (나)에서 수평면이 C를 떠받치는 힘의 크기의 $\dfrac{4}{5}$배이다.

① ㄱ　　② ㄷ　　③ ㄱ, ㄴ
④ ㄴ, ㄷ　　⑤ ㄱ, ㄴ, ㄷ

07

▶ 24066-0248

그림 (가)는 마찰이 없는 수평면에 물체 B, C가 정지해 있고, 물체 A가 B를 향해 속력 $3v$로 등속도 운동을 하는 것을 나타낸 것이다. A는 B와 충돌한 후 정지한다. 그림 (나)는 B의 속도를 시간에 따라 나타낸 것이다. B, C의 질량은 각각 $2m$, m이다.

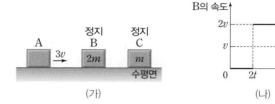

이에 대한 설명으로 옳은 것만을 〈보기〉에서 있는 대로 고른 것은? (단, A, B, C는 동일 직선상에서 운동한다.) [3점]

보기
ㄱ. A의 질량은 m이다.
ㄴ. B가 A로부터 받은 충격량의 크기는 C로부터 받은 충격량의 크기의 2배이다.
ㄷ. $6t$일 때, 운동 에너지는 B가 C의 $\dfrac{1}{2}$배이다.

① ㄱ　　② ㄴ　　③ ㄷ　　④ ㄱ, ㄴ　　⑤ ㄴ, ㄷ

08

▶ 24066-0249

그림은 관찰자 A가 탄 우주선이 관찰자 B에 대해 $+x$ 방향으로 속력 $0.8c$로 등속도 운동을 하는 것을 나타낸 것이다. A의 관성계에서, 빛은 광원 P, Q로부터 각각 $-y$ 방향, $-x$ 방향으로 방출된다. B의 관성계에서, P와 Q에서 동시에 방출된 빛은 검출기에 동시에 도달한다.

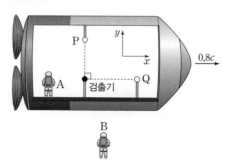

이에 대한 설명으로 옳은 것만을 〈보기〉에서 있는 대로 고른 것은? (단, 빛의 속력은 c이다.) [3점]

보기
ㄱ. P와 검출기 사이의 거리는 A의 관성계에서가 B의 관성계에서보다 크다.
ㄴ. Q에서 방출된 빛이 검출기에 도달할 때까지 걸린 시간은 A의 관성계에서가 B의 관성계에서보다 크다.
ㄷ. A의 관성계에서, 빛은 P에서가 Q에서보다 먼저 방출된다.

① ㄴ　　② ㄷ　　③ ㄱ, ㄷ　　④ ㄴ, ㄷ　　⑤ ㄱ, ㄴ, ㄷ

09
▶ 24066-0250

그림은 점 p를 속력 v로 통과한 물체가 점 q를 지난 후 점 r를 속력 $\frac{1}{2}v$로 지나는 모습을 나타낸 것이다. p에서 물체의 운동 에너지는 중력 퍼텐셜 에너지의 2배이고, p와 q의 높이차는 h이다.

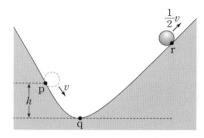

q와 r의 높이차는? (단, 물체의 크기, 모든 마찰과 공기 저항은 무시한다.)

① $\frac{11}{5}h$ ② $\frac{23}{10}h$ ③ $\frac{12}{5}h$

④ $\frac{5}{2}h$ ⑤ $\frac{13}{5}h$

10
▶ 24066-0251

그림은 동일한 단색광 P, Q가 사분원 모양의 매질 A를 향해 수평면과 나란한 방향으로 진행하다가 A의 경계면에서 굴절한 후, 매질 B를 향해 진행하는 것을 나타낸 것이다. A에 입사한 P와 Q 중 하나는 A와 B의 경계면에서 전반사하고, 다른 하나는 B로 굴절한다. 매질 C는 B와 같은 모양이며, 굴절률은 C가 B보다 작다.

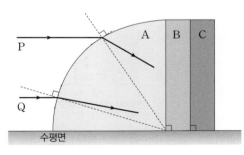

이에 대한 설명으로 옳은 것만을 〈보기〉에서 있는 대로 고른 것은? [3점]

┌ 보기 ┐
ㄱ. B로 굴절한 단색광의 파장은 A에서가 B에서보다 짧다.
ㄴ. A와 B의 경계면에서 전반사하는 단색광은 Q이다.
ㄷ. B와 C의 위치를 바꾸면 P는 A와 C의 경계면에서 전반사한다.
└─────┘

① ㄱ ② ㄴ ③ ㄷ
④ ㄱ, ㄴ ⑤ ㄱ, ㄷ

11
▶ 24066-0252

그림 (가)는 보어의 수소 원자 모형에서 양자수 n에 따른 전자의 에너지 준위 일부와 전자의 전이 a~d를 나타낸 것이다. 그림 (나)는 a~d에서 방출 스펙트럼만을 나타낸 것이다.

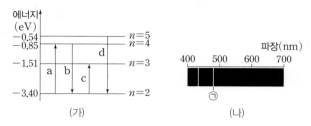

이에 대한 설명으로 옳은 것만을 〈보기〉에서 있는 대로 고른 것은?

┌ 보기 ┐
ㄱ. ㉠은 b에 의해 나타난 스펙트럼선이다.
ㄴ. c에서 흡수되는 광자 1개의 에너지는 1.51 eV이다.
ㄷ. a~d 중 전이 과정에서 흡수되거나 방출되는 빛의 진동수는 c가 가장 크다.
└─────┘

① ㄱ ② ㄴ ③ ㄷ ④ ㄱ, ㄴ ⑤ ㄱ, ㄷ

12
▶ 24066-0253

다음은 p-n 접합 다이오드의 특성을 알아보는 실험이다.

[실험 과정]
(가) 그림과 같이 p-n 접합 다이오드 A, A와 동일한 다이오드 3개, 스위치 S_1과 S_2, 저항, 검류계가 연결된 회로를 구성한다. X는 p형 반도체와 n형 반도체 중 하나이다.

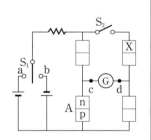

(나) S_1을 a에 연결하고, S_2를 열고 검류계를 관찰한다.
(다) S_1을 b에 연결하고, S_2를 닫고 검류계를 관찰한다.

[실험 결과]

과정	검류계에 흐르는 전류의 방향
(나)	c → ⓖ → d
(다)	흐르지 않음

이에 대한 설명으로 옳은 것만을 〈보기〉에서 있는 대로 고른 것은?

┌ 보기 ┐
ㄱ. X는 n형 반도체이다.
ㄴ. (나)에서 A의 n형 반도체에 있는 전자는 p-n 접합면에서 멀어지는 쪽으로 이동한다.
ㄷ. S_1을 b에 연결하고 S_2를 열었을 때, 저항에 전류가 흐른다.
└─────┘

① ㄱ ② ㄴ ③ ㄷ ④ ㄱ, ㄴ ⑤ ㄱ, ㄷ

13

▶24066-0254

그림 (가)는 매질 A와 매질 B의 경계면에 입사각 θ_1로 입사한 단색광 p가 일부는 반사하고, 일부는 굴절각 θ_2로 굴절하여 B로 진행하다가 B와 매질 C의 경계면에 입사각 θ_1로 입사하여 전반사하는 것을 나타낸 것이다. $\theta_1 > \theta_2$이고, A, B, C의 굴절률은 각각 n_A, n_B, n_C이다. 그림 (나)는 A, B로 만든 광섬유에서 p가 전반사하며 진행하는 모습을 나타낸 것이다.

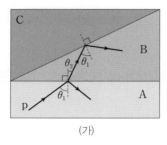 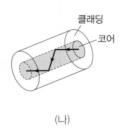

(가)   (나)

이에 대한 설명으로 옳은 것만을 〈보기〉에서 있는 대로 고른 것은? [3점]

┌─ 보기 ┐
ㄱ. p의 속력은 A에서가 B에서보다 크다.
ㄴ. $n_B < \sqrt{n_A n_C}$이다.
ㄷ. (나)에서 클래딩은 A로 만들어졌다.
└────────┘

① ㄱ   ② ㄴ   ③ ㄷ
④ ㄱ, ㄴ   ⑤ ㄱ, ㄷ

14

▶24066-0255

그림 (가)는 시간 $t=0$일 때 x축과 나란하게 진행하는 파동의 변위를 위치 x에 따라 나타낸 것이다. 점 P, Q는 매질 위의 점이다. 그림 (나)는 P의 변위를 t에 따라 나타낸 것이다. (가)의 직후 Q의 운동 방향은 ⓐ와 ⓑ 중 하나이다.

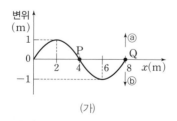 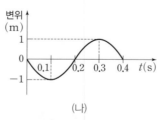

(가)   (나)

이에 대한 설명으로 옳은 것만을 〈보기〉에서 있는 대로 고른 것은?

┌─ 보기 ┐
ㄱ. 파동의 진행 방향은 $+x$ 방향이다.
ㄴ. (가)에서 Q의 운동 방향은 ⓐ이다.
ㄷ. 파동의 진행 속력은 20 m/s이다.
└────────┘

① ㄱ   ② ㄴ   ③ ㄷ
④ ㄱ, ㄴ   ⑤ ㄴ, ㄷ

15

▶24066-0256

그림 (가)는 단색광 A, B를 광전관의 금속판에 비추며 전류계에 흐르는 전류의 세기를 측정하는 것을 나타낸 것이고, (나)는 전류계에 측정된 광전류의 세기를 시간 t에 따라 나타낸 것이다. $t=0$부터 금속판에 A만을 비추다가 $t=2t_0$ 이후에는 A와 B를 동시에 비추었다.

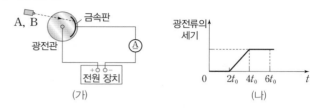

(가)   (나)

이에 대한 설명으로 옳은 것만을 〈보기〉에서 있는 대로 고른 것은? [3점]

┌─ 보기 ┐
ㄱ. 진동수는 A가 B보다 크다.
ㄴ. $t=2t_0$부터 $t=4t_0$까지 B의 세기는 증가한다.
ㄷ. 금속판에서 방출되는 광전자의 최대 운동 에너지는 $3t_0$일 때가 $5t_0$일 때보다 작다.
└────────┘

① ㄱ   ② ㄴ   ③ ㄷ   ④ ㄱ, ㄴ   ⑤ ㄴ, ㄷ

16

▶24066-0257

그림과 같이 한 변의 길이가 $2d$인 정사각형 금속 고리가 xy 평면에서 $+x$ 방향으로 등속도 운동을 하며 균일한 자기장 영역 Ⅰ, Ⅱ, Ⅲ을 지난다. Ⅰ, Ⅱ, Ⅲ에서 자기장의 세기는 각각 B_0, B_0, $2B_0$이다. 금속 고리에 고정된 점 p가 $x=3.5d$를 지날 때, p에는 유도 전류가 흐르지 않는다. Ⅱ에서 자기장의 방향은 xy 평면에 수직이다.

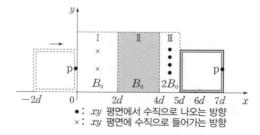

• : xy 평면에서 수직으로 나오는 방향
× : xy 평면에 수직으로 들어가는 방향

이에 대한 설명으로 옳은 것만을 〈보기〉에서 있는 대로 고른 것은? [3점]

┌─ 보기 ┐
ㄱ. Ⅱ에서 자기장의 방향은 xy 평면에 수직으로 들어가는 방향이다.
ㄴ. p가 $x=5.5d$를 지날 때, p에 흐르는 유도 전류의 방향은 $+y$ 방향이다.
ㄷ. p에 흐르는 유도 전류의 세기는 p가 $x=d$를 지날 때가 $x=4.5d$를 지날 때보다 작다.
└────────┘

① ㄱ   ② ㄴ   ③ ㄷ   ④ ㄱ, ㄴ   ⑤ ㄱ, ㄷ

17

▶24066-0258

그림은 투과 전자 현미경(TEM)의 구조를 나타낸 것이다. 표는 전자총에서의 가속 전압에 따른 전자의 운동 에너지, 전자의 물질파 파장을 나타낸 것이다.

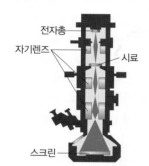

가속 전압	운동 에너지	물질파 파장
V	ⓐ	λ
$2V$	E	ⓑ

이에 대한 설명으로 옳은 것만을 〈보기〉에서 있는 대로 고른 것은?

┌─ 보기 ┌────────────────────────────
ㄱ. 투과 전자 현미경은 시료 표면의 3차원적인 구조를 관찰하기에 적합하다.
ㄴ. ⓐ$>E$이다.
ㄷ. ⓑ$<\lambda$이다.
└────────────────────────────

① ㄱ　　　　　② ㄴ　　　　　③ ㄷ
④ ㄱ, ㄷ　　　⑤ ㄴ, ㄷ

18

▶24066-0259

그림과 같이 원형 도선 P, Q와 가늘고 무한히 긴 직선 도선 R가 xy 평면에 고정되어 있다. P, Q의 중심은 원점 O으로 같으며, P, Q에는 각각 화살표 방향으로 같은 세기의 일정한 전류가 흐른다. 표는 O에서 P, Q, R의 전류에 의한 자기장을 R에 흐르는 전류에 따라 나타낸 것이다.

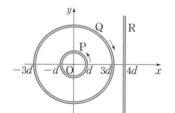

구분	R에 흐르는 전류		O에서 자기장의 세기
	방향	세기	
(가)	없음	0	$\frac{2}{3}B_0$
(나)	$+y$	I_0	B_0
(다)	$-y$	㉠	B_0

이에 대한 설명으로 옳은 것만을 〈보기〉에서 있는 대로 고른 것은? [3점]

┌─ 보기 ┌────────────────────────────
ㄱ. (나)일 때, O에서 P와 R의 전류에 의한 자기장의 방향은 같다.
ㄴ. O에서 P의 전류에 의한 자기장의 세기는 B_0이다.
ㄷ. ㉠은 $5I_0$이다.
└────────────────────────────

① ㄱ　　　　　② ㄷ　　　　　③ ㄱ, ㄴ
④ ㄴ, ㄷ　　　⑤ ㄱ, ㄴ, ㄷ

19

▶24066-0260

그림 (가)와 같이 벽 P, Q로 이루어진 물체 A가 속력 v로 등속도 운동을 하고, A 위에서 물체 B가 P를 향해 속력 $3v$로 등속도 운동을 한다. A, B의 질량은 각각 $3m$, m이다. 그림 (나)는 B가 P, Q와 차례로 충돌한 후, A가 B와 같은 방향으로 등속도 운동을 하는 것을 나타낸 것으로, A의 속력은 $\frac{4}{3}v$이다. B가 P로부터 받은 충격량의 크기는 Q로부터 받은 충격량의 크기의 2배이다.

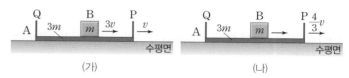

(가)　　　　　　　　　　(나)

이에 대한 설명으로 옳은 것만을 〈보기〉에서 있는 대로 고른 것은? (단, A와 B는 동일 직선상에서 운동하며, 모든 마찰은 무시한다.) [3점]

┌─ 보기 ┌────────────────────────────
ㄱ. (나)에서 B의 속력은 $2v$이다.
ㄴ. B가 P와 처음으로 충돌한 직후 운동 방향은 A와 B가 같다.
ㄷ. B가 P와 처음으로 충돌한 후 A의 속력은 $\frac{5}{3}v$이다.
└────────────────────────────

① ㄱ　　　　　② ㄷ　　　　　③ ㄱ, ㄴ
④ ㄴ, ㄷ　　　⑤ ㄱ, ㄴ, ㄷ

20

▶24066-0261

그림은 물체가 높이가 $3h$인 지점을 속력 v로 지나는 모습을 나타낸 것이다. 물체는 높이차가 d인 빗면의 마찰 구간 Ⅰ, 수평면상의 점 p, 마찰 구간 Ⅱ를 지난 후 높이가 h인 지점을 속력 v로 통과하고, 높이가 $\frac{3}{2}h$인 점 q에서 물체의 속력은 0이다. Ⅰ에서 물체는 등속도 운동을 하고, Ⅰ의 최하점의 높이는 h이다. Ⅰ, Ⅱ에서 물체의 역학적 에너지 감소량은 같다.

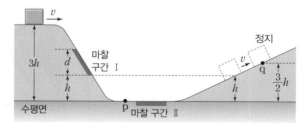

d와 p에서 물체의 속력은? (단, 물체의 크기, 공기 저항, 마찰 구간 외의 모든 마찰은 무시한다.) [3점]

	d	p에서 속력		d	p에서 속력
①	h	$2v$	②	$\frac{7}{6}h$	$2v$
③	h	$\sqrt{5}v$	④	$\frac{7}{6}h$	$\sqrt{5}v$
⑤	h	$\sqrt{6}v$			

문항에 따라 배점이 다르니, 각 물음의 끝에 표시된 배점을 참고하시오. 3점 문항에만 점수가 표시되어 있습니다. 점수 표시가 없는 문항은 모두 2점입니다.

01
▶24066-0262

그림은 0초부터 4초까지 빗면을 따라 운동하는 물체 P와 곡면을 따라 운동하는 물체 Q의 운동에 대해 학생 A, B, C가 대화하는 모습이다.

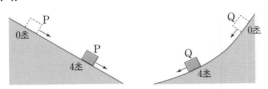

| P의 이동 거리와 변위의 크기는 같아. | Q의 평균 속도의 크기는 평균 속력보다 커. | P의 운동 방향과 가속도 방향은 같아. |

학생 A   학생 B   학생 C

0초부터 4초까지 P와 Q의 운동에 대해 제시한 내용이 옳은 학생만을 있는 대로 고른 것은? (단, 모든 마찰과 공기 저항은 무시한다.)

① A ② B ③ A, C ④ B, C ⑤ A, B, C

02
▶24066-0263

다음은 전하 결합 소자(CCD)의 화소 구조에 대한 설명이다.

> 전하 결합 소자(CCD)는 화소라고 하는 일종의 작은 광 다이오드가 평면적으로 배열된 구조를 가지고 있다. 이러한 전하 결합 소자(CCD)에 비춘 ㉠빛이 마이크로 렌즈와 색 필터를 지나 광 다이오드에 들어오면 광 다이오드에는 광전자가 발생한다.
>
> 마이크로 렌즈
> 빛
> 색 필터 광 다이오드

이에 대한 설명으로 옳은 것만을 〈보기〉에서 있는 대로 고른 것은?

┌ 보기 ┌
ㄱ. CCD는 빛의 입자성을 이용한 장치이다.
ㄴ. CCD는 색 필터를 통해 빛의 색 정보를 확인할 수 있다.
ㄷ. ㉠은 광 다이오드의 띠 간격 이상의 에너지를 가진 빛이다.

① ㄱ ② ㄴ ③ ㄱ, ㄷ ④ ㄴ, ㄷ ⑤ ㄱ, ㄴ, ㄷ

03
▶24066-0264

그림은 직선 도로와 나란하게 각각 v_A, v_B의 속력으로 기준선 P, R를 동시에 통과하는 자동차 A, B의 모습을 나타낸 것이다. P와 기준선 Q 사이의 거리와 Q와 R 사이의 거리는 같고 A, B는 각각 P에서 Q까지와 R에서 Q까지는 등속도 운동을, Q에서 R까지와 Q에서 P까지는 등가속도 운동을 한다. A가 P에서 Q까지 이동하는 데 걸린 시간은 B가 R에서 Q까지 이동하는 데 걸린 시간의 $\frac{1}{2}$배이며, R에서 A의 속력과 P에서 B의 속력은 0이다.

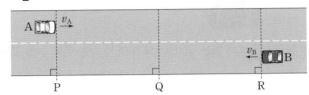

이에 대한 설명으로 옳은 것만을 〈보기〉에서 있는 대로 고른 것은? (단, A, B의 크기는 무시한다.) [3점]

┌ 보기 ┌
ㄱ. $v_A = 2v_B$이다.
ㄴ. A가 Q에서 R까지 이동하는 데 걸린 시간은 B가 Q에서 P까지 이동하는 데 걸린 시간의 $\frac{1}{2}$배이다.
ㄷ. $\overline{QR}$ 구간에서 A의 가속도의 크기는 $\overline{QP}$ 구간에서 B의 가속도의 크기의 4배이다.

① ㄴ ② ㄷ ③ ㄱ, ㄴ ④ ㄱ, ㄷ ⑤ ㄱ, ㄴ, ㄷ

04
▶24066-0265

그림 (가)는 물체 A와 질량이 2 kg인 물체 B를 실로 연결한 후 A를 수평면 위에 가만히 놓았을 때 A와 B가 등가속도 운동을 하는 모습을 나타낸 것이다. 그림 (나)는 (가)에서 B의 속력을 시간에 따라 나타낸 것이다.

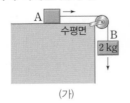
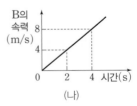

(가)   (나)

이에 대한 설명으로 옳은 것만을 〈보기〉에서 있는 대로 고른 것은? (단, 중력 가속도는 10 m/s²이고, 실의 질량, 모든 마찰과 공기 저항은 무시한다.) [3점]

┌ 보기 ┌
ㄱ. A의 가속도의 크기는 2 m/s²이다.
ㄴ. A의 질량은 8 kg이다.
ㄷ. 0초부터 4초까지 B가 연직 방향으로 이동한 거리는 32 m이다.

① ㄱ ② ㄷ ③ ㄱ, ㄴ ④ ㄴ, ㄷ ⑤ ㄱ, ㄴ, ㄷ

05
▶24066-0266

그림은 광섬유의 코어와 클래딩의 경계면에서 전반사하며 진행하는 단색광 L의 모습을 나타낸 것이고, 표는 매질 A, B, C에서 L의 속력을 나타낸 것이다.

매질	L의 속력
A	$1.1v$
B	v
C	$1.5v$

이에 대한 설명으로 옳은 것만을 〈보기〉에서 있는 대로 고른 것은?

〈보기〉
ㄱ. 굴절률은 A가 C보다 크다.
ㄴ. 매질에서 L의 파장은 A에서가 B에서보다 짧다.
ㄷ. 코어가 B일 경우, 코어와 클래딩의 경계면에서 임계각은 클래딩이 C일 때가 클래딩이 A일 때보다 크다.

① ㄱ ② ㄴ ③ ㄱ, ㄷ
④ ㄴ, ㄷ ⑤ ㄱ, ㄴ, ㄷ

06
▶24066-0267

그림 (가)는 한 번 순환하는 동안 고열원으로부터 열량 Q_1을 흡수하여 W의 일을 하고 저열원으로 열량 Q_2를 방출하는 열효율이 0.4인 열기관을 나타낸 것이다. 그림 (나)는 (가)에서 열기관의 이상 기체가 상태 A → B → C → D → A를 따라 변할 때 압력과 부피를 나타낸 것으로, 그래프 내부의 면적은 W, C → D 과정과 부피축이 이루는 면적은 E_0이고 B → C 과정에서 이상 기체의 내부 에너지 변화량의 크기는 $2E_0$이다. A → B, C → D 과정은 등온 과정이고, B → C, D → A 과정은 부피가 일정한 과정이다.

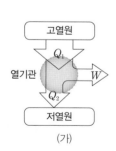
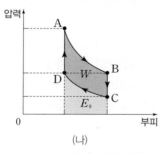

이에 대한 설명으로 옳은 것만을 〈보기〉에서 있는 대로 고른 것은? [3점]

〈보기〉
ㄱ. $W=2E_0$이다.
ㄴ. $Q_1=5E_0$이다.
ㄷ. 이상 기체의 내부 에너지는 C에서가 D에서보다 크다.

① ㄱ ② ㄷ ③ ㄱ, ㄴ
④ ㄴ, ㄷ ⑤ ㄱ, ㄴ, ㄷ

07
▶24066-0268

그림은 어떤 입자의 물질파 파장을 운동 에너지에 따라 나타낸 것이다.

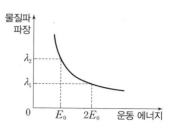

$\dfrac{\lambda_2}{\lambda_1}$는?

① $\sqrt{2}$ ② $\sqrt{3}$ ③ 2
④ $2\sqrt{2}$ ⑤ $2\sqrt{3}$

08
▶24066-0269

그림 (가)와 같이 질량이 m인 물체 A를 수평면으로부터 높이가 h인 빗면 위에 가만히 놓았더니 A는 수평면에 고정된 물체 P 또는 Q와 한 번 충돌한 후, 각각 v_P와 v_Q의 속력으로 수평면을 따라 등속도 운동을 한다. 그림 (나)는 (가)에서 P 또는 Q와 충돌하는 동안 A가 P와 Q로부터 받은 힘을 각각 시간에 따라 나타낸 것이다. 그래프와 시간 축이 이루는 면적은 S_P가 S_Q보다 크다.

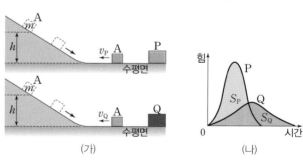

이에 대한 설명으로 옳은 것만을 〈보기〉에서 있는 대로 고른 것은? (단, 중력 가속도는 g이고, 물체의 크기, 모든 마찰과 공기 저항은 무시한다.) [3점]

〈보기〉
ㄱ. 수평면에서 A가 P와 충돌하기 직전 A의 운동량의 크기는 $m\sqrt{2gh}$이다.
ㄴ. $v_P>v_Q$이다.
ㄷ. A가 충돌하는 동안 받은 평균 힘의 크기는 P와 충돌할 때가 Q와 충돌할 때보다 크다.

① ㄱ ② ㄴ ③ ㄱ, ㄷ
④ ㄴ, ㄷ ⑤ ㄱ, ㄴ, ㄷ

09

▶24066-0270

다음은 고체 P, Q의 전기 전도성을 확인하는 탐구이다.

[자료 조사 결과]
- P, Q는 모양과 크기가 같다.
- P, Q는 도체와 절연체를 순서 없이 나타낸 것이다.
- P, Q의 에너지띠 구조는 A와 B 중 하나이다.
- A, B에서 색칠한 부분은 전자가 채워진 부분이다.

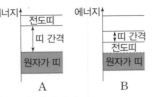

[실험 과정]
(가) P의 양끝 쪽을 전기 회로의 집게 도선에 각각 연결한다.
(나) 스위치 S를 닫고 검류계에 흐르는 전류를 관찰한다.
(다) (가)의 P를 Q로 교체하여 과정 (나)를 반복한다.

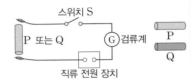

[실험 결과]
- 전기 회로에 P를 연결하고 S를 닫았을 때, 검류계에 전류가 흐르지 않는다.
- 전기 회로에 Q를 연결하고 S를 닫았을 때, 검류계에 전류가 흐른다.

이에 대한 설명으로 옳은 것만을 〈보기〉에서 있는 대로 고른 것은?

보기
ㄱ. P는 절연체이다.
ㄴ. Q의 에너지 띠 구조는 B이다.
ㄷ. 전자는 P의 원자가 띠 내에서 자유롭게 이동할 수 있다.

① ㄱ   ② ㄷ   ③ ㄱ, ㄴ   ④ ㄴ, ㄷ   ⑤ ㄱ, ㄴ, ㄷ

10

▶24066-0271

다음 (가), (나)는 핵분열과 핵융합 반응식을 각각 나타낸 것이다.

(가) $^{235}_{92}U + \boxed{\ ㉠\ } \longrightarrow {}^{141}_{56}Ba + {}^{92}_{36}Kr + 3^1_0n + 약 200\ MeV$

(나) $^2_1H + {}^2_1H \longrightarrow \boxed{\ ㉡\ } + \boxed{\ ㉠\ } + 3.27\ MeV$

이에 대한 설명으로 옳은 것만을 〈보기〉에서 있는 대로 고른 것은?

보기
ㄱ. ㉠은 중성자이다.
ㄴ. ㉡의 질량수는 3이다.
ㄷ. 핵반응에 의한 질량 결손은 (가)에서가 (나)에서보다 작다.

① ㄱ   ② ㄷ   ③ ㄱ, ㄴ   ④ ㄴ, ㄷ   ⑤ ㄱ, ㄴ, ㄷ

11

▶24066-0272

그림은 p-n 접합 발광 다이오드(LED) 1, 2, p-n 접합 다이오드, 스위치 S_1, S_2, 저항 R_1, R_2를 전압이 동일한 직류 전원 장치 Ⅰ, Ⅱ에 연결하여 회로를 구성한 것을 나타낸 것이다. 표는 S_1, S_2의 닫힘 조건에 따라 LED 1, 2에서 빛의 방출 여부를 나타낸 것이다. X는 p-n 접합 다이오드에서 p형 반도체와 n형 반도체 중 하나이고, a, b는 Ⅰ의 전극이다.

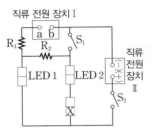

S_1과 S_2 중 닫힌 스위치	LED에서 빛의 방출 여부	
	LED 1	LED 2
S_1	○	○
S_2	○	×

(○: 방출됨, ×: 방출되지 않음)

이에 대한 설명으로 옳은 것만을 〈보기〉에서 있는 대로 고른 것은? [3점]

보기
ㄱ. b는 (−)극이다.
ㄴ. X는 p형 반도체이다.
ㄷ. R_1에 흐르는 전류의 방향은 S_1만 닫았을 때와 S_2만 닫았을 때가 서로 같다.

① ㄱ   ② ㄷ   ③ ㄱ, ㄴ   ④ ㄴ, ㄷ   ⑤ ㄱ, ㄴ, ㄷ

12

▶24066-0273

그림과 같이 가늘고 무한히 긴 직선 도선 A, B가 xy 평면의 x축과 y축상에 각각 고정되어 있다. A에는 $+x$ 방향으로 세기가 I_1인 전류가 흐르고, B에는 $-y$ 방향으로 세기가 I_2인 전류가 흐르고 있다. 점 P, Q, R, S는 xy 평면상의 점이다.

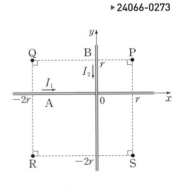

S에서 A의 전류에 의한 자기장의 세기는 $\frac{1}{4}B_0$이고, P에서 A, B의 전류에 의한 자기장의 세기는 B_0이다.

이에 대한 설명으로 옳은 것만을 〈보기〉에서 있는 대로 고른 것은? [3점]

보기
ㄱ. $I_1 = I_2$이다.
ㄴ. Q와 S에서 A, B의 전류에 의한 자기장의 방향은 같다.
ㄷ. R에서 A, B의 전류에 의한 자기장의 세기는 $\frac{1}{2}B_0$이다.

① ㄱ   ② ㄷ   ③ ㄱ, ㄴ   ④ ㄴ, ㄷ   ⑤ ㄱ, ㄴ, ㄷ

13

▶24066-0274

그림과 같이 종이면에 수직인 방향의 균일한 자기장 영역 Ⅰ, Ⅱ에 정사각형 금속 고리가 고정되어 있다. 시간 $t=0$일 때 Ⅰ, Ⅱ의 자기장의 세기는 각각 B_0이고 정사각형 금속 고리가 Ⅰ, Ⅱ에 걸친 면적은 서로 같으며 a, b는 고리 위의 점이다. 표는 단위 시간당 자기 선속의 변화에 따라 저항 R에 흐르는 전류의 세기와 방향을 나타낸 것이다. $t=0$부터 $t=2t_0$까지 Ⅰ, Ⅱ의 자기장의 세기는 각각 종이면에 수직으로 들어가는 방향과 종이면에서 수직으로 나오는 방향으로 증가하며, $t=t_0$일 때와 $t=2t_0$일 때 Ⅰ에서 균일한 자기장의 세기는 각각 $3B_0$, $5B_0$이다.

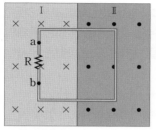

R에 흐르는 전류의 세기와 방향		
시간	전류의 세기	전류의 방향
$t=0$부터 $t=t_0$까지	I_0	a → R → b
$t=t_0$ 직후부터 $t=2t_0$까지	$2I_0$	b → R → a

● : 종이면에서 수직으로 나오는 방향
× : 종이면에 수직으로 들어가는 방향

이에 대한 설명으로 옳은 것만을 〈보기〉에서 있는 대로 고른 것은? [3점]

보기

ㄱ. $t=t_0$일 때 Ⅱ에서 자기장의 세기는 $3B_0$보다 크다.
ㄴ. $t=t_0$ 직후부터 $t=2t_0$까지 Ⅱ에서 자기장 세기의 증가량은 $2B_0$보다 작다.
ㄷ. 고리를 통과하는 단위 시간당 자기 선속의 변화량의 크기는 $t=0$부터 $t=t_0$까지가 $t=t_0$ 직후부터 $t=2t_0$까지보다 작다.

① ㄱ ② ㄷ ③ ㄱ, ㄴ ④ ㄴ, ㄷ ⑤ ㄱ, ㄴ, ㄷ

14

▶24066-0275

그림과 같이 단색광 P, Q를 입사각 θ로 각각 매질 A와 C에서 매질 B로 입사시켰다. P, Q의 진동수는 같고, B에 입사한 P는 B와 C의 경계면에서 전반사한다.

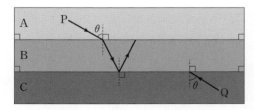

이에 대한 설명으로 옳은 것만을 〈보기〉에서 있는 대로 고른 것은?

보기

ㄱ. B에 입사한 Q의 굴절각은 θ보다 크다.
ㄴ. 굴절률은 A가 B보다 크다.
ㄷ. B에서 A로 입사한 P의 굴절각은 θ이다.

① ㄱ ② ㄷ ③ ㄱ, ㄴ ④ ㄴ, ㄷ ⑤ ㄱ, ㄴ, ㄷ

15

▶24066-0276

그림 (가), (나)와 같이 직류 전원 장치와 스위치 S가 연결된 솔레노이드를 마찰이 없는 수평면에 고정시킨 후 솔레노이드 왼쪽 또는 오른쪽 수평면 위에 자석 A 또는 B를 가만히 놓았다. a, b는 각각 자석의 N극과 S극 중 하나이고, S를 닫았을 때 A, B는 각각 $-x$ 방향과 $+x$ 방향으로 수평면을 따라 운동한다. P는 솔레노이드 내부의 수평면상의 점이며, c는 (+)극과 (−)극 중 하나이다.

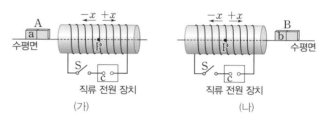

(가)   (나)

이에 대한 설명으로 옳은 것만을 〈보기〉에서 있는 대로 고른 것은? (단, 공기 저항은 무시한다.)

보기

ㄱ. a, b의 자석의 극의 종류는 같다.
ㄴ. S를 닫았을 때 P에서의 자기장의 방향이 $-x$ 방향일 경우 c는 (+)극이다.
ㄷ. S를 닫은 이후 A는 $-x$ 방향으로 등가속도 운동을 한다.

① ㄱ ② ㄷ ③ ㄱ, ㄴ ④ ㄴ, ㄷ ⑤ ㄱ, ㄴ, ㄷ

16

▶24066-0277

그림은 xy 평면의 $x=-3d$와 $x=3d$ 위의 점 S_1과 S_2에서 서로 같은 위상으로 발생하여 진행하는 두 물결파의 어느 순간의 모습을 나타낸 것이다. 두 물결파의 진동수와 진폭은 같고, 속력은 v로 같다.

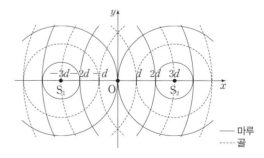

— 마루
---- 골

이에 대한 설명으로 옳은 것만을 〈보기〉에서 있는 대로 고른 것은?

보기

ㄱ. 원점 O에서는 보강 간섭이 발생한다.
ㄴ. 물결파의 파장은 $2d$이다.
ㄷ. 물결파의 진동수는 $\dfrac{v}{d}$이다.

① ㄱ ② ㄷ ③ ㄱ, ㄴ ④ ㄴ, ㄷ ⑤ ㄱ, ㄴ, ㄷ

17

▶24066-0278

그림과 같이 한 변의 길이가 d인 직각 이등변 삼각형 모양의 매질 A와 매질 B를 수평면상에 쌓아 놓고 수평면으로부터 $\frac{1}{2}d$만큼 떨어진 점 p에 수평면과 나란하게 진행하던 단색광을 A에 수직으로 입사시켰다. p에 입사한 단색광은 A와 B 경계면의 점 q에서 굴절각 θ로 굴절한다.

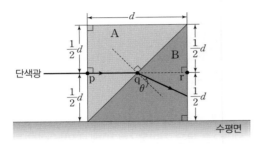

이에 대한 설명으로 옳은 것만을 〈보기〉에서 있는 대로 고른 것은? [3점]

보기
ㄱ. 굴절률은 A가 B보다 크다.
ㄴ. $\theta < 45°$이다.
ㄷ. 단색광의 파장은 A에서가 B에서보다 길다.

① ㄱ   ② ㄴ   ③ ㄱ, ㄷ   ④ ㄴ, ㄷ   ⑤ ㄱ, ㄴ, ㄷ

18

▶24066-0279

그림 (가)와 같이 마찰이 없는 수평면상의 점 P, Q에서 질량이 각각 $2m$, m인 물체 A와 B가 서로 반대 방향으로 각각 속력 v로 등속도 운동을 한다. 그림 (나)는 (가)에서 A, B가 각각 P, Q에 위치한 순간부터 B의 속도를 시간에 따라 나타낸 것이다.

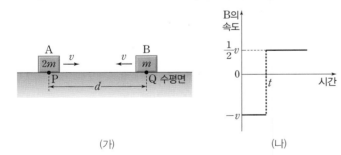

(가)   (나)

이에 대한 설명으로 옳은 것만을 〈보기〉에서 있는 대로 고른 것은? (단, 물체의 크기는 무시한다.) [3점]

보기
ㄱ. $vt = \frac{1}{2}d$이다.
ㄴ. A가 B로부터 받은 충격량의 크기는 $\frac{3}{2}mv$이다.
ㄷ. B와 충돌 전후 A의 운동 에너지는 충돌 전이 충돌 후의 16배이다.

① ㄱ   ② ㄷ   ③ ㄱ, ㄴ   ④ ㄴ, ㄷ   ⑤ ㄱ, ㄴ, ㄷ

19

▶24066-0280

그림과 같이 왼쪽 벽과 오른쪽 벽에 동일한 용수철을 각각 고정시킨 후 왼쪽 벽에 고정된 용수철을 $2x$만큼 물체를 이용해 압축시켰다. 물체를 잡고 있던 손을 놓는 순간 물체는 수평면에서 ㉠ → ㉡ → ㉢ → ㉣ → ㉤의 경로를 거쳐 일정한 마찰력이 작용하는 마찰 구간을 향해 운동한다. 용수철 상수는 k이고, 물체가 오른쪽 벽에 고정된 용수철을 최대로 압축시킨 길이는 x이다.

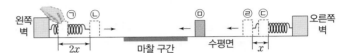

이에 대한 설명으로 옳은 것만을 〈보기〉에서 있는 대로 고른 것은? (단, 물체의 크기, 용수철의 질량, 용수철과의 충돌에 의한 물체의 에너지 손실, 공기 저항, 마찰 구간을 제외한 모든 마찰은 무시한다.) [3점]

보기
ㄱ. 물체가 용수철에 의해 ㉠에서 ㉡까지 운동하는 동안 물체의 운동 에너지는 증가한다.
ㄴ. 물체가 ㉠에서 ㉢까지 운동하는 동안 마찰 구간에서 손실된 역학적 에너지는 $\frac{3}{2}kx^2$이다.
ㄷ. 물체는 왼쪽 벽과 오른쪽 벽 사이에서 수평면을 따라 운동하며 마찰 구간을 2회 통과한다.

① ㄱ   ② ㄷ   ③ ㄱ, ㄴ
④ ㄴ, ㄷ   ⑤ ㄱ, ㄴ, ㄷ

20

▶24066-0281

그림과 같이 물체가 수평면으로부터 높이가 $\frac{9}{4}h$인 점 P를 속력 v_P로 지난 후 수평면으로부터 높이가 각각 $\frac{3}{2}h$, h인 점 Q, R를 지난다. Q에서 물체의 속력은 v_Q이고, R에서 물체의 운동 에너지는 중력 퍼텐셜 에너지의 2배이다. 수평면에서 중력 퍼텐셜 에너지는 0이다.

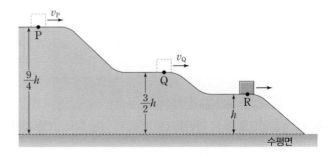

$\frac{v_P}{v_Q}$는? (단, 물체의 크기, 모든 마찰과 공기 저항은 무시한다.)

① $\frac{1}{3}$ ② $\frac{1}{2}$ ③ $\frac{\sqrt{6}}{4}$
④ $\frac{\sqrt{2}}{2}$ ⑤ $\frac{\sqrt{3}}{2}$

문항에 따라 배점이 다르니, 각 물음의 끝에 표시된 배점을 참고
하시오. 3점 문항에만 점수가 표시되어 있습니다. 점수 표시가 없
는 문항은 모두 2점입니다.

01
▶24066-0282

그림과 같이 지면 근처에서 공이 점 P에서 점 Q까지 포물선 운동
을 한다.

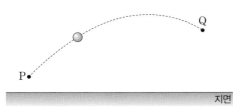

P에서 Q까지 공이 운동하는 동안, 이에 대한 설명으로 옳은 것만
을 〈보기〉에서 있는 대로 고른 것은? (단, 공기 저항은 무시한다.)

┌─ 보기 ─────────────────────────────
│ ㄱ. 공에 작용하는 힘의 방향은 일정하다.
│ ㄴ. 공의 이동 거리는 변위의 크기보다 크다.
│ ㄷ. 공의 평균 속력은 평균 속도의 크기보다 크다.
└───────────────────────────────────

① ㄱ   ② ㄷ   ③ ㄱ, ㄴ   ④ ㄴ, ㄷ   ⑤ ㄱ, ㄴ, ㄷ

02
▶24066-0283

그림은 주사 전자 현미경(SEM)에 대해 학생 A, B, C가 대화하
는 모습을 나타낸 것이다.

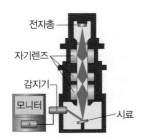

제시한 내용이 옳은 학생만을 있는 대로 고른 것은?

① A   ② C   ③ A, B   ④ B, C   ⑤ A, B, C

03
▶24066-0284

다음은 야구에서 투수와 포수가 공을 던지고 받는 과정에 관한 설
명이다.

┌───────────────────────────────────
│ 투수가 공을 던질 때는 같은 크기의 힘이라도 최대한 공에
│ 힘을 작용하는 시간을 ⟨ ㉠ ⟩ 하려고 하는데, 그 까닭은 힘
│ 과 시간의 곱인 ⟨ ㉡ ⟩ 의 크기가 커질수록 공이 투수의 손
│ 을 벗어나는 순간 공의 속력이 커지기 때문이다. 또한 포수
│ 가 공을 받을 때에는 포수 글러브에 공이 닿기 시작한 순간부
│ 터 공이 완전히 정지할 때까지의 시간을 길게 하려고 하는데,
│ 그 까닭은 공이 글러브에 작용하는 ⟨ ㉡ ⟩ 의 크기가 같을 때
│ 공이 글러브에 힘을 작용하는 시간이 길수록 글러브가 받는
│ ⟨ ㉢ ⟩ 의 크기가 작아지기 때문이다.
└───────────────────────────────────

㉠, ㉡, ㉢에 들어갈 내용으로 가장 적절한 것은?

	㉠	㉡	㉢		㉠	㉡	㉢
①	길게	운동량	충격량	②	길게	충격량	충격력
③	길게	충격력	운동량	④	짧게	운동량	충격량
⑤	짧게	충격량	충격력				

04
▶24066-0285

그림은 마찰이 없는 수평면에서 속력 3 m/s로 등속도 운동을 하
던 질량이 4 kg인 물체 A가 물체 B와 충돌한 후 반대 방향으로
속력 v로 등속도 운동을 하는 모습을 나타낸 것이다. A가 B와 충
돌하는 동안 B로부터 받은 평균 힘의 크기는 100 N이고, 힘을
받은 시간은 0.2초이다.

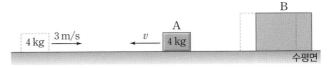

v는? (단, A는 충돌 전후 동일 직선상에서 운동한다.)

① 1 m/s   ② $\frac{3}{2}$ m/s   ③ 2 m/s

④ $\frac{5}{2}$ m/s   ⑤ 3 m/s

05

▶24066-0286

그림은 학생 A, B, C가 열원 Ⅰ로부터 Q_1의 열을 흡수하여 일을 한 후, 열원 Ⅱ로 Q_2의 열을 방출하는 열기관에 대해 대화하는 모습을 나타낸 것이다.

Ⅰ의 온도는 Ⅱ의 온도보다 높아.

열기관의 열효율은 $\dfrac{Q_2}{Q_1}$지.

열기관의 열효율은 1이 될 수 없어.

학생 A   학생 B   학생 C

제시한 내용이 옳은 학생만을 있는 대로 고른 것은?

① A   ② C   ③ A, B   ④ A, C   ⑤ B, C

06

▶24066-0287

그림 (가)는 보어의 수소 원자 모형에서 양자수 n에 따른 에너지 준위의 일부와 전자의 전이 a, b, c를 나타낸 것이다. a, b, c에서 방출되는 빛의 파장은 각각 λ_a, λ_b, λ_c이다. 그림 (나)는 (가)의 a, b, c에서 방출되는 빛의 스펙트럼을 파장에 따라 나타낸 것이다.

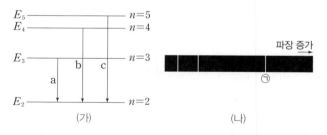

(가)   (나)

이에 대한 설명으로 옳은 것만을 〈보기〉에서 있는 대로 고른 것은? (단, 플랑크 상수는 h, 빛의 속력은 c이다.)

┌─ 보기 ─────────────────────────
ㄱ. ㉠의 파장은 λ_a이다.
ㄴ. $E_4 = \dfrac{hc}{\lambda_b}$이다.
ㄷ. $\dfrac{1}{\lambda_a} + \dfrac{1}{\lambda_b} > \dfrac{1}{\lambda_c}$이다.
└───────────────────────────────

① ㄱ   ② ㄷ   ③ ㄱ, ㄴ
④ ㄱ, ㄷ   ⑤ ㄴ, ㄷ

07

▶24066-0288

그림 (가)는 연직 위 방향의 균일한 자기장에 자기화되지 않은 자성체 A를 놓아 자기화시키는 모습을, (나), (다)는 (가)에서 꺼낸 A를 자기화되어 있지 않은 자성체 B, C 아래의 수평면에 각각 놓은 모습을 나타낸 것이다. B와 C의 질량은 같고, 각각 실 p, q에 매달려 정지해 있으며 p가 B에 작용하는 힘의 크기는 q가 C에 작용하는 힘의 크기보다 크다. A, B, C는 강자성체, 반자성체, 상자성체를 순서 없이 나타낸 것이고, a, c는 각각 A, C의 윗면이다.

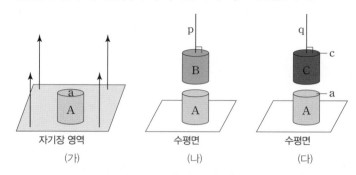

자기장 영역   수평면   수평면
(가)   (나)   (다)

이에 대한 설명으로 옳은 것만을 〈보기〉에서 있는 대로 고른 것은? (단, 실의 질량은 무시한다.)

┌─ 보기 ─────────────────────────
ㄱ. A는 반자성체이다.
ㄴ. (나)에서 B는 외부 자기장과 같은 방향으로 자기화된다.
ㄷ. (다)에서 C의 c는 S극으로 자기화된다.
└───────────────────────────────

① ㄴ   ② ㄷ   ③ ㄱ, ㄴ
④ ㄱ, ㄷ   ⑤ ㄴ, ㄷ

08

▶24066-0289

그림과 같이 실로 연결된 물체 A와 자석 B가 정지해 있고, B의 연직 아래에는 자석 C가 수평면에 정지해 있다. A, B, C의 질량은 각각 m, $2m$, $2m$이고, B와 C는 S극끼리 마주보고 있다.
이에 대한 설명으로 옳은 것만을 〈보기〉에서 있는 대로 고른 것은? (단, 중력 가속도는 g이고, B, C의 크기, 실의 질량, 모든 마찰과 공기 저항은 무시하며, 자기력은 B와 C 사이에서만 작용한다.)

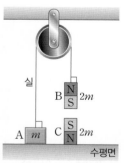

실

[3점]

┌─ 보기 ─────────────────────────
ㄱ. 실이 B에 작용하는 힘의 크기는 mg보다 크다.
ㄴ. 수평면이 C에 작용하는 힘의 크기의 최솟값은 $3mg$이다.
ㄷ. 실이 B에 작용하는 힘과 B에 작용하는 중력은 작용 반작용 관계이다.
└───────────────────────────────

① ㄱ   ② ㄴ   ③ ㄱ, ㄴ
④ ㄱ, ㄷ   ⑤ ㄴ, ㄷ

09

▶24066-0290

그림 (가)는 전하 결합 소재(CCD)의 모식적인 구조를, (나)는 (가)의 CCD를 구성하는 광 다이오드의 p-n 접합면에서 전자와 양공의 쌍이 형성된 모습을 나타낸 것이다. 광 다이오드의 띠 간격은 E_0이다. 표는 초록색 단색광을 같은 시간 동안 각각 CCD에 비추었을 때 초록색 색 필터 A, B 아래에 놓인 광 다이오드에서 같은 시간 동안 발생하는 광전자의 수를 나타낸 것이다.

필터	A	B
광전자의 수	N_0	$2N_0$

이에 대한 설명으로 옳은 것만을 〈보기〉에서 있는 대로 고른 것은? (단, 플랑크 상수는 h이다.) [3점]

보기

ㄱ. CCD는 빛의 입자성을 이용한다.

ㄴ. 광 다이오드에 비추는 초록색 단색광의 진동수는 $\frac{E_0}{h}$보다 작다.

ㄷ. CCD에 비추는 초록색 단색광의 세기는 B를 통과한 단색광이 A를 통과한 단색광보다 세다.

① ㄱ ② ㄷ ③ ㄱ, ㄴ ④ ㄱ, ㄷ ⑤ ㄴ, ㄷ

10

▶24066-0291

그림은 관찰자 A에 대해 관찰자 B가 탄 우주선이 광원과 거울을 잇는 직선과 나란하게 광속에 가까운 속력으로 등속도 운동을 하고 있는 모습을 나타낸 것이다. A의 관성계에서, 거울은 정지한 광원으로부터 거

리 L_0만큼 떨어져 정지해 있으며, 광원에서 방출된 빛이 거울에서 반사된 후 다시 광원으로 되돌아올 때까지 걸린 시간은 t_0이다. 이에 대한 설명으로 옳은 것만을 〈보기〉에서 있는 대로 고른 것은? [3점]

보기

ㄱ. A의 관성계에서, B의 시간은 A의 시간보다 느리게 간다.

ㄴ. B의 관성계에서, 광원과 거울 사이의 거리는 L_0보다 짧다.

ㄷ. B의 관성계에서, 광원에서 방출된 빛이 거울에서 반사된 후 다시 광원으로 되돌아올 때까지 걸린 시간은 t_0보다 짧다.

① ㄱ ② ㄷ ③ ㄱ, ㄴ ④ ㄴ, ㄷ ⑤ ㄱ, ㄴ, ㄷ

11

▶24066-0292

그림과 같이 시간 $t=0$일 때 기준선 P에서 정지 상태로 출발한 자동차 A가 직선 경로를 따라 운동하여 기준선 S에서 정지한다. A는 P에서 기준선 Q까지는 가속도의 크기가 $4a$인 등가속도 운동을, Q에서 기준선 R까지는 등속도 운동을, R에서 S까지는 가속도의 크기가 a인 등가속도 운동을 하고, P에서 Q까지와 R에서 S까지의 가속도 방향은 서로 반대이다. A는 $t=t_0$일 때 Q를 지난다.

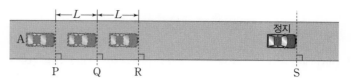

이에 대한 설명으로 옳은 것만을 〈보기〉에서 있는 대로 고른 것은? (단, A의 크기는 무시한다.) [3점]

보기

ㄱ. $t=\frac{3}{2}t_0$일 때 A는 R를 지난다.

ㄴ. A의 속력은 $t=\frac{1}{2}t_0$일 때와 $t=\frac{7}{2}t_0$일 때가 서로 같다.

ㄷ. P에서 S까지 A의 평균 속력은 $\frac{12\sqrt{3aL}}{11}$이다.

① ㄱ ② ㄷ ③ ㄱ, ㄴ ④ ㄴ, ㄷ ⑤ ㄱ, ㄴ, ㄷ

12

▶24066-0293

그림과 같이 동일한 p-n 접합 다이오드 A, B, C, D, 동일한 전지 2개, 스위치 S, 검류계, 저항을 연결하여 회로를 구성한 후, S를 a에 연결했더니 저항에는 화살표 방향으로 전류가 흐른다. S를 b에 연결했을 때에도 저항에는 전류가 흐른다. X, Y는 각각 p형 반도체와 n형 반도체 중 하나이다.

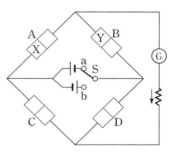

이에 대한 설명으로 옳은 것만을 〈보기〉에서 있는 대로 고른 것은? [3점]

보기

ㄱ. X는 p형 반도체이다.

ㄴ. S를 b에 연결했을 때 저항에 흐르는 전류의 방향은 화살표 방향이다.

ㄷ. S를 b에 연결했을 때 Y의 전자는 p-n 접합면 쪽으로 이동한다.

① ㄱ ② ㄷ ③ ㄱ, ㄴ ④ ㄴ, ㄷ ⑤ ㄱ, ㄴ, ㄷ

13

▸24066-0294

그림과 같이 매질 A에서 매질 B로 입사각 θ_0으로 입사한 단색광 L이 B와 공기의 경계면에서 전반사한 후 매질 C로 굴절각 θ_1로 굴절한다. $\theta_0 > \theta_1$이다.

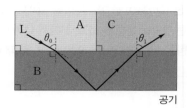

공기

이에 대한 설명으로 옳은 것만을 〈보기〉에서 있는 대로 고른 것은? [3점]

〈보기〉
ㄱ. 굴절률은 A가 B보다 작다.
ㄴ. L의 파장은 B에서가 C에서보다 짧다.
ㄷ. L의 속력은 A에서가 C에서보다 작다.

① ㄱ   ② ㄷ   ③ ㄱ, ㄴ
④ ㄴ, ㄷ   ⑤ ㄱ, ㄴ, ㄷ

14

▸24066-0295

그림 (가)는 한 변의 길이가 2 m인 정사각형 금속 고리가 xy 평면에서 $+x$ 방향으로 1 m/s의 속력으로 등속도 운동을 하고 있는 0초일 때의 모습을 나타낸 것이다. 금속 고리는 xy 평면에 수직인 자기장 B가 균일한 영역을 향해 운동하며, p는 금속 고리의 점이다. 그림 (나)는 B를 xy 평면에서 수직으로 나오는 방향을 (+)로 하여 시간에 따라 나타낸 것이다.

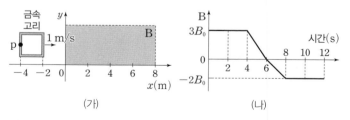

(가)   (나)

이에 대한 설명으로 옳은 것만을 〈보기〉에서 있는 대로 고른 것은?

〈보기〉
ㄱ. 3초일 때, p에 흐르는 유도 전류의 방향은 $-y$ 방향이다.
ㄴ. p에 흐르는 유도 전류의 방향은 5초일 때와 7초일 때가 서로 같다.
ㄷ. p에 흐르는 유도 전류의 세기는 3초일 때가 11초일 때보다 크다.

① ㄴ   ② ㄷ   ③ ㄱ, ㄴ
④ ㄱ, ㄷ   ⑤ ㄴ, ㄷ

15

▸24066-0296

그림 (가), (나)는 길이가 L로 같은 솔레노이드 A, B에 I_0의 동일한 세기의 전류가 화살표 방향으로 흐르는 모습을 나타낸 것으로, 도선의 감은 수는 B가 A보다 많다. (가), (나)에서 x축은 각각 A, B의 중심축이고, p, q는 모두 x축상의 점이며 p는 A 내부의 점이다.

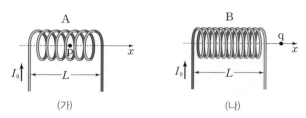

(가)   (나)

이에 대한 설명으로 옳은 것만을 〈보기〉에서 있는 대로 고른 것은?

〈보기〉
ㄱ. p에서 A의 전류에 의한 자기장의 방향은 $+x$ 방향이다.
ㄴ. q에서 B의 전류에 의한 자기장의 방향은 $+x$ 방향이다.
ㄷ. 솔레노이드 내부의 자기장의 세기는 B에서가 A에서보다 크다.

① ㄴ   ② ㄷ   ③ ㄱ, ㄴ
④ ㄱ, ㄷ   ⑤ ㄴ, ㄷ

16

▸24066-0297

그림 (가)는 금속판 A 또는 B에 각각 빛을 비추었을 때 광전자가 방출되는 모습을, (나)는 (가)에서 방출되는 광전자의 최대 운동 에너지를 빛의 진동수에 따라 나타낸 것이다.

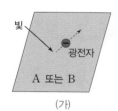 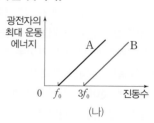

(가)   (나)

이에 대한 설명으로 옳은 것만을 〈보기〉에서 있는 대로 고른 것은?

〈보기〉
ㄱ. 금속판의 문턱 진동수는 A가 B보다 작다.
ㄴ. A에서 방출되는 광전자의 최대 운동 에너지는 진동수가 $2f_0$인 빛을 A에 비추었을 때가 진동수가 $3f_0$인 빛을 A에 비추었을 때보다 작다.
ㄷ. 진동수가 $4f_0$인 빛을 A, B에 각각 비추었을 때 방출되는 광전자의 최대 운동 에너지는 A에서가 B에서보다 작다.

① ㄱ   ② ㄴ   ③ ㄱ, ㄴ
④ ㄱ, ㄷ   ⑤ ㄴ, ㄷ

17

▶24066-0298

그림 (가)는 두 점 S_1, S_2에서 진동수와 진폭이 같고 동일한 위상으로 발생시킨 두 물결파의 시간 $t=0$일 때의 모습을 나타낸 것이다. 실선과 점선은 각각 물결파의 마루와 골을 나타낸다. 점 A, B, C는 수면상에 고정된 세 지점이고 물결파의 속력은 10 cm/s이며, S_1과 S_2 사이의 거리는 20 cm이다. 그림 (나)는 A에서 중첩된 물결파의 변위를 t에 따라 나타낸 것이다.

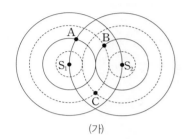
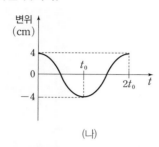

(가)   (나)

이에 대한 설명으로 옳은 것만을 〈보기〉에서 있는 대로 고른 것은? (단, 물결파의 진폭은 일정하다.) [3점]

┌─ 보기 ┐
ㄱ. t_0은 1초이다.
ㄴ. B에서 물결파의 상쇄 간섭이 일어난다.
ㄷ. $t = \frac{1}{2}$초일 때, C에서 중첩된 물결파의 변위는 -4 cm이다.
└────────┘

① ㄴ   ② ㄷ   ③ ㄱ, ㄴ
④ ㄱ, ㄷ   ⑤ ㄴ, ㄷ

18

▶24066-0299

그림은 매질 A와 원형 매질 B의 경계면의 점 p, q에 단색광 L이 나란하게 입사하는 모습을 나타낸 것이다. p에 입사각 θ_0으로 입사한 L은 B와 매질 C의 경계면에 임계각 θ_c로 입사한다.

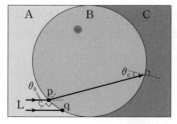

이에 대한 설명으로 옳은 것만을 〈보기〉에서 있는 대로 고른 것은? [3점]

┌─ 보기 ┐
ㄱ. L의 속력은 A에서가 B에서보다 작다.
ㄴ. 굴절률은 A가 C보다 크다.
ㄷ. q에 입사한 L은 B와 C의 경계면에서 전반사한다.
└────────┘

① ㄴ   ② ㄷ   ③ ㄱ, ㄴ
④ ㄱ, ㄷ   ⑤ ㄴ, ㄷ

19

▶24066-0300

그림 (가)와 같이 물체 A, C와 실로 연결한 물체 B를 점 p에 가만히 놓았더니 B가 p에서 점 q까지 등가속도 운동을 하였다. A, B의 질량은 각각 m, $2m$이다. 그림 (나)는 (가)에서 B가 q를 지나는 순간 C에 연결된 실이 끊어진 후 B가 q에서 점 r까지 등가속도 운동을 하는 모습을 나타낸 것으로, r에서 B의 속력은 0이다. p, q, r는 수평인 평면의 점이고, p에서 q까지의 거리와 q에서 r까지의 거리는 L로 같다.

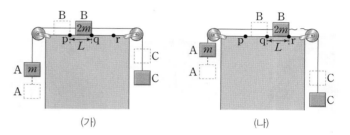

(가)   (나)

이에 대한 설명으로 옳은 것만을 〈보기〉에서 있는 대로 고른 것은? (단, 중력 가속도는 g이고, A, B, C의 크기, 실의 질량, 모든 마찰과 공기 저항은 무시한다.) [3점]

┌─ 보기 ┐
ㄱ. C의 질량은 $4m$이다.
ㄴ. B가 q에서 r까지 운동하는 동안 A의 역학적 에너지는 증가한다.
ㄷ. B가 다시 p를 지나는 순간, B의 속력은 $\sqrt{\frac{4gL}{3}}$이다.
└────────┘

① ㄱ   ② ㄴ   ③ ㄱ, ㄴ   ④ ㄱ, ㄷ   ⑤ ㄴ, ㄷ

20

▶24066-0301

그림과 같이 높이 $3h$인 평면에서 물체 A로 용수철 P를 원래 길이에서 d만큼 압축시킨 후 가만히 놓았더니 A가 빗면과 높이 h인 평면을 지나 수평면의 용수철 Q를 원래 길이에서 최대 $\sqrt{5}d$만큼 압축시킨다. P, Q의 용수철 상수는 같고, A는 빗면을 내려갈 때 높이차가 h인 마찰 구간에서 등속도 운동을 한다. A가 높이 $3h$인 평면과 높이 h인 평면에서 길이가 L인 구간 Ⅰ, Ⅱ를 지나는 데 걸린 시간은 각각 $t_Ⅰ$, $t_Ⅱ$이다.

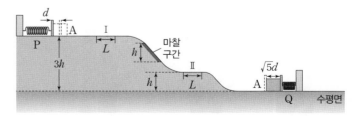

$\frac{t_Ⅰ}{t_Ⅱ}$은? (단, 용수철의 질량, A의 크기, 공기 저항, 마찰 구간 외의 모든 마찰은 무시한다.) [3점]

① $\sqrt{2}$ ② $\sqrt{3}$ ③ 2 ④ $\sqrt{5}$ ⑤ $\sqrt{6}$

문항에 따라 배점이 다르니, 각 물음의 끝에 표시된 배점을 참고하시오. 3점 문항에만 점수가 표시되어 있습니다. 점수 표시가 없는 문항은 모두 2점입니다.

01

▶24066-0302

그림은 여러 가지 운동 사례를 나타낸 것이다.

A. 마찰이 없는 직선형 미끄럼틀을 타고 내려오는 사람

B. 일정한 속력으로 회전하는 회전목마

C. 일정한 속도로 운동하는 무빙워크

이에 대한 설명으로 옳은 것만을 〈보기〉에서 있는 대로 고른 것은? (단, 공기 저항은 무시한다.)

┌ 보기 ┐
ㄱ. A에서 사람은 등속도 운동을 한다.
ㄴ. B에서 회전목마에 작용하는 알짜힘의 방향은 일정하다.
ㄷ. C에서 무빙워크 위에 있는 사람에게 작용하는 알짜힘은 0이다.

① ㄱ   ② ㄷ   ③ ㄱ, ㄴ   ④ ㄴ, ㄷ   ⑤ ㄱ, ㄴ, ㄷ

02

▶24066-0303

그림은 주어진 핵반응에 대해 학생 A, B, C가 대화하는 모습을 나타낸 것이다.

$$^{235}_{92}U + ⊙ \longrightarrow {}^{94}_{38}Sr + {}^{140}_{54}Xe + 2⊙ + 에너지$$

핵분열 반응이야. (학생 A)
⊙은 중성자야. (학생 B)
$^{235}_{92}U$ 원자핵 1개의 질량은 $^{94}_{38}Sr$ 원자핵 1개와 $^{140}_{54}Xe$ 원자핵 1개, ⊙ 1개의 질량의 합보다 커. (학생 C)

제시한 내용이 옳은 학생만을 있는 대로 고른 것은?

① B   ② C   ③ A, B
④ A, C   ⑤ A, B, C

03

▶24066-0304

그림은 탄산 음료가 담긴 병의 뚜껑을 처음으로 열었을 때 내부에 있던 기체 A가 빠져나오면서 단열 팽창하는 모습을 모식적으로 나타낸 것이다.

이에 대한 설명으로 옳은 것만을 〈보기〉에서 있는 대로 고른 것은?

┌ 보기 ┐
ㄱ. A의 온도는 내려간다.
ㄴ. A가 외부에 한 일은 A의 내부 에너지 감소량과 같다.
ㄷ. A의 압력은 일정하다.

① ㄱ   ② ㄷ   ③ ㄱ, ㄴ
④ ㄴ, ㄷ   ⑤ ㄱ, ㄴ, ㄷ

04

▶24066-0305

그림은 전하 결합 소자(CCD)에 단색광 P를 비추었을 때 빛 신호가 메모리 카드에 저장되는 것을 나타낸 것이다. 표는 전하 결합 소자를 구성하는 띠 간격이 E_0인 광 다이오드에서 단위 시간당 방출되는 광전자의 수를 P의 세기에 따라 나타낸 것이다.

P의 세기	광전자의 수
I_0	N_0
$2I_0$	⊙

이에 대한 설명으로 옳은 것만을 〈보기〉에서 있는 대로 고른 것은?

┌ 보기 ┐
ㄱ. 전하 결합 소자는 빛의 입자성을 이용한 장치이다.
ㄴ. P의 광자 1개의 에너지는 E_0보다 작다.
ㄷ. ⊙은 N_0보다 크다.

① ㄱ   ② ㄴ   ③ ㄱ, ㄷ
④ ㄴ, ㄷ   ⑤ ㄱ, ㄴ, ㄷ

05

▶24066-0306

그림은 열기관에서 일정량의 이상 기체가 상태 $A \rightarrow B \rightarrow C \rightarrow D \rightarrow A$를 따라 순환하는 동안 기체의 압력과 부피를 나타낸 것이다. $A \rightarrow B$ 과정과 $C \rightarrow D$ 과정은 등온 과정, $B \rightarrow C$ 과정과 $D \rightarrow A$ 과정은 단열 과정이다. 표는 각 과정에서 기체가 흡수 또는 방출하는 열량과 기체의 내부 에너지 증가량 또는 감소량을 나타낸 것이다.

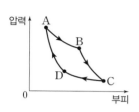

과정	기체가 흡수 또는 방출하는 열량	기체의 내부 에너지 증가량 또는 감소량
$A \rightarrow B$	$18Q_0$	0
$B \rightarrow C$	㉠	$8Q_0$
$C \rightarrow D$	$7Q_0$	0
$D \rightarrow A$	0	㉡

이에 대한 설명으로 옳은 것만을 〈보기〉에서 있는 대로 고른 것은? [3점]

┌ 보기 ┐
ㄱ. ㉠은 ㉡보다 작다.
ㄴ. $C \rightarrow D$ 과정에서 기체가 외부로부터 받은 일은 $7Q_0$이다.
ㄷ. 열기관의 열효율은 $\frac{11}{26}$이다.

① ㄴ   ② ㄷ   ③ ㄱ, ㄴ
④ ㄱ, ㄷ   ⑤ ㄱ, ㄴ, ㄷ

06

▶24066-0307

그림은 입자 A, B의 물질파 파장을 속력에 따라 나타낸 것이다.

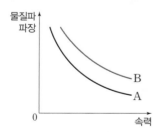

이에 대한 설명으로 옳은 것만을 〈보기〉에서 있는 대로 고른 것은?

┌ 보기 ┐
ㄱ. A, B의 물질파 파장이 같을 때, 운동량의 크기는 B가 A보다 크다.
ㄴ. 질량은 A가 B보다 작다.
ㄷ. A, B의 운동 에너지가 같을 때, 물질파 파장은 A가 B보다 짧다.

① ㄱ   ② ㄷ   ③ ㄱ, ㄴ
④ ㄱ, ㄷ   ⑤ ㄴ, ㄷ

07

▶24066-0308

그림 (가), (나)는 야구 선수가 각각 단단한 재질과 부드러운 재질로 만든 야구장의 벽과 충돌하여 멈추는 모습을 모식적으로 나타낸 것이다. 그림 (다)의 X, Y는 (가)와 (나)에서 야구 선수가 충돌하는 동안 야구장의 벽으로부터 받는 힘을 시간에 따라 순서 없이 나타낸 것이다. (다)에서 그래프와 시간 축이 이루는 면적은 X와 Y가 같다.

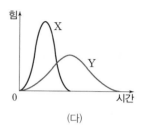

(가)   (나)   (다)

이에 대한 설명으로 옳은 것만을 〈보기〉에서 있는 대로 고른 것은?

┌ 보기 ┐
ㄱ. (가)는 X에 해당한다.
ㄴ. 야구장의 벽과 충돌하는 동안, 야구 선수가 받는 충격량의 크기는 (가)에서와 (나)에서가 같다.
ㄷ. 야구장의 벽과 충돌하는 동안, 야구 선수가 받는 평균 힘의 크기는 (가)에서가 (나)에서보다 크다.

① ㄱ   ② ㄷ   ③ ㄱ, ㄴ   ④ ㄴ, ㄷ   ⑤ ㄱ, ㄴ, ㄷ

08

▶24066-0309

그림과 같이 직선 도로에서 자동차 A가 v의 속력으로 기준선 P를 지나는 순간 P에 정지해 있던 자동차 B가 출발하여 A, B가 기준선 S를 동시에 통과한다. A는 P에서 S까지 등속도 운동을 하고, B가 P에서 기준선 Q까지 등가속도 운동을 하는 동안의 가속도와 B가 기준선 R부터 S까지 등가속도 운동을 하는 동안의 가속도의 크기와 방향은 서로 같다. B는 Q에서 R까지 v의 속력으로 등속도 운동을 하고, B가 운동하는 데 걸린 시간은 P에서 S까지가 Q에서 R까지의 2배이다. P와 S 사이의 거리는 L이다.

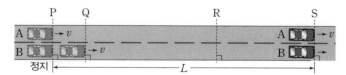

이에 대한 설명으로 옳은 것만을 〈보기〉에서 있는 대로 고른 것은? (단, A, B의 크기는 무시한다.) [3점]

┌ 보기 ┐
ㄱ. B가 S에 도달하는 순간 B의 속력은 $2v$이다.
ㄴ. B가 P에서 Q까지 운동하는 데 걸린 시간과 B가 R에서 S까지 운동하는 데 걸린 시간은 같다.
ㄷ. P와 Q 사이의 거리는 $\frac{1}{10}L$이다.

① ㄱ   ② ㄷ   ③ ㄱ, ㄴ   ④ ㄴ, ㄷ   ⑤ ㄱ, ㄴ, ㄷ

09
▶24066-0310

그림은 빛 속에 정보를 담아 광섬유를 통해 주고받는 광통신 과정을 나타낸 것이다. 빛은 광섬유 내부에서 전반사하며 진행한다.

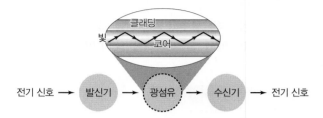

이에 대한 설명으로 옳은 것만을 〈보기〉에서 있는 대로 고른 것은?

┌─ 보기 ┌
ㄱ. 발신기에서 빛 신호가 전기 신호로 바뀐다.
ㄴ. 광섬유에서 굴절률은 코어가 클래딩보다 크다.
ㄷ. 코어에서 클래딩으로 빛이 진행할 때 입사각은 임계각보다 작다.

① ㄴ   ② ㄷ   ③ ㄱ, ㄴ
④ ㄱ, ㄷ   ⑤ ㄱ, ㄴ, ㄷ

10
▶24066-0311

그림 (가)는 동일한 모양과 크기의 고체 A, B에 전구, 스위치 S_1, S_2, 전원 장치를 연결한 것을 나타낸 것이다. S_1만 닫은 경우 전구가 켜지지 않고, S_2만 닫은 경우 전구가 켜진다. 그림 (나)의 X, Y는 A, B의 에너지띠 구조를 순서 없이 나타낸 것으로, 에너지띠의 색칠된 부분까지 전자가 채워져 있다.

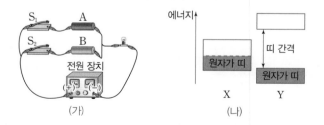

이에 대한 설명으로 옳은 것만을 〈보기〉에서 있는 대로 고른 것은?

┌─ 보기 ┌
ㄱ. 전기 전도성은 A가 B보다 좋다.
ㄴ. B의 에너지띠 구조는 X이다.
ㄷ. Y의 원자가 띠에 있는 전자의 에너지는 모두 같다.

① ㄴ   ② ㄷ   ③ ㄱ, ㄴ
④ ㄱ, ㄷ   ⑤ ㄱ, ㄴ, ㄷ

11
▶24066-0312

그림과 같이 동일한 p-n 접합 발광 다이오드(LED) A와 B, p-n 접합 다이오드 C, 저항, 스위치, 직류 전원을 연결한 회로에서 스위치를 a에 연결하면 A에서 빛이 방출된다. X는 p형 반도체와 n형 반도체 중 하나이다.

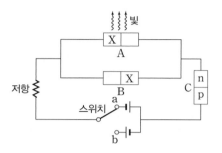

이에 대한 설명으로 옳은 것만을 〈보기〉에서 있는 대로 고른 것은?

┌─ 보기 ┌
ㄱ. X는 n형 반도체이다.
ㄴ. 스위치를 a에 연결하면 A의 p형 반도체의 양공이 p-n 접합면에서 멀어진다.
ㄷ. 스위치를 b에 연결하면 B에서 빛이 방출된다.

① ㄱ   ② ㄴ   ③ ㄱ, ㄴ   ④ ㄱ, ㄷ   ⑤ ㄴ, ㄷ

12
▶24066-0313

그림 (가)는 물체 A, B가 실 p로 연결되어 등가속도 운동을 하는 모습을 나타낸 것으로, A, B의 질량은 각각 m, m_B이다. 그림 (나)는 (가)에서 p가 끊어진 후 A, B가 각각 등가속도 운동을 하는 모습을 나타낸 것이다. A의 가속도의 크기는 (나)에서가 (가)에서의 3배이고, B의 가속도의 크기는 (가)에서와 (나)에서가 같다.

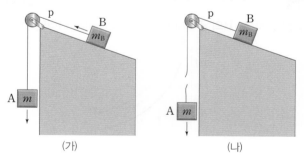

이에 대한 설명으로 옳은 것만을 〈보기〉에서 있는 대로 고른 것은? (단, 중력 가속도는 g이고, 실의 질량, 모든 마찰과 공기 저항은 무시한다.) [3점]

┌─ 보기 ┌
ㄱ. A에 작용하는 알짜힘의 크기는 (나)에서가 (가)에서의 3배이다.
ㄴ. $m_B=3m$이다.
ㄷ. (가)에서 p가 B에 작용하는 힘의 크기는 $\frac{3}{4}mg$이다.

① ㄱ   ② ㄴ   ③ ㄱ, ㄷ   ④ ㄴ, ㄷ   ⑤ ㄱ, ㄴ, ㄷ

13

▶ 24066-0314

그림 (가)는 공기에서 물로 진행하는 단색광 P의 경로를 나타낸 것이다. 그림 (나)는 P를 공기에서 반원 모양의 매질 A 위의 점 a 에 입사각 45°로 입사시켰을 때 P가 공기와 A의 경계면에서 굴절각 30°로 굴절하여 반원의 끝 지점에 도달하는 모습을 나타낸 것이다. 그림 (다)는 (나)에서 공기를 물로, A를 B로 매질만을 바꾸고 P를 물에서 B 위의 점 b에 입사각 45°로 입사시켰을 때 P가 물과 B의 경계면에서 굴절각 30°로 굴절하여 (나)에서와 동일한 경로로 진행하는 모습을 나타낸 것이다.

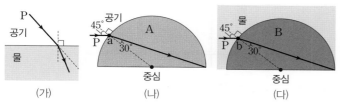

(가)　　　　(나)　　　　(다)

이에 대한 설명으로 옳은 것만을 〈보기〉에서 있는 대로 고른 것은? (단, 공기의 굴절률은 1이다.)

┌─ 보기 ┐
ㄱ. (가)에서 P의 진동수는 공기에서가 물에서보다 크다.
ㄴ. (다)에서 B의 굴절률은 $\sqrt{2}$보다 작다.
ㄷ. P의 속력은 A에서가 B에서보다 크다.
└────────┘

① ㄴ　　　　② ㄷ　　　　③ ㄱ, ㄴ
④ ㄱ, ㄷ　　　⑤ ㄱ, ㄴ, ㄷ

14

▶ 24066-0315

그림 (가)는 단색광 X가 물, 매질 A, B의 경계면을 지나는 모습을, (나)는 (가)에서 A, B의 위치를 바꾸고 X를 B에서 물로 θ의 입사각으로 입사시킬 때 X가 B와 물의 경계면에서 전반사한 후 A와 B의 경계면 위의 점 p에 도달하는 모습을 나타낸 것이다. $\theta_1 > \theta_2$이다.

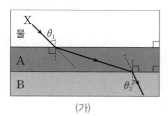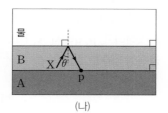

(가)　　　　　　(나)

이에 대한 설명으로 옳은 것만을 〈보기〉에서 있는 대로 고른 것은? [3점]

┌─ 보기 ┐
ㄱ. X의 속력은 A에서가 물에서보다 크다.
ㄴ. $\theta > \theta_2$이다.
ㄷ. (나)의 p에서 X는 전반사한다.
└────────┘

① ㄱ　　　　② ㄴ　　　　③ ㄱ, ㄷ
④ ㄴ, ㄷ　　　⑤ ㄱ, ㄴ, ㄷ

15

▶ 24066-0316

그림 (가)는 물체 A, B, C를 실로 연결한 후 수평면의 점 p에서 B를 가만히 놓아 물체가 등가속도 운동을 하는 모습을 나타낸 것이다. B가 점 q를 지날 때 속력은 v이고, B가 p에서 q까지 운동하는 동안 C의 역학적 에너지 감소량은 B의 운동 에너지 증가량의 6배이다. 그림 (나)는 (가)에서 B가 q를 지나는 순간 C와 연결된 실이 끊어진 후 B가 등가속도 운동을 하여 p를 다시 지나는 모습을 나타낸 것이다. A, B의 질량은 m이다.

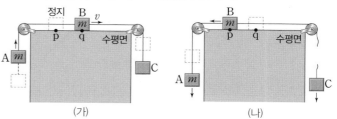

(가)　　　　　　(나)

이에 대한 설명으로 옳은 것만을 〈보기〉에서 있는 대로 고른 것은? (단, 물체의 크기, 실의 질량, 모든 마찰과 공기 저항은 무시한다.) [3점]

┌─ 보기 ┐
ㄱ. C의 질량은 $2m$이다.
ㄴ. A의 가속도의 크기는 (가)에서와 (나)에서가 같다.
ㄷ. (나)에서 B가 p를 다시 지날 때 B의 속력은 $\sqrt{3}v$이다.
└────────┘

① ㄱ　　② ㄴ　　③ ㄱ, ㄷ　　④ ㄴ, ㄷ　　⑤ ㄱ, ㄴ, ㄷ

16

▶ 24066-0317

그림 (가)와 같이 중심이 원점 O이고 반지름이 각각 r, $2r$, $3r$인 원형 도선 A, B, C가 xy 평면에 고정되어 있다. A에는 세기가 I_0인 전류가 시계 방향으로 흐르고 있고, O에서 A의 전류에 의한 자기장의 세기는 B_0이다. 1초, 3초, 5초일 때 O에서 A, B, C의 전류에 의한 자기장은 0이다. 그림 (나)는 C에 흐르는 전류를 시간에 따라 나타낸 것으로, 전류의 방향은 시계 방향을 양(+)으로 한다.

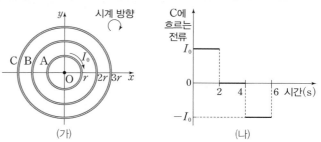

(가)　　　　　　(나)

이에 대한 설명으로 옳은 것만을 〈보기〉에서 있는 대로 고른 것은? [3점]

┌─ 보기 ┐
ㄱ. 1초일 때, O에서 B의 전류에 의한 자기장의 세기는 $\frac{2}{3}B_0$이다.
ㄴ. 3초일 때, B에 흐르는 전류의 방향은 시계 반대 방향이다.
ㄷ. 5초일 때, B에 흐르는 전류의 세기는 $\frac{4}{3}I_0$이다.
└────────┘

① ㄱ　　② ㄴ　　③ ㄱ, ㄴ　　④ ㄴ, ㄷ　　⑤ ㄱ, ㄴ, ㄷ

17
▶24066-0318

그림 (가)는 균일한 자기장 영역 I, II가 있는 xy 평면에 반지름이 d인 원형 금속 고리 P가 고정되어 있는 것을, (나)는 I, II의 자기장의 세기 B를 시간에 따라 나타낸 것이다. I에서 자기장의 방향은 xy 평면에서 수직으로 나오는 방향이고, 1초일 때 P에는 시계 방향으로 유도 전류가 흐른다. II에서 자기장의 방향은 시간에 따라 변하지 않으며 xy 평면에 수직이다.

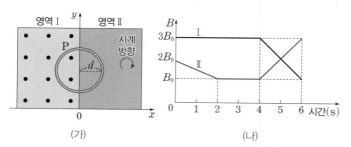

(가)   (나)

이에 대한 설명으로 옳은 것만을 〈보기〉에서 있는 대로 고른 것은?
[3점]

보기
ㄱ. II에서 자기장의 방향은 xy 평면에 수직으로 들어가는 방향이다.
ㄴ. 3초일 때 P에는 유도 전류가 흐르지 않는다.
ㄷ. P에 흐르는 유도 전류의 세기는 1초일 때가 5초일 때보다 크다.

① ㄴ   ② ㄷ   ③ ㄱ, ㄴ   ④ ㄱ, ㄷ   ⑤ ㄱ, ㄴ, ㄷ

18
▶24066-0319

그림 (가)는 x축상의 $x=-0.4$ m, $x=0.4$ m인 지점에 각각 위치한 두 점파원 S_1, S_2에서 같은 위상으로 발생시킨 진동수와 진폭이 동일한 두 물결파의 시간 $t=0$일 때의 모습을 나타낸 것이다. 두 물결파는 속력이 같다. 그림 (나)는 원점 O에서 중첩된 물결파의 변위를 시간 t에 따라 나타낸 것이다.

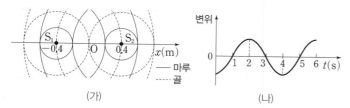

(가)   (나)

이에 대한 설명으로 옳은 것만을 〈보기〉에서 있는 대로 고른 것은?
[3점]

보기
ㄱ. 물결파의 속력은 0.1 m/s이다.
ㄴ. S_1S_2에서 상쇄 간섭이 일어나는 지점의 개수는 4개이다.
ㄷ. $t=2$초일 때 변위의 크기는 x축상의 $x=0.2$ m에서가 x축상의 $x=0.3$ m에서보다 크다.

① ㄱ   ② ㄷ   ③ ㄱ, ㄴ   ④ ㄴ, ㄷ   ⑤ ㄱ, ㄴ, ㄷ

19
▶24066-0320

그림과 같이 xy 평면에 고정된 가늘고 무한히 긴 직선 도선 A, B, C에 세기가 각각 I_0, I_B, $2I_0$인 전류가 흐르고 있다. A에 흐르는 전류의 방향은 $+y$ 방향이고, x축상의 $x=2d$인 지점 p에서 A, B, C의 전류에 의한 자기장은 0이다. C에 흐르는 전류의 방향만 반대로 바꾸었더니 p에서 A, B, C의 전류에 의한 자기장의 방향은 xy 평면에서 수직으로 나오는 방향이었다.

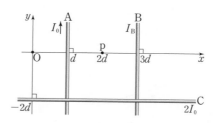

이에 대한 설명으로 옳은 것만을 〈보기〉에서 있는 대로 고른 것은?
[3점]

보기
ㄱ. B에 흐르는 전류의 방향은 $-y$ 방향이다.
ㄴ. $I_B=2I_0$이다.
ㄷ. 원점 O에서 A, B, C의 전류에 의한 자기장의 세기는 C에 흐르는 전류의 방향을 반대로 바꾸기 전이 바꾼 후의 $\frac{1}{4}$배이다.

① ㄱ   ② ㄴ   ③ ㄱ, ㄷ   ④ ㄴ, ㄷ   ⑤ ㄱ, ㄴ, ㄷ

20
▶24066-0321

그림은 높이가 $2h$인 평면에서 질량이 각각 m, $2m$인 물체 A, B를 용수철의 양 끝에 접촉하여 용수철을 압축시킨 후 동시에 가만히 놓아 A, B가 각각 운동하여 용수철 P, Q를 압축하는 모습을 나타낸 것이다. A는 수평면상의 점 p를 지난 후 높이가 h인 평면상에 고정된 P를 원래 길이에서 최대 $2d$만큼 압축시킨다. B는 높이차가 h인 마찰 구간 I을 일정한 속력으로 운동한 후, 수평면상의 마찰 구간 II와 점 q를 지나 수평면상에 고정된 Q를 최대 d만큼 압축시킨다. B의 역학적 에너지 감소량은 II에서가 I에서의 2배이고, p, q에서 A, B의 속력은 각각 v_A, v_B이다. P와 Q의 용수철 상수는 같다.

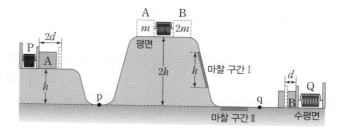

$\dfrac{v_A}{v_B}$는? (단, 용수철의 질량, 물체의 크기, 공기 저항, 마찰 구간 외의 모든 마찰은 무시한다.)
[3점]

① $\dfrac{\sqrt{55}}{5}$ ② $\dfrac{2\sqrt{55}}{5}$ ③ $\dfrac{3\sqrt{55}}{5}$ ④ $\dfrac{4\sqrt{55}}{5}$ ⑤ $\sqrt{55}$

 교육부

 EBS

학생 · 교원 · 학부모 온라인 소통 공간

ㅎㅎ 함께학교

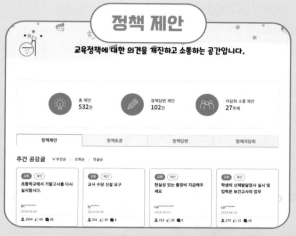

내가 생각한 교육 정책!
여러분의 생각이 정책이 됩니다

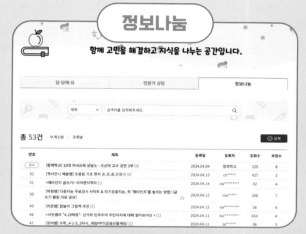

실시간으로 학생·교원·학부모 대상
최신 교육자료를 함께 나눠요

학교생활 답답할 때, 고민될 때
동료 선생님, 전문가에게 물어보세요

우리 학교, 선생님, 부모님, 친구들과의
소중한 순간을 공유해요

안드로이드   ios

인스타그램 @togetherschool_moe
유튜브 '함께학교_교육부'를 통해서도 함께학교에 방문할 수 있어요!

대한민국 해군사관학교

REPUBLIC OF KOREA NAVAL ACADEMY

해양강국을 향한 새로운 꿈과 도전

본 교재 광고의 수익금은 콘텐츠 품질 개선과 공익사업에 사용됩니다. 모두의 요강(mdipsi.com)을 통해 해군사관학교의 입시정보를 확인할 수 있습니다.

2025학년도 제83기
해군사관생도 모집

대한민국 해군사관학교
REPUBLIC OF KOREA NAVAL ACADEMY

원서접수 2024년 **6**월 **14**일(금) ~ **24**일(월)

1차시험 2024년 **7**월 **27**일(토)

입시문의 055-545-9988

홈페이지 www.navy.ac.kr 인스타그램 유튜브 페이스북

EBS

2025학년도
수능 연계교재
수능완성

한 권에 수능 에너지 가득
YOU MADE IT!

5회분
실전 모의고사
수록

테마편 + 실전편

과학탐구영역

정답과 해설

물리학 I

문제를 사진 찍고
해설 강의 보기
Google Play | App Store

EBS*i* 사이트
무료 강의 제공

본 교재는 대학수학능력시험을 준비하는 데 도움을 드리고자 과학과 교육과정을 토대로 제작된 교재입니다.
학교에서 선생님과 함께 교과서의 기본 개념을 충분히 익힌 후 활용하시면 더 큰 학습 효과를 얻을 수 있습니다.

대한민국을 대표하는 경남의 **국가거점국립대학교**

경상국립대학교

글로컬대학 30

글로컬 대학 사업 선정

국가거점국립대 1위
2023 라이덴 랭킹
상위 10% 논문비율

재학생 1인당 연간 장학금
2,911천원
(2023년도 공시기준)

단과대학 및 학과 신설
우주항공대학
IT 공과대학
미디어커뮤니케이션학과
수산생명의학과

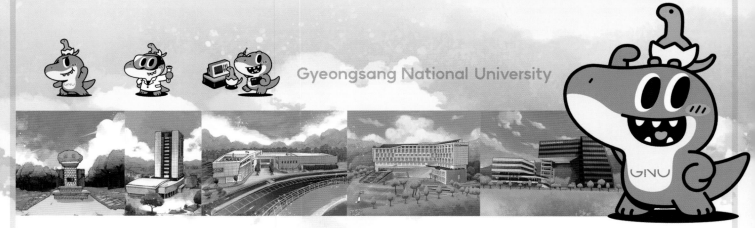

Gyeongsang National University

본 교재 광고의 수익금은 콘텐츠 품질 개선과 공익사업에 사용됩니다. 모두의 요강(mdipsi.com)을 통해 경상국립대학교의 입시정보를 확인할 수 있습니다.

2025학년도
수능 연계교재
수능완성

✧ ✧ ✧

과학탐구영역
물리학 I

정답과 해설

01 여러 가지 운동

닮은꼴 문제로 유형 익히기   본문 6쪽

정답 ③

물체의 평균 속력은 $\dfrac{\text{이동 거리}}{\text{걸린 시간}}$ 이므로 $4t$부터 $5t$까지 물체의 평균 속력은 0부터 t까지 물체의 평균 속력의 3배이다.

㉠. 물체의 가속도의 크기를 a라고 하면 $\left(\dfrac{2v+at}{2}\right) \times 3 = \dfrac{2v+9at}{2}$ 이므로 $at = \dfrac{2}{3}v$이다. 따라서 t일 때 물체의 속력은 $\dfrac{5}{3}v$이다.

㉡. 0부터 t까지, $4t$부터 $5t$까지 물체의 이동 거리는 그래프와 시간 축이 이루는 면적과 같으므로 $(v+v+at) \times \dfrac{1}{2}t = L$, $(v+4at+v+5at) \times \dfrac{1}{2}t = 3L$이다. 두 식을 연립하여 정리하면 $at^2 = \dfrac{L}{2}$이다. 따라서 $t = \dfrac{L}{2} \times \dfrac{3}{2v} = \dfrac{3L}{4v}$이다.

✗. t, $4t$, $5t$일 때 물체의 속력은 각각 $\dfrac{5}{3}v$, $\dfrac{11}{3}v$, $\dfrac{13}{3}v$이다. t부터 $4t$까지 물체의 평균 속력은 $\dfrac{\frac{5}{3}v + \frac{11}{3}v}{2} = \dfrac{8}{3}v$이고, $4t$부터 $5t$까지 물체의 평균 속력은 $\dfrac{\frac{11}{3}v + \frac{13}{3}v}{2} = 4v$이다. 따라서 물체의 평균 속력은 t부터 $4t$까지가 $4t$부터 $5t$까지보다 작다.

별해 | t부터 $4t$까지 물체의 이동 거리는 $\dfrac{5}{3}v \times 3t + \dfrac{1}{2}a(3t)^2 = 12at^2 = 6L$이다. 따라서 t부터 $4t$까지 물체의 평균 속력은 $\dfrac{6L}{3t} = \dfrac{2L}{t}$이고, $4t$부터 $5t$까지 물체의 평균 속력은 $\dfrac{3L}{t}$이다. 그러므로 물체의 평균 속력은 t부터 $4t$까지가 $4t$부터 $5t$까지보다 작다.

수능 2점 테스트   본문 7~9쪽

01 ①	02 ①	03 ⑤	04 ⑤	05 ①
06 ③	07 ⑤	08 ②	09 ③	10 ④
11 ④	12 ①			

01 운동의 분류

A는 속력과 운동 방향이 모두 변하는 운동, B는 속력만 변하는 운동, C는 운동 방향만 변하는 운동을 한다.

㉠. A는 속력과 운동 방향이 모두 변하므로 가속도 운동을 한다.

✗. B에는 실이 당기는 힘이 작용하므로, B는 속력이 증가하는 가속도 운동을 한다.

✗. C의 운동 방향은 원 궤도의 접선 방향이고 가속도의 방향은 원의 중심을 향하는 방향이므로, C의 운동 방향과 가속도의 방향은 같지 않다.

02 속력과 속도

평균 속력은 전체 이동 거리를 걸린 시간으로 나눈 값과 같고, 평균 속도는 변위를 걸린 시간으로 나눈 값과 같다.

㉠. B는 최고점을 지나 연직 아래 방향으로 이동하므로, 이동 거리는 B가 A보다 크다.

✗. A와 B의 변위의 크기는 같고 걸린 시간은 B가 A보다 크다. 따라서 평균 속도의 크기는 A가 B보다 크다.

✗. A, B에는 연직 아래 방향으로 중력이 작용한다. 중력의 크기는 물체의 질량에 비례하고, 가속도의 크기는 물체에 작용하는 힘의 크기를 물체의 질량으로 나눈 값이므로 A, B의 가속도의 크기는 같다.

03 속도와 가속도

속도-시간 그래프에서 기울기는 가속도와 같고, 그래프와 시간 축이 이루는 면적은 변위와 같다.

㉠. 0초부터 5초까지 물체의 변위의 크기는 50 m이고, 5초부터 6초까지 변위의 크기는 2 m이다. 이동 거리는 물체가 이동한 경로의 길이이므로 0초부터 6초까지 물체의 이동 거리는 52 m이다.

✗. 가속도의 방향이 속도의 방향과 같으면 속력이 증가하고 가속도의 방향이 속도의 방향과 반대이면 속력이 감소한다. 6초부터 8초까지 속력이 감소하므로 물체의 가속도의 방향은 속도의 방향과 반대이다.

㉢. 5초일 때 그래프의 기울기는 -4 m/s^2이므로 가속도의 크기는 4 m/s^2이고, 8초일 때 그래프의 기울기는 2 m/s^2이므로 가속도의 크기는 2 m/s^2이다. 따라서 가속도의 크기는 5초일 때가 8초일 때의 2배이다.

04 속력과 운동 방향이 모두 변하는 운동

위치-시간 그래프에서 기울기는 속도와 같다.

✗. 그래프의 기울기가 계속 변하므로 속력이 계속 변하고 위치가 $2L$에 도달했을 때 운동 방향이 반대가 되므로 물체의 운동은 속력과 운동 방향이 모두 변하는 운동이다.

㉡. 물체가 x축상에서 직선 경로를 따라 일정한 방향으로 움직이므로, 0부터 t_0까지 물체의 변위의 크기와 이동 거리는 같다. 따라서 0부터 t_0까지 물체의 평균 속력과 평균 속도의 크기는 같다.

㉢. t_0부터 $2t_0$까지 그래프의 기울기가 감소하므로 물체의 속력은 감소한다. 따라서 물체의 가속도의 방향과 운동 방향은 반대이다. $2t_0$부터 $3t_0$까지 물체의 속력이 증가하므로 가속도의 방향과 운동 방향은 같다. $2t_0$일 때 물체의 운동 방향이 바뀌므로 가속도의 방향은 t_0부터 $2t_0$까지와 $2t_0$부터 $3t_0$까지가 서로 같다.

05 속력과 운동 방향이 모두 변하는 운동

물체의 속도의 방향은 운동 방향과 같다.

㉠. 0초부터 1초까지와 1초부터 2초까지 물체의 운동 방향은 반대이고, 속도의 크기가 계속 변하므로 물체의 운동은 속력과 운동 방향이 모두 변하는 운동이다.

✗. 속도-시간 그래프에서 그래프와 시간 축이 이루는 면적은 변위와 같으므로 0초부터 2초까지 변위는 0이고, 평균 속도도 0이다. 0초부터 2초까지 이동 거리는 A의 면적의 2배이고 평균 속력은 이동 거리를 걸린 시간으로 나눈 값이므로, 0초부터 2초까지 운동하는 동안 물체의 평균 속력은 평균 속도의 크기와 같지 않다.

✗. 1초일 때 그래프의 기울기가 0이 아니므로 1초일 때 물체의 가속도는 0이 아니다.

06 등속도 운동과 등가속도 운동
평균 속력과 운동 시간의 곱은 이동 거리와 같다.

㉠. 0초부터 20초까지 A의 이동 거리가 300 m이고 처음 속력이 10 m/s이므로 $\frac{10 \text{ m/s}+v_A}{2}=\frac{300 \text{ m}}{20 \text{ s}}=15$ m/s이고 $v_A=20$ m/s이다. 가속도의 크기를 a라고 하면, 20 m/s$=10$ m/s$+a\times20$ s에서 $a=0.5$ m/s^{2}이다.

㉡. B는 등속도 운동을 하므로 $v_B=\frac{300 \text{ m}}{20 \text{ s}}=15$ m/s이다. 따라서 $v_A=\frac{4}{3}v_B$이다.

✗. B는 15 m/s의 속력으로 등속도 운동을 하므로 10초일 때 Q를 통과한다. A는 0초부터 10초까지 $10\times10+\frac{1}{2}\times\frac{1}{2}\times10^2=125$(m)를 운동하므로 10초일 때 Q에 도달하지 못한다. 따라서 Q는 B가 먼저 통과한다.

07 등가속도 운동
빗면의 경사각이 클수록 빗면 위에서 운동하는 물체의 가속도의 크기는 크다.

㉠. A에는 연직 아래 방향으로 중력이 작용하므로 A의 속력이 일정하게 증가한다. A의 운동 방향이 연직 아래 방향으로 일정하고 속력이 일정하게 증가하므로 A의 가속도의 방향은 운동 방향과 같다.

㉡. 연직 아래 방향으로 낙하하는 물체의 가속도는 중력 가속도이고 빗면에서 운동하는 물체의 가속도는 중력 가속도의 빗면 방향 성분과 같으므로, 가속도의 크기는 A가 B보다 크다.

㉢. B, C의 평균 속력이 같고 이동 거리는 B가 C보다 작다. 따라서 가만히 놓은 순간부터 수평면에 도달할 때까지 걸린 시간은 B가 C보다 작다.

08 등가속도 운동
A에서 인형의 이동 거리는 16 cm이고 걸린 시간이 0.2초이므로 평균 속력은 0.8 m/s이다.

✗. q에서 인형의 속력을 v_q라고 하면 $\frac{0.4 \text{ m/s}+v_q}{2}=0.8$ m/s이므로 $v_q=1.2$ m/s이다.

㉡. B에서는 인형이 0.2초 동안 40 cm를 이동하므로 평균 속력은 2 m/s이다. 따라서 인형의 평균 속력은 A에서가 B에서보다 작다.

✗. B에서 인형의 속력이 증가하므로 인형에 작용하는 알짜힘의 방향은 운동 방향과 같다.

09 등가속도 운동
가속도-시간 그래프에서 그래프가 시간 축과 이루는 면적은 속도의 변화량과 같다.

㉠ 물체의 속도-시간 그래프는 그림과 같다.

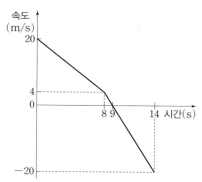

9초일 때 물체의 운동 방향이 바뀌고, 0초부터 9초까지 변위의 크기는 98 m이며 9초부터 14초까지 변위의 크기는 50 m이다. 따라서 0초부터 14초까지 변위의 크기는 98 m-50 m$=48$ m이다.

✗. 4초일 때와 10초일 때 속도의 부호가 다르므로 4초일 때와 10초일 때 운동 방향은 반대이다.

㉢. 0초부터 8초까지 이동 거리는 96 m이므로 평균 속력은 $\frac{96 \text{ m}}{8 \text{ s}}=12$ m/s이고, 8초부터 14초까지 이동 거리는 52 m이므로 평균 속력은 $\frac{52 \text{ m}}{6 \text{ s}}=\frac{26}{3}$ m/s이다. 따라서 평균 속력은 0초부터 8초까지가 8초부터 14초까지보다 크다.

10 등가속도 운동
물체의 가속도가 일정하고 p에서 r까지 운동하는 데 걸린 시간과 q에서 s까지 운동하는 데 걸린 시간이 같으므로 각 구간에서 속도 변화량 Δv도 같다.

④ r에서의 속력은 $3v-\Delta v$이고, q에서의 속력은 Δv이다. 같은 시간 동안 이동 거리는 p에서 r까지가 q에서 s까지의 2배이므로 평균 속력도 p에서 r까지가 q에서 s까지의 2배이다.

즉, $\frac{6v-\Delta v}{2}=2\times\frac{\Delta v}{2}$이므로 $\Delta v=2v$이고, q에서의 속력 $v_q=2v$, r에서의 속력은 v이다. 물체의 가속도의 크기가 a일 때 q에서 s까지 이동하는 동안 $2ad=v_q^2=(2v)^2=4v^2$ … ①이고, q에서 r까지 이동하는 동안 $2ad_{qr}=(2v)^2-v^2=3v^2$ … ②이다. ②를 ①로 나누어 정리하면 $d_{qr}=\frac{3}{4}d$이다.

11 변위와 속도, 가속도
위치-시간 그래프에서 기울기는 속도와 같다.

✗. A의 변위의 크기는 1초부터 6초까지 4 m이고, 1초부터 4초까지 6 m이다. 따라서 A의 변위의 크기는 1초부터 6초까지가 1초부터 4초까지의 $\frac{2}{3}$배이다.

㉡. 0초부터 4초까지 A의 속력은 2 m/s이고 평균 속력은 B가 A의 2배이므로 $\frac{v_0+6 \text{ m/s}}{2}=4$ m/s이고 $v_0=2$ m/s이다.

ⓒ. 속도-시간 그래프에서 기울기는 가속도와 같으므로 B의 가속도의 크기는 1 m/s²이다.

12 등속도 운동과 등가속도 운동

0초부터 20초까지 평균 속력은 A와 B가 같으므로 이동 거리도 같다.

ㄱ. 속도-시간 그래프에서 그래프와 시간 축이 이루는 면적은 변위와 같다. 0초부터 20초까지 그래프와 시간 축이 이루는 면적은 $5 \times 10 + (5+15) \times 10 \times \frac{1}{2} = 150$(m)이므로 A의 변위의 크기는 150 m이다. B는 0초부터 10초까지 등가속도 운동을 하고, 10초부터 20초까지 등속도 운동을 하므로 0초부터 10초까지 평균 속력이 10초부터 20초까지 속력의 $\frac{1}{2}$배이다. 따라서 등가속도 운동을 하는 구간에서 B의 이동 거리는 50 m이다. $\frac{1}{2} \times a_0 \times 10^2 = 50$(m)이므로 $a_0 = 1$ m/s²이다.

✗. 처음 속력이 v_0인 물체가 크기가 a인 가속도로 시간 t 동안 등가속도 운동을 할 때 속도는 $v = v_0 + at$와 같다. A는 10초부터 20초까지 크기가 1 m/s²인 가속도로 등가속도 운동을 하므로, 12초일 때 A의 속력은 $5 + 1 \times 2 = 7$(m/s)이고, 12초일 때 B의 속력은 $10 \times 1 = 10$(m/s)이다. 따라서 12초일 때 속력은 A가 B보다 작다.

✗. A, B의 위치-시간 그래프는 그림과 같다. 위치-시간 그래프에서 0초부터 10초까지는 A가 B를 앞서고 10초일 때 같은 위치를 통과한 후 10초부터 20초까지는 B가 A를 앞선다.

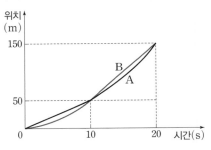

수능 3점 테스트
본문 10~12쪽

01 ①   02 ④   03 ④   04 ⑤   05 ④
06 ①

01 운동의 분류

지면에 대해 비스듬히 던져진 물체에는 연직 아래 방향으로 중력이 작용하므로 물체는 속력과 운동 방향이 모두 변하는 운동을 한다.

ㄱ. 수평면에서 일정한 속력으로 운동하던 물체가 빗면에서 운동할 때 속력이 증가한다. 따라서 물체의 평균 속력은 Ⅱ에서가 Ⅰ에서보다 크고 Ⅰ, Ⅱ의 길이는 같으므로 물체의 운동 시간은 Ⅰ에서가 Ⅱ에서보다 크다.

✗. 빗면에서 운동하는 물체의 가속도의 크기는 중력 가속도보다 작고, 포물선 운동을 하는 물체의 가속도는 중력 가속도이다. 따라서 물체의 가속도의 크기는 Ⅲ에서가 Ⅱ에서보다 크다.

✗. 물체가 포물선 운동을 하는 동안 물체의 속력과 운동 방향은 계속 변한다. 따라서 Ⅲ에서 물체의 운동 방향과 가속도의 방향은 다르다.

02 등가속도 운동

속도-시간 그래프에서 기울기는 가속도와 같고, 그래프와 시간 축이 이루는 면적은 변위와 같다.

✗. 그래프에서 0부터 $2t_0$까지 기울기가 일정하고 $3t_0$일 때 부호가 $(+)$에서 $(-)$로 바뀌므로, 0부터 $2t_0$까지 물체의 가속도는 일정하고 $3t_0$일 때 운동 방향이 바뀐다. 따라서 ⓐ에는 속도 또는 속도에 비례하는 물리량이 적절하다.

ㄴ. t_0일 때 물체의 속력은 증가하므로 속도의 방향과 가속도의 방향이 같고, $6t_0$일 때 속력이 감소하므로 속도의 방향과 가속도의 방향은 반대이다. t_0일 때와 $6t_0$일 때 속도의 방향이 반대이므로 t_0일 때와 $6t_0$일 때 가속도의 방향은 같다. 따라서 '같다'는 ㉠에 해당한다.

ㄷ. 평균 속력은 이동 거리를 걸린 시간으로 나눈 값이다.
$$\frac{\frac{1}{2} \times 3t_0 \times x_0}{3t_0} = \frac{\frac{1}{2} \times 4t_0 \times x_0}{4t_0}$$
이므로 물체의 평균 속력은 0부터 $3t_0$까지와 $3t_0$부터 $7t_0$까지가 서로 같다.

03 등가속도 운동

등가속도 운동을 하는 물체의 가속도가 a, 처음 속력과 나중 속력이 각각 v_0, v, 이동 거리가 L일 때 $2aL = v^2 - v_0^2$이 성립한다.

ㄱ. (다)에서 정지 상태에서 거리 2 m만큼 운동한 A의 속력이 2 m/s이므로 $2a \times 2 = 2^2 - 0$에서 $a = 1$(m/s²)이다. 따라서 A의 가속도의 크기는 1 m/s²이다.

✗. A가 p에서 q까지 운동하는 동안 A의 가속도의 크기가 1 m/s²이므로 A에 빗면과 나란하게 아래 방향으로 작용하는 힘의 크기는 1 N이다. 따라서 B에 작용하는 알짜힘은 빗면 위 방향으로 1 N이고, r에서 p까지 운동하는 동안 B의 가속도의 크기는 1 m/s²이다. r에서 B의 속력이 2 m/s이고 q에서 B의 속력을 v_q라고 하면, $2 \times 1 \times 6 = v_q^2 - 2^2$이므로 $v_q = 4$ m/s이다. 그러므로 B가 r에서 q까지 운동하는 동안 평균 속력은 $\frac{2 \text{ m/s} + 4 \text{ m/s}}{2} = 3$ m/s이다.

ㄷ. (가)에서 A가 q에서 r까지 내려가는 동안 평균 속력과 B가 r에서 q까지 올라가는 동안 평균 속력은 3 m/s로 같다. 따라서 q와 r 사이에서 운동하는 데 걸린 시간은 A와 B가 같다.

04 등가속도 운동과 등속도 운동

B의 가속도는 구간 $0 \leq x \leq L$에서와 $3L \leq x \leq 4L$에서 크기는 같고 방향은 반대이다.

ㄱ. B가 각 구간을 운동하는 데 걸린 시간은 같다. B가 $0 \leq x \leq L$ 구간을 운동하는 데 걸린 시간을 t라고 하면 전체 운동 시간은 $3t$이다. A가 $0 \leq x \leq L$ 구간을 운동하는 데 걸린 시간을 t_1이라고 하면 $L \leq x \leq 3L$ 구간을 운동하는 데 걸리는 시간은 t_1이고, $3L \leq x \leq 4L$

구간을 운동하는 데 걸리는 시간은 $\frac{1}{2}t_1$이므로 전체 운동 시간은 $\frac{5}{2}t_1$이다. 전체 운동 시간은 A와 B가 같으므로 $\frac{5}{2}t_1=3t$이고, $t_1=\frac{6}{5}t$이다. 첫 번째 등가속도 운동 구간에서 이동 거리가 L로 같으므로 $x=L$에서 A, B의 속력을 각각 v_A, v라고 하면, $\frac{1}{2}v_A \times \frac{6}{5}t=\frac{1}{2}v \times t$이다. 따라서 $x=L$에서 $v_A=\frac{5}{6}v$이다. A, B의 속도를 시간에 따라 나타내면 그림과 같다.

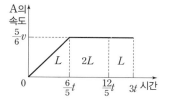 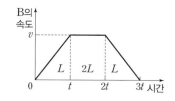

따라서 $0 \le x \le L$ 구간에서 물체의 가속도는 A가 B의 $\frac{25}{36}$배이다.

✗. $L \le x \le 3L$ 구간에서 A, B가 운동하는 데 걸리는 시간은 각각 $\frac{6}{5}t$, t이므로 $L \le x \le 3L$ 구간을 운동하는 데 걸리는 시간은 A가 B의 $\frac{6}{5}$배이다.

ㄷ. $3L \le x \le 4L$ 구간에서 A는 속력 $\frac{5}{6}v$로 등속도 운동을 하고, B는 등가속도 운동을 하므로 B의 평균 속력은 $\frac{1}{2}v$이다.

따라서 $3L \le x \le 4L$ 구간에서 물체의 평균 속력은 A가 B의 $\frac{5}{3}$배이다.

05 등가속도 운동

A가 최고점에 도달한 순간을 $t=t_0$이라고 하면, A와 B의 가속도가 같으므로 가속도의 크기는 $a=\frac{v}{4t_0}$이다.

ㄱ. $t=0$일 때 A의 속도를 v_1이라고 하면 속도-시간 그래프에서 A와 B의 기울기가 같으므로 $\frac{v-v_1}{5t_0}=\frac{v}{4t_0}$에서 $v_1=-\frac{1}{4}v$이다. 따라서 $t=0$일 때 A의 속력은 $\frac{1}{4}v$이다.

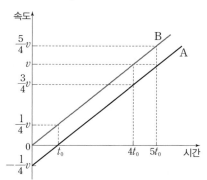

✗. t_0 동안 A와 B의 속도 변화량은 $\frac{1}{4}v$로 같다. 따라서 B가 S를 통과하는 순간의 속력은 $\frac{5}{4}v$이고, B는 등가속도 운동을 하므로 R에서 S까지 이동하는 동안 B의 평균 속력은 $\frac{v+\frac{5}{4}v}{2}=\frac{9}{8}v$이다. A가 S를 통과하는 순간의 속력은 v이므로 R를 통과하는 순간의 속력은

v보다 작고 R에서 S까지 이동하는 동안 A의 평균 속력도 v보다 작다. 따라서 R에서 S까지 운동하는 동안 평균 속력은 A가 B보다 작다.

ㄷ. A가 최고점에 도달할 때까지 걸리는 시간은 t_0이고, d는 P와 S 사이의 거리, d_1은 A가 최고점에서 S까지 이동한 거리이며, d_2는 B가 t_0 동안 이동한 거리이다. 이동 거리는 속도-시간 그래프에서 그래프가 시간 축과 이루는 면적과 같으므로

$d=\frac{1}{2}\times\frac{5}{4}v\times 5t_0=\frac{25}{8}vt_0$이고 $vt_0=\frac{8}{25}d$이다. 또한

$d_1=\frac{1}{2}\times v\times 4t_0=2vt_0=\frac{16}{25}d$, $d_2=\frac{1}{2}\times\frac{1}{4}v\times t_0=\frac{1}{8}vt_0=\frac{1}{25}d$

이다. 따라서 A가 최고점에 도달한 순간 A와 S 사이의 거리와 B와 P 사이의 거리의 차는 $\frac{16}{25}d-\frac{1}{25}d=\frac{3}{5}d$이다.

06 등가속도 운동

A가 p에서 q까지 이동하는 동안의 평균 속력은 B가 r에서 q까지 이동하는 동안의 평균 속력의 $\frac{1}{3}$배이다.

✗. A가 p에서 q까지 이동하는 동안 속력은 감소하고 B가 r에서 q까지 이동하는 동안 속력은 증가한다. A의 가속도의 크기를 a, A의 운동 시간을 t라고 하면, q에서 A, B의 속력은 각각 $v-at$, $2v+2at$이고 $\left(\frac{v+v-at}{2}\right)=\frac{1}{3}\left(\frac{2v+2v+2at}{2}\right)$이므로 $at=\frac{2}{5}v$이다. 따라서 q에서 A, B의 속력은 각각 $\frac{3}{5}v$, $\frac{14}{5}v$이다. 즉, q에서 물체의 속력은 B가 A의 $\frac{14}{3}$배이다.

ㄴ. $2ad=v^2-\left(\frac{3}{5}v\right)^2=\frac{16}{25}v^2$이므로 가속도의 크기는 $a=\frac{8v^2}{25d}$이다.

✗. B가 운동하는 동안 속력이 증가하므로 B의 가속도의 방향은 B의 운동 방향과 같다.

02 뉴턴 운동 법칙

닮은 꼴 문제로 유형 익히기 본문 15쪽

정답 ③

(가)와 (나)에서 추가 힘의 평형 상태에 있으므로 p가 추를 당기는 힘의 크기는 100 N으로 같다.

✗. (가)에서 p가 판을 당기는 힘의 크기는 q가 판을 당기는 힘의 크기와 판에 작용하는 중력의 크기의 합과 같다. (나)에서 p가 판을 당기는 힘의 크기는 q가 판을 당기는 힘의 크기와 판, A, B에 작용하는 중력의 크기의 합과 같다. (가)에서 판에 작용하는 중력의 크기는 40 N, (나)에서 판, A, B에 작용하는 중력의 크기의 합은 50 N이다. 따라서 판이 q를 당기는 힘의 크기는 (가)에서 60 N이고, (나)에서는 50 N이다. 그러므로 판이 q를 당기는 힘의 크기는 (가)에서가 (나)에서보다 크다.

✗. (다)에서 물체들에 작용하는 알짜힘의 크기는 50 N이고, 질량의 합은 15 kg이다. 따라서 판의 가속도의 크기는

$a = \dfrac{50 \text{ N}}{15 \text{ kg}} = \dfrac{10}{3} \text{ m/s}^2$이다.

ㄷ. 추가 p를 당기는 힘과 p가 추를 당기는 힘은 작용 반작용 관계이므로 (나)에서 추가 p를 당기는 힘의 크기는 100 N이다. (다)에서 p가 추를 당기는 힘의 크기를 T라고 하면, 추가 연직 아래 방향으로 가속되므로 $100 - T = 10 \times \dfrac{10}{3}$이 성립하여 $T = \dfrac{200}{3}$ N이다. 따라서 추가 p를 당기는 힘의 크기는 (나)에서가 (다)에서보다 크다.

수능 **2점** 테스트 본문 16~18쪽

01 ②	02 ①	03 ④	04 ⑤	05 ⑤
06 ③	07 ③	08 ③	09 ⑤	10 ⑤
11 ①	12 ⑤			

01 힘의 평형과 작용 반작용 법칙

평형을 이루는 두 힘은 한 물체에 작용하고 작용 반작용 관계의 두 힘은 서로 다른 물체에 작용한다.

✗. F_A는 벽에 연결된 실이 A를 당기는 힘이므로 F_A의 반작용은 A가 벽에 연결된 실을 당기는 힘이다. 또한 p가 A를 당기는 힘의 반작용은 A가 p를 당기는 힘이다. F_A와 p가 A를 당기는 힘은 모두 A에 작용하고 A가 정지해 있으므로, F_A의 크기와 p가 A를 당기는 힘의 크기는 같고 두 힘은 힘의 평형 관계이다.

ㄴ. p가 A와 B를 당기고 있으므로 p가 A를 당기는 힘의 크기와

p가 B를 당기는 힘의 크기는 같다. p가 B를 당기는 힘의 반작용은 B가 p를 당기는 힘이므로 두 힘의 크기는 같다. 따라서 p가 A를 당기는 힘과 B가 p를 당기는 힘의 크기는 같다.

✗. A와 B가 모두 정지해 있으므로 A, B에 각각 작용하는 알짜힘은 0이다. p가 A를 당기는 힘의 크기와 p가 B를 당기는 힘의 크기가 같으므로 F_A의 크기와 F_B의 크기는 같다. 그러나 두 힘은 각각 서로 다른 물체인 A, B에 작용하므로 F_A와 F_B는 힘의 평형 관계가 아니다.

02 힘의 평형

(가)에서 A에 작용하는 알짜힘은 0이다.

ㄱ. (가)에서 A는 힘의 평형을 이루어 정지해 있다. 따라서 P가 A에 연직 위 방향으로 작용하는 힘의 크기와 A에 작용하는 중력의 크기는 같다.

✗. (나)에서 P가 A에 작용하는 힘의 반작용은 A가 P에 작용하는 힘이고, Q가 A에 작용하는 힘의 반작용은 A가 Q에 작용하는 힘이다. 따라서 (나)에서 P가 A에 작용하는 힘과 Q가 A에 작용하는 힘은 작용 반작용 관계가 아니다.

✗. (나)에서 A는 힘의 평형을 이루어 정지해 있다. P와 Q가 A에 작용하는 힘의 방향은 모두 연직 위 방향이므로 A에 작용하는 중력의 크기는 P와 Q가 A에 작용하는 힘을 더한 값과 같다. (가)에서 A에 작용하는 중력의 크기는 P가 A에 작용하는 힘의 크기와 같으므로 P가 A에 작용하는 힘의 크기는 (가)에서가 (나)에서보다 크다.

03 뉴턴 운동 법칙

표는 물체의 구간 속도를 나타낸 것이다.

시간(s)	0	0.2	0.4	0.6	0.8	1.0	1.2	1.4	1.6
x(m)	0	0.7	1.2	1.5	1.6	1.5	1.2	0.7	0
구간 속도 (m/s)		3.5	2.5	1.5	0.5	-0.5	-1.5	-2.5	-3.5

✗. 물체의 구간 속도가 1 m/s씩 감소하므로 힘은 물체의 운동 방향과 반대 방향으로 일정한 크기로 작용한다. 따라서 물체가 운동하는 동안 물체에 작용하는 힘의 방향은 일정하다.

ㄴ. 물체의 속도는 일정하게 감소하므로 가속도는 $-\dfrac{1 \text{ m/s}}{0.2 \text{ s}} = -5 \text{ m/s}^2$이고, 처음 속력이 4 m/s이므로 0.4초일 때 물체의 속도는 2 m/s이다. 0초부터 0.8초까지 물체의 이동 거리는 1.6 m이므로 물체의 평균 속력은 2 m/s이다. 따라서 0.4초일 때 물체의 속도는 0초부터 0.8초까지의 평균 속력과 같다.

ㄷ. 물체에 작용하는 알짜힘의 크기는 물체의 질량과 가속도 크기의 곱과 같다. 질량이 2 kg이고 가속도의 크기는 5 m/s²이므로 알짜힘의 크기는 10 N이다.

04 뉴턴 운동 법칙

관성은 물체가 자신의 운동 상태를 계속 유지하려는 성질이다.

ㄱ. 버스와 승객들은 일정한 속도로 함께 움직이고 있었으므로 버스가 갑자기 멈추면 승객들은 자신의 운동 상태를 유지하려고 한다.

ㄴ. A가 B에 작용하는 힘의 반작용은 B가 A에 작용하는 힘이다.

즉, (나)에서 가스가 로켓을 미는 힘과 로켓이 가스를 미는 힘은 작용 반작용 관계이다.

ㄷ. 사과가 정지해 있으므로 사과에 작용하는 알짜힘은 0이다.

05 뉴턴 운동 법칙

(다)에서 B의 가속도의 크기가 a이면 A의 가속도의 크기는 $2a$이다. 가속도의 방향은 A는 빗면 위 방향, B는 빗면 아래 방향이다.

⑤ 빗면의 경사가 같고, A, B의 질량이 같으므로 A와 B에 중력에 의해 빗면 아래 방향으로 작용하는 힘의 크기는 같다. A, B의 질량을 m이라고 하면 A, B를 빗면 아래 방향으로 가속시키는 힘의 크기는 ma로 같고 A의 가속도가 빗면 위 방향으로 $2a$이므로 $F-ma=2ma$에서 $F=3ma$이다. A에 작용하는 힘의 방향만을 반대로 바꾸었을 때 A에 작용하는 합력의 크기는 $4ma$이므로 A의 가속도의 크기는 $4a$이다.

06 뉴턴 운동 법칙

체중계의 측정값은 체중계가 A에 연직 위 방향으로 작용하는 힘의 크기와 같다.

ㄱ. 엘리베이터가 정지해 있을 때 체중계의 측정값이 600 N이므로 A의 질량은 60 kg이고 3초일 때 체중계의 측정값이 450 N이므로 엘리베이터는 아래 방향으로 가속되고 있다. 따라서 A에 작용하는 알짜힘의 크기는 150 N이므로 A와 엘리베이터의 가속도의 크기는 각각 2.5 m/s²이다.

ㄴ. 엘리베이터의 속도-시간 그래프는 그림과 같다. 이동 거리는 속도-시간 그래프에서 그래프와 시간 축이 이루는 면적과 같으므로 엘리베이터가 움직인 거리는 90 m이다.

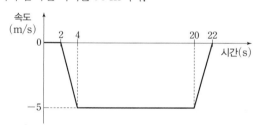

ㄷ. 엘리베이터는 연직 아래 방향으로 운동하고 21초일 때 체중계의 측정값이 정지 상태의 측정값보다 크므로 엘리베이터는 연직 위 방향으로 가속된다. 따라서 21초일 때 엘리베이터의 가속도의 방향은 운동 방향과 반대이다.

07 뉴턴 운동 법칙

등속도 운동을 하는 물체에 작용하는 알짜힘은 0이다.

ㄱ. (가)에서 C에 중력에 의해 빗면 아래 방향으로 작용하는 힘의 크기를 f라고 하면 B에 중력에 의해 빗면 아래 방향으로 작용하는 힘의 크기는 $2f$이고 A, B, C 모두 등속도 운동을 하므로 F의 크기는 $3f$이다. 이때 f는 C에 작용하는 중력의 크기보다 작기 때문에 (나)에서 B와 C에 작용하는 중력의 크기는 F의 크기인 $3f$보다 크다. 따라서 (나)에서 q가 끊어지기 전 A는 F의 방향과 반대로 가속되어 운동한다. q가 끊어진 직후 A가 등속도 운동을 할 때에도 A는 관성에 의해 F의 방향과 반대 방향으로 운동한다. 그러므로 (나)에서 q가 끊어진

직후 A의 운동 방향은 q가 끊어지기 전과 같다.

ㄴ. 중력 가속도를 g, F의 크기를 F라 하고, q가 끊어지기 전 (가), (나)의 물체에 뉴턴 운동 법칙을 적용하면

(가): $F-3f=0$,

(나): $3mg-F=4ma_1$이 성립하고,

q가 끊어진 후에는

(가): $F-2f=3ma_2$,

(나): $F-2mg=0$이 성립한다. 이 식들을 정리하면 $f=\dfrac{2}{3}mg$이고 $a_1=\dfrac{1}{4}g$, $a_2=\dfrac{2}{9}g$이므로 $\dfrac{a_1}{a_2}=\dfrac{9}{8}$이다.

✗. (가)에서 A는 q가 끊어지기 전 등속도 운동을, q가 끊어진 후 F의 방향과 같은 방향으로 가속되므로 p가 A를 당기는 힘의 크기는 q를 끊은 후가 q를 끊기 전보다 작다. q가 끊어지기 전과 후 p가 A를 당기는 힘의 크기를 각각 T_1, T_2라고 하면 $F=T_1=2mg$이고 $F-T_2=ma_2=\dfrac{2}{9}mg$에서 $T_2=\dfrac{16}{9}mg$이다. 따라서 (가)에서 p가 A를 당기는 힘의 크기는 q를 끊은 후가 끊기 전보다 작다.

08 뉴턴 운동 법칙

0초부터 1초까지 전동기가 A와 B를 당기는 힘의 크기는 각각 50 N, 100 N이다. 따라서 A가 P, 전동기를 당기는 힘의 크기는 50 N, B가 Q, 전동기를 당기는 힘의 크기는 100 N이고 이 두 힘의 방향은 서로 반대이다.

ㄱ. P, Q, 전동기에 작용하는 총알짜힘의 크기는 50 N이고 방향은 오른쪽 방향이다. P, Q, 전동기의 질량의 합이 50 kg이므로 Q의 가속도의 크기는 1 m/s²이다.

ㄴ. P, 전동기의 가속도의 크기가 1 m/s²이므로 P, 전동기에 작용하는 알짜힘의 크기는 20 N이고 P, 전동기는 오른쪽 방향으로 가속된다. 따라서 P와 Q를 연결한 실이 P를 당기는 힘의 크기를 T라고 하면 $T-50\ \text{N}=20\ \text{kg}\times1\ \text{m/s}^2$에서 $T=70\ \text{N}$이다.

✗. 0.5초일 때 Q에 작용하는 알짜힘의 방향은 오른쪽 방향이고 실이 B를 당기는 힘의 방향은 왼쪽 방향이다. 따라서 Q는 오른쪽 방향으로 운동하고 B는 왼쪽 방향으로 운동한다. 즉, 0.5초일 때 속도의 방향은 B와 Q가 반대이다.

09 뉴턴 운동 법칙

추에 작용하는 중력에 의해 실에 연결된 추와 수레 및 수레 위에 올려 놓은 추가 함께 가속된다.

ㄱ. (나)에서 연직 방향으로 실에 연결한 추의 질량이 증가해도 수레의 질량과 수레 위의 추의 질량 및 실에 연결한 추의 질량의 합은 일정하다. 즉, 이 실험의 목적은 질량이 일정할 때 힘에 따른 가속도를 측정하는 것이다. 따라서 '질량'은 ㉠으로 적절하다.

ㄴ. 실험 Ⅰ에서 가속도가 a_0이고, 전체 질량이 일정하므로 가속도의 크기는 힘의 크기에 비례한다. 따라서 $a_{\rm II}=2a_0$, $a_{\rm III}=3a_0$이므로 $a_{\rm III}=\dfrac{3}{2}a_{\rm II}$이다.

ㄷ. 질량이 일정할 때 물체의 가속도는 힘에 비례한다. 즉, '㉠'이 일정할 때 가속도의 크기는 '㉡'에 비례한다.

10 뉴턴 운동 법칙

실이 끊어지기 전 B의 가속도의 크기를 a, 중력 가속도를 g라고 하면, $mg=5ma$에서 B의 가속도의 크기는 $a=\frac{1}{5}g$이다.

✗. $\frac{1}{2}t_0$일 때 A와 B의 가속도의 크기가 같고 질량은 A가 B의 4배이므로 A에 작용하는 알짜힘의 크기는 B에 작용하는 알짜힘의 크기의 4배이다.

ㄴ. 하나의 실에 연결된 물체들을 실이 당기는 힘의 크기는 같으므로 $\frac{1}{2}t_0$일 때 실이 A를 당기는 힘의 크기는 실이 B를 당기는 힘의 크기와 같다.

ㄷ. 실이 끊어지기 전 물체는 정지 상태에서 움직이기 시작하므로 0부터 t_0까지 A, B가 각각 이동한 거리는 $L_1=\frac{1}{2}\times\frac{1}{5}gt_0^2=\frac{1}{10}gt_0^2$이다. 실이 끊어지는 시각인 t_0일 때 B의 속력은 $\frac{1}{5}gt_0$이고 가속도는 g이므로 t_0부터 $\frac{3}{2}t_0$까지 B가 이동한 거리는

$$L_2=\frac{1}{5}gt_0\times\frac{1}{2}t_0+\frac{1}{2}g\left(\frac{1}{2}t_0\right)^2=\frac{9}{40}gt_0^2$$이다.

따라서 $\dfrac{L_2}{L_1}=\dfrac{\frac{9}{40}gt_0^2}{\frac{1}{10}gt_0^2}=\dfrac{9}{4}$이므로 B가 이동한 거리는 t_0부터 $\frac{3}{2}t_0$까지가 0부터 t_0까지의 $\frac{9}{4}$배이다.

11 뉴턴 운동 법칙

작용 반작용 관계에 있는 두 힘은 서로 다른 물체에 작용한다.

ㄱ. 엘리베이터의 가속도의 크기를 a라 하고, 연직 위 방향으로 가속될 때와 등속도 운동을 할 때 q가 B를 당기는 힘의 크기를 각각 T_{q1}, T_{q2}라고 하면 $T_{q1}-2mg=2ma$이고, $T_{q2}=2mg$, $T_{q1}=\frac{4}{3}T_{q2}$이다. 이 식을 정리하면 $\frac{8}{3}mg-2mg=2ma$이므로 t일 때 엘리베이터의 가속도의 크기는 $a=\frac{1}{3}g$이다.

✗. q가 B를 당기는 힘과 B에 작용하는 중력은 한 물체에 작용하고 있으므로 작용 반작용 관계가 아니다. q가 B를 당기는 힘의 반작용은 B가 q를 당기는 힘이고, B에 작용하는 중력의 반작용은 B가 지구를 당기는 힘이다.

✗. 엘리베이터가 등속도 운동을 할 때 p가 A를 당기는 힘의 크기는 $3mg$이고, q가 B를 당기는 힘의 크기는 $2mg$이다. 따라서 $3t$일 때 p가 A를 당기는 힘의 크기는 q가 B를 당기는 힘의 크기의 $\frac{3}{2}$배이다.

12 뉴턴 운동 법칙

같은 시간 동안 A가 이동한 거리는 B가 이동한 거리의 2배이다. 따라서 B의 가속도의 크기를 a라고 하면, A의 가속도의 크기는 $a_A=2a$이다.

⑤ p가 A를 당기는 힘의 크기를 T_A라고 하면, $T_B=2T_A$이다. A, B에 각각 뉴턴 운동 법칙을 적용하면,

$T_A=2ma$, $mg-T_B=ma$이다. 두 식을 연립하면 $mg-4ma=ma$, $5ma=mg$이고, $a=\frac{1}{5}g$, $T_A=\frac{2}{5}mg$이다. 따라서 $a_A=2a=\frac{2}{5}g$이고, $T_B=2T_A=\frac{4}{5}mg$이다.

01 힘의 평형과 작용 반작용

A에 작용하는 알짜힘과 B에 작용하는 알짜힘은 각각 0이다.

ㄱ. B에는 연직 아래 방향으로 중력과 q가 B를 당기는 힘이 작용하므로 알짜힘이 0이려면 연직 위 방향으로 전기력이 작용해야 한다. 따라서 A와 B 사이에는 서로 당기는 전기력이 작용한다.

ㄴ. A와 B 사이에 작용하는 전기력의 크기를 F, A, B에 작용하는 중력의 크기를 각각 W, p가 A를 당기는 힘의 크기를 T_A, q가 B를 당기는 힘의 크기를 T_B라고 하면, $T_A=W+F$, $F=T_B+W$이므로 $T_A=T_B+2W$이다. 따라서 p가 A를 당기는 힘의 크기는 q가 B를 당기는 힘의 크기보다 크다.

ㄷ. A가 B에 작용하는 전기력과 B가 A에 작용하는 전기력은 작용 반작용 관계이므로 A가 B에 작용하는 전기력의 크기와 B가 A에 작용하는 전기력의 크기는 같다.

02 뉴턴 운동 법칙

(가), (나)에서 B의 가속도의 크기를 각각 a_1, a_2라고 하면 $2mg-mg=4ma_1$, $mg=2ma_2$이고 $a_1=\frac{1}{4}g$, $a_2=\frac{1}{2}g$이다.

✗. (가)와 (나)에서 실이 A를 당기는 힘의 크기를 각각 T_1, T_2라고 하면, $T_1-mg=ma_1=\frac{1}{4}mg$, $mg-T_2=ma_2=\frac{1}{2}mg$이므로 $T_1=\frac{5}{4}mg$, $T_2=\frac{1}{2}mg$이다. 따라서 실이 A를 당기는 힘의 크기는 (가)에서가 (나)에서보다 크다.

ㄴ. (나)에서 실이 끊어진 순간의 속력이 v_0이므로 실이 끊어진 순간부터 B의 속력이 0이 될 때까지 걸린 시간을 t라고 하면 $0=v_0-\frac{1}{2}gt$에서 $t=\frac{2v_0}{g}$이다.

ㄷ. p와 q 사이의 거리를 d라고 하면, $2\times\frac{1}{4}g\times d=v_0^2$이고 $d=\frac{2v_0^2}{g}$이다. (나)에서 B가 p를 지나는 순간의 속력을 v_1이라고 하면, q를 지나 운동 방향을 바꿔 다시 q를 지날 때의 속력은 v_0이므로 $2\times\frac{1}{2}g\times\frac{2v_0^2}{g}=2v_0^2=v_1^2-v_0^2$에서 $v_1=\sqrt{3}v_0$이다.

03 힘의 평형

(가), (나)에서 A, B에 각각 작용하는 알짜힘은 0이다.

① 물이 물체에 작용하는 힘의 방향은 연직 위 방향이다. (가), (나)에서 물이 B에 작용하는 힘의 크기를 F_B, 중력 가속도를 g라고 하면 $F_1+F_B=(M+m)g+T_1$, $\frac{2}{3}F_1+F_B=(M+m)g$이므로 $F_1+F_B=(M+m)g+T_1=\frac{2}{3}F_1+F_B+T_1$이다. 따라서 $T_1=\frac{1}{3}F_1$이다.

04 뉴턴 운동 법칙

경사각이 일정할 때 중력에 의해 빗면 아래 방향으로 작용하는 힘에 의한 가속도의 크기는 물체의 질량에 관계없고, 경사각이 클수록 가속도의 크기도 증가한다.

㉠ (가)에서 A가 정지해 있으므로 A에 작용하는 알짜힘은 0이다.

㉡ 실이 연결되어 있지 않을 때 (가)에서 A, B에 작용하는 빗면 아래 방향의 힘에 의한 가속도의 크기를 각각 a_1, a_2라고 하면 A, B가 정지해 있으므로 $2ma_1=3ma_2$이고, $a_1>a_2$이다. A에 작용하는 알짜힘이 0이므로 $F_0=2ma_1=3ma_2$이다. (나)에서 A, B의 위치가 바뀌었으므로 B, A에 중력에 의해 빗면 아래 방향으로 작용하는 힘의 크기는 각각 $3ma_1$, $2ma_2$이고 $3ma_1>2ma_2$이다. 따라서 A, B는 B가 놓인 빗면 아래 방향으로 가속된다. A의 가속도의 크기를 a라고 하면 $3ma_1-2ma_2=5ma$에서 $3m\times\frac{F_0}{2m}-2m\times\frac{F_0}{3m}=\frac{5F_0}{6}=5ma$이다. 따라서 (나)에서 A의 가속도의 크기는 $a=\frac{F_0}{6m}$이다.

㉢ (나)에서 p가 A를 당기는 힘의 크기를 T라고 하면 $T-2ma_2=2ma$에서 $T-\frac{2}{3}F_0=2m\times\frac{F_0}{6m}$이므로 $T=F_0$이다.

05 뉴턴 운동 법칙

(가)에서 A에 작용하는 알짜힘이 0이므로, p가 A를 수평 방향으로 당기는 힘의 크기는 B가 A에 수평 방향으로 작용하는 힘의 크기와 같고 방향은 반대이다. 따라서 B가 A에 수평 방향으로 작용하는 힘의 방향은 오른쪽 방향이다.

㉠ (나)에서 A와 B가 함께 오른쪽 방향으로 등가속도 운동을 하므로 B가 A에 수평 방향으로 작용하는 힘의 방향은 오른쪽 방향이다. 따라서 B가 A에 수평 방향으로 작용하는 힘의 방향은 (가)에서와 (나)에서가 같다.

✗. (가)에서 A는 B에 B의 운동 방향과 반대 방향으로 힘을 작용한다. 이 힘의 크기를 f_1, 중력 가속도를 g라고 하면 $mg-f_1=3m\times\frac{1}{6}g=\frac{1}{2}mg$이고 $f_1=\frac{1}{2}mg$이다. A가 B에 작용하는 힘과 B가 A에 작용하는 힘은 작용 반작용 관계이므로 B가 A에 수평 방향으로 작용하는 힘의 크기는 $\frac{1}{2}mg$이다. (나)에서 A, B, C가 함께 등가속도 운동을 하므로 A, B, C의 가속도를 a라고 하면 $mg=4ma$이고 A의 가속도의 크기는 $\frac{1}{4}g$이다. A는 크기가 $\frac{1}{4}g$인 가속도로 등가속도 운동을 하므로 B가 A에 수평 방향으로 작용하는 힘의 크기는 $\frac{1}{4}mg$이다. 따라서 B가 A에 수평 방향으로 작용하는

힘의 크기는 (가)에서가 (나)에서의 2배이다.

✗. (가), (나)에서 B에 작용하는 알짜힘의 크기는 각각 $\frac{1}{3}mg$, $\frac{1}{2}mg$이므로 B에 작용하는 알짜힘의 크기는 (가)에서가 (나)에서의 $\frac{2}{3}$배이다.

06 뉴턴 운동 법칙

(가), (나)에서 A, B, C의 가속도의 크기는 $2F=4ma$에서 $a=\frac{F}{2m}$로 같고, 가속도의 방향은 왼쪽 방향으로 같다.

✗. (가)에서 A, B에 각각 작용하는 알짜힘의 크기는 $m\times\frac{F}{2m}=\frac{1}{2}F$이고, A에는 왼쪽 방향으로 크기가 $3F$인 힘이 작용하므로 C가 A에 수평 방향으로 작용하는 힘의 방향은 A에 작용하는 외력의 방향과 반대 방향인 오른쪽 방향이다. (나)에서 A는 C와 같은 방향으로 가속되므로 C가 A에 수평 방향으로 작용하는 힘의 방향은 C에 작용하는 외력의 방향과 같은 왼쪽 방향이다. 따라서 C가 A에 수평 방향으로 작용하는 힘의 방향은 (가)에서와 (나)에서가 서로 반대이다.

㉡ (가)에서 C가 A에 수평 방향으로 작용하는 힘의 크기는 $3F-\frac{1}{2}F=\frac{5}{2}F$이고, C가 B에 수평 방향으로 작용하는 힘의 크기는 $F+\frac{1}{2}F=\frac{3}{2}F$이다. 따라서 (가)에서 C가 물체에 수평 방향으로 작용하는 힘의 크기는 A가 B의 $\frac{5}{3}$배이다.

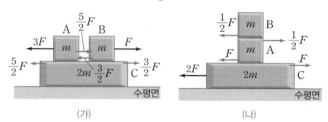

(가)　　　　　(나)

✗. (나)에서 C에 작용하는 알짜힘의 크기는 F이고 C에 작용하는 외력의 크기가 $2F$이므로 A가 C에 수평 방향으로 작용하는 힘의 크기는 F이고 방향은 외력의 방향과 반대 방향이다. A가 C에 작용하는 힘의 반작용은 C가 A에 작용하는 힘이므로 C가 A에 수평 방향으로 작용하는 힘의 크기는 F이다.

정답 ②

A와 B가 충돌하기 전 A와 B의 운동량의 합은 충돌 후 A와 B의 운동량의 합과 같다.

② 힘의 크기를 시간에 따라 나타낸 그래프에서 곡선과 시간 축이 만드는 면적은 물체에 작용하는 충격량의 크기와 같으므로 A가 벽으로부터 받은 충격량의 크기는 $7\,\mathrm{N\cdot s}$이고, 운동량의 변화량의 크기는 $7\,\mathrm{kg\cdot m/s}$이다. 따라서 $|-3m-4m|=7(\mathrm{kg\cdot m/s})$이므로 $m=1\,\mathrm{kg}$이다. B와 충돌 전 A의 속력은 $3\,\mathrm{m/s}$이고 운동 방향은 B와 반대이며, 충돌 전 A의 운동량의 크기가 B의 운동량의 크기보다 크기 때문에 충돌 후 A와 B는 충돌 전 A의 운동 방향과 같은 방향으로 운동한다. 따라서 $1\,\mathrm{kg}\times(3\,\mathrm{m/s}-2\,\mathrm{m/s})=2\,\mathrm{kg}\times v_1$이고, $v_1=0.5\,\mathrm{m/s}$이다.

01 ④	02 ⑤	03 ③	04 ②	05 ④
06 ③	07 ②	08 ①	09 ①	10 ③
11 ⑤	12 ②			

01 충격량

속력의 제곱—이동 거리 그래프의 기울기는 가속도의 크기에 비례하고, 빗면의 경사각이 클수록 물체의 가속도의 크기가 커진다.

✗. A, B의 처음 속력이 v_0으로 같고 질량이 B가 A의 2배이므로, 물체가 출발할 때 운동량의 크기는 B가 A의 2배이다.

ㄴ. 기울기의 절댓값이 실선이 점선보다 크기 때문에 (나)에서 실선 그래프가 A의 속력의 제곱을 이동 거리에 따라 나타낸 것이다.

ㄷ. 물체가 받은 충격량의 크기는 물체의 운동량 변화량의 크기와 같다. 따라서 A가 빗면을 올라가 속력이 0이 될 때까지 받은 충격량의 크기가 I_0이므로, B가 빗면을 올라가 속력이 0이 될 때까지 받은 충격량의 크기는 $2I_0$이다.

별해 | 운동 에너지가 E_k, 운동량이 p일 때 $p=\sqrt{2mE_k}$이다. 물체가 출발할 때 운동 에너지는 B가 A의 2배이고 물체의 속력이 0이 됐을 때 운동 에너지는 A, B 모두 0이므로 A, B의 운동량의 변화량의 크기는 각각 $\sqrt{2mE_k}$, $\sqrt{2\times 2m\times 2E_k}=2\sqrt{2mE_k}$이다.

02 충돌과 충격 완화

물체가 충돌하는 동안 받은 충격량은 물체에 작용하는 힘과 힘이 작용하는 시간의 곱과 같다.

ㄱ. 물체의 운동량의 변화량의 크기는 물체가 받은 충격량의 크기와 같으므로 A에서 공의 운동량의 변화량의 크기와 공이 받는 충격량의 크기는 같다.

ㄴ. 충돌하는 동안 에어 매트가 변형되면서 충돌 시간이 늘어나고, 충격량의 크기가 같을 때 충돌 시간이 늘어나면 물체에 작용하는 평균 힘의 크기가 감소한다. 따라서 사람을 안전하게 구조하기 위해 낙하 지점에 에어 매트를 설치한다.

ㄷ. 힘의 크기가 같을 때 힘을 작용하는 시간을 길게 하면 충격량의 크기를 크게 할 수 있고, 충격량의 크기는 운동량 변화량의 크기와 같으므로 테니스 선수가 팔을 끝까지 휘두르면 공에 힘이 작용하는 시간이 길어져 공의 운동량의 크기, 즉 공의 속력이 증가한다.

03 운동량과 운동량 보존 법칙

충돌 전 A의 이동 거리는 $2s$이므로 충돌 전 A의 속력은 $\dfrac{2s}{t_0}$이고, 충돌 후 A, B의 이동 거리는 각각 $2s$, $3s$이므로 속력은 각각 $\dfrac{2s}{t_1-t_0}$, $\dfrac{3s}{t_1-t_0}$이다.

ㄱ. 충돌 전과 충돌 후 A의 속력은 각각 $\dfrac{2s}{t_0}$, $\dfrac{2s}{\frac{3}{2}t_0}$이므로 A의 속력은 충돌 전이 충돌 후의 $\dfrac{3}{2}$배이다.

✗ 두 물체가 충돌할 때 외력이 작용하지 않으면 충돌 전후 운동량의 합은 보존되므로 $3m\times\dfrac{2s}{t_0}=3m\times\dfrac{2s}{t_1-t_0}+m\times\dfrac{3s}{t_1-t_0}$이다. 이 식을 정리하면 $t_0=\dfrac{2}{5}t_1$이다.

ㄷ. A와 B가 충돌할 때 A가 B에 작용하는 힘과 B가 A에 작용하는 힘의 크기가 같고 충돌 시간도 같으므로 물체가 충돌하는 동안 A가 B로부터 받은 충격량의 크기는 B가 A로부터 받은 충격량의 크기와 같다.

04 충격량

힘—시간 그래프에서 그래프와 시간 축이 이루는 면적은 충격량과 같다.

② 0부터 t까지, 0부터 $2t$까지 물체가 받은 충격량의 크기는 각각 $\dfrac{1}{2}F_0t$, $\dfrac{3}{2}F_0t$이고, 이는 물체의 운동량 변화량의 크기와 같다. 물체의 처음 운동량은 0이므로 운동량의 크기는 $2t$일 때가 t일 때의 3배이다. 따라서 $v_1:v_2=1:3$이다.

05 운동량 보존 법칙과 충격량

A의 속력은 $\dfrac{2L}{t_0}$이고 B는 t_0 동안 A로부터 $3L$만큼 멀어지므로 C와 충돌하기 전 B의 속력은 $\dfrac{5L}{t_0}$이고, C는 B와 충돌하기 전 A와 L만큼 가까워지므로 B와 충돌하기 전 C의 속력은 $\dfrac{L}{t_0}$이다.

④ 충돌 전 B의 속력이 v이므로 충돌 전 C의 속력은 $\dfrac{1}{5}v$이고, 충돌 후 B와 C의 속력은 $\dfrac{2}{5}v$이다. 운동량 보존 법칙을 적용하면

$mv + m_C \times \dfrac{1}{5}v = (m + m_C) \times \dfrac{2}{5}v$이므로 $m_C = 3m$이다. 충돌하는 동안 B의 운동량 변화량의 크기는 B가 받은 충격량의 크기와 같으므로 B가 C로부터 받은 충격량의 크기는

$I_{BC} = mv - \dfrac{2}{5}mv = \dfrac{3}{5}mv$이다.

06 운동량과 운동량 보존 법칙

질량이 m인 물체가 v의 속력으로 운동할 때 운동량은 $p = mv$이고, 운동 에너지는 $E_k = \dfrac{1}{2}mv^2$이다. $v = \dfrac{p}{m}$이므로 $E_k = \dfrac{p^2}{2m}$이다.

㉠. A와 B가 충돌할 때 운동량 보존 법칙을 적용하면 $p_0 - 4p_0 = -3p_0 + ㉠$에서 ㉠은 0이다.

㉡. A와 B가 충돌하는 동안 A가 B로부터 받은 충격량의 크기는 A의 운동량 변화량의 크기와 같다. 따라서 A가 B로부터 받은 충격량의 크기는 $|-3p_0 - p_0| = 4p_0$이다

✗. A, B의 질량을 각각 m_A, m_B라고 하면 충돌 전후 A, B의 운동 에너지의 합이 같으므로 $\dfrac{p_0{}^2}{2m_A} + \dfrac{(4p_0)^2}{2m_B} = \dfrac{(3p_0)^2}{2m_A}$이고, $m_B = 2m_A$이다. 충돌 전 운동량의 크기는 B가 A의 4배이므로 속력의 비는 $v_A : v_B = 1 : 2$이다.

07 운동량과 충격량의 관계

운동량-시간 그래프에서 기울기는 물체에 작용하는 알짜힘과 같다.

✗. 5초일 때 F의 크기는 운동량-시간 그래프의 기울기와 같은 2 N이다.

㉡. 7초일 때 물체의 운동량의 크기가 감소하므로 속력도 감소하고 가속도의 방향과 운동 방향은 반대이다. 가속도의 방향은 힘의 방향과 같으므로 7초일 때 F의 방향은 운동 방향과 반대이다.

✗. 6초부터 12초까지 물체가 받은 충격량의 크기는 운동량 변화량의 크기와 같다. 따라서 물체가 받은 충격량의 크기는 $|-6\,N \cdot s - 7\,N \cdot s| = 13\,N \cdot s$이다.

08 충돌과 충격 완화

물체에 크기가 F인 힘이 시간 t 동안 작용할 때 물체가 받은 충격량의 크기는 Ft이다.

㉠. 물체의 처음 속도가 0이고 중력 가속도 g로 h만큼 낙하하므로 $2gh = v_0{}^2$이고, $v_0 = \sqrt{2gh}$이다.

✗. A, B의 질량이 같고 수평면에 충돌하는 순간부터 정지할 때까지 속도 변화량의 크기가 같으므로 A, B의 운동량 변화량의 크기도 같다. 따라서 수평면과 충돌하여 정지할 때까지 물체가 받은 충격량의 크기는 A와 B가 같다.

✗. 물체가 정지할 때까지 걸린 시간이 B가 A보다 크고, 물체가 받은 충격량의 크기가 같으므로 충돌하는 동안 수평면으로부터 받은 평균 힘의 크기는 A가 B보다 크다.

09 운동량과 충격량 관계

물체가 받은 충격량은 운동량의 변화량과 같다.

✗. A가 정지 상태에서 출발하여 등가속도 운동을 하므로 A의 가속도의 크기를 a, P와 Q, Q와 R 사이의 거리를 각각 L, $2L$이라고 하면 Q, R를 통과할 때 A의 속력은 각각 $\sqrt{2aL}$, $\sqrt{6aL}$이다. 따라서 A의 운동량의 크기는 R에서가 Q에서의 $\sqrt{3}$배이다.

㉡. A의 가속도의 크기가 a이므로 B의 가속도의 크기는 $4a$이다. 따라서 B가 R를 통과할 때의 속력은 $\sqrt{2 \times 4a \times 2L} = \sqrt{16aL}$이다. A, B의 질량을 각각 $2m$, m이라고 하면, A가 Q를 통과할 때 운동량의 크기는 $2m \times \sqrt{2aL} = m\sqrt{8aL}$이고 B가 R를 통과할 때 운동량의 크기는 $m \times \sqrt{2 \times 4a \times 2L} = m\sqrt{16aL}$이다. A, B의 처음 운동량은 0이므로 $I_1 : I_2 = 1 : \sqrt{2}$이다.

✗. 일정한 크기의 힘이 작용할 때 물체에 힘이 작용한 시간은 충격량을 힘으로 나눈 값과 같다. A가 P에서 R까지 운동하는 동안과 B가 Q에서 R까지 운동하는 동안 물체에 작용한 힘의 크기는 A가 B의 $\dfrac{1}{2}$배이고 물체가 받은 충격량의 크기는 A가 B의 $\dfrac{\sqrt{6}}{2}$배이다. 따라서 A가 P에서 R까지 운동하는 데 걸린 시간은 B가 Q에서 R까지 운동하는 데 걸린 시간의 $\sqrt{6}$배이다.

10 운동량과 운동량 보존 법칙

A와 B의 처음 운동량의 합이 0이므로 용수철에서 분리된 후 A와 B의 운동량의 합도 0이다.

✗. 용수철에서 분리된 후 두 물체의 운동량의 크기는 같고 방향은 반대이다.

✗. 용수철에서 분리될 때 물체가 받은 충격량의 크기는 A와 B가 서로 같다.

㉢. 질량은 B가 A의 2배이므로 용수철에서 분리된 후 물체의 속력은 A가 B의 2배이다. 물체가 경사면을 올라가는 동안 물체의 역학적 에너지가 보존되므로 경사면에서 속력이 0이 될 때까지 물체가 도달한 최고점의 높이는 A가 B보다 크다.

11 운동량 보존 법칙

충돌 전후 A, B의 운동 에너지의 합이 보존되므로 A, B의 질량을 각각 m_A, m_B라고 하면, $\dfrac{(2p_0)^2}{2m_A} = \dfrac{(p_0)^2}{2m_A} + \dfrac{(3p_0)^2}{2m_B}$에서 $m_B = 3m_A$이다.

㉠. B의 질량이 A의 질량의 3배이므로 질량은 A와 C가 같다.

✗. 운동량은 질량과 속도의 곱과 같다. 물체의 질량은 B가 C의 3배이고 충돌 후 운동량의 크기는 C가 B의 2배이므로, 충돌 후 물체의 속력은 C가 B의 6배이다.

㉢. B가 A, C와 각각 충돌하는 동안 A, C로부터 받은 충격량의 크기는 각각 $3p_0$, $2p_0$이고 충돌 시간은 각각 $2t_0$, t_0이다. 충돌하는 동안 물체가 받은 평균 힘의 크기는 충격량의 크기를 충돌 시간으로 나눈 값과 같으므로 충돌하는 동안 B에 작용한 평균 힘의 크기는 A와 B가 충돌하는 동안이 B와 C가 충돌하는 동안의 $\dfrac{3}{4}$배이다.

12 운동량 보존 법칙과 충격량

충돌 전 A의 속력을 V라고 하면 B의 속력은 $\dfrac{V}{2}$이고, 충돌 후 A, B의 속력은 각각 $\dfrac{V}{2}$, V이다.

② 충돌 전 B는 A와 반대 방향으로 운동하고 있으므로 B의 질량을 m_B라 하고, 운동량 보존 법칙을 적용하면

$mV - m_B \times \dfrac{V}{2} = m \times \dfrac{V}{2} + m_B V$ … ①이고, 충돌하는 동안 B가 받은 충격량의 크기가 mv이면 A가 받은 충격량의 크기도 mv이므로 $mV - m \times \dfrac{V}{2} = mv$에서 $V = 2v$ … ②이다. 따라서 충돌 후 A의 속력은 v이다. ②를 ①에 대입하여 정리하면 B의 질량은 $m_B = \dfrac{1}{3} m$이다.

수능 **3점** 테스트   본문 28~30쪽

01 ⑤   **02** ④   **03** ⑤   **04** ③   **05** ④
06 ④

01 운동량과 충격량

충돌하는 동안 A가 B로부터 받은 충격량의 크기는 A의 운동량 변화량의 크기와 같다.

㉠. A가 0초부터 2초까지 가속도가 $2\ \text{m/s}^2$인 등가속도 운동을 하고 처음 속력이 0이므로, 2초일 때 A의 속력은 $4\ \text{m/s}$이다.

㉡. 물체가 받은 충격량의 크기는 운동량의 변화량의 크기와 같고, A의 질량이 2 kg이므로 0초부터 2초까지 A가 받은 충격량의 크기는 $8\ \text{N} \cdot \text{s}$이다. 2초부터 3초까지 A가 등속도 운동을 하므로 B와 충돌하는 순간 A의 속력은 $4\ \text{m/s}$이다. A의 처음 운동량의 크기가 $8\ \text{kg} \cdot \text{m/s}$이고, 운동량의 변화량의 크기는 B가 A로부터 받은 충격량의 크기와 같으므로 충돌한 후 A의 운동량은 0이다. 따라서 충돌한 후 A는 정지한다.

㉢. 충돌 전후 A와 B의 운동량의 합이 보존되므로 충돌 후 B의 속력을 v_B라고 하면, $2 \times 4 - 2 \times 2 = 2 \times v_B$이므로 $v_B = 2\ \text{m/s}$이다. 따라서 충돌 전후 B의 속력은 같다.

02 운동량과 충격량

힘의 크기-시간 그래프에서 그래프와 시간 축이 이루는 면적은 물체가 받는 충격량의 크기와 같다.

✗. 질량이 m인 수레에 연결된 용수철과 힘 센서가 충돌하는 순간 수레의 운동 에너지는 용수철이 최대로 x만큼 압축되었을 때 탄성 퍼텐셜 에너지와 같다. $\dfrac{1}{2} m v_0^2 = \dfrac{1}{2} k x^2$에서 $x = \sqrt{\dfrac{m}{k}} v_0$이고, 용수철 상수는 B가 A의 4배이므로 최대 압축 길이는 A가 B의 2배이다. 따라서 수레에 작용하는 힘의 최댓값은 용수철이 B일 때가 A일 때보다 크다. 따라서 ⓐ는 B의 실험 결과이다.

㉡. A, B의 용수철 상수가 각각 k, $4k$이고 A, B가 최대로 압축된 길이는 A가 B의 2배이므로 힘의 크기가 최대일 때 수레에 작용한 힘의 크기는 B일 때가 A일 때의 2배이다. 따라서 $F_1 = 2F_2$이다.

㉢. 수레가 힘 센서와 충돌하는 동안 수레의 운동량 변화량의 크기는 A, B에서 모두 $2mv_0$이고, 운동량 변화량의 크기는 수레가 받는 충격량의 크기와 같으므로 ⓐ, ⓑ 그래프와 시간 축이 이루는 면적은 $2mv_0$으로 같다.

03 운동량과 충격량

벽과 충돌 전후 운동 에너지 변화량의 크기는 A가 B보다 크고, 충돌 전후 A, B가 각각 반대 방향으로 운동하므로 충돌 전 속력은 A가 B보다 크다. 즉, $v_A > v_B$이다.

✗. 충돌 전 A, B의 속도의 방향을 (+) 방향으로 하면 충돌 전후 A, B의 운동량 변화량은 각각 $-m(v + v_A)$, $-m(v + v_B)$이고, $v_A > v_B$이므로 A의 운동량 변화량의 크기가 B의 운동량 변화량의 크기보다 크다. 따라서 벽과 충돌하는 동안 물체가 받은 충격량의 크기는 A가 B보다 크므로 (다)에서 실선은 A가 벽으로부터 받은 힘을 나타낸 것이다.

㉡. A, B가 벽으로부터 받은 충격량의 크기가 각각 $4mv$, $3mv$이므로 $m(v + v_A) = 4mv$, $m(v + v_B) = 3mv$이다. 따라서 $v_A = 3v$, $v_B = 2v$이므로 $v_A : v_B = 3 : 2$이다.

㉢. 충돌하는 동안 A, B가 벽으로부터 받은 충격량의 크기가 각각 $4mv$, $3mv$이므로 벽과의 충돌 전후 운동량 변화량의 크기는 A가 B의 $\dfrac{4}{3}$배이다.

04 운동량과 운동량 보존 법칙

수평면으로부터 p의 높이가 h이므로 역학적 에너지 보존 법칙을 적용하면 $v = \sqrt{2gh}$ (g: 중력 가속도)이다.

㉠. B와 충돌 후 A가 빗면을 따라 올라간 높이가 $\dfrac{1}{16} h$이므로 충돌 후 A의 속력은 $\sqrt{2g \times \dfrac{h}{16}} = \dfrac{1}{4} v$이다. 충돌 전후 A와 B의 운동량의 합은 일정하므로 $3mv = -\left(3m \times \dfrac{1}{4} v\right) + 5mV$에서 충돌 후 B의 속력은 $V = \dfrac{3}{4} v$이다. 따라서 충돌 직후 수평면에서 운동하는 물체의 속력은 B가 A의 3배이다.

㉡. 충돌 후 q에 도달할 때까지 B의 역학적 에너지는 보존되므로 $\dfrac{1}{2}(5m)\left(\dfrac{3}{4} v\right)^2 + (5m)gh = \dfrac{1}{2}(5m)V_1^2$이고, q에서 B의 속력은 $V_1 = \dfrac{5}{4} v$이다.

✗. 충돌 전 B의 운동량은 0이고 충돌 후 B의 운동량은 $\dfrac{15}{4} mv$이므로 B가 A로부터 받은 충격량의 크기는 $\dfrac{15}{4} mv$이다. A와 B가 충돌하는 동안 A가 B로부터 받은 충격량의 크기와 B가 A로부터 받은 충격량의 크기는 같으므로 충돌하는 동안 A가 B로부터 받은 충격량의 크기는 $\dfrac{15}{4} mv$이다.

05 운동량과 운동량 보존 법칙

p와 r에서 q까지의 거리는 같고 A, B가 p와 r에 동시에 도달한 후에는 힘을 작용하지 않았으므로 충돌 전 A, B의 속력은 같다.

㉠. 같은 거리를 이동하는 동안 물체에 작용한 힘의 크기는 B가 A의 2배이므로 r에서 B의 운동 에너지는 p에서 A의 운동 에너지의 2배이고 p, r에서 A, B의 속력이 같으므로 질량은 B가 A의 2배이다. A와 C의 질량을 m, 물체들의 충돌 전 속력을 v라고 하면 (나)에서 $mv - 2mv = 3m \times V$이므로 충돌 후 D의 속도는 $V = -\frac{1}{3}v$이다. B는 D와 속도의 크기는 같고 방향은 반대이므로 A와 B에 운동량 보존 법칙을 적용하면 $mv - 2mv = mV_1 + 2m \times \frac{1}{3}v$이므로 충돌 후 A의 속도는 $V_1 = -\frac{5}{3}v$이다. 충돌 전 A, B의 운동 에너지의 합은 $\frac{1}{2}mv^2 + \frac{1}{2} \times 2m \times v^2 = \frac{3}{2}mv^2$이고, 충돌 후 A, B의 운동 에너지의 합은 $\frac{1}{2} \times m \times \left(\frac{5}{3}v\right)^2 + \frac{1}{2} \times 2m \times \left(\frac{1}{3}v\right)^2 = \frac{3}{2}mv^2$이므로 충돌 전과 충돌 후 A와 B의 운동 에너지의 합은 같다.

✗. 충돌 후 A와 B의 속력은 각각 $\frac{5}{3}v$, $\frac{1}{3}v$이므로 충돌 후 물체의 속력은 A가 B의 5배이다.

㉢. B와 충돌 전후 A의 운동량 변화량의 크기는 $\left| -\frac{5}{3}mv - mv \right| = \frac{8}{3}mv$이고, D와 충돌 전후 C의 운동량 변화량의 크기는 $\left| -\frac{1}{3}mv - mv \right| = \frac{4}{3}mv$이다. 따라서 충돌하는 동안 A가 B로부터 받은 충격량의 크기는 C가 D로부터 받은 충격량의 크기의 2배이다.

06 운동량과 운동량 보존 법칙

A와 충돌 후 B의 속력을 V_1, B와 충돌 후 C의 속력을 V_2라 하고 각각의 충돌에 운동량 보존 법칙을 적용하면
$2mv = 2mv_1 + mV_1$, $mV_1 = -\frac{1}{3}mv + 2mV_2$이다.

✗. B가 A, C로부터 각각 받은 충격량의 크기는 S, $\frac{5}{4}S$이므로 $S = mV_1$이고 $\frac{5}{4}S = mV_1 + \frac{1}{3}mv$이다. 두 식을 정리하면, $S = \frac{4}{3}mv$이다.

㉡. A와 충돌 후 B의 속력은 $V_1 = \frac{4}{3}v$이므로 $v_1 = \frac{1}{3}v$이다.

㉢. B와 충돌한 후 C의 속력은 $V_2 = \frac{5}{6}v$이다. 질량이 m인 물체가 속력 v_0으로 용수철 상수가 k인 용수철과 충돌하여 용수철을 최대로 x만큼 압축시켰을 때 역학적 에너지 보존 법칙을 적용하면 $\frac{1}{2}mv_0^2 = \frac{1}{2}kx^2$에서 $x = \sqrt{\frac{m}{k}}v_0$이므로, 용수철이 최대로 압축된 길이는 용수철과 충돌하는 물체의 속력에 비례한다. 따라서 q가 압축된 길이는 p가 압축된 길이의 $\frac{5}{6}$배이므로 $x_1 = \frac{5}{6}x$이다.

테마 04 역학적 에너지 보존

닮은꼴 문제로 유형 익히기   본문 33쪽

정답 ③

수평면에서 A와 B는 충돌한 후 정지해 있으므로 충돌하기 직전 운동량의 크기는 A와 B가 같다.

③ 질량은 A가 B의 2배이므로 수평면에서 충돌하기 직전 속력은 B가 A의 2배이다. 수평면에서 충돌하기 직전 A의 속력을 v라고 하면 B의 속력은 $2v$이다. 마찰 구간에서 손실된 A의 역학적 에너지를 W라고 하면, $2mg(3h) - W = \frac{1}{2}(2m)v^2 \cdots$ ①이고, B의 역학적 에너지는 $mgh = \frac{1}{2}m(2v)^2 \cdots$ ②이다. ②를 정리하면 $v = \sqrt{\frac{1}{2}gh}$이고, 이를 ①에 대입하여 정리하면 $6mgh - W = \frac{1}{2}mgh$에서 $W = \frac{11}{2}mgh$이다.

수능 2점 테스트   본문 34~36쪽

01 ③	02 ⑤	03 ②	04 ②	05 ⑤
06 ⑤	07 ③	08 ⑤	09 ⑤	10 ③
11 ④	12 ①			

01 힘이 물체에 한 일

물체에 작용한 알짜힘이 한 일은 물체의 운동 에너지 변화량과 같다.

③ A에 작용하는 알짜힘의 크기를 F_0이라고 하면, $F_0 =$ F의 크기 -10 N이다. 따라서 A가 높이가 2 m인 지점까지 올라가는 동안 물체에 작용하는 F_0을 높이에 따라 나타내면 다음과 같다.

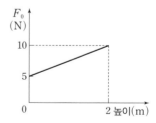

물체에 작용한 알짜힘의 크기를 나타낸 그래프와 높이 축이 이루는 면적은 알짜힘이 한 일을 나타내고, 이는 물체의 운동 에너지 변화량과 같다. A가 높이가 2 m인 지점을 통과하는 순간의 속력을 v라고 하면, $\frac{1}{2}(1)v^2 = (5+10) \times 2 \times \frac{1}{2}$에서 $v = \sqrt{30}$ m/s이다. p가 끊어진 후 A의 역학적 에너지는 보존되므로 p가 끊어진 지점으로부터 A의 최고점까지의 높이를 H라고 하면, $1 \times 10 \times H = \frac{1}{2} \times 1 \times v^2$에서 $H = 1.5$ m이다.

02 빗면에 놓인 물체에 작용하는 힘이 한 일

정지해 있는 물체에 작용하는 알짜힘은 0이다. A와 B 전체에 작용한 알짜힘이 한 일은 A와 B 전체의 운동 에너지 변화량과 같다.

⑤ A에 작용하는 중력에 의해 빗면 아래 방향으로 작용하는 힘의 크기를 f라고 하면, $F_0 = f + 2mg$이다. A가 a에서 b까지 운동하는 동안 $2F_0 d - fd - 2mgd = \frac{1}{2}(m+2m)v_1^2$에서 $F_0 d = \frac{3}{2}mv_1^2$이므로 $v_1 = \sqrt{\frac{2F_0 d}{3m}}$이다. 또한 A가 b에서 a까지 운동하는 동안 $fd + 2mgd = \frac{3}{2}mv_2^2 - \frac{3}{2}mv_1^2$에서 $\frac{3}{2}mv_2^2 = F_0 d + \frac{3}{2}mv_1^2 = 3mv_1^2$이므로 $\frac{v_1}{v_2} = \frac{1}{\sqrt{2}}$이다.

03 일과 운동 에너지

물체에 작용하는 알짜힘이 한 일은 물체의 운동 에너지 변화량과 같다.

② p가 끊어지기 전 전동기가 B를 끌어당기는 힘이 한 일은 $10\,\text{N} \times 1\,\text{m} = 10\,\text{J}$이다. B가 $x = 1\,\text{m}$를 지나는 순간 A, B의 속력을 v_1이라고 하면, $\frac{1}{2}(10+5)v_1^2 = 10$에서 $v_1 = \sqrt{\frac{4}{3}}\,\text{m/s}$이다. 따라서 $E_A = \frac{1}{2} \times 10 \times \frac{4}{3} = \frac{20}{3}\,(\text{J})$이다. p가 끊어진 후 B가 $x = 2\,\text{m}$를 지날 때까지 전동기가 B를 끌어당기는 힘이 한 일은 $20\,\text{N} \times 1\,\text{m} = 20\,\text{J}$이다. B가 $x = 2\,\text{m}$를 지나는 순간의 속력을 v_2라고 하면, $20 = \frac{1}{2} \times 5 \times (v_2^2 - v_1^2) = \frac{5}{2}\left(v_2^2 - \frac{4}{3}\right)$에서 $v_2 = \sqrt{\frac{28}{3}}\,\text{m/s}$이다. 따라서 $E_B = \frac{1}{2} \times 5 \times \frac{28}{3} = \frac{70}{3}\,(\text{J})$이므로 $\frac{E_A}{E_B} = \frac{2}{7}$이다.

04 중력에 의한 역학적 에너지 보존

연직 위로 던져진 물체의 최고점에서의 속력은 0이다. 물체가 a에서 c까지 운동하는 동안 물체의 운동 에너지 감소량은 물체의 중력 퍼텐셜 에너지 증가량과 같다.

✗. c에서 물체의 속력을 v라고 하면, d에서 물체의 속력은 $2v$이다.

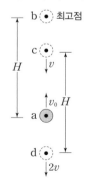

$\frac{1}{2}m(2v)^2 - \frac{1}{2}mv^2 = mgH$에서 $\frac{1}{2}mv^2 = \frac{1}{3}mgH$ ⋯ ①이다. 물체가 b에서 c까지 운동하는 동안 물체의 운동 에너지 증가량은 중력이 물체에 한 일과 같다. 따라서 물체가 b에서 c까지 운동하는 동안 중력이 물체에 한 일은 $\frac{1}{3}mgH$이다.

ㄴ. a에서 물체의 속력을 v_0라고 하면, b에서 속력은 0이므로 $\frac{1}{2}mv_0^2 = mgH$ ⋯ ②이다. ①, ②를 정리하면, $v_0 = \sqrt{3}v$이다. d에

서의 속력은 $2v$이므로 물체의 속력은 a에서가 d에서의 $\frac{\sqrt{3}}{2}$배이다.

✗. 물체는 가속도의 크기가 g인 등가속도 운동을 한다. 물체의 속력은 b에서 0, c에서 v이므로 $t_1 = \frac{v}{g}$이다. a, d에서 물체의 속력은 각각 $\sqrt{3}v$, $2v$이므로 $t_2 = (2 - \sqrt{3})\frac{v}{g}$이다. 따라서 $\frac{t_2}{t_1} = 2 - \sqrt{3}$이다.

05 중력에 의한 역학적 에너지 보존

A가 p에서 q까지 운동하는 동안 A와 B의 역학적 에너지의 합은 일정하다.

✗. A의 운동 에너지와 중력 퍼텐셜 에너지는 증가한다. 따라서 A의 역학적 에너지는 증가한다.

ㄴ. A와 B의 역학적 에너지의 합은 일정하고 A의 역학적 에너지는 증가하므로 B의 역학적 에너지는 감소한다. B의 운동 에너지는 증가하고 B의 중력 퍼텐셜 에너지는 감소하므로 B의 중력 퍼텐셜 에너지 감소량은 B의 운동 에너지 증가량보다 크다.

ㄷ. 'A의 운동 에너지 증가량 +A의 중력 퍼텐셜 에너지 증가량 +B의 운동 에너지 증가량=B의 중력 퍼텐셜 에너지 감소량'이다. 따라서 A의 중력 퍼텐셜 에너지 증가량은 B의 중력 퍼텐셜 에너지 감소량보다 작다.

06 역학적 에너지 보존

물체가 q에서 r까지 운동하는 동안 중력 퍼텐셜 에너지 감소량은 운동 에너지 증가량과 같다.

✗. p, q, r에서 물체의 속력을 각각 v, v_1, v_2라고 하면, 물체가 p에서 r까지 운동하는 동안 역학적 에너지는 보존되므로 $\frac{1}{2}mv^2 = mg(2h) + \frac{1}{2}mv_1^2 = mgh + \frac{1}{2}mv_2^2$이다. $v_2 = \sqrt{2}v_1$이므로 $mgh = \frac{1}{2}mv_1^2$에서 $v_1 = \sqrt{2gh}$이다. q에서 물체의 운동 에너지는 $\frac{1}{2}mv_1^2 = mgh$이고, 중력 퍼텐셜 에너지는 $2mgh$이다. 따라서 q에서 물체의 운동 에너지는 중력 퍼텐셜 에너지보다 작다.

ㄴ. p, q, r에서 물체의 역학적 에너지는 같고, $v_1 = \sqrt{2gh}$이므로 p에서 물체의 역학적 에너지는 $mg(2h) + \frac{1}{2}mv_1^2 = 3mgh$이다.

ㄷ. p에서 물체의 역학적 에너지는 $\frac{1}{2}mv^2 = 3mgh$에서 $v = \sqrt{6gh}$이다. 따라서 물체의 속력은 p에서가 q에서의 $\sqrt{3}$배이다.

07 탄성력에 의한 역학적 에너지 보존

용수철에 저장된 탄성 퍼텐셜 에너지의 최댓값은 용수철에 연결된 물체의 운동 에너지의 최댓값과 같다.

③ 정지해 있는 A를 향해 운동하는 B의 속력을 v_1, A와 B가 접촉하는 순간 A와 B의 속력을 v_2라고 하면, $mv_1 = (3m+m)v_2$에서 $v_2 = \frac{1}{4}v_1$이고, $E_1 = \frac{1}{2}mv_1^2$이다. A와 B가 접촉하여 운동하는 동안 용수철에 저장된 탄성 퍼텐셜 에너지의 최댓값은 A와 B가 접촉하는 순간 A와 B의 운동 에너지의 합과 같으므로 $E_2 = \frac{1}{2}(3m+m)\left(\frac{1}{4}v_1\right)^2 = \frac{1}{8}mv_1^2$이다. 따라서 $\frac{E_1}{E_2} = 4$이다.

08 마찰에 의한 에너지 손실과 역학적 에너지 보존

A를 가만히 놓은 순간부터 B와 C의 높이가 같아질 때까지 A가 이동한 거리는 $2d$이다.

✗. A의 질량을 M, q에서 A의 속력을 v라고 하자. A가 p에서 q까지 운동하는 동안 A의 운동 에너지 증가량은 B의 중력 퍼텐셜 에너지 증가량의 $\frac{9}{8}$배이므로 $\frac{1}{2}Mv^2=\frac{9}{8}mgd$에서 $v=\sqrt{\frac{9mgd}{4M}}$이다.

A가 p에서 q까지 운동하는 동안 C의 중력 퍼텐셜 에너지 감소량은 B의 중력 퍼텐셜 에너지 증가량과 A, B, C의 운동 에너지 증가량의 합과 같다. 즉, $4mgd=mgd+\frac{1}{2}(M+5m)v^2$에서

$3mgd=\frac{1}{2}(M+5m)\frac{9mgd}{4M}$이다. 이를 정리하면, $M=3m$이다.

별해 | p에서 q까지 A의 가속도의 크기를 a라고 하면,

$a=\frac{4m-m}{M+m+4m}g=\frac{3m}{M+5m}g$이고, $v^2=2ad$에서

$8M=15m+3M$이다. 따라서 $M=3m$이다.

㉡. A를 가만히 놓은 순간부터 B와 C의 높이가 같아질 때까지 B와 C가 각각 이동한 거리는 $2d$이다. 이때 A는 마찰 구간을 지나고 있으므로 A, B, C는 등속도 운동을 한다. 따라서 B의 속력은 v이고, B의 운동 에너지는 $\frac{1}{2}mv^2=\frac{1}{2}m\left(\frac{9mgd}{4(3m)}\right)=\frac{3}{8}mgd$이다.

㉢. s에서 A의 속력을 v_1이라고 하자. A가 마찰 구간을 지나는 동안 A에 작용한 마찰력이 한 일은 C의 중력 퍼텐셜 에너지 감소량과 B의 중력 퍼텐셜 에너지 증가량의 차이다. 마찰 구간의 길이는 $2d$이므로 A에 작용한 마찰력이 한 일은 $4mg(2d)-mg(2d)=6mgd$이다. A가 p에서 s까지 운동하는 동안

$4mg(4d)-mg(4d)-6mgd=\frac{1}{2}(8m)v_1^2$에서 $v_1=\sqrt{\frac{3}{2}gd}$이고,

$v=\sqrt{\frac{9mgd}{4(3m)}}=\sqrt{\frac{3}{4}gd}$이므로 A의 속력은 s에서가 q에서의 $\sqrt{2}$배이다.

별해 | q와 r에서 A의 속력은 v이다. $a=\frac{3}{8}g$이고 $v=\sqrt{\frac{3}{4}gd}$이다. 따라서 $v_1^2=v^2+2\left(\frac{3}{8}g\right)d=\frac{3}{2}gd$에서 $v_1=\sqrt{\frac{3}{2}gd}$이다.

09 중력에 의한 역학적 에너지 보존

물체가 p에서 q까지 운동하는 동안 물체의 중력 퍼텐셜 에너지 증가량은 mgh이다.

⑤ p에서 q까지 운동하는 동안 물체의 역학적 에너지는 보존되므로 q에서 물체의 속력을 v_1이라고 하면,

$\frac{1}{2}m(2v)^2+mgh=\frac{1}{2}mv_1^2+2mgh$ … ①이다. q에서 운동 에너지는 물체가 p에서 q까지 운동하는 동안 중력 퍼텐셜 에너지 증가량의 $\frac{1}{5}$배이므로 $\frac{1}{2}mv_1^2=\frac{1}{5}mgh$ … ②이다. ①, ②를 정리하면, $2mv^2=\frac{6}{5}mgh$에서 $v=\sqrt{\frac{3}{5}gh}$이다. 마찰 구간을 지나기 전 물체의 역학적 에너지는 $2mv^2+mgh=\frac{11}{5}mgh$이고, 수평면에서 물체의 역학적 에너지는 $\frac{1}{2}mv^2=\frac{3}{10}mgh$이다. 따라서 마찰 구간에서 역학적 에너지 감소량은 $\frac{11}{5}mgh-\frac{3}{10}mgh=\frac{19}{10}mgh$이다.

10 마찰에 의한 에너지 손실과 역학적 에너지 보존

물체는 마찰 구간에서 등속도 운동을 하므로 물체의 역학적 에너지 감소량은 물체의 중력 퍼텐셜 에너지 감소량과 같다.

㉠. 물체가 a에서 b까지 운동하는 동안 물체의 역학적 에너지는 보존되므로 a에서 b까지 운동하는 동안 물체의 운동 에너지 감소량은 물체의 중력 퍼텐셜 에너지 증가량과 같다. 물체의 질량을 m이라고 하면, $\frac{1}{2}m(2v)^2-\frac{1}{2}mv^2=2mgh$ … ①이다. 마찰 구간에서 물체는 등속도 운동을 하므로 물체의 역학적 에너지 감소량은 물체의 중력 퍼텐셜 에너지 감소량과 같다. 따라서 마찰 구간에서 물체의 역학적 에너지 감소량은 mgh이다. 그러므로 a에서 b까지 물체의 운동 에너지 감소량은 마찰 구간에서 물체의 역학적 에너지 감소량의 2배이다.

㉡. ①에서 $\frac{3}{2}mv^2=2mgh$이므로 $v=\sqrt{\frac{4}{3}gh}$이다. d에서 물체의 속력을 v_1이라고 하면, c에서 d까지 운동하는 동안 물체의 역학적 에너지는 보존되므로 $mgh+\frac{1}{2}mv^2=\frac{1}{2}mv_1^2$에서

$v_1^2=v^2+2gh=\frac{10}{3}gh$이다.

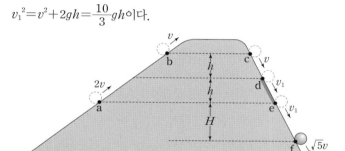

따라서 $v_1=\sqrt{\frac{10}{3}gh}$이다. 물체가 e에서 f까지 운동하는 동안 물체의 역학적 에너지는 보존되므로

$\frac{1}{2}m(\sqrt{5}v)^2-\frac{1}{2}mv_1^2=mgH$에서 $H=\frac{5}{3}h$이다.

✗. 물체가 e에서 f까지 운동하는 데 걸린 시간을 t라고 하자. d에서 e까지의 거리를 x라고 하면, e에서 f까지의 거리는 $\frac{5}{3}x$이다. 물체는 d에서 e까지 등속도 운동을 하므로 $T=\frac{x}{v_1}$이다. f에서 물체의 속력은 $\sqrt{5}v=\sqrt{2}v_1$이고, 물체는 e에서 f까지 등가속도 운동을 하므로 평균 속도의 크기는 $\frac{v_1+\sqrt{2}v_1}{2}$이다. $\frac{v_1+\sqrt{2}v_1}{2}t=\frac{5}{3}x$에서 $t=\frac{10}{3(\sqrt{2}+1)}\frac{x}{v_1}$이다. 이를 정리하면, $t=\frac{10}{3}(\sqrt{2}-1)T$이다.

11 마찰에 의한 에너지 손실과 역학적 에너지 보존

마찰 구간을 등속도로 지나므로 마찰 구간에서 역학적 에너지 감소량은 중력 퍼텐셜 에너지 감소량과 같다.

④ P를 $3d$만큼 압축시켰을 때 용수철에 저장된 탄성 퍼텐셜 에너지를 E_0이라고 하면, Q를 d만큼 압축시켰을 때 용수철에 저장된 탄성 퍼텐셜 에너지는 $\frac{1}{9}E_0$이다. 중력 가속도를 g, 물체의 질량을 m, a에서 물체의 속력을 v_1이라고 하면, $\frac{1}{2}mv_1^2=2mgd$이므로 a에서 물체의 역학적 에너지는 $\frac{1}{2}mv_1^2+mgd=3mgd$이다.

따라서 $E_0 = 3mgd$이다. 물체가 Q를 d만큼 압축시켰을 때 용수철에 저장된 탄성 퍼텐셜 에너지와 물체의 중력 퍼텐셜 에너지의 합은 $\frac{1}{9}E_0 + mgd = \frac{4}{3}mgd$이다. 마찰 구간에서 역학적 에너지 감소량을 ΔE라고 하면, $\Delta E = 3mgd - \frac{4}{3}mgd = \frac{5}{3}mgd$이고, 마찰 구간에서 역학적 에너지 감소량은 물체의 중력 퍼텐셜 에너지 감소량과 같으므로 $\frac{5}{3}mgd = mgh$에서 $h = \frac{5}{3}d$이다.

12 마찰에 의한 에너지 손실과 역학적 에너지 보존

수평 구간에서 A와 B가 충돌하는 과정에서 A가 받은 충격량의 크기는 B가 받은 충격량의 크기와 같다.

ㄱ. 수평 구간에서 B와 충돌하기 전 A의 속력을 v라고 하면, B와 충돌한 후 수평 구간에서 A의 속력은 $\frac{1}{3}v$이다. 용수철 상수를 k라고 하면, $\frac{1}{2}k(3d)^2 = 3mgh + \frac{1}{2}(3m)v^2 \cdots$ ①이고
$3mgh + \frac{1}{2}(3m)\left(\frac{1}{3}v\right)^2 = \frac{1}{2}k(2d)^2 \cdots$ ②이다. ①, ②를 정리하면 $kd^2 = \frac{8}{15}mv^2 = \frac{16}{9}mgh \cdots$ ③이다. 따라서 $k = \frac{16mgh}{9d^2}$이다.

✗. 수평 구간에서 A와 B는 같은 속력으로 충돌하므로 수평 구간에서 A와 충돌하기 전 B의 속력은 v이다. 충돌 과정에서 A와 B의 운동량의 총합은 보존되므로 수평 구간에서 A와 충돌한 후 B의 속력을 v_B라고 하면, $3mv - 2mv = 3m\left(-\frac{1}{3}v\right) + 2mv_B$에서 $v_B = v$이다. $10mgh - E = \frac{1}{2}(2m)v^2 \cdots$ ④, $\frac{1}{2}(2m)v^2 + 2mgh = 2mgh_B \cdots$ ⑤이다. ③을 ④에 대입하여 정리하면, $E = 10mgh - mv^2 = \frac{20}{3}mgh$이다.

✗. ⑤를 정리하면, $h_B = \frac{v^2}{2g} + h = \frac{8}{3}h$이다.

수능 3점 테스트 본문 37~39쪽

01 ⑤   02 ④   03 ⑤   04 ②   05 ①
06 ⑤

01 물체에 작용한 힘이 한 일

p가 끊어진 후 전동기가 C를 당기는 힘이 한 일은 B와 C의 역학적 에너지 증가량과 같다.

✗. A에 중력에 의해 빗면 아래 방향으로 작용하는 힘의 크기를 f라고 하면, $3f = mg + F \cdots$ ①이다. p를 끊은 후 B가 b를 지날 때의 속력이 v이므로 $(F + mg)d - 2fd = \frac{1}{2}(m + 2m)v^2$에서

$fd = \frac{3}{2}mv^2 \cdots$ ②이다. B가 a에서 b까지 운동하는 동안 C의 운동 에너지 증가량은 C의 중력 퍼텐셜 에너지 감소량의 $\frac{2}{15}$배이므로 $\frac{1}{2}mv^2 = \frac{2}{15}mgd$에서 $v^2 = \frac{4}{15}gd \cdots$ ③이다. ②, ③을 정리하면, $fd = \frac{3}{2}m\left(\frac{4}{15}gd\right)$에서 $f = \frac{2}{5}mg$이다. 이를 ①에 대입하여 정리하면 $F = 3f - mg = \frac{1}{5}mg = \frac{1}{2}f$이다. 따라서 A가 정지해 있을 때 p가 A를 당기는 힘의 크기는 $2F$이다.

ㄴ. B가 a에서 b까지 운동하는 동안 전동기가 C에 한 일은 B와 C의 역학적 에너지 증가량과 같고, B의 중력 퍼텐셜 에너지 증가량을 E_B라 하고 정리하면 표와 같다.

구분	증가하는 역학적 에너지	감소하는 역학적 에너지
B	운동 에너지$\left(\frac{1}{2}(2m)v^2\right)$ 중력 퍼텐셜 에너지(E_B)	—
C	운동 에너지$\left(\frac{1}{2}mv^2\right)$	중력 퍼텐셜 에너지(mgd)

$Fd = \frac{1}{2}(m + 2m)v^2 + E_B - mgd$에서
$E_B = \frac{1}{5}mgd + mgd - \frac{3}{2}m\left(\frac{4}{15}gd\right) = \frac{4}{5}mgd$이다.

ㄷ. p가 끊어진 후 A, B의 가속도의 크기를 각각 a_A, a_B라고 하면, $f = ma_A$이므로 $\frac{2}{5}mg = ma_A$에서 $a_A = \frac{2}{5}g$이고, $F + mg - 2f = 3ma_B$에서 $a_B = \frac{2}{15}g$이다. $a_A = 3a_B$이므로 같은 시간 동안 이동한 거리는 A가 B의 3배이다. B가 이동한 거리가 d이므로 A가 이동한 거리는 $3d$이다. 따라서 p가 끊어진 순간부터 B가 b를 지날 때까지 A와 B 사이의 거리의 증가량은 $4d$이다.

02 마찰에 의한 에너지 손실과 역학적 에너지 보존

q에서 r까지 A에는 크기가 일정한 마찰력이 작용하고 운동 에너지는 q에서와 r에서가 같으므로 A는 q에서 r까지 등속도 운동을 한다.

④ q와 r에서 A의 운동 에너지는 같으므로 q와 r에서 A의 속력을 v라고 하면, A의 운동 에너지는 s에서가 r에서의 $\frac{3}{2}$배이므로 s에서 A의 속력은 $\sqrt{\frac{3}{2}}v$이다. p에서 q까지 A의 가속도의 크기를 a라고 하면 $v^2 = 2ad$에서 $a = \frac{v^2}{2d}$이다. A가 r에서 s까지 운동하는 동안 A의 가속도의 크기는 a이므로 $\frac{3}{2}v^2 - v^2 = 2ax$에서 $x = \frac{v^2}{4a} = \frac{1}{2}d$이다.

A가 q에서 r까지 운동하는 동안 B가 내려간 거리는 d이다. A는 q에서 r까지 등속도 운동을 하므로 A가 q에서 r까지 운동하는 동안 A의 역학적 에너지 증가량은 B의 중력 퍼텐셜 에너지 감소량과 A에 작용한 마찰력이 한 일의 차이다. A가 q에서 r까지 운동하는 동안 A는 등속도 운동을 하므로, A의 역학적 에너지 증가량은 A의 중력 퍼텐셜 에너지 증가량과 같다. 따라서 마찰 구간에서 A의 역학적 에너지 증가량은 $\frac{1}{5}(3mgd) = \frac{3}{5}mgd$이고, A에 작용하는 마찰력이 한 일은 $3mgd - \frac{3}{5}mgd = \frac{12}{5}mgd$이다. 이를 정리하면,

$fd=\dfrac{12}{5}mgd$에서 $f=\dfrac{12}{5}mg$이다.

03 운동량 보존과 탄성력에 의한 역학적 에너지 보존

질량이 m인 물체의 운동량의 크기가 p일 때, 물체의 운동 에너지는 $\dfrac{p^2}{2m}$이다. A가 B에 연결된 용수철에 접촉하여 용수철을 최대로 압축시켰을 때, A와 B의 속력은 같다.

㉠. (가)에서 A가 용수철에서 분리된 후 운동량의 크기는 A와 B가 같다. 질량은 A가 B의 2배이므로 운동 에너지는 B가 A의 2배이다.

㉡. (가)에서 A가 용수철에서 분리된 후 수평면에서 운동량의 크기는 A와 B가 같으므로, A의 속력을 v라고 하면 B의 속력은 $2v$이다. A가 빗면을 올라갔다가 내려오는 과정에서 A의 역학적 에너지는 보존되므로 $\dfrac{1}{2}(2m)v^2=2mgh$에서 $v=\sqrt{2gh}$이다. 수평면에서 A와 B가 서로를 향해 운동할 때, 속력이 같다고 했으므로 수평면에서 B를 향해 운동하는 A의 속력은 v이다. 즉, B가 벽에 충돌하기 전 속력은 $2v$이고, 벽에 충돌한 후 속력은 v이다. 따라서 벽에 충돌하기 전후 B의 운동 에너지 감소량은 $\dfrac{1}{2}m(2v)^2-\dfrac{1}{2}mv^2=\dfrac{3}{2}mv^2=3mgh$이다.

㉢. (가)에서 용수철을 x_1만큼 압축시켰을 때 용수철에 저장된 탄성 퍼텐셜 에너지는 $\dfrac{1}{2}kx_1^2$이고, A가 용수철에서 분리된 후 A와 B의 운동 에너지의 합은 $\dfrac{1}{2}(2m)v^2+\dfrac{1}{2}m(2v)^2=3mv^2$이다.

즉, $\dfrac{1}{2}kx_1^2=3mv^2$ ⋯ ①이다. (나)에서 A가 B에 연결된 용수철에 접촉할 때 용수철이 최대로 압축되는 순간 A와 B의 속력은 같으므로, 이때의 속력을 v_1이라고 하면, $2mv-mv=(2m+m)v_1$이므로 $v_1=\dfrac{1}{3}v$이다. $\dfrac{1}{2}(2m+m)v^2=\dfrac{1}{2}kx_2^2+\dfrac{1}{2}(2m+m)\left(\dfrac{1}{3}v\right)^2$에서 $\dfrac{1}{2}kx_2^2=\dfrac{4}{3}mv^2$ ⋯ ②이다. ①, ②를 정리하면, $\dfrac{x_1}{x_2}=\dfrac{3}{2}$이다.

04 탄성력에 의한 역학적 에너지 보존

용수철이 원래 길이보다 늘어나면 용수철의 길이가 줄어드는 방향으로 탄성력이 작용하고, 용수철이 원래 길이보다 감소하면 용수철의 길이가 늘어나는 방향으로 탄성력이 작용한다.

✗. (다)에서 A와 B는 실로 연결되어 운동하고 있으므로 속력은 A와 B가 같다. 질량은 B가 A의 3배이고 기준선에서 속력은 A와 B가 같으므로, 역학적 에너지는 A가 B보다 작다.

㉡. (가)에서 A와 B는 정지해 있으므로 A와 B에 작용하는 알짜힘은 0이다. 용수철 상수를 k라고 하면, $3mg-mg-kd=0$에서 $k=\dfrac{2mg}{d}$ ⋯ ①이다. (나)에서 용수철이 원래 길이에서 늘어난 길이는 $2d$이다. (다)의 기준선에서 A, B의 속력을 v라고 하면, A, B, 용수철로 이루어진 계의 역학적 에너지는 (나)에서와 (다)에서가 같으므로 $\dfrac{1}{2}k(2d)^2-\dfrac{1}{2}kd^2=(3mgd-mgd)+\dfrac{1}{2}(m+3m)v^2$에서 $\dfrac{3}{2}kd^2-2mgd=2mv^2$ ⋯ ②이다. ①, ②를 정리하면 $v=\sqrt{\dfrac{gd}{2}}$이다. (나) → (다) 과정에서 A의 중력 퍼텐셜 에너지 감

소량은 mgd이고 A의 운동 에너지 증가량은 $\dfrac{1}{2}mv^2=\dfrac{1}{4}mgd$이다. (나) → (다) 과정에서 A의 중력 퍼텐셜 에너지 감소량이 A의 운동 에너지 증가량보다 크므로 A의 역학적 에너지는 (나)에서가 (다)에서보다 크다.

✗. (다)에서 용수철에 저장된 탄성 퍼텐셜 에너지는 $\dfrac{1}{2}kd^2=\dfrac{1}{2}\left(\dfrac{2mg}{d}\right)d^2=mgd$이고 B의 운동 에너지는 $\dfrac{3}{2}mv^2=\dfrac{3}{4}mgd$이다. 따라서 (다)에서 용수철에 저장된 탄성 퍼텐셜 에너지는 B의 운동 에너지의 $\dfrac{4}{3}$배이다.

05 물체에 작용한 힘이 한 일

A를 빗면과 나란한 위 방향으로 크기가 $2F$인 힘으로 당겼을 때, A는 정지해 있으므로 A에 작용하는 알짜힘은 0이다.

㉠. A에 작용하는 중력에 의해 빗면과 나란한 아래 방향으로 작용하는 힘의 크기를 f라고 하면, $2F-f-mg=0$ ⋯ ①이다. A가 p에서 q까지 운동하는 동안 A와 B의 가속도의 크기를 a라고 하면, $mg+f-F=4ma$ ⋯ ②이다. A가 q를 지날 때 속력을 v라고 하면, $\dfrac{1}{2}mv^2=\dfrac{3}{8}mgd$에서 $v=\sqrt{\dfrac{3}{4}gd}$이고, $v^2=2ad$에서 $a=\dfrac{3}{8}g$이다. 이를 ②에 대입하여 정리하면, $f-F=\dfrac{1}{2}mg$ ⋯ ③이다. ①, ③을 정리하면 $F=\dfrac{3}{2}mg$, $f=2mg$이다.

✗. A의 중력 퍼텐셜 에너지 감소량을 P_A라고 하면, $P_A+mgd-Fd=\dfrac{1}{2}(3m+m)v^2$에서 $P_A=2m\left(\dfrac{3}{4}gd\right)+\dfrac{3}{2}mgd-mgd=2mgd$이다.

✗. A와 B는 모두 중력 퍼텐셜 에너지가 감소하고, 운동 에너지는 증가한다. A, B의 역학적 에너지 감소량을 각각 E_A, E_B라고 하면, $E_A=P_A-\dfrac{1}{2}(3m)v^2=2mgd-\dfrac{9}{8}mgd=\dfrac{7}{8}mgd$이고, $E_B=mgd-\dfrac{1}{2}mv^2=\dfrac{5}{8}mgd$이다. 따라서 역학적 에너지 감소량은 A가 B의 $\dfrac{7}{5}$배이다.

06 마찰에 의한 에너지 손실과 역학적 에너지 보존

마찰 구간에서 물체의 역학적 에너지 감소량은 b에서 c까지 물체의 운동 에너지 감소량과 같다.

㉠. b에서 물체의 속력을 v_1이라고 하면, d에서 물체의 속력은 $\dfrac{5}{2}v_1$이다.

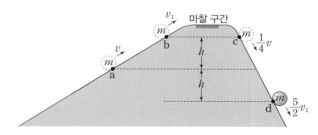

물체가 a에서 b까지 운동하는 동안 역학적 에너지는 보존되므로

$\frac{1}{2}mv^2-\frac{1}{2}mv_1{}^2=mgh$ ··· ①이고, c에서 d까지 운동하는 동안 역학적 에너지는 보존되므로 $2mgh+\frac{1}{2}m\left(\frac{1}{4}v\right)^2=\frac{1}{2}m\left(\frac{5}{2}v_1\right)^2$ ··· ②이다. ①, ②를 정리하면, $v_1=\frac{1}{2}v$이고, d에서 물체의 속력은 $\frac{5}{4}v$이다. 물체는 a에서 b까지, c에서 d까지 각각 등가속도 운동을 하므로 a에서 b까지의 평균 속도의 크기는 $\frac{v+\frac{1}{2}v}{2}=\frac{3}{4}v$이고, c에서 d까지의 평균 속도의 크기는 $\frac{\frac{1}{4}v+\frac{5}{4}v}{2}=\frac{3}{4}v$이다. 따라서 평균 속도의 크기는 a에서 b까지와 c에서 d까지가 같다.

ㄴ. a에서 b까지 운동하는 데 걸린 시간은 2t이므로 b에서 가속도의 크기는 $\frac{v-\frac{1}{2}v}{2t}=\frac{v}{4t}$이고, c에서 d까지 운동하는 데 걸린 시간은 3t이므로 c에서 가속도의 크기는 $\frac{\frac{5}{4}v-\frac{1}{4}v}{3t}=\frac{v}{3t}$이다. 따라서 가속도의 크기는 b에서가 c에서의 $\frac{3}{4}$배이다.

ㄷ. b와 c의 높이는 같으므로 물체가 b에서 c까지 운동하는 동안 운동 에너지의 감소량은 마찰 구간에서 역학적 에너지 감소량과 같다. 따라서 마찰 구간에서 물체의 역학적 에너지 감소량은 $\frac{1}{2}m\left(\frac{1}{2}v\right)^2-\frac{1}{2}m\left(\frac{1}{4}v\right)^2=\frac{3}{32}mv^2$이다. ①에서 $\frac{3}{8}mv^2=mgh$이므로 마찰 구간에서 역학적 에너지 감소량은 $\frac{3}{32}mv^2=\frac{1}{4}mgh$이다.

닮은꼴 문제로 유형 익히기

본문 42쪽

정답 ⑤

B → C 과정과 D → A 과정에서 기체의 내부 에너지 변화량은 0이다.

ㄱ. A → B 과정에서 기체의 부피는 일정하고 압력은 증가하므로 온도는 높아진다. 기체의 온도는 B에서와 C에서가 같다. 따라서 기체의 온도는 A에서가 C에서보다 낮다.

ㄴ. A → B 과정에서 기체가 흡수한 열량을 Q_1이라고 하면, A → B → C 과정에서 기체가 흡수한 열량은 Q_1+500 J이다. B → C 과정에서 기체가 흡수한 열량은 500 J이므로 기체가 외부에 한 일은 500 J이다. D → A 과정에서 기체가 외부로부터 받은 일은 300 J이므로 A → B → C → D → A를 따라 순환하는 동안 열기관이 한 일은 500 J−300 J=200 J이다. 열기관의 열효율은 0.25이므로 $\frac{1}{4}=\frac{200}{Q_1+500}$에서 $Q_1=300$ J이다. A → B 과정에서 기체가 한 일은 0이므로 기체의 내부 에너지 증가량은 300 J이다.

ㄷ. B → C 과정에서 기체가 외부에 한 일은 500 J이다. A → B 과정에서 기체의 내부 에너지 증가량과 C → D 과정에서 기체의 내부 에너지 감소량은 같고, C → D 과정에서 기체가 방출한 열량은 기체의 내부 에너지 감소량과 같다. 따라서 C → D 과정에서 기체가 방출한 열량은 300 J이다. 이를 정리하면, B → C 과정에서 기체가 외부에 한 일은 C → D 과정에서 기체가 방출한 열량의 $\frac{5}{3}$배이다.

수능 2점 테스트

본문 43~44쪽

| 01 ④ | 02 ① | 03 ④ | 04 ② | 05 ④ |
| 06 ⑤ | 07 ⑤ | 08 ④ | | |

01 등압 팽창

기체의 압력이 일정할 때, 기체의 부피 증가량이 클수록 기체가 외부에 한 일은 크다.

ㄱ. 기체의 부피가 증가하므로 기체는 외부에 일을 한다.

ㄴ. 기체가 외부에 한 일을 W라고 하면, 기체의 내부 에너지 변화량은 $Q-W$이다. 따라서 기체의 내부 에너지 변화량은 Q보다 작다.

ㄷ. 기체는 압력이 일정하고 열을 흡수했으므로 기체의 온도는 올라간다. 따라서 기체 분자의 평균 속력은 커진다.

02 열역학 제1법칙

A와 B의 부피의 합은 (가)에서와 (나)에서가 같으므로 (가) → (나) 과정에서 A가 받은 일은 B가 한 일과 같다.

ㄱ. (가)에서 피스톤은 정지해 있으므로 A와 B의 압력은 같다. 기체의 부피는 A가 B보다 크므로 기체의 온도는 A가 B보다 높다.

✗. (나)에서 B에 열을 가했으므로 B의 압력, 온도, 부피는 증가한다. (나)에서 피스톤은 정지해 있으므로 기체의 압력은 A와 B가 같다. 따라서 A의 압력은 (가)에서가 (나)에서보다 작다.

✗. A와 B의 부피의 합은 (가)에서와 (나)에서가 같으므로 A가 받은 일은 B가 한 일과 같다. 따라서 (가) → (나) 과정에서 A와 B의 내부 에너지 변화량의 합은 Q이다.

03 열역학 제1법칙

A → B 과정에서 기체의 압력은 일정하고 기체의 부피는 감소하므로 기체의 온도는 낮아진다.

ㄱ. A → B 과정에서 기체가 받은 일은 기체의 압력과 부피 감소량의 곱이다. 따라서 A → B 과정에서 기체가 외부로부터 받은 일은 $2P_0V_0$이다.

✗. B → C 과정에서 기체의 부피는 일정하고 압력은 증가하므로 기체의 온도는 올라간다. 따라서 기체의 내부 에너지는 증가한다.

ㄷ. 기체의 온도는 A에서와 C에서가 같으므로 A → B 과정에서 기체의 온도 감소량은 B → C 과정에서 온도 증가량과 같다. 즉, A → B 과정에서 기체의 내부 에너지 감소량과 B → C 과정에서 내부 에너지 증가량이 같다. A → B 과정에서 기체는 외부로부터 일을 받고, B → C 과정에서 기체가 한 일은 0이므로 A → B 과정에서 방출한 열량은 B → C 과정에서 흡수한 열량보다 크다.

04 열역학 제1법칙

B → C 과정은 압력이 일정한 과정이므로 기체의 부피와 온도는 증가한다.

✗. A → B 과정에서 기체가 흡수한 열량은 기체의 내부 에너지 변화량과 같으므로 기체가 외부에 한 일은 0이다.

ㄴ. B → C 과정은 온도가 올라가며 압력이 일정한 과정이므로 기체의 부피는 증가한다.

✗. B → C 과정에서 기체가 흡수한 열량은 기체가 외부에 한 일과 기체의 내부 에너지 증가량의 합이다. 기체가 흡수한 열량은 A → B 과정에서와 B → C 과정에서가 같으므로 기체의 내부 에너지 증가량은 A → B 과정에서가 B → C 과정에서보다 크다.

05 열역학 제1법칙

기체가 외부에 일을 하면 기체의 부피는 증가하고, 기체가 외부로부터 일을 받으면 기체의 부피는 감소한다.

ㄱ. A → B 과정에서 기체의 온도와 부피는 증가하므로 기체는 열을 흡수한다.

✗. A → B 과정에서 기체의 부피는 증가하므로 기체는 외부에 일을 한다.

ㄷ. A → B 과정에서 기체가 외부에 한 일과 내부 에너지 증가량의 합은 Q이다. 기체의 온도는 A에서와 C에서가 같으므로 A → B 과정에서 기체의 내부 에너지 증가량은 B → C 과정에서 기체의 내부 에너지 감소량과 같다. 따라서 B → C 과정에서 기체의 내부 에너지 감소량은 Q보다 작다.

06 열역학 제2법칙

자연 현상의 대부분은 비가역적으로 일어나며, 고립계의 분자들은 무질서도가 증가하는 방향으로 진행한다.

Ⓐ. 열에너지는 모두 역학적 에너지로 전환될 수 없으므로 열효율이 100 %인 열기관은 만들 수 없다.

Ⓑ. 열기관이 한 일은 흡수한 열량과 방출한 열량의 차이다. 방출한 열량은 0이 될 수 없으므로 열기관이 한 일은 흡수한 열량보다 작다.

Ⓒ. 자연에서 일어나는 모든 비가역 변화는 무질서도가 증가하는 방향으로 일어난다.

07 열기관의 열효율

B → C 과정은 등온 팽창 과정이므로 기체는 열을 흡수한다.

✗. A → B 과정에서 기체의 부피는 일정하고 압력은 증가하므로 기체의 내부 에너지 증가량은 기체가 흡수한 열량과 같다. 따라서 ㉠은 Q이다. C → D 과정에서 기체의 부피는 일정하고 압력은 감소하므로 기체의 내부 에너지 감소량은 기체가 방출한 열량과 같다. 따라서 ㉡=㉢이다. 기체의 순환 과정에서 내부 에너지 변화량은 0이므로 ㉢=㉡=Q이다. 이를 정리하면 ㉠=㉡=㉢=Q이므로 ㉠−㉡=0이다.

과정	흡수 또는 방출하는 열량	내부 에너지 증가량 또는 감소량	기체가 외부에 한 일 또는 외부로부터 받은 일
A → B	㉠=Q	Q	0
B → C	$5Q$	0	$5Q$
C → D	㉡=Q	㉢=Q	0
D → A	$4Q$	0	$4Q$

ㄴ. B → C 과정은 등온 과정이므로 기체의 내부 에너지는 일정하고, C → D 과정에서 기체의 내부 에너지는 감소한다. 따라서 기체의 내부 에너지는 B에서가 D에서보다 크다.

ㄷ. B → C 과정에서 기체가 외부에 한 일은 $5Q$이고, D → A 과정에서 기체가 외부로부터 받은 일은 $4Q$이다. 따라서 기체가 한 번 순환하는 동안 한 일은 $5Q-4Q=Q$이다.

08 열기관의 열효율

기체가 한 번 순환하는 동안 열기관이 한 일을 W라고 하면, $3Q=W+Q_L$이다.

✗. 열기관의 열효율은 $0.3=\dfrac{3Q-Q_L}{3Q}$에서 $Q_L=2.1Q$이다.

ㄴ. 기체가 열을 흡수하는 과정은 A → B 과정이고, 기체가 열을 방출하는 과정은 C → D 과정이다. A → B 과정에서 기체가 외부에 한 일은 기체가 흡수한 열과 같으므로 $3Q$이다.

ㄷ. B → C 과정에서 기체의 온도 감소량은 D → A 과정에서 기체의 온도 증가량과 같다. 따라서 B → C 과정에서 기체의 내부 에너지 감소량은 D → A 과정에서 기체의 내부 에너지 증가량과 같다. D → A 과정은 단열 과정이므로 D → A 과정에서 기체가 외부로부터 받은 일은 기체의 내부 에너지 증가량과 같다. 따라서 B → C 과정에서 기체의 내부 에너지 감소량은 D → A 과정에서 기체가 외부로부터 받은 일과 같다.

01 열역학 제1법칙

단열 과정에서 기체가 외부에 한 일(또는 받은 일)은 기체의 내부 에너지 감소량(또는 증가량)과 같다.

ㄱ. A → B 과정은 등적 과정이므로 기체가 한 일은 0이다. 기체의 부피는 일정하고 압력은 증가하므로 온도는 올라간다. 따라서 기체의 내부 에너지는 증가하므로 기체는 열을 흡수한다.

ㄴ. B → C 과정은 단열 과정이므로 B → C 과정에서 기체가 한 일은 기체의 내부 에너지 감소량과 같다.

ㄷ. C → D 과정에서 기체가 방출한 열량은 기체의 내부 에너지 감소량과 같다. B → C 과정에서 기체의 부피는 증가하므로 기체는 외부에 일을 한다. 따라서 기체의 내부 에너지는 감소하므로 기체의 온도는 내려간다. 기체의 온도는 A에서와 D에서가 같으므로 A → B 과정에서 기체의 온도 증가량은 C → D 과정에서 기체의 온도 감소량보다 크다. 따라서 A → B 과정에서 기체의 내부 에너지 증가량은 C → D 과정에서 기체가 방출한 열량(=내부 에너지 감소량)보다 크다.

02 열역학 제1법칙

A가 외부에 한 일은 용수철에 저장된 탄성 퍼텐셜 에너지의 증가량과 같다.

ㄱ. A에 열을 공급하면 A의 온도와 부피는 증가한다. A와 B 사이에는 열전달이 잘 되는 금속판이 고정되어 있으므로 (나)에서도 A와 B의 온도는 같다. 이를 정리하면, (가)에서 (나)로 변하는 과정에서 B의 부피는 일정하고 온도는 올라갔으므로 B의 압력은 (가)에서가 (나)에서보다 작다.

ㄴ. (가)에서 (나)로 변하는 과정에서 A가 외부에 한 일은 탄성 퍼텐셜 에너지 증가량과 같다. A, B의 내부 에너지 증가량을 각각 ΔU_A, ΔU_B라고 하면, A가 흡수한 열량은 ΔU_A＋(탄성 퍼텐셜 에너지 증가량)이고 B가 흡수한 열량은 ΔU_B이다. $\Delta U_A = \Delta U_B$이므로 (가)에서 (나)로 변하는 과정에서 A가 흡수한 열량은 B의 내부 에너지 증가량보다 크다.

ㄷ. (가)에서 (나)로 변하는 과정에서 A와 B가 흡수한 열량의 합은 Q이므로 $Q = \Delta U_A + \Delta U_B +$ (탄성 퍼텐셜 에너지 증가량)이다. $\Delta U_A = \Delta U_B$이므로 $\Delta U_A = \Delta U_B < \dfrac{Q}{2}$이다.

03 열기관의 열효율

기체가 열을 흡수하는 과정은 A → B → C 과정이고, 열을 방출하는 과정은 C → D → A 과정이다. 색칠된 부분의 면적은 열기관이 한 일이다.

ㄱ. A → B 과정은 부피가 일정한 과정이므로 기체가 한 일은 0이고, 온도가 올라가므로 기체의 내부 에너지는 증가한다. 따라서 A → B 과정에서 기체는 열을 흡수한다.

ㄴ. 기체가 열을 흡수하는 과정은 A → B → C 과정이고, 기체가 열

을 방출하는 과정은 C → D → A 과정이다. A → B → C 과정에서 기체가 흡수한 열량을 Q_1, C → D → A 과정에서 기체가 방출한 열량을 Q_2라고 하자. 열기관의 열효율은 $\dfrac{1}{4}$이고 열기관이 외부에 한 일은 W이므로 $\dfrac{1}{4} = \dfrac{W}{Q_1}$에서 $Q_1 = 4W$이다. $Q_1 - Q_2 = W$이므로 $Q_2 = 3W$이다. 따라서 C → D → A 과정에서 기체가 방출한 열량은 $3W$이다.

ㄷ. A에서의 기체의 부피를 V, D에서의 기체의 부피를 αV라고 하자. A, B에서 기체의 절대 온도를 각각 T_A, T_B라고 하면, C, D에서 기체의 절대 온도는 각각 αT_B, αT_A이다. B → C 과정에서 기체의 절대 온도 증가량은 $T_B(\alpha - 1)$이고, D → A 과정에서 기체의 절대 온도 감소량은 $T_A(\alpha - 1)$이다. $T_A < T_B$이므로 $T_A(\alpha - 1) < T_B(\alpha - 1)$이다. 따라서 B → C 과정에서 기체의 내부 에너지 증가량은 D → A 과정에서 기체의 내부 에너지 감소량보다 크다.

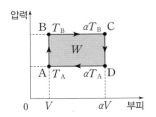

04 열기관의 열효율

A → B 과정은 부피가 증가하고 압력이 일정한 과정이므로 기체의 온도는 올라가며 기체는 열을 흡수한다. C → D 과정은 부피가 감소하고 압력이 일정한 과정이므로 기체의 온도는 내려가며 기체는 열을 방출한다.

ㄱ. B → C 과정과 D → A 과정은 단열 과정이므로 기체가 흡수한 열량은 0이다. 기체가 한 번 순환하는 동안 흡수하는 열량을 Q_H라고 하면 C → D 과정에서 기체가 방출한 열량은 $10W$이므로 열기관의 열효율은 $\dfrac{1}{3} = \dfrac{Q_H - 10W}{Q_H}$에서 $Q_H = 15W$이다. 기체가 한 번 순환하는 동안 기체가 외부에 한 일을 W_0이라고 하면, $\dfrac{1}{3} = \dfrac{W_0}{Q_H} = \dfrac{W_0}{15W}$에서 $W_0 = 5W$이다.

ㄴ. A → B 과정과 B → C 과정에서 기체의 부피는 증가하므로 기체는 외부에 일을 하고, C → D 과정과 D → A 과정에서 기체의 부피는 감소하므로 기체는 외부로부터 일을 받는다. $6W + ㉠ - 4W - ㉡ = W_0 = 5W$에서 $㉠ - ㉡ = 3W$이므로 $㉠ > ㉡$이다.

ㄷ. A → B 과정에서 기체의 내부 에너지 증가량을 ΔU_{AB}, C → D 과정에서 내부 에너지 감소량을 ΔU_{CD}라고 하자. $Q_H = 6W + \Delta U_{AB} = 15W$이므로 $\Delta U_{AB} = 9W$이다. C → D 과정에서 기체가 방출한 열량은 $10W = 4W + \Delta U_{CD}$에서 $\Delta U_{CD} = 6W$이다. 따라서 A → B 과정에서 기체의 내부 에너지 증가량(ΔU_{AB})은 C → D 과정에서 내부 에너지 감소량(ΔU_{CD})의 $\dfrac{3}{2}$배이다.

06 시간과 공간

닮은꼴 문제로 유형 익히기　　　　　본문 49쪽

정답 ②

B의 관성계에서 P, Q에서 방출된 빛은 검출기에 동시에 도달한다.

✗. A의 관성계에서 우주선은 광속에 가까운 속력으로 운동하므로 P에서 Q까지의 거리는 고유 길이보다 작다. 따라서 P에서 검출기까지의 거리는 A의 관성계에서가 B의 관성계에서보다 작다.

ㄴ. A의 관성계에서 Q에서 방출된 빛의 진행 방향은 검출기의 운동 방향과 반대이고, B의 관성계에서 검출기는 정지해 있다. 따라서 Q에서 방출된 빛이 검출기까지 진행한 거리는 A의 관성계에서가 B의 관성계에서보다 작다.

✗. A의 관성계에서 P에서 방출된 빛의 진행 방향은 검출기의 운동 방향과 같고, Q에서 방출된 빛의 진행 방향은 검출기의 운동 방향과 반대이다. 따라서 A의 관성계에서 P에서 검출기까지의 거리는 검출기에서 Q까지의 거리보다 작다. B의 관성계에서도 P에서 검출기까지의 거리는 검출기에서 Q까지의 거리보다 작고, P, Q에서 방출된 빛은 검출기에 동시에 도달하므로 빛은 Q에서가 P에서보다 먼저 방출된다.

ㄴ. 한 관성계에서 동일한 지점에서 동시에 일어난 두 사건은 다른 관성계에서도 동시에 일어난다. 따라서 B의 관성계에서도 P, Q에서 방출된 빛은 검출기에 동시에 도달한다. B의 관성계에서 검출기는 P를 향하는 방향으로 이동하므로 빛은 Q에서가 P에서보다 먼저 방출된다.

✗. A의 관성계에서 P, Q에서 동시에 방출된 빛이 검출기에 동시에 도달하므로 P와 검출기 사이의 거리는 Q와 검출기 사이의 거리와 같다. B의 관성계에서 P와 검출기 사이의 거리는 고유 거리보다 작고, Q와 검출기 사이의 거리는 우주선의 운동 방향에 수직이므로 고유 거리와 같다. 따라서 B의 관성계에서 P와 검출기 사이의 거리는 Q와 검출기 사이의 거리보다 작다.

03 고유 시간

B는 P와 Q에 대해 정지해 있으므로 P와 Q 사이의 고유 거리는 B가 측정한 거리이고, A의 관성계에서 P와 Q는 $0.6c$의 속력으로 이동하므로 A가 P에서 Q까지 이동하는 데 걸린 고유 시간은 A가 측정한 시간이다.

✗. 진공에서 빛의 속력은 관성계의 운동 상태에 관계없이 항상 c로 일정하다. 따라서 B가 보낸 빛 신호의 속력은 A의 관성계에서와 B의 관성계에서가 같다.

✗. B의 관성계에서 P와 Q 사이의 거리는 6광년이므로 A가 P에서 Q까지 운동하는 데 걸린 시간은 $\frac{6광년}{0.6c}$＝10년이다. A가 P에서 Q까지 운동하는 데 걸린 고유 시간은 A의 관성계에서 측정한 시간이고, A의 관성계에서 P와 Q 사이의 거리는 6광년보다 작다. 따라서 A의 관성계에서 P가 A를 지난 순간부터 Q가 A를 지날 때까지 걸린 시간은 10년보다 작다.

ㄷ. B의 관성계에서 A의 속력은 $0.6c$이고, 빛 신호의 속력은 c이다. B의 관성계에서 B가 빛 신호를 보낸 순간부터 A가 빛 신호를 수신하는 데까지 걸린 시간을 t라고 하면, $(0.6c+c)t$＝6광년에서 $t=\frac{6}{1.6}=\frac{15}{4}$(년)이다.

04 고유 거리와 동시성

A의 관성계에서 광원에서 방출된 빛이 P와 Q에 도달하는 데 걸린 시간은 T로 같으므로 광원으로부터 P, Q까지의 고유 거리는 같다.

ㄱ. A의 관성계에서 광원으로부터 P, Q까지의 거리는 고유 거리이다. B의 관성계에서 광원과 P 사이의 거리는 고유 거리보다 짧으므로 ㉠은 L보다 작다. A의 관성계에서, 광원에서 방출된 빛이 P, Q까지 진행하는 데 걸린 시간은 T로 같으므로 광원으로부터 P, Q까지의 거리는 같다. 따라서 ㉡은 L이고, ㉠<㉡이다.

✗. B의 관성계에서 P는 광원을 향하는 방향으로 운동하므로 광원에서 방출된 빛이 P까지 진행한 거리는 L보다 작고, 광원에서 방출된 빛이 Q까지 진행한 방향은 대각선 방향이므로 광원에서 방출된 빛이 Q까지 진행한 거리는 L보다 크다. 광원에서 방출된 빛이 P, Q를 향해 진행하는 속력은 같으므로 ㉢<㉣이다.

✗. A의 관성계에서 광원에서 P까지의 거리는 L이고, 광원에서 방출된 빛이 P까지 진행하는 데 걸린 시간은 T이므로 $L=cT$이다.

수 능 2점 테 스 트　　　　　본문 50~51쪽

01 ③	02 ②	03 ③	04 ①	05 ①
06 ②	07 ①	08 ①		

01 특수 상대성 이론의 기본 가정

모든 관성계에서 빛의 속력은 같다.

ㄱ. 우주선의 속력이 클수록 길이 수축 효과는 크게 나타난다. C의 관성계에서 A가 탄 우주선의 속력은 B가 탄 우주선의 속력보다 작으므로 A가 탄 우주선의 길이는 B가 탄 우주선의 길이보다 길다.

ㄴ. 모든 관성계에서 진공 중에서 진행하는 빛의 속력은 같다. 따라서 B의 관성계에서 p와 r의 속력은 같다.

✗. C의 관성계에서 A가 탄 우주선의 속력이 B가 탄 우주선의 속력보다 작으므로 광원에서 방출된 빛이 거울까지 진행한 거리는 A가 탄 우주선에서가 B가 탄 우주선에서보다 작다. 따라서 광원에서 방출된 빛이 거울에 도달할 때까지 걸린 시간은 p가 q보다 작다.

02 고유 거리와 동시성

A에 대해 P, Q, 검출기는 정지해 있으므로 A의 관성계에서, P에서 검출기까지의 거리, Q에서 검출기까지의 거리는 각각 고유 거리이다.

✗. A의 관성계에서 B는 운동하고 있으므로 A의 관성계에서 B의 시간은 A의 시간보다 느리게 간다.

05 동시성의 상대성

한 관성계에서 동시에 발생한 두 사건이 다른 관성계에서는 동시에 발생한 두 사건으로 관측되지 않을 수 있다. 이를 동시성의 상대성이라고 한다.

ㄱ. Q의 관성계에서 B는 광원을 향하는 방향으로 이동하므로 광원에서 방출된 빛은 A보다 B에 먼저 도달하고, 광원에서 방출된 빛은 C를 향해 대각선 방향으로 이동하므로 C보다 B에 먼저 도달한다.

✗. P의 관성계에서 광원에서 방출된 빛은 A와 B에 동시에 도달하므로 광원으로부터의 거리는 A와 B가 같다. 길이 수축은 운동 방향으로 일어나므로 R의 관성계에서 A와 광원 사이의 거리는 B와 광원 사이의 거리와 같다.

✗. 운동 방향에 대해 수직 방향으로는 길이 수축이 일어나지 않는다. 따라서 C에서 광원까지의 거리는 Q의 관성계에서와 R의 관성계에서가 같다.

06 동시성의 상대성

A의 관성계에서 P, Q에서 동시에 방출된 빛은 검출기에 동시에 도달하므로, B의 관성계에서도 P, Q에서 방출된 빛은 검출기에 동시에 도달한다.

✗. B의 관성계에서 P에서 Q까지의 거리는 고유 거리이다. A의 관성계에서 P에서 Q까지의 거리는 수축된 거리이므로 고유 거리보다 작다. 따라서 P에서 Q까지의 거리는 A의 관성계에서가 B의 관성계에서보다 작다.

ㄴ. B의 관성계에서 P에서 검출기까지의 거리는 Q에서 검출기까지의 거리보다 크다. A의 관성계에서 P, Q에서 동시에 방출된 빛은 검출기에 동시에 도달한다고 했으므로 검출기는 P를 향하는 방향으로 운동한다. 따라서 B의 관성계에서 A의 운동 방향은 ⓑ이다.

✗. B의 관성계에서 P에서 검출기까지의 거리는 Q에서 검출기까지의 거리보다 크고, P와 Q에서 방출된 빛의 속력은 같다. B의 관성계에서도 P, Q에서 방출된 빛은 검출기에 동시에 도달하므로 빛은 Q보다 P에서 먼저 방출된다.

07 핵분열과 핵융합

핵반응식에서 질량수와 전하량은 각각 보존된다.

ㄱ. (가)에서 질량수가 큰 $^{235}_{92}U$이 질량수가 작은 원자핵들로 쪼개지므로 (가)는 핵분열 반응이다. (나)에서 ^4_2He보다 질량수가 작은 원자핵들이 반응하여 ^4_2He이 생성되므로 (나)는 핵융합 반응이다.

✗. ㉠의 질량수를 x, 양성자수를 y라고 하면, 질량수가 보존되므로 $2+3=4+x$에서 $x=1$이고, 전하량이 보존되므로 $1+2=2+y$에서 $y=1$이다. 즉, ㉠은 질량수가 1이고 양성자수가 1인 수소(^1_1H) 원자핵이다. 따라서 ㉠의 중성자수는 0이다.

✗. 핵반응 과정에서 질량수는 보존된다. 따라서 (나)에서 입자들의 질량수의 합은 반응 전과 후가 같다.

08 핵반응

(가)와 (나)는 질량수가 작은 원자핵이 융합하여 질량수가 큰 원자핵이 되는 현상이다.

ㄱ. 핵반응 과정에서 발생하는 에너지는 (가)에서가 (나)에서보다 크므로 질량 결손은 (가)에서가 (나)에서보다 크다.

✗. ㉠의 질량수를 a라고 하면 $2+a=3$에서 $a=1$이고, 양성자수를 b라고 하면 $1+b=2$에서 $b=1$이다. 즉, ㉠은 ^1_1H이고, 중성자수는 질량수와 양성자수의 차이이므로 ㉠의 중성자수는 0이다.

✗. ㉡의 질량수를 c라고 하면 $4=a+c=1+c$에서 $c=3$이고, 양성자수를 d라고 하면 $2=b+d=1+d$에서 $d=1$이다. 따라서 ㉡은 삼중수소(^3_1H) 원자핵이다.

01 ①   **02** ⑤   **03** ①   **04** ⑤

01 시간 지연과 길이 수축

특수 상대성 이론에 의하면 운동하는 물체는 운동 방향에 대해 길이 수축이 일어나며, 수축된 길이는 고유 길이보다 작다.

ㄱ. A의 관성계에서 B는 $0.8c$의 속력으로 운동하고 있으므로 B의 시간은 A의 시간보다 느리게 간다.

✗. A의 관성계에서 터널은 정지해 있고, x축과 나란한 방향으로 터널의 길이는 L이다. 따라서 터널의 고유 길이는 L이다. A의 관성계에서 B의 길이는 B의 고유 길이보다 작다. 그러므로 B의 x축과 나란한 방향의 고유 길이는 L보다 크다.

✗. B의 관성계에서 터널의 길이는 L보다 작다. 따라서 B의 관성계에서 터널의 입구가 B의 앞쪽 끝을 지난 순간부터 터널의 출구가 B의 앞쪽 끝을 지날 때까지 걸린 시간은 $\dfrac{L}{0.8c}$보다 작다.

02 동시성의 상대성

A의 관성계에서 광원에서 방출된 빛이 P를 향해 진행한 방향은 x축과 나란하고 R를 향해 진행한 방향은 대각선 방향이다.

ㄱ. A의 관성계에서 광원에서 방출된 빛이 P를 향해 진행한 방향은 P의 진행 방향과 서로 반대 방향이고, P에서 반사된 빛이 광원을 향해 진행한 방향은 광원의 진행 방향과 같다. 따라서 A의 관성계에서 광원에서 방출된 빛이 P에 도달할 때까지 진행한 거리는 P에서 반사된 빛이 광원에 도달할 때까지 진행한 거리보다 짧다.

ㄴ. B의 관성계에서 빛이 광원에서 P까지 진행하는 데 걸린 시간은 광원에서 Q까지 진행하는 데 걸린 시간과 같으므로 광원에서 P까지의 고유 길이는 광원에서 Q까지의 고유 길이와 같다. A의 관성계에서 광원에서 방출된 빛은 Q보다 P에 먼저 도달하므로 $t_1<$ⓐ이다. 광원에서 방출된 빛은 R를 향해 진행할 때, A의 관성계에서는 대각선 방향으로 진행하고 B의 관성계에서는 $+y$ 방향으로 진행한다.

즉, 광원에서 R까지 빛이 도달하는 데까지 걸린 시간은 ⓑ<t_1이다. 이를 정리하면, ⓑ<t_1<ⓐ이다.

ㄷ. A의 관성계에서 광원에서 방출된 빛은 P와 R에 동시에 도달한다. A의 관성계에서 빛이 광원에서 P까지 진행한 거리를 A_1, 광원에서 R까지 진행한 거리를 A_2라고 하면, $A_1=A_2$이다. B의 관성계에서 빛이 광원에서 P까지와 광원에서 Q까지 진행하는 데 걸린 시간은 t_2로 같다. B의 관성계에서 빛이 광원에서 P까지 진행한 거리를 B_1, 광원에서 R까지 진행한 거리를 B_2라고 하자.

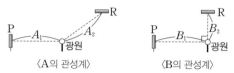

〈A의 관성계〉   〈B의 관성계〉

광원에서 방출된 빛이 R를 향해 진행할 때, A의 관성계에서 빛은 대각선 방향으로 진행하고 B의 관성계에서 빛은 +y 방향으로 진행한다. 즉, $A_2>B_2$이다. B의 관성계에서 광원과 P 사이의 거리는 고유 길이이므로 $A_1<B_1$이다. 이를 정리하면, $B_1>A_1=A_2>B_2$이므로 ⓑ<t_2이다.

03 시간 지연과 길이 수축

물체의 속력이 빠를수록 상대론적 질량은 증가한다.
ㄱ. P의 속력은 A의 관성계에서가 Q의 관성계에서보다 크다. 따라서 P의 상대론적 질량은 A의 관성계에서가 Q의 관성계에서보다 크다.
ㄴ. a와 b 사이의 거리는 Q의 운동 방향에 대해 수직이므로 Q의 관성계에서 길이 수축이 일어나지 않는다. 따라서 Q의 관성계에서 a와 b 사이의 거리는 d이다.
ㄷ. P의 관성계에서 A는 +y 방향으로 운동하며 A가 a에서 b까지 진행한 거리는 d이다. Q의 관성계에서 A는 대각선 방향으로 운동하므로 A가 a에서 b까지 진행한 거리는 d보다 크다.

04 핵반응

질량은 에너지로 전환될 수 있고, 에너지는 질량으로 전환될 수 있다.
ㄱ. 원자핵의 양성자수는 질량수와 중성자수의 차이다. a, b, c의 양성자수는 각각 1, 2, 1이다. 핵반응 과정에서 질량수와 양성자수는 각각 보존되므로 ⓒ의 양성자수는 1+1−1=1이다.
ㄴ. ㉠, ㉡의 질량을 각각 $m_㉠$, $m_㉡$이라고 하면, (가)에서 $2m_1-m_2>m_㉠$ … ①이고 (나)에서 $2m_1-m_3>m_㉡$ … ②이다. ①+②를 하면, $4m_1-m_2-m_3>m_㉠+m_㉡$이다.
ㄷ. 핵반응 과정에서 질량 결손이 클수록 발생하는 에너지가 크다. 따라서 질량 결손은 (가)에서가 (나)에서보다 작다.

07 물질의 전기적 특성

닮은꼴 문제로 유형 익히기   본문 56쪽

정답 ①

보어의 수소 원자 모형에서 양자수 n에 따라 에너지 준위를 나타낼 때 전자가 $n≥2$에서 $n=1$로 전이할 때는 라이먼 계열의 빛이 나타나고, $n≥3$에서 $n=2$로 전이할 때는 발머 계열의 빛이 나타난다.
ㄱ. X는 전자가 $n≥3$에서 $n=2$로 전이하는 과정이다. 따라서 X는 발머 계열이다.
ㄴ. Y는 라이먼 계열이며 10.2 eV는 전자가 $n=2$에서 $n=1$로 전이할 때 방출되는 빛의 에너지이다. 따라서 $E≥10.2$ eV이다.
ㄷ. X는 발머 계열이다. 따라서 a에서 방출되는 빛은 가시광선에 포함되는 영역의 빛이다. 자외선 영역의 빛은 라이먼 계열인 Y에서 방출되는 빛이다.

수능 2점 테스트   본문 57~58쪽

| 01 ③ | 02 ⑤ | 03 ④ | 04 ② | 05 ② |
| 06 ③ | 07 ⑤ | 08 ① | | |

01 전기력

A~D와 E 사이의 거리가 모두 같으므로 A~D가 각각 E에 작용하는 전기력의 크기는 A~D의 전하량의 크기에 비례한다.
ㄱ. C, E가 양(+)전하이므로 C가 E에 작용하는 전기력의 방향은 +y 방향이다. 따라서 E에 작용하는 전기력이 0이려면 A가 E에 작용하는 전기력의 방향은 −y 방향이어야 한다.
ㄴ. A~D와 E 사이의 거리가 모두 d로 같다. 따라서 A~D가 각각 E에 작용하는 전기력의 크기는 A~D의 전하량의 크기에 비례한다. C는 A와 전하량의 크기가 같고, D는 B와 전하량의 크기가 같으므로 C의 전하량의 크기는 D의 전하량의 크기의 2배이다.
ㄷ. A와 C, B와 D 사이의 거리는 2d로 같고 전하량의 곱은 A와 C가 B와 D의 4배이므로 A가 C에 작용하는 전기력의 크기는 B가 D에 작용하는 전기력의 크기의 4배이다.

02 전기력

A 또는 C가 연직 방향과 이루는 각이 클수록 A와 B 또는 B와 C 사이에 작용하는 전기력의 크기가 크다.
ㄱ. (가)에서는 A와 C가 연직 방향과 이루는 각이 $θ_1$로 같고, (나)에서는 $θ_2$로 같다. 따라서 A와 C의 전하량의 크기가 같다.

정답과 해설 23

ㄴ. A와 B, B와 C 사이에는 각각 서로 미는 방향으로 전기력이 작용하므로 A와 C는 같은 종류의 전하이다.

ㄷ. $\theta_1 > \theta_2$이므로 (가)에서가 (나)에서보다 A 또는 C와 B 사이에 작용하는 전기력의 크기가 크다. 따라서 B의 전하량의 크기는 (가)에서가 (나)에서보다 크다.

03 전기력

고정된 두 점전하 A, B 또는 C, D 사이의 중앙인 q, r에 놓인 점전하에 작용하는 전기력이 0일 경우 A, B의 전하의 종류와 전하량의 크기가 같고, C, D의 전하의 종류와 전하량의 크기도 같다.

✗. (가)에서 q에 놓인 양(＋)전하인 점전하에 작용하는 전기력이 0이므로 A, B의 전하량의 크기는 같다.

ㄴ. (가)에서 p에 놓인 점전하에 A가 작용하는 전기력의 크기는 B가 작용하는 전기력의 크기보다 크다. 또한 (나)에서 s에 놓인 점전하에 D가 작용하는 전기력의 크기는 C가 작용하는 전기력의 크기보다 크다. A가 p에 놓인 점전하에 작용하는 전기력의 방향은 ＋x 방향이고, D가 s에 놓인 점전하에 작용하는 전기력의 방향도 ＋x 방향이므로 p, s에 놓인 점전하에 작용하는 전기력의 방향은 ＋x 방향으로 서로 같다.

ㄷ. A, B의 전하량의 크기를 $2Q$라고 하면 C, D의 전하량의 크기는 Q이다. 전기력의 크기는 전하량의 곱에 비례하고 거리의 제곱에 반비례하므로 p, s에 놓인 점전하의 전하량의 크기를 q라고 하면, p에 놓인 점전하에 작용하는 전기력의 크기는 $k\left|\dfrac{2qQ}{d^2}-\dfrac{2qQ}{9d^2}\right|=k\dfrac{16qQ}{9d^2}$ 이고 s에 놓인 점전하에 작용하는 전기력의 크기는 $k\left|\dfrac{qQ}{d^2}-\dfrac{qQ}{9d^2}\right|=$ $k\dfrac{8qQ}{9d^2}$이다. 즉, p에 놓인 점전하에 작용하는 전기력의 크기는 s에 놓인 점전하에 작용하는 전기력의 크기의 2배이다.

04 보어의 수소 원자 모형

전자가 전이할 때 방출하는 빛에너지는 빛의 파장에 반비례한다.

✗. 전자가 전이할 때 방출하는 빛에너지는 c에서가 b에서보다 크다. 빛의 진동수는 빛의 파장에 반비례하므로 $\lambda_c < \lambda_b$이다.

ㄴ. 양자수 $n=1$로 전자가 전이할 때 방출되는 전자기파 영역은 자외선이다. 따라서 a에서 방출된 빛은 자외선이다.

✗. 전자는 양자수가 큰 궤도에 위치할수록 큰 에너지를 갖는다. 따라서 전이하기 전 전자의 에너지는 b 과정에서가 c 과정에서보다 작다.

05 보어의 수소 원자 모형

보어의 수소 원자 모형은 전자가 원자핵을 중심으로 특정한 궤도에서 원운동을 하는 모형이다. 전자가 에너지 준위 사이를 전이할 때 에너지를 흡수하거나 방출한다.

✗. 전자가 바깥쪽 궤도로 전이할수록 전자의 에너지 준위는 높아진다. 따라서 전자의 에너지 준위는 p에서가 r에서보다 높다.

✗. (가)에서 전자가 p에서 r로 전이할 때 발생하는 전자의 에너지 준위 차는 (나)에서 전자가 q에서 r로 전이할 때 발생하는 전자의 에너지 준위 차보다 크다. 따라서 전자가 p에서 r로 또는 q에서 r로 각

각 전이할 때 방출 또는 흡수하는 에너지 값은 서로 다르다.

ㄷ. 원자핵은 양(＋)전하이고 전자는 음(－)전하이다. 따라서 원자핵과 전자 사이에는 서로 당기는 전기력이 작용한다.

06 선 스펙트럼

양자수가 작은 상태에서 큰 상태로 전이하는 전자는 빛에너지를 흡수하고, 양자수가 큰 상태에서 작은 상태로 전이하는 전자는 빛에너지를 방출한다.

ㄱ. a는 전자가 양자수 $n=1$에서 $n=2$로 전이하는 과정이므로 전자는 빛에너지를 흡수한다. 즉, a에서는 빛을 흡수한다.

ㄴ. 전자가 양자수 $n \geq 3$에서 $n=2$로 전이할 때 빛을 방출하므로 p는 b에서 방출되는 빛에 의한 스펙트럼선이다. 따라서 p에 해당하는 빛의 진동수는 $\dfrac{|E_3-E_2|}{h}$이다.

✗. c에서 방출되는 빛에너지가 d에서 방출되는 빛에너지보다 작다. 따라서 빛의 진동수를 f, 빛의 파장을 λ, 빛의 속력을 c라고 하면 빛에너지는 $E=hf=h\dfrac{c}{\lambda}$이므로 c에서 방출되는 빛의 파장은 d에서 방출되는 빛의 파장보다 길다.

07 에너지띠 구조와 고체의 전기 전도도

전도띠와 원자가 띠 사이의 간격이 좁을수록 고체의 전기 전도도가 크다.

ㄱ. (가)는 반도체이고 (나)는 도체의 에너지띠 구조이다. 따라서 (가)는 전기 전도도가 작은 A의 에너지띠 구조이다.

ㄴ. B는 전도띠와 원자가 띠가 서로 겹쳐 있거나 원자가 띠의 전자가 일부 채워지지 않은 상태이다. 따라서 B는 도체이다.

ㄷ. (나)는 도체의 에너지띠 구조이다. 따라서 (나)의 에너지띠 구조에서는 자유 전자가 많으므로 (가)의 반도체 에너지띠 구조에서보다 상온에서 원자 사이를 자유롭게 이동할 수 있는 전자들이 많다.

08 전기 전도도

전기 전도도는 물체의 비저항에 반비례한다. 저항은 물체의 길이에 비례하고 단면적에 반비례한다.

ㄱ. 검류계에서 측정된 전류의 세기가 클수록 물체의 저항은 작다. 전류의 세기는 A를 연결했을 때가 B를 연결했을 때보다 크므로, 길이가 같은 A, B의 경우 단면적은 A가 B보다 크다.

✗. 전류의 세기는 B를 연결했을 때가 C를 연결했을 때보다 크므로, 단면적이 같은 B, C의 경우 길이는 B가 C보다 짧다.

✗. 전기 전도도는 물질의 전기적 특성이다. 따라서 동일한 고체 물질인 A, C의 전기 전도도는 단면적이나 길이에 관계없이 서로 같다.

01 ③　　**02** ③　　**03** ④　　**04** ①

01 전기력

일직선상에 놓여 있는 점전하 사이에 다른 점전하를 추가로 놓았을 때, 추가로 놓은 점전하에 작용하는 전기력을 통해 일직선상에 놓여 있던 다른 점전하의 전하의 종류를 확인할 수 있다.

ㄱ. $x=2d$에서 P에 작용하는 전기력은 0이다. 따라서 $x=2d$에서 P에 작용하는 전기력이 0이 되려면 A가 P에 작용하는 전기력의 방향이 $+x$ 방향이어야 하므로 A는 양($+$)전하이다.

✗. $x=2d$에서 P에 작용하는 전기력이 0이다. 따라서 A, B, C의 전하량의 크기를 각각 Q_A, Q_B, Q_C라고 하면 $\dfrac{Q_B}{4d^2}+\dfrac{Q_C}{9d^2}=\dfrac{Q_A}{4d^2}$가 성립하므로 $Q_A=2Q_B$에 의해 $\dfrac{4}{9}Q_C=Q_B$이다. 즉, 전하량의 크기는 B가 C의 $\dfrac{4}{9}$배이다.

ㄷ. $x=d$에서 A, B에 대한 P의 거리의 제곱비는 1 : 9이고, $Q_A=2Q_B$이므로 A가 P에 작용하는 전기력의 크기는 B가 P에 작용하는 전기력의 크기보다 크다. 따라서 A가 P에 작용하는 전기력의 방향이 $+x$ 방향이므로 (나)에서 P에 작용하는 전기력의 방향은 $+x$ 방향이다.

02 전기력

(가), (나)와 같이 B의 위치만 이동시켰을 때 B에 작용하는 전기력의 방향이 반대 방향으로 되었다는 것은 B의 x 위치 $d<x<2d$ 구간에 B에 작용하는 전기력이 0인 위치가 존재한다는 것을 의미한다.

ㄱ. A와 C 사이에 B에 작용하는 전기력이 0인 위치가 존재하므로 C는 A와 같은 종류인 음($-$)전하이다.

✗. A, B, C의 전하량의 크기를 각각 Q_A, Q_B, Q_C라고 하면 $k\left(\dfrac{Q_C Q_B}{d^2}-\dfrac{Q_A Q_B}{4d^2}\right)=F$, $k\left(\dfrac{Q_A Q_B}{d^2}-\dfrac{Q_C Q_B}{4d^2}\right)=2F$이다. 이 두 식을 연립하면 $2Q_A=3Q_C$이므로, 전하량의 크기는 A가 C의 $\dfrac{3}{2}$배이다.

ㄷ. B의 위치를 $x=2d$에서 $x=d$로 변경할 때 B에 작용하는 전기력의 방향이 $+x$ 방향에서 $-x$ 방향으로 변경되었다. 따라서 B에 작용하는 전기력이 0인 B의 위치 x는 $d<x<2d$인 구간에 존재한다.

03 보어의 수소 원자 모형

원자핵을 중심으로 특정한 궤도에서 원운동을 하는 전자의 에너지는 전자의 궤도가 원자핵으로부터 멀수록 크다.

ㄱ. a에서 흡수하는 광자 1개의 에너지는 10.2 eV이므로 $|3.4\ \text{eV}+\unicode{0x24D8}|=10.2\ \text{eV}$이다. 따라서 ㉠은 $-13.6\ \text{eV}$이다.

✗. c에서 방출하는 광자 1개의 에너지는 0.66 eV이므로 $|0.85\ \text{eV}+\unicode{0x24D9}|=0.66\ \text{eV}$에 의해 ㉡은 $-1.51\ \text{eV}$이다. 따라서 b에서 흡수하는 광자 1개의 에너지는 $|-1.51\ \text{eV}+3.4\ \text{eV}|=1.89\ \text{eV}$이므로 0.66 eV보다 크다.

ㄷ. d는 전자가 양자수 $n=3$에서 $n=1$로 전이하는 과정이다. 따라서 d에서 방출하는 광자 1개의 에너지는 $|㉠-㉡|$이다.

04 도체의 비저항과 전기 전도도

도체의 길이와 단면적이 동일할 때 도체의 저항은 도체의 비저항에 비례하고, 도체의 전기 전도도는 도체의 비저항에 반비례한다.

ㄱ. (나)에서 동일한 전압을 도체에 걸어 주었을 때, P가 Q보다 더 큰 세기의 전류가 흐르는 결과라는 것을 알 수 있다. 따라서 전기 전도도는 A가 B보다 작으므로 P는 B를 연결했을 때의 결과이며, Q는 A를 연결했을 때의 결과이다.

✗. 전기 전도도는 A가 B보다 작으므로 도체의 비저항은 A가 B보다 크다.

✗. A의 길이만 2배로 하여 실험할 경우 A의 저항값만 처음의 2배가 된다. 전기 전도도는 물질의 특성이어서 변하지 않으므로 A의 전기 전도도는 $3.50\times10^7\ \Omega^{-1}\cdot\text{m}^{-1}$이다.

08 반도체와 다이오드

닮은 꼴 문제로 유형 익히기

본문 63쪽

정답 ⑤

p–n 접합 발광 다이오드(LED)는 전원에 순방향으로 연결하였을 때 빛을 방출하며, 스위치를 a에 연결할 때 A 또는 B가 빛을 방출하였으므로 P는 도체이다. 또한 전기 전도도는 도체가 절연체보다 크다.

㉠. 스위치를 a에 연결할 때 A만 빛을 방출하였을 경우, 이 순간 R에 흐르는 전류의 방향은 'c → R → d'이다. 따라서 이 순간 A는 교류 전원에 순방향으로 연결되므로 Y는 n형 반도체이다.

㉡. 스위치를 a에 연결할 때 B만 빛을 방출하였을 경우, 이 순간 B는 교류 전원에 순방향으로 연결된다. 따라서 이 순간 R에 흐르는 전류의 방향인 ㉠은 'd → R → c'가 적절하다.

㉢. 스위치를 b에 연결할 때 A, B 모두 빛을 방출하지 않았으므로 Q는 절연체이다. 전기 전도도는 도체가 절연체보다 크므로, 전기 전도도는 도체인 P가 절연체인 Q보다 크다.

수능 2점 테스트

본문 64~65쪽

01 ④ 02 ② 03 ① 04 ④ 05 ④
06 ⑤ 07 ③ 08 ④

01 반도체와 전기 전도도

고유 반도체보다 불순물을 도핑한 반도체가 전기 전도도가 크다.

✗. (가)는 고유 반도체이고 (나)는 (가)의 고유 반도체에 불순물을 도핑한 반도체의 에너지띠 구조이다. 따라서 전기 전도도는 (가)의 반도체가 (나)의 반도체보다 작다.

㉡, ㉢. 에너지띠 구조에서 도핑된 원자에 의한 에너지 준위가 전도띠 바로 아래에 위치할 경우 A에 도핑한 불순물의 원자가 전자 수는 5개 이상이다. 따라서 (나)의 반도체는 n형 반도체이며, C는 전자이다.

02 고유 반도체와 불순물 반도체

고유 반도체는 불순물이 없는 반도체이다.

✗. (가)의 반도체는 고유 반도체이고, (나)의 반도체는 불순물을 도핑한 n형 반도체이다. 고유 반도체보다 불순물을 도핑한 반도체의 전기 전도도가 크므로 전기 전도도는 (가)의 반도체가 (나)의 반도체보다 작다.

✗. (다)의 반도체는 p형 반도체이다. 따라서 (다)의 반도체의 주된 전하 운반자는 양공이다.

㉢. A의 원자가 전자 수는 5개이며 B의 원자가 전자 수는 3개이다. 따라서 원자가 전자 수는 A가 B보다 크다.

03 p–n 접합 발광 다이오드(LED)와 교류 전원

교류 전원은 주기적으로 교류 전원 양단의 전극을 변경하므로 LED는 교류 전원과 순방향으로 연결될 경우에만 빛을 방출한다.

㉠. LED 1과 LED 4가 빛을 방출할 때 R에 전류가 흐른다. LED가 빛을 방출하는 경우는 순방향으로 교류 전원이 연결된 경우이므로 LED 4에 의해 R에는 ㉡ 방향으로 전류가 흐른다.

✗. LED 2와 LED 3이 빛을 방출할 때는 LED 1과 LED 4는 빛을 방출하지 않는다. 즉, LED 2, LED 3은 LED 1, LED 4와 주기적으로 교류 전원에 반대 방향으로 연결된다. 따라서 LED 2의 연결 방향이 LED 4의 연결 방향과 반대 방향이어야 하므로 X는 n형 반도체이다.

✗. X가 n형 반도체이므로 Y는 p형 반도체이다. 따라서 Y의 주된 전하 운반자는 양공이다.

04 p–n 접합 발광 다이오드(LED)

LED가 빛을 방출하는 경우는 전원에 순방향으로 연결된 것이다.

✗. LED 2가 빛을 방출할 때 R에는 ㉠ 방향으로 전류가 흐른다. 따라서 Y는 p형 반도체이고 a는 (−)극이다.

㉡. a가 (−)극이고, S_1을 닫았을 때 LED 1은 빛을 방출하지 않으므로 X는 p형 반도체이다. 따라서 X, Y는 서로 같은 종류의 반도체이다.

㉢. S_2만 닫았을 때 LED 3이 빛을 방출하므로 Z는 n형 반도체이다. 따라서 S_2만 닫으면 Z 내부에서의 전자는 LED 3의 p–n 접합면으로 이동한다.

05 p–n 접합 다이오드

S를 닫으면 A, B 모두 직류 전원에 순방향으로 연결된다. 따라서 X, Y는 같은 종류의 반도체이다.

✗. S를 닫았을 때 P, Q 모두 불이 켜졌다면 A, B가 직류 전원에 순방향으로 연결된 경우이다. 따라서 X는 n형 반도체이다.

㉡. Y는 직류 전원의 (−)극에 순방향으로 연결되어 있으므로 Y는 n형 반도체이다. 따라서 Y의 주된 전하 운반자는 전자이다.

㉢. B와 직류 전원은 순방향으로 연결되어 있다. 따라서 B 내부에서의 전자와 양공은 B의 p–n 접합면으로 이동한다.

06 p–n 접합 다이오드와 p–n 접합 발광 다이오드(LED)

p–n 접합 다이오드에서 p형 반도체의 주된 전하 운반자는 양공이고, n형 반도체의 주된 전하 운반자는 전자이다.

㉠. p형 반도체 쪽에는 직류 전원 장치의 (+)극을 연결해야 순방향 연결이다. 따라서 a는 (+)극이다.

㉡. LED에서 빛을 방출하였으므로 LED는 직류 전원 장치에 순방향으로 연결되어 있다. 따라서 X는 n형 반도체이다.

㉢. p–n 접합 다이오드를 직류 전원 장치에 순방향으로 연결할 경우 p형 반도체의 양공과 n형 반도체의 전자는 p–n 접합면으로 이동한다.

07 광센서와 p-n 접합 발광 다이오드(LED)

광센서는 빛을 받으면 전자가 원자가 띠에서 전도띠로 전이하므로 전지의 역할을 하게 되며, 회로에 전류가 흐르게 된다. 따라서 광센서의 p형 반도체는 전지의 (+)극 역할을, n형 반도체는 전지의 (−)극 역할을 하게 된다. 그러므로 광센서 내부에서 전자는 p형 반도체에서 n형 반도체로 이동한다.

㉠ R에 흐르는 전류의 방향은 a → R → b이므로 X는 A의 (+)극에 연결된 것이다. 따라서 X는 p형 반도체이다.

✗. Y는 A의 (−)극에 연결된 반도체이다. 따라서 Y는 n형 반도체이므로 Y의 주된 전하 운반자는 전자이다.

㉢. A는 광센서이다. 따라서 A에 빛을 비추었을 때 R에 전류가 흐르고, LED는 빛을 방출하였으므로 A의 원자가 띠의 전자는 빛에너지를 흡수하여 전도띠로 전이한다.

08 p-n 접합 발광 다이오드(LED)

p-n 접합 발광 다이오드의 p형 반도체에 직류 전원 장치의 (+)극을, n형 반도체에 직류 전원 장치의 (−)극을 각각 연결하면 LED는 빛을 방출한다.

✗. S₁과 S₂만 닫으면 LED 1~3만 빛을 방출하며, S₃과 S₄만 닫으면 LED 4~6만 빛을 방출한다. 따라서 S₁과 S₂만 닫았을 때 LED 2, LED 3의 p형 반도체와 n형 반도체는 직류 전원 장치 Ⅰ에 순방향으로 연결되어 있고, S₃과 S₄만 닫았을 때는 LED 2, LED 3의 p형 반도체와 n형 반도체는 직류 전원 장치 Ⅱ에 역방향으로 연결되어 있다. 즉, a, c 모두 (+)극으로 같은 종류의 전극이다.

㉡. c가 (+)극이므로 X는 p형 반도체이다.

㉢. S₁과 S₂만 닫았을 때 R에 흐르는 전류의 방향은 LED 2 → R → LED 3이고, S₃과 S₄만 닫았을 때 R에 흐르는 전류의 방향은 LED 4 → R → LED 5이다. 따라서 S₁과 S₂만 닫을 때와 S₃과 S₄만 닫았을 때 R에 흐르는 전류의 방향은 같다.

수능 3점 테스트   본문 66~67쪽

01 ②   **02** ④   **03** ③   **04** ⑤

01 p형 반도체와 에너지띠 구조

p형 반도체의 에너지띠 구조는 원자가 띠 바로 위에 도핑된 원자에 의한 에너지 준위가 위치한다.

✗. 제시된 에너지띠 구조는 p형 반도체의 에너지띠 구조이다. 따라서 고유 반도체에 도핑한 불순물의 원자가 전자 수는 3개 이하이다.

✗. p형 반도체의 에너지띠 구조이므로 P는 양공이다.

㉢. 도핑된 원자에 의한 에너지 준위에 의해 고유 반도체보다 불순물 반도체의 전기 전도도가 크다.

02 p-n 접합 다이오드와 에너지띠 구조

P는 고유 반도체에 원자가 전자 수가 5개 이상인 불순물이 도핑된 n형 반도체의 에너지띠 구조이고, Q는 고유 반도체에 원자가 전자 수가 3개 이하인 불순물이 도핑된 p형 반도체의 에너지띠 구조이다.

✗. S₁과 S₂를 동시에 닫았을 때 A, B에 흐르는 전류의 방향은 서로 반대 방향이다. 또한 X는 고유 반도체에 원자가 전자 수가 5개인 불순물을 도핑한 n형 반도체이다. 따라서 Y는 X와 같은 n형 반도체이다. 즉, Y의 에너지띠 구조는 P이다.

㉡. t일 때 A는 교류 전원과 순방향으로 연결된다. 따라서 X는 n형 반도체이므로 t일 때 R₁에 흐르는 전류의 방향은 ㉠ 방향이다.

㉢. 3t일 때 B에만 전류가 흐른다. 따라서 3t일 때 A에는 역방향 전압이, B에는 순방향 전압이 걸린다.

03 p-n 접합 다이오드

p-n 접합 다이오드의 순방향 연결은 p형 반도체에 직류 전원의 (+)극을 연결하고, n형 반도체에 직류 전원의 (−)극을 연결한 경우이다.

㉠. S₁만 닫았을 때 A, B 모두 불이 켜졌으므로 p-n 접합 다이오드는 직류 전원에 순방향으로 연결된다. 따라서 X는 n형 반도체이다.

✗. S₂만 닫았을 때 p-n 접합 다이오드는 직류 전원에 역방향으로 연결된다. 따라서 S₂만 닫았을 때 B만 불이 켜진다.

㉢. S₁만 닫았을 때와 S₂만 닫았을 때 R₁의 양단에 연결한 직류 전원의 전극의 방향은 같다. 따라서 R₁에 흐르는 전류의 방향은 S₁만 닫았을 때와 S₂만 닫았을 때가 서로 같다.

04 p-n 접합 다이오드와 전기 전도도

p-n 접합 다이오드를 직류 전원 장치의 전극에 순방향으로 연결하여도 절연체와 연결된 경우 회로에는 전류가 흐르지 않는다.

㉠. d를 회로에 연결하고 S₁을 닫았을 때 검류계에는 전류가 흐르므로 A는 도체이다. 따라서 p-n 접합 다이오드와 직류 전원 장치의 연결은 순방향 연결이므로 d의 (+)극 쪽에 연결되어 있는 X는 p형 반도체이다.

㉡. S₁과 직렬로 연결된 A는 도체이다. 따라서 c의 단자 a를 P에 연결했을 때 검류계에 전류가 흐르지 않았으므로 p-n 접합 다이오드와 c는 역방향 연결이다. 즉, a는 (−)극이다.

㉢. p-n 접합 다이오드와 d는 순방향으로 연결되어 있다. 따라서 S₂만 닫았을 때 검류계에 전류가 흐르지 않았으므로 B는 절연체이다. 즉, 전기 전도도는 도체인 A가 절연체인 B보다 크다.

09 전류에 의한 자기장

닮은 꼴 문제로 유형 익히기

본문 70쪽

정답 ⑤

직선 전류에 의한 자기장의 세기는 전류의 세기에 비례하고, 도선으로부터 떨어진 거리에 반비례한다.

㉠ O에서 A에 흐르는 전류에 의한 자기장의 세기를 B_0이라고 하면 O에서 A, B에 흐르는 전류에 의한 자기장의 세기가 각각 B_0으로 같으므로, O에서 A, B, C에 흐르는 전류에 의한 자기장이 0이 되려면 O에서 A, B에 흐르는 전류에 의한 자기장의 세기는 $2B_0$이 되어야 한다. 따라서 O에서 C에 흐르는 전류에 의한 자기장의 세기는 $2B_0$이고, $I_C = 2I_0$이다.

㉡ B에 흐르는 전류의 방향은 왼쪽 아래 방향이고, C에 흐르는 전류의 방향은 오른쪽 아래 방향이므로 각 지점에서 A, B, C에 흐르는 전류에 의한 자기장은 다음과 같다. 따라서 A, B, C에 흐르는 전류에 의한 자기장의 세기는 p에서가 q에서의 $\frac{1}{2}$배이다.

구분	p	q	r
A	$\frac{1}{2}B_0(\bullet)$	$\frac{1}{2}B_0(\bullet)$	$B_0(\times)$
B	$B_0(\times)$	$\frac{1}{2}B_0(\bullet)$	$\frac{1}{2}B_0(\bullet)$
C	$B_0(\times)$	$2B_0(\bullet)$	$B_0(\times)$
합	$\frac{3}{2}B_0(\times)$	$3B_0(\bullet)$	$\frac{3}{2}B_0(\times)$

×: xy 평면에 수직으로 들어가는 방향, ●: xy 평면에서 수직으로 나오는 방향

㉢ p, r에서 A, B, C에 흐르는 전류에 의한 자기장의 세기는 각각 $\frac{3}{2}B_0$이고, 방향은 xy 평면에 수직으로 들어가는 방향으로 같다.

수능 2점 테스트

본문 71~72쪽

01 ④	02 ④	03 ④	04 ③	05 ⑤
06 ④	07 ⑤	08 ⑤		

01 자기력선

자기력선은 자기장 내에서 자침의 N극이 가리키는 방향을 연속적으로 연결한 선으로, 자기장에 수직인 단위 면적을 지나는 자기력선의 수가 많을수록 자기장의 세기가 크다.

Ⓐ 왼쪽 자기력선 그림에서 자기력선의 방향은 왼쪽의 자극에서 나와 X로 들어가는 방향이므로 X는 S극이다.

ⓧ 오른쪽 자기력선 그림에서 자기력선의 방향은 Y에서 나오는 방향이므로 Y는 N극이다. 따라서 X와 Y를 가까이하면 X와 Y 사이에는 서로 당기는 방향으로 자기력이 작용한다.

Ⓒ 자기장에 수직인 단위 면적을 지나는 자기력선의 수가 많을수록 자기장의 세기가 크므로 자기장의 세기는 P에서가 Q에서보다 크다.

02 직선 전류에 의한 자기장

직선 전류에 의한 자기장의 방향은 오른나사 법칙을 통해 확인할 수 있으며, 자기장의 세기는 전류의 세기에 비례하고 도선으로부터 떨어진 거리에 반비례한다.

㉠ (나)에서 자침이 시계 방향으로 회전하는 것은 지구 자기장과 직선 도선에 흐르는 전류에 의한 자기장의 합에 의한 것이다. 지구 자기장의 방향은 북쪽이므로 직선 도선에 흐르는 전류에 의한 자기장의 방향은 동쪽이다. 따라서 오른나사 법칙에 의해 a는 전원 장치의 (+)극이다.

ⓧ 가변 저항기의 저항값만을 증가시키면 직선 도선에 흐르는 전류의 세기가 감소한다. 따라서 직선 도선에 흐르는 전류에 의한 자기장의 세기가 감소하므로, 북쪽 방향과 자침이 가리키는 방향 사이의 각은 θ보다 작아진다.

㉢ a, b에 연결된 집게의 위치만을 서로 바꾸어 연결하면 직선 도선에 흐르는 전류의 방향이 반대가 되고, 직선 도선에 흐르는 전류에 의한 자기장의 방향은 직선 도선의 수직 아래에서 서쪽 방향이 된다. 따라서 자침은 시계 반대 방향으로 회전한다.

03 직선 전류에 의한 자기장

직선 전류에 의한 자기장의 방향은 오른나사 법칙을 통해 확인할 수 있으며, 자기장의 세기는 전류의 세기에 비례하고 도선으로부터 떨어진 거리에 반비례한다.

ⓧ p에서 A, B의 전류에 의한 자기장이 0이므로 p에서 A, B의 전류에 의한 자기장의 세기는 각각 B_0이고, 방향은 서로 반대 방향이다. A에서 p까지의 거리는 B에서 p까지의 거리의 2배이므로, A에 흐르는 전류의 세기는 B에 흐르는 전류의 2배이다. 따라서 B에 흐르는 전류의 세기는 $\frac{1}{2}I_0$이고, 방향은 $+y$ 방향이다.

㉡ A에서 q까지의 거리는 B에서 q까지의 거리의 2배이므로, q에서 A, B의 전류에 의한 자기장의 세기는 각각 B_0이다. q에서 A의 전류에 의한 자기장의 방향은 xy 평면에 수직으로 들어가는 방향이고, q에서 B의 전류에 의한 자기장의 방향은 xy 평면에서 수직으로 나오는 방향이다. 따라서 q에서 A, B의 전류에 의한 자기장은 0이다.

㉢ r에서 A의 전류에 의한 자기장은 xy 평면에서 수직으로 나오는 방향이고, 세기는 $\frac{2}{3}B_0$이다. 또한 r에서 B의 전류에 의한 자기장은 xy 평면에서 수직으로 나오는 방향이고, 세기는 $\frac{1}{3}B_0$이다. 따라서 r에서 A, B의 전류에 의한 자기장의 세기는 B_0이다.

04 직선 전류에 의한 자기장

평행한 두 직선 도선에 흐르는 전류의 방향이 반대 방향일 때, 두 직선 도선의 바깥쪽에 전류에 의한 자기장이 0인 지점이 존재한다.

㉠ $x=2d$에서 A, B의 전류에 의한 자기장이 0이고, B의 전류에 의한 자기장의 방향은 xy 평면에 수직으로 들어가는 방향이다. 따라서 $x=2d$에서 A의 전류에 의한 자기장의 방향은 xy 평면에서 수직으로 나오는 방향이고, A에 흐르는 전류의 방향은 $-y$ 방향이다.

㉡ 오른나사 법칙에 의해 $x=0$에서 A, B의 전류에 의한 자기장의 방향은 xy 평면에서 수직으로 나오는 방향이다.

✗. $x=2d$에서 A, B의 전류에 의한 자기장이 0이므로 A에 흐르는 전류의 세기는 $3I_0$이다. $x<-d$인 구간에서 A의 전류에 의한 자기장의 세기는 B의 전류에 의한 자기장의 세기보다 항상 크므로, $x<-d$인 구간에서 A, B의 전류에 의한 자기장이 0인 지점은 존재하지 않는다.

05 원형 전류에 의한 자기장

원형 전류 중심에서 자기장의 방향은 오른나사 법칙을 통해 확인할 수 있으며, 자기장의 세기는 전류의 세기에 비례하고 원형 도선의 반지름에 반비례한다.

㉠. 오른나사 법칙에 의해 O에서 A의 전류에 의한 자기장의 방향은 종이면에 수직으로 들어가는 방향이다.

㉡. 반지름이 A가 B보다 작고 전류의 세기는 A가 B보다 크므로, O에서 A의 전류에 의한 자기장의 세기는 B의 전류에 의한 자기장의 세기보다 크다. 따라서 O에서 A, B의 전류에 의한 자기장의 방향은 B에 흐르는 전류의 방향과 관계없이 종이면에 수직으로 들어가는 방향이다.

㉢. 종이면에 수직으로 들어가는 방향을 양(+)이라 하고, O에서 A, B의 전류에 의한 자기장의 세기를 각각 B_A, B_B라고 하면 $B_A-B_B=B_0$, $B_A+B_B=2B_0$이 각각 성립한다. 따라서 $B_A=\frac{3}{2}B_0$, $B_B=\frac{1}{2}B_0$이고, A, B의 반지름이 각각 d, $2d$이므로 B에 흐르는 전류의 세기는 $\frac{2}{3}I_0$이다.

06 직선 전류와 원형 전류에 의한 자기장

직선 전류에 의한 자기장의 세기는 전류의 세기에 비례하고 도선으로부터 떨어진 거리에 반비례한다. 또한 원형 전류 중심에서 자기장의 세기는 전류의 세기에 비례하고 원형 도선의 반지름에 반비례한다.

✗. O에서 A, B의 전류에 의한 자기장은 0이고, O에서 A의 전류에 의한 자기장의 방향은 xy 평면에서 수직으로 나오는 방향이므로 B에 흐르는 전류의 방향은 $-y$ 방향이다.

㉡. A의 반지름만을 감소시키면 O에서 A의 전류에 의한 자기장의 세기가 증가하므로 A, B의 전류에 의한 자기장의 방향은 xy 평면에서 수직으로 나오는 방향이다.

㉢. B의 위치만을 $x=3d$로 옮겨 고정시키면 O에서 B의 전류에 의한 자기장의 세기가 감소하므로 A, B의 전류에 의한 자기장의 방향은 xy 평면에서 수직으로 나오는 방향이다.

07 솔레노이드에 흐르는 전류에 의한 자기장

솔레노이드에 흐르는 전류에 의한 자기장의 세기는 단위 길이당 도선의 감은 수와 솔레노이드에 흐르는 전류의 세기에 각각 비례한다.

㉠. A와 B의 중심에서 p까지의 거리가 같고, 단위 길이당 도선의 감은 수는 B가 A보다 많다. 따라서 p에서 A의 전류에 의한 자기장의 세기는 B의 전류에 의한 자기장의 세기보다 작다.

㉡. p에서 A, B의 전류에 의한 자기장의 방향이 $-x$ 방향이므로 B의 왼쪽이 N극이다. 따라서 오른나사 법칙에 의해 ⓐ는 (+)극이다.

㉢. 직류 전원 장치의 연결 방향만을 반대로 하면 전류가 반대 방향으로 흐르므로 p에서 A, B의 전류에 의한 자기장의 방향은 $+x$ 방향이다.

08 자기 공명 영상(MRI) 장치

MRI 장치의 코일에 전류가 흐르면 코일 주변에 자기장이 발생한다.

㉠. MRI 장치의 코일에 전류가 흐르면 코일 주변에 자기장이 발생하여 인체 내부의 물 분자의 수소 원자핵이 공명하면서 신호가 발생한다.

㉡. 전류에 의한 자기장의 세기는 전류의 세기에 비례하므로 MRI 장치의 코일에 흐르는 전류의 세기를 증가시키면 코일 주변에 발생하는 자기장의 세기가 증가한다.

㉢. 코일에 흐르는 전류에 의한 자기장의 세기는 전류의 세기와 코일의 단위 길이당 감은 수에 각각 비례한다.

수능 3점 테스트 본문 73~75쪽

01 ⑤	02 ③	03 ⑤	04 ⑤	05 ①
06 ②				

01 직선 전류와 원형 전류에 의한 자기장

직선 전류에 의한 자기장의 세기는 전류의 세기에 비례하고 도선으로부터 떨어진 거리에 반비례한다. 또한 원형 전류 중심에서 자기장의 세기는 전류의 세기에 비례하고 원형 도선의 반지름에 반비례한다.

㉠. O에서 A, C의 전류에 의한 자기장의 세기는 각각 B_0으로 같고, C에서 O까지의 거리는 A에서 O까지의 거리의 $\sqrt{2}$배이다. 따라서 C에 흐르는 전류의 세기는 $\sqrt{2}I_0$이다.

㉡. O에서 A, C의 전류에 의한 자기장의 방향은 각각 xy 평면에 수직으로 들어가는 방향이고, 세기는 B_0으로 같다. O에서 A, B, C의 전류에 의한 자기장이 0이므로, O에서 B의 전류에 의한 자기장의 세기는 $2B_0$이다.

㉢. B에 흐르는 전류의 방향만 반대로 했을 때 O에서 A, B, C의 전류에 의한 자기장의 방향은 모두 같고, 세기는 각각 B_0, $2B_0$, B_0이므로 O에서 A, B, C의 전류에 의한 자기장의 세기는 $4B_0$이다.

02 직선 전류와 원형 전류에 의한 자기장

직선 전류에 의한 자기장의 세기는 전류의 세기에 비례하고, 원형 전류 중심에서 자기장의 세기는 전류의 세기에 비례하고, 원형 도선의 반지름에 반비례한다.

㉠. B, C에는 같은 세기의 전류가 흐르고, O에서 반지름이 $2d$인 B의 전류에 의한 자기장의 세기가 B_0이므로 O에서 반지름이 d인 C의 전류에 의한 자기장의 세기는 $2B_0$이다.

㉡. B, C에 흐르는 전류의 방향이 각각 시계 방향일 때 O에서 A,

B, C의 전류에 의한 자기장의 세기는 각각 B_0, B_0, $2B_0$이고, 방향은 모두 xy 평면에 수직으로 들어가는 방향이다. 따라서 O에서 D의 전류에 의한 자기장의 방향은 xy 평면에서 수직으로 나오는 방향이고, 자기장의 세기는 $4B_0$이므로 D에 흐르는 전류의 세기는 $4I_0$이다.

✗. B, C에 흐르는 전류의 방향이 각각 시계 방향, 시계 반대 방향일 때 O에서 A, B, C의 전류에 의한 자기장은 0이다. 따라서 ㉠은 O에서 D의 전류에 의한 자기장의 세기인 $4B_0$이다.

03 직선 전류에 의한 자기장

평행한 두 직선 도선에 흐르는 전류의 방향이 같을 때, 두 직선 도선 사이에 전류에 의한 자기장이 0인 지점이 존재한다.

㉠. $x < -2d$에서 A에 가까운 지점일수록 xy 평면에서 수직으로 나오는 방향의 자기장이 증가하고, $-2d < x < -d$에서 A에 가까운 지점일수록 xy 평면에 수직으로 들어가는 방향의 자기장이 증가한다. 따라서 A에 흐르는 전류의 방향은 $+y$ 방향이다.

㉡. $-2d < x < -d$에서 B에 가까운 지점일수록 xy 평면에서 수직으로 나오는 방향의 자기장이 증가하고, $-d < x < d$에서 B에 가까운 지점일수록 xy 평면에 수직으로 들어가는 방향의 자기장이 증가한다. 또한 $-d < x < d$에서 C에 가까운 지점일수록 xy 평면에서 수직으로 나오는 방향의 자기장이 증가하고, $d < x < 2d$에서 C에 가까운 지점일수록 xy 평면에 수직으로 들어가는 방향의 자기장이 증가한다. 따라서 B, C에 흐르는 전류의 방향은 $+y$ 방향으로 같다.

㉢. D에 흐르는 전류의 방향만을 반대로 하면, $x > 2d$에서 A, B, C의 전류에 의한 자기장의 방향과 D의 전류에 의한 자기장의 방향은 서로 반대 방향이다. 또한 $x = 3d$인 지점에서 A, B, C의 전류에 의한 자기장의 세기는 D의 전류에 의한 자기장의 세기보다 작고, $x = 4d$인 지점에서 A, B, C의 전류에 의한 자기장의 세기는 D의 전류에 의한 자기장의 세기보다 크다. 따라서 $x > 2d$인 구간에서 A, B, C, D의 전류에 의한 자기장이 0인 지점이 존재한다.

04 직선 전류에 의한 자기장

직선 전류에 의한 자기장의 방향은 오른나사 법칙을 통해 확인할 수 있으며, 자기장의 세기는 전류의 세기에 비례하고 도선으로부터 떨어진 거리에 반비례한다.

㉠. O에서 A의 전류에 의한 자기장을 B_0이라고 하면, 각 지점에서 A, B, C, D의 전류에 의한 자기장은 다음과 같다.

구분	O	p	q
A	$B_0(\times)$	$B_0(\times)$	$B_0(\times)$
B	$B_0(\times)$	$B_0(\bullet)$	$\frac{1}{3}B_0(\times)$
C	$B_0(\bullet)$	$B_0(\bullet)$	$B_0(\bullet)$
D	$B_0(\bullet)$	$\frac{1}{3}B_0(\bullet)$	$B_0(\times)$
합	0	$\frac{4}{3}B_0(\bullet)$	$\frac{4}{3}B_0(\times)$

$\times$: xy 평면에 수직으로 들어가는 방향, $\bullet$: xy 평면에서 수직으로 나오는 방향

따라서 O에서 A, B, C, D의 전류에 의한 자기장은 0이다.

㉡. p, q에서 A, B, C, D의 전류에 의한 자기장의 세기는 각각 $\frac{4}{3}B_0$으로 같다.

㉢. A에 흐르는 전류의 방향만을 반대로 하면 p에서와 q에서 A, B, C, D의 전류에 의한 자기장은 다음과 같다.

구분	p	q
A	$B_0(\bullet)$	$B_0(\bullet)$
B	$B_0(\bullet)$	$\frac{1}{3}B_0(\times)$
C	$B_0(\bullet)$	$B_0(\bullet)$
D	$\frac{1}{3}B_0(\bullet)$	$B_0(\times)$
합	$\frac{10}{3}B_0(\bullet)$	$\frac{2}{3}B_0(\bullet)$

$\times$: xy 평면에 수직으로 들어가는 방향, $\bullet$: xy 평면에서 수직으로 나오는 방향

따라서 A에 흐르는 전류의 방향만 반대로 하면 A, B, C, D의 전류에 의한 자기장의 방향은 p에서와 q에서가 같다.

05 원형 전류에 의한 자기장

O에서 A, B의 전류에 의한 자기장의 세기를 각각 B_A, B_B라고 하면, O에서 C의 전류에 의한 자기장의 세기는 $B_C = B_A + B_B$이다.

㉠. B, C에 흐르는 전류의 방향이 시계 방향일 때 $B_A + B_B + B_C = 2(B_A + B_B) = 2B_0$ ⋯ ①이고, B, C에 흐르는 전류의 방향이 시계 반대 방향일 때 $-B_A + B_B + B_C = 2B_B = B_0$ ⋯ ②이다. ①과 ②를 연립하면 $B_A = B_B = \frac{1}{2}B_0$, $B_C = B_A + B_B = B_0$이다. 따라서 자기장의 세기가 C가 A의 2배이고 반지름이 C가 A의 3배이므로, C에 흐르는 전류의 세기는 $6I_0$이다.

✗. O에서 A, B에 각각 흐르는 전류에 의한 자기장의 세기는 같으므로 A, B의 전류의 방향이 반대이면 O에서 A, B의 전류에 의한 자기장은 0이다. 따라서 ㉠은 C의 전류에 의한 자기장의 세기와 같은 B_0이다.

✗. A, B에 흐르는 전류의 방향이 각각 시계 방향, 시계 반대 방향일 때 O에서 A, B의 전류에 의한 자기장은 0이므로, ㉡과 ㉢은 각각 C의 전류에 의한 자기장에 의해 결정된다. 따라서 ㉡은 xy 평면에 수직으로 들어가는 방향이고, ㉢은 xy 평면에서 수직으로 나오는 방향이므로 ㉡과 ㉢은 같지 않다.

06 솔레노이드에 흐르는 전류에 의한 자기장

솔레노이드에 흐르는 전류에 의한 자기장의 방향은 오른손의 네 손가락을 전류의 방향으로 감아쥘 때, 엄지손가락이 가리키는 방향이다.

✗. 솔레노이드와 자석 사이에는 서로 당기는 방향으로 자기력이 작용하므로 솔레노이드의 전류에 의한 자기장의 방향은 솔레노이드 내부에서 왼쪽이고, ⓐ는 (−)극이다.

㉡. 솔레노이드에 흐르는 전류의 세기를 감소시키면 솔레노이드에 흐르는 전류에 의한 자기장의 세기가 감소하여 솔레노이드와 자석 사이에 작용하는 자기력의 크기가 감소한다. 따라서 회로의 스위치를 닫고 솔레노이드에 흐르는 전류의 세기를 감소시킨 후 충분한 시간이 지났을 때 솔레노이드와 막대자석 사이에 작용하는 자기력의 크기는 F보다 작다.

✗. 전원 장치의 (+)극, (−)극을 서로 반대로 연결하면 솔레노이드의 전류에 의한 자기장도 반대 방향으로 발생하므로 솔레노이드와 자석 사이에 서로 미는 방향으로 자기력이 작용한다.

10 물질의 자성과 전자기 유도

닮은 꼴 문제로 유형 익히기

본문 78쪽

정답 ⑤

금속 고리를 통과하는 자기 선속의 변화를 방해하는 방향으로 유도 전류에 의한 자기장이 형성되도록 유도 전류가 흐르고, 유도 전류의 세기는 단위 시간당 자기 선속의 변화량의 크기가 클수록 크다.

㉠. p에 흐르는 유도 전류의 세기는 p가 $x=d$를 지날 때가 $x=5d$를 지날 때의 2배이므로 금속 고리를 통과하는 단위 시간당 자기 선속의 변화량의 크기도 2배이다. 따라서 Ⅲ의 자기장의 세기는 $\frac{5}{3}B_0$이고, 방향은 xy 평면에 수직으로 들어가는 방향이다.

㉡. p가 $x=5d$를 지날 때 금속 고리를 통과하는 단위 시간당 자기 선속의 변화량은 Ⅱ에서가 Ⅲ에서보다 작다. 따라서 p가 $x=5d$를 지날 때 xy 평면에 수직으로 들어가는 방향으로 유도 전류에 의한 자기장이 형성되어야 하므로, $x=5d$를 지날 때 p에 흐르는 유도 전류의 방향은 $-y$ 방향이다.

㉢. 유도 전류의 세기는 단위 시간당 자기 선속의 변화량의 크기가 클수록 크다. p가 $x=-d$를 지날 때 금속 고리에는 Ⅰ에 의한 자기 선속의 변화가 있으며, $x=d$를 지날 때 금속 고리에는 Ⅰ, Ⅱ, Ⅲ에 의한 자기 선속의 변화가 있다. 이를 정리하여 비교하면 금속 고리를 통과하는 자기 선속의 변화량의 크기는 p가 $x=-d$를 지날 때가 $x=d$를 지날 때보다 크다. 따라서 p에 흐르는 유도 전류의 세기도 p가 $x=-d$를 지날 때가 $x=d$를 지날 때보다 크다.

수능 2점 테스트

본문 79~80쪽

01 ③	02 ①	03 ⑤	04 ③	05 ②
06 ⑤	07 ①	08 ⑤		

01 물질의 자성

강자성체는 외부 자기장을 제거해도 자기화된 상태가 오래 유지되며, 반자성체는 외부 자기장과 반대 방향으로 자기화된다.

㉠. 강자성체는 외부 자기장을 제거해도 자기화된 상태가 오래 유지되고, 상자성체는 외부 자기장을 제거하면 자기화된 상태가 바로 사라진다. 따라서 '외부 자기장을 제거해도 자기화된 상태가 오래 유지된다.'는 ㉠으로 적절하다.

㉡. A는 외부 자기장과 같은 방향으로 자기화되고 외부 자기장을 제거하면 자기화된 상태가 바로 사라지는 상자성체이다.

✗. 외부 자기장을 제거하면 상자성체인 A와 반자성체인 B의 자기화된 상태가 바로 사라진다. 따라서 A와 B 사이에는 자기력이 작용하지 않는다.

02 물질의 자성

반자성체는 외부 자기장의 방향과 반대 방향으로 자기화되고, 외부 자기장을 제거하면 자기화된 상태가 바로 사라진다.

Ⓐ. 반자성체는 외부 자기장과 반대 방향으로 자기화된다. 따라서 X와 자석 사이에 서로 미는 방향으로 자기력이 작용하여 X와 자석이 멀어진다.

✗. 외부 자기장을 제거하면 반자성체의 자기화된 상태가 바로 사라진다. 따라서 자석을 제거하면 X의 자기화된 상태는 바로 사라진다.

✗. 반자성체는 외부 자기장과 반대 방향으로 자기화되는 성질을 가지고 있으므로 X에 자석의 S극을 가까이해도 X와 자석 사이에는 서로 미는 방향으로 자기력이 작용한다.

03 전자기 유도

금속 고리를 통과하는 자기 선속의 변화를 방해하는 방향으로 유도 전류에 의한 자기장이 형성되도록 유도 전류가 흐른다.

㉠. 막대자석이 오른쪽으로 운동하므로 A를 통과하는 자기 선속은 감소한다. 따라서 A에는 자기 선속의 감소를 방해하는 방향으로 유도 전류에 의한 자기장이 형성되므로 A에 흐르는 유도 전류의 방향은 ⓑ 방향이다.

✗. A를 통과하는 자기 선속은 감소하므로 A와 자석 사이에는 서로 당기는 방향으로 자기력이 작용하고, B를 통과하는 자기 선속은 증가하므로 B와 자석 사이에는 서로 미는 방향으로 자기력이 작용한다. 따라서 자석이 A와 B로부터 각각 받는 자기력의 방향은 왼쪽으로 같다.

㉢. B를 통과하는 자기 선속이 증가하므로 B의 중심에는 자기 선속의 증가를 방해하는 방향인 $-x$ 방향으로 B에 흐르는 유도 전류에 의한 자기장이 형성된다.

04 전자기 유도

금속 고리에 흐르는 유도 전류의 세기는 단위 시간당 금속 고리를 통과하는 자기 선속의 변화량의 크기에 비례한다.

㉠. 같은 시간 동안 금속 고리를 통과하는 자기 선속의 변화량의 크기는 A에서가 B에서보다 작으므로 단위 시간당 자기 선속의 변화량의 크기는 A에서가 B에서보다 작다.

㉡. B는 자기장 영역에 들어가고 있으므로 B를 통과하는 자기 선속이 증가하고, 이를 방해하는 방향으로 유도 전류에 의한 자기장이 형성되도록 유도 전류가 흐른다. B에는 시계 방향으로 유도 전류가 흐르므로 자기장 영역의 자기장 방향은 xy 평면에서 수직으로 나오는 방향이다.

✗. 금속 고리에 흐르는 유도 전류의 세기는 단위 시간당 금속 고리를 통과하는 자기 선속의 변화량의 크기에 비례한다. 단위 시간당 자기 선속의 변화량의 크기는 B에서가 C에서보다 크므로, 금속 고리에 흐르는 유도 전류의 세기는 B에서가 C에서보다 크다.

05 전자기 유도

막대자석이 원형 도선과 가까워질 때는 서로 미는 방향의 자기력이 작용하고, 막대자석이 원형 도선과 멀어질 때는 서로 당기는 방향의 자기력이 작용한다.

✗. 막대자석이 처음 p를 지날 때 원형 도선을 통과하는 자기 선속이 증가하므로 원형 도선에는 이를 방해하는 방향으로 유도 전류에 의한 자기장이 형성되도록 유도 전류가 흐른다. 따라서 원형 도선에 형성되는 유도 전류에 의한 자기장의 방향은 연직 아래 방향이고, 원형 도선에 흐르는 유도 전류의 방향은 ⓐ 방향과 반대 방향이다.

ⓒ. 막대자석이 올라가면서 q를 지날 때 원형 도선과 막대자석이 멀어지므로 막대자석과 원형 도선 사이에 서로 당기는 방향의 자기력이 작용한다. 또한 막대자석이 내려오면서 q를 지날 때 원형 도선과 막대자석이 가까워지므로 막대 자석과 원형 도선 사이에는 서로 미는 방향의 자기력이 작용한다. 따라서 두 과정에서 막대자석에 작용하는 자기력의 방향은 서로 반대 방향이다.

✗. 막대자석이 원형 도선을 통과하는 과정에서 전자기 유도에 의해 원형 도선에 유도 전류가 흘러 막대자석의 역학적 에너지는 감소한다. 따라서 막대자석이 내려오면서 다시 p를 지날 때 막대자석의 속력은 막대자석이 처음 p를 통과할 때보다 작다.

06 전자기 유도

금속 고리를 통과하는 자기 선속의 변화를 방해하는 방향으로 유도 전류에 의한 자기장이 형성되도록 유도 전류가 흐른다.

ⓒ. p의 위치가 $x=0.5d$일 때 금속 고리에는 xy 평면에 수직으로 들어가는 자기 선속이 증가한다. 따라서 금속 고리에는 xy 평면에서 수직으로 나오는 유도 전류에 의한 자기장이 형성되도록 시계 반대 방향으로 유도 전류가 흐른다.

ⓒ. p의 위치가 $x=0.5d$일 때와 $x=2.5d$일 때 금속 고리에 흐르는 유도 전류의 세기가 같고, p는 $+x$ 방향의 일정한 속력으로 운동하므로 p의 위치가 $x=0.5d$일 때와 $x=2.5d$일 때 금속 고리를 통과하는 자기 선속의 변화는 같다. 따라서 Ⅰ의 자기장의 세기는 Ⅱ의 자기장의 세기와 같다.

ⓒ. p의 위치가 $x=0.5d$일 때 금속 고리에는 Ⅰ의 자기 선속의 증가에 의한 유도 전류가 흐르고, p의 위치가 $x=1.5d$일 때 금속 고리에는 Ⅰ의 자기 선속의 감소 및 Ⅱ의 자기 선속의 증가에 의한 유도 전류가 흐른다. 자기장의 세기는 Ⅰ에서와 Ⅱ에서가 같고 방향은 서로 반대이므로 p에 흐르는 유도 전류의 세기는 p가 $x=1.5d$를 지날 때가 $x=0.5d$를 지날 때의 2배이다.

07 전자기 유도

금속 고리에 흐르는 유도 전류의 세기는 단위 시간당 자기 선속의 변화량의 크기에 비례한다.

ⓒ. 1초일 때와 6초일 때 각각 단위 시간당 자기장 변화량의 크기는 $\frac{1}{2}B_0$으로 같으므로 유도 전류의 세기는 1초일 때와 6초일 때가 같다.

✗. 금속 고리를 통과하는 자기 선속이 변할 때 금속 고리에 유도 전류가 흐른다. 따라서 7초일 때 자기장이 0이어도 자기 선속은 변하므로 7초일 때 금속 고리에 유도 전류가 흐른다.

✗. 8초일 때 자기장은 종이면에서 수직으로 나오는 방향으로 증가하고 있으므로 종이면에 수직으로 들어가는 방향으로 유도 전류에 의

한 자기장이 형성되어야 한다. 따라서 8초일 때 금속 고리에 흐르는 유도 전류의 방향은 시계 방향이다.

08 전자기 유도의 이용

충전 패드의 1차 코일에 흐르는 전류가 변하면 1차 코일에 흐르는 전류에 의한 자기장이 변하고, 스마트폰 내부의 2차 코일을 통과하는 자기 선속이 변하여 2차 코일에 유도 전류가 흐른다.

ⓒ. 스마트폰의 무선 충전은 2차 코일을 통과하는 자기 선속의 변화에 따라 2차 코일에 유도 전류가 흐르는 전자기 유도 현상을 이용한다.

ⓒ. 단위 시간당 1차 코일에 흐르는 전류의 변화량이 증가하면 1차 코일에 흐르는 전류에 의한 자기장의 변화량도 증가하여 2차 코일을 통과하는 자기 선속의 변화량이 증가한다. 따라서 2차 코일에 흐르는 유도 전류의 세기는 증가한다.

ⓒ. 충전 패드와 스마트폰 사이의 거리가 멀수록 2차 코일을 통과하는 단위 시간당 자기 선속의 변화량이 감소하므로 2차 코일에 흐르는 유도 전류의 세기는 감소한다.

본문 81~82쪽

| 01 ① | 02 ⑤ | 03 ⑤ | 04 ⑤ |

01 물질의 자성

강자성체는 외부 자기장을 제거해도 자기화된 상태가 오래 유지되며, 상자성체와 반자성체는 외부 자기장을 제거하면 자기화된 상태가 바로 사라진다.

ⓒ. 솔레노이드 내부에서 자기장의 방향은 오른손의 네 손가락을 전류의 방향으로 감아쥘 때 엄지손가락이 가리키는 방향이다. 따라서 P는 S극이다.

✗. 과정 (나)에서 A와 B 사이에 서로 당기는 자기력이 작용하므로 전자저울의 측정값은 B의 무게에서 자기력의 크기를 뺀 값이다. 따라서 'B의 무게보다 작다.'가 ㉠으로 적절하다.

✗. 과정 (나)에서 A와 B 사이에 서로 당기는 자기력이 작용하므로 A는 강자성체, B는 상자성체, C는 반자성체이다. A를 C로 바꾼 후 C를 코일에서 꺼내면, C의 자기화된 성질이 사라져 B와 C 사이에 자기력이 작용하지 않는다. 따라서 (다)에서 용수철저울의 측정값은 C의 무게와 같다.

02 전자기 유도

금속 고리를 통과하는 자기 선속의 변화를 방해하는 방향으로 유도 전류에 의한 자기장이 형성되도록 유도 전류가 흐른다.

✗. p가 $x=2.5d$를 지날 때 Ⅰ과 Ⅱ의 자기장의 세기와 방향이 같다. 따라서 금속 고리를 통과하는 자기 선속의 변화가 없으므로 p에

유도 전류가 흐르지 않는다.

ㄴ. 유도 전류의 세기는 p가 $x=4.5d$를 지날 때가 $x=0.5d$를 지날 때의 2배이므로 자기 선속의 변화량의 크기도 p가 $x=4.5d$를 지날 때가 $x=0.5d$를 지날 때의 2배이다. 따라서 $B_1=2B_0$이다.

ㄷ. p가 $x=0.5d$를 지날 때는 금속 고리가 I에 들어가므로 금속 고리를 통과하는 자기 선속이 증가한다. 또한 p가 $x=3.5d$를 지날 때는 II의 자기장의 세기가 증가하여 금속 고리를 통과하는 자기 선속이 증가한다. I과 II의 유도 전류에 의한 자기장의 방향이 같으므로 유도 전류의 방향은 p가 $x=0.5d$를 지날 때와 $x=3.5d$를 지날 때가 같다.

03 전자기 유도

금속 고리에 흐르는 유도 전류의 세기는 단위 시간당 자기 선속의 변화량의 크기에 비례한다.

✗. A에 흐르는 유도 전류의 방향이 시계 반대 방향이므로 A에 형성되는 유도 전류에 의한 자기장의 방향은 xy 평면에서 수직으로 나오는 방향이다. 따라서 I에서 자기장의 세기는 증가한다.

ㄴ. A와 C에 흐르는 유도 전류의 세기는 같고, I에 A가 걸친 면적이 II에 C가 걸친 면적보다 작다. 따라서 단위 시간당 자기장의 변화량의 크기는 I에서가 II에서보다 크다.

ㄷ. 단위 시간당 자기 선속의 변화량의 크기는 A에서와 C에서가 같고, I에 걸친 면적은 A에서가 B에서보다 작다. 따라서 단위 시간당 자기 선속의 변화량의 크기는 B에서가 C에서보다 크고, 유도 전류의 세기도 B에서가 C에서보다 크다.

04 전자기 유도

금속 고리를 통과하는 자기 선속의 변화를 방해하는 방향으로 유도 전류에 의한 자기장이 형성되도록 유도 전류가 흐른다.

ㄱ. 막대자석이 오른쪽 빗면에서 내려와 q를 지날 때 솔레노이드에는 왼쪽 방향으로 유도 전류에 의한 자기장이 형성되고, LED에서 빛이 방출된다. 따라서 오른나사 법칙에 의해 X는 n형 반도체이다.

ㄴ. 가만히 놓은 막대자석이 왼쪽 경사면에서 내려온 후 p를 지날 때 솔레노이드에는 왼쪽 방향으로 유도 전류에 의한 자기장이 형성된다. 따라서 LED에서 빛이 방출된다.

ㄷ. 가만히 놓은 막대자석이 왼쪽 경사면에서 내려와 p를 지날 때 전자기 유도에 의해 LED에서 빛이 방출된다. 따라서 막대자석의 역학적 에너지는 감소하므로 막대자석이 오른쪽 경사면에 올라가 속력이 0이 되었을 때 a의 높이는 h보다 작다.

11 파동의 진행과 굴절

닮은꼴 문제로 유형 익히기
본문 85쪽

정답 ④

I에서 파동의 파장은 2 m이고, 파동의 주기를 T라고 하면 $x=7$ m에서 파동이 골이 되는 시간은 $t=\left(n+\dfrac{1}{4}\right)T$ $(n=0, 1, 2, \cdots)$ 이다.

④ $t=0$인 순간의 파동과 $t=6$초인 순간의 파동의 위상이 서로 반대이므로 6초$=\left(n+\dfrac{1}{2}\right)T$ $(n=0, 1, 2, \cdots)$의 식이 성립하고, $t=0$부터 $t=6$초까지, $x=7$ m에서 파동이 골이 되는 횟수는 3회이어서 $n=2$이므로 파동의 주기는 6초$\times\dfrac{2}{5}=2.4$초이다. 따라서 I에서 파동의 파장이 2 m이므로 $v=\dfrac{2\ \text{m}}{2.4\ \text{s}}=\dfrac{5}{6}$ m/s이다.

수능 2점 테스트
본문 86~87쪽

| 01 ④ | 02 ② | 03 ① | 04 ③ | 05 ① |
| 06 ⑤ | 07 ③ | 08 ④ | | |

01 파동의 진폭과 진행 속력

주기가 T, 파장이 λ인 파동의 진행 속력은 $v=\dfrac{\lambda}{T}$이다.

✗. 파동의 진동 중심에서 마루 또는 골까지의 거리가 파동의 진폭이다. 따라서 파동의 진폭은 2 cm이다.

ㄴ. 파동의 변위를 위치에 따라 나타낸 그래프에서 이웃한 마루 사이의 거리는 파장이다. 따라서 파동의 파장은 4 cm이다.

ㄷ. 파동의 주기를 T라고 하면 2 cm/s$=\dfrac{4\ \text{cm}}{T}$의 식이 성립한다. 따라서 $T=2$초이므로 파동의 주기는 2초이다.

02 파동의 진행 속력

파동의 주기를 T라고 하면 $x=3$ cm에서 파동의 변위가 -3 cm가 될 때까지 걸리는 최소 시간은 $\dfrac{T}{4}$이다.

② $\dfrac{T}{4}=2$초에서 $T=8$초이고, 파장은 4 cm이므로 파동의 진행 속력은 $v=\dfrac{4\ \text{cm}}{8\ \text{s}}=0.5$ cm/s이다.

03 파동의 주기와 진동수

파동의 주기와 진동수는 역수 관계이다.

㉠. 파동의 변위를 위치에 따라 나타낸 그래프에서 이웃한 마루 사이의 거리는 파장이다. 따라서 파동의 파장은 4 cm이다.

✗. 파동의 변위를 시간에 따라 나타낸 그래프에서 마루에서 다음 마루가 될 때까지 걸리는 시간은 주기이다. 따라서 파동의 주기가 2초이고 진동수는 주기의 역수이므로, 진동수는 $\frac{1}{2}$ Hz이다.

✗. 파동의 파장을 λ, 진동수를 f라고 하면, 파동의 진행 속력은 $v = f\lambda$이다. 따라서 파동의 진행 속력은 $\frac{1}{2}$ Hz $\times 4$ cm $= 2$ cm/s 이다.

04 파동의 진행 속력

이웃한 파면 사이의 간격이 파장이고, 파동의 진행 속력은 파장에 비례한다.

③ 파동의 진행 속력이 파면 사이의 간격인 파장에 비례하므로 $v_B > v_C > v_A$이다.

05 파동의 진동수와 파장

파동의 진행 속력은 진동수와 파장의 곱이므로 파동의 진행 속력이 일정할 때, 파동의 진동수를 증가시키면 파장은 짧아진다.

✗. 파동의 진폭이 (가), (나)에서 각각 A, $2A$이므로 파동의 진폭은 (가)의 파동에서가 (나)의 파동에서보다 작다.

㉡. 파동의 변위를 위치에 따라 나타낸 그래프에서 이웃한 마루와 마루 사이의 거리는 파장이다. 따라서 파동의 파장은 (가)의 파동에서가 (나)의 파동에서보다 길다.

✗. (가), (나)에서 파동의 진행 속력이 서로 같으므로 파동의 파장과 진동수는 반비례한다. 따라서 파동의 진동수는 (가)의 파동에서가 (나)의 파동에서보다 작다.

06 파동의 굴절

파동이 속력이 빠른 매질에서 속력이 느린 매질로 진행할 때, 매질의 경계면에서 파동의 입사각은 굴절각보다 크다.

㉠. 공기에서 A로 입사하는 L의 입사각이 굴절각보다 크다. 따라서 L의 속력은 공기에서가 A에서보다 크다.

㉡. 공기와 A에서 L의 진동수는 서로 같다. 따라서 L의 진동수가 같을 때 L의 속력과 파장은 비례하므로 L의 파장은 공기에서가 A에서보다 길다.

㉢. 원의 성질에 의해 공기에서 A로 L이 굴절할 때의 L의 굴절각과 A에서 공기로 L이 입사할 때의 입사각은 같다. 따라서 공기에서 A로 L이 굴절할 때 L의 굴절각을 θ, 공기와 A의 굴절률을 각각 $n_공$, n_A라고 하면 $\frac{\sin\theta_1}{\sin\theta} = \frac{n_A}{n_공} = \frac{\sin\theta_2}{\sin\theta}$의 식이 성립하므로 $\theta_1 = \theta_2$이다.

07 파동의 반사와 굴절

굴절률이 작은 매질에서 굴절률이 큰 매질로 단색광이 입사할 때 단색광의 일부는 반사하고, 일부는 굴절한다

㉠. 단색광이 매질의 경계면에서 반사할 때 입사각과 반사각은 같다. 따라서 $\theta_0 = \theta$이다.

㉡. A에서 B로 입사하는 L의 입사각이 굴절각보다 크므로 굴절률은 A가 B보다 작다. 따라서 L의 파장은 A에서가 B에서보다 길다.

✗. 파동이 굴절할 때 파동의 진동수는 변하지 않는다. 따라서 L의 진동수는 A에서와 B에서가 같다.

08 파동의 굴절

굴절률이 각각 n_A, n_B인 A에서 B로 단색광이 입사할 때 경계면에서 파동의 입사각을 i, 굴절각을 r라고 하면 $\frac{\sin i}{\sin r} = \frac{n_B}{n_A}$의 식이 성립한다.

㉠. B에서 공기로 입사할 때 L의 입사각이 굴절각보다 작으므로 L의 파장은 공기에서가 B에서보다 길다.

✗. 공기, A, B의 굴절률을 각각 $n_공$, n_A, n_B라고 하면 $\frac{\sin\theta_0}{\sin\theta_1} = \frac{n_A}{n_공}$, $\frac{\sin\theta_1}{\sin\theta_2} = \frac{n_공}{n_B}$이고, $\theta_2 > \theta_0$이므로 $n_B > n_A$이다. 따라서 굴절률은 A가 B보다 작다.

별해 | θ_1과의 차이가 θ_2가 θ_0보다 크므로 매질의 경계면에서 파동의 진행 경로의 꺾임 정도는 (나)에서가 (가)에서보다 크다. 따라서 공기와의 굴절률 차는 B가 A보다 크고 A, B 모두 공기보다 굴절률이 크므로 굴절률은 A가 B보다 작다.

㉢. 매질의 굴절률이 클수록 매질에서 파동의 진행 속력은 작다. 따라서 L의 속력은 A에서가 B에서보다 크다.

수능 3점 테스트　　　　　　　　　　본문 88~90쪽

01 ①　　02 ③　　03 ③　　04 ③　　05 ⑤

06 ⑤

01 파동의 진행

변위를 시간에 따라 나타낸 그래프에서 마루에서 다음 마루가 될 때까지 걸리는 시간은 주기이다.

✗. $t = 0$부터 $t = 1$초까지 $x = 0.5$ cm에서 파동의 변위가 음$(-)$의 방향으로 커진다. 따라서 파동의 진행 방향은 $-x$ 방향이다.

㉡. (가)에서 파동의 파장이 2 cm이고, (나)에서 파동의 주기가 4초이므로 파동의 진행 속력은 $\frac{2 \text{ cm}}{4 \text{ s}} = 0.5$ cm/s이다.

✗. 파동의 주기가 4초이므로 $x = 3.5$ cm에서의 파동의 변위는 $t = 0$일 때와 같다. 따라서 $t = 4$초일 때 $x = 3.5$ cm에서 파동의 변위는 0이다.

02 파동의 진행

매질이 바뀌어도 파동의 진동수와 주기는 변하지 않는다.

③ B에서 파동의 파장이 12 m이므로 A, B에서 파동의 주기는 $\frac{12\,m}{3\,m/s}$=4초이다. 따라서 파동의 진행 방향이 $+x$ 방향이어서 x=4.5 m에서 t=0부터 t=1초까지 파동의 변위가 양($+$)의 방향으로 커지므로 x=4.5 m에서 파동의 변위를 시간에 따라 나타내면 그림과 같다.

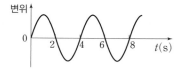

03 파동의 굴절

L이 C로 나란히 입사할 때 L의 굴절각은 A에서 C로 입사할 때가 B에서 C로 입사할 때보다 크다.

㉠. A에서 C로 입사한 L의 입사각이 굴절각보다 크므로 굴절률은 A가 C보다 작다. 따라서 L의 속력은 A에서가 C에서보다 크다.

㉡. L이 C로 나란히 입사할 때 L의 굴절각은 A에서 C로 입사할 때가 B에서 C로 입사할 때보다 크므로 A와 C의 굴절률 차가 B와 C의 굴절률 차보다 작다. 따라서 A에서 C로 입사한 L의 입사각이 굴절각보다 크므로 A의 굴절률은 C보다 작고, B보다 크다.

✗. 굴절률이 A가 B보다 크므로 L의 파장은 A에서가 B에서보다 짧다.

04 파동의 굴절

매질에서 단색광의 속력과 파장은 비례한다.

㉠. L이 공기에서 A로 입사할 때 입사각이 굴절각보다 크므로 L의 파장은 공기에서가 A에서보다 길다.

㉡. 공기, A, B에서 L의 속력을 각각 $v_\text{공}$, v_A, v_B라고 하면 공기와 A, 공기와 B의 경계면에서 L의 굴절각이 각각 θ, 2θ이므로

$\frac{v_\text{공}}{v_A}=\frac{\sin\theta_0}{\sin\theta}>\frac{\sin\theta_0}{\sin2\theta}=\frac{v_\text{공}}{v_B}$의 관계식이 성립한다. 따라서 $v_B>v_A$이므로 L의 속력은 (가)의 A에서가 (나)의 B에서보다 작다.

✗. 공기, A, B의 굴절률을 각각 $n_\text{공}$, n_A, n_B라고 하면 (가)의 A와 공기의 경계면에서와 (나)의 B와 공기의 경계면에서 L의 입사각이 각각 θ, 2θ이므로 (가), (나)에서 $\frac{\sin\theta_0}{\sin\theta}=\frac{n_A}{n_\text{공}}$, $\frac{\sin\theta}{\sin\theta_A}=\frac{n_\text{공}}{n_A}$, $\frac{\sin\theta_0}{\sin2\theta}=\frac{n_B}{n_\text{공}}$, $\frac{\sin2\theta}{\sin\theta_B}=\frac{n_\text{공}}{n_B}$의 관계식이 각각 성립한다. 따라서 $\theta_0=\theta_A=\theta_B$이다.

05 파동의 굴절

매질의 굴절률이 클수록 매질에서 파동의 파장은 짧고 속력은 작다.

㉠. A에서 B로 진행하는 L의 입사각이 굴절각보다 크므로 L의 파장은 A에서가 B에서보다 길다.

㉡. A, B, C의 굴절률을 각각 n_A, n_B, n_C라고 하면 A, B의 경계면과 B, C의 경계면에서 각각 $\frac{\sin\theta_1}{\sin\theta_2}=\frac{n_B}{n_A}$, $\frac{\sin\theta_2}{\sin\theta_3}=\frac{n_C}{n_B}$의 식이 성립한다. 따라서 θ_3이 θ_1보다 커서 $\frac{\sin\theta_1}{\sin\theta_3}=\frac{n_C}{n_A}<1$이므로 굴절률은 A가 C보다 크다.

㉢. $n_A>n_C$이므로 L의 속력은 C에서가 A에서보다 크다.

06 파동의 굴절

L_1 또는 L_2가 클수록 A, B, C의 경계면에서 레이저 빛의 입사각 또는 굴절각이 작다.

㉠. (라), (마)에서 레이저 빛의 입사각을 θ_1, 굴절각을 각각 θ_2, θ_3이라고 하면 $\frac{\sin(90°-\theta_1)}{\sin(90°-\theta_2)}=\frac{5.0}{3.5}$, $\frac{\sin(90°-\theta_1)}{\sin(90°-\theta_3)}=\frac{5.0}{3.8}$의 식이 각각 성립하므로 $\theta_2>\theta_3>\theta_1$의 관계가 성립하고, A, B, C의 굴절률을 각각 n_A, n_B, n_C라고 하면 $n_A>n_C>n_B$의 관계가 성립한다. 따라서 (바)에서 B와 C의 경계면에서 레이저 빛의 입사각이 굴절각보다 크므로 ㉠>5.0이다.

㉡. $n_A>n_C>n_B$이므로 굴절률은 A가 B보다 크다.

㉢. 굴절률이 B가 C보다 작으므로 레이저 빛의 속력은 B에서가 C에서보다 크다.

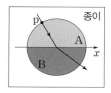 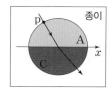 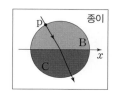

정답 ⑤

$1>a>b$이므로 P의 굴절각은 Ⅰ에서가 Ⅱ에서보다 작다.

✗. $1>a=\dfrac{\sin i}{\sin r}$이므로 Ⅰ에서 A에서 B로 입사하는 P의 입사각이 굴절각보다 작다. 따라서 P의 파장은 A에서가 B에서보다 짧다.

◯. A, B, C의 굴절률을 각각 n_A, n_B, n_C라고 하면 $1>a>b$이므로 $\dfrac{n_B}{n_A}>\dfrac{n_C}{n_A}$의 관계가 성립한다. 따라서 B의 굴절률이 C의 굴절률보다 크므로 P의 속력은 B에서가 C에서보다 작다.

◯. $1>a=\dfrac{n_B}{n_A}$이므로 매질의 굴절률 사이에 $n_A>n_B>n_C$의 관계가 성립한다. 따라서 A와 B의 굴절률 차가 A와 C의 굴절률 차보다 작으므로 임계각은 A와 B 사이가 A와 C 사이보다 크다.

01 ⑤	02 ①	03 ①	04 ③	05 ①
06 ①	07 ③	08 ⑤		

01 단색광의 전반사

굴절률이 큰 매질에서 작은 매질로 매질 사이의 임계각보다 큰 입사각으로 입사한 단색광은 전반사한다.

⑤ (가)의 코어와 클래딩의 경계면에서 L의 입사각이 굴절각보다 작으므로 굴절률은 B가 A보다 크고, (나)의 코어와 클래딩의 경계면에서 L이 전반사하였으므로 굴절률은 C가 A보다 크다. 따라서 (가)에서 θ는 B와 A 사이의 임계각보다 작고, (나)에서는 θ가 C와 A 사이의 임계각보다 커서 $1>\dfrac{n_A}{n_B}>\sin\theta>\dfrac{n_A}{n_C}$의 관계가 성립하므로 $n_C>n_B>n_A$이다.

02 단색광의 전반사

굴절률이 큰 매질에서 작은 매질로 매질 사이의 임계각보다 큰 입사각으로 입사한 단색광은 전반사한다.

◯. 단색광이 반사할 때 반사각은 입사각과 항상 같다. 따라서 $\theta_0=\theta_1$이다.

✗. 전반사가 일어나려면 단색광이 굴절률이 큰 매질에서 작은 매질로 입사해야 한다. 따라서 굴절률은 A가 B보다 크다.

✗. 전반사가 일어나려면 A와 B의 경계면에 입사한 단색광의 입사각이 임계각보다 커야 한다. 따라서 A와 B 사이의 임계각은 θ_0보다 작다.

03 단색광의 전반사

굴절률이 큰 매질인 A에서 굴절률이 작은 매질인 B, C로 단색광이 입사할 때 A와 매질의 굴절률의 차가 클수록 A와 매질 사이의 임계각은 작다.

✗. A와 B의 경계면에서 L의 입사각이 굴절각보다 작으므로 L의 속력은 A에서가 B에서보다 작다.

◯. B와 C의 경계면에서 L의 입사각이 굴절각보다 작으므로 매질의 굴절률은 B가 C보다 크다.

✗. A와 B의 경계면에서 L의 입사각이 굴절각보다 작으므로 매질의 굴절률은 A가 B보다 크고, A, B, C의 굴절률을 각각 n_A, n_B, n_C라고 하면 $n_A>n_B>n_C$의 관계가 성립한다. 따라서 A와 B 사이의 임계각과 A와 C 사이의 임계각을 각각 θ_{c1}, θ_{c2}라고 하면 $\sin\theta_{c1}=\dfrac{n_B}{n_A}>\dfrac{n_C}{n_A}=\sin\theta_{c2}$의 식이 성립하므로 임계각은 A와 B 사이가 A와 C 사이보다 크다.

04 단색광의 전반사

굴절률이 큰 매질에서 굴절률이 작은 매질로 입사하는 단색광의 입사각이 매질 사이의 임계각보다 클 때 단색광이 전반사한다.

㉠. B와 A의 경계면에서 L의 입사각이 굴절각보다 작으므로 L의 파장은 A에서가 B에서보다 길다.

㉡. B와 A의 경계면에서 L의 입사각이 굴절각보다 작으므로 굴절률은 A가 B보다 작다.

✗. B와 A의 경계면에 입사각 θ로 입사시킨 단색광이 전반사하지 않으므로 B와 A 사이의 임계각은 θ보다 크다. 따라서 B와 A의 경계면에 L을 θ보다 작은 입사각으로 입사시키면 경계면에서 L의 입사각이 B와 A 사이의 임계각보다 작으므로 B와 A의 경계면에서 L은 전반사하지 않는다.

05 광섬유

광섬유는 클래딩보다 굴절률이 큰 매질을 코어로 제작한다.

㉠. 코어와 클래딩의 경계면에서 L이 전반사하므로 굴절률은 코어가 클래딩보다 크다.

✗. 코어와 클래딩의 경계면에 입사각 60°로 입사한 L이 전반사하므로 코어와 클래딩 사이의 임계각은 60°보다 작다.

✗. 클래딩이 코어보다 굴절률이 작으므로 L을 클래딩에서 코어로 입사각 60°로 입사시키면 L은 클래딩과 코어의 경계면에서 전반사하지 않는다.

06 단색광의 전반사

굴절률이 큰 매질에서 굴절률이 작은 매질로 입사하는 단색광의 입사각이 매질 사이의 임계각보다 클 때 단색광이 전반사한다.

✗. B와 A의 경계면에서 L이 전반사하므로 굴절률은 A가 B보다 작다.

ⓒ. 굴절률이 클수록 L의 속력은 작다. 따라서 L의 속력은 A에서가 B에서보다 크다.

✗. B와 A의 경계면에 45°의 입사각으로 입사한 L이 전반사하였으므로 B와 A 사이의 임계각은 45°보다 작다.

07 단색광의 굴절과 전반사

굴절률이 큰 매질에서 굴절률이 작은 매질로 단색광이 진행하고, 단색광의 입사각이 매질 사이의 임계각보다 클 때 단색광이 전반사한다.

ⓒ. A에서 B로 입사하는 L의 입사각이 굴절각보다 크므로 L의 속력은 A에서가 B에서보다 크다.

ⓒ. B와 C의 경계면에서 L이 전반사하므로 굴절률은 B가 C보다 크다.

✗. B와 C 사이의 임계각을 θ라고 하면 A에서 B로 입사한 L의 굴절각과 B에서 C로 입사하는 L의 입사각이 같으므로 B와 A 사이의 임계각은 θ보다 크다. 따라서 B와 C 사이의 임계각은 B와 A 사이의 임계각보다 작다.

08 단색광의 전반사

굴절률이 큰 매질의 굴절률을 n_1, 굴절률이 작은 매질의 굴절률을 n_2라고 하면, $\frac{n_2}{n_1}$가 작을수록 두 매질 사이의 임계각이 작다.

ⓒ. A, B, C의 굴절률을 각각 n_A, n_B, n_C라고 하면 (가), (나)에서 각각 $\frac{n_B}{n_A} \times \frac{n_A}{n_C} = \frac{\sin\theta_0}{\sin\theta_1}$, $\frac{n_C}{n_A} \times \frac{n_A}{n_B} = \frac{\sin\theta_1}{\sin\theta}$의 식이 성립한다. 따라서 $\theta = \theta_0$이다.

ⓒ. (가)에서 A, B의 경계면에서의 굴절각과 C, A의 경계면에서의 입사각을 θ'라고 하면 $\frac{\sin\theta_0}{\sin\theta'} = \frac{n_B}{n_A}$, $\frac{\sin\theta'}{\sin\theta_1} = \frac{n_A}{n_C}$의 식이 각각 성립한다. 따라서 θ_1이 θ_0보다 커서 $n_C > n_B$의 관계가 성립하므로, L의 속력은 B에서가 C에서보다 크다.

ⓒ. A에서 B로 입사한 L의 입사각이 굴절각보다 크므로 굴절률은 A가 B보다 작다. 따라서 $n_C > n_B > n_A$의 관계가 성립해 B와 A의 굴절률 차보다 C와 A의 굴절률 차가 크므로 임계각은 B와 A 사이가 C와 A 사이보다 크다.

01 단색광의 전반사

굴절률이 큰 매질의 굴절률을 n_1, 굴절률이 작은 매질의 굴절률을 n_2라고 하면, $\frac{n_2}{n_1}$가 작을수록 두 매질 사이의 임계각이 작다.

ⓒ. A, B, C의 굴절률을 각각 n_A, n_B, n_C라고 하면 (가), (나)에서 각각 $\frac{\sin\theta_0}{\sin\theta_1} = \frac{n_B}{n_A}$, $\frac{\sin\theta_0}{\sin\theta_2} = \frac{n_C}{n_A}$의 식이 성립한다. 따라서 θ_1이 θ_2보다 커서 n_C가 n_B보다 크므로, 굴절률은 B가 C보다 작다.

ⓒ. (가)에서 $\theta_0 > \theta_1$이므로 굴절률은 A가 B보다 작다. 따라서 B와 A 사이의 굴절률 차가 C와 A 사이의 굴절률 차보다 작으므로 B와 A 사이의 임계각은 C와 A 사이의 임계각보다 크다.

✗. B와 A 사이의 임계각을 θ_{cB}라고 하면 (가)에서 θ_0을 어떻게 조절하더라도 $\frac{\sin\theta_0}{\sin\theta_1} = \frac{1}{\sin\theta_{cB}}$의 식이 성립하므로 $\theta_{cB} > \theta_1$이다. 따라서 (가)의 B에서 A로 입사한 L의 입사각이 B와 A 사이의 임계각보다 작으므로, θ_0을 조절하여도 L은 B와 A의 경계면에서 전반사할 수 없다.

별해 | A에서 B로 입사할 때의 굴절각과 B에서 A로 입사할 때의 입사각이 θ_1로 서로 같으므로, A에서 B로 입사할 때의 입사각과 B에서 A로 입사할 때의 굴절각이 θ_0으로 서로 같다. 따라서 θ_0을 조절하여도 A에서 B로 입사한 L은 B와 A의 경계면에서 전반사할 수 없다.

02 단색광의 전반사

굴절률이 큰 매질에서 굴절률이 작은 매질로 단색광이 진행하고, 단색광의 입사각이 매질 사이의 임계각보다 클 때 단색광이 전반사한다.

✗. (가)에서 L을 θ_0보다 큰 입사각으로 A에서 B로 입사시키면 A와 B의 경계면에서 L의 굴절각이 커지고 B에서 C로 입사하는 L의 입사각이 작아진다. 따라서 B와 C의 경계면에서 L의 입사각이 B와 C 사이의 임계각보다 작으므로 (가)에서 L을 θ_0보다 큰 입사각으로 A에서 B로 입사시키면 L은 B와 C의 경계면에서 전반사하지 않는다.

ⓒ. (가)에서 A와 B의 경계면에 입사하는 L의 입사각이 굴절각보다 크므로 매질의 굴절률은 A가 B보다 작고, θ_0을 조절하면 B와 C의 경계면에서 L이 전반사할 수 있으므로 매질의 굴절률은 B가 C보다 크다. 따라서 A와 B의 굴절률 차보다 A와 C의 굴절률 차가 작으므로 (나)에서 C에서 B로 입사하는 L의 입사각은 θ보다 작다.

✗. (나)에서 굴절률이 작은 C에서 굴절률이 큰 B로 L이 입사하므로 L의 입사각과 관계없이 C와 B의 경계면에서 L은 전반사하지 않는다.

03 단색광의 전반사

굴절률이 큰 매질에서 굴절률이 작은 매질로 단색광이 진행하고, 단색광의 입사각이 매질 사이의 임계각보다 클 때 단색광이 전반사한다.

ㄱ. A와 C의 경계면에서 L의 입사각이 굴절각보다 작으므로 굴절률은 A가 C보다 크다.

ㄴ. A와 B의 경계면에서 L의 입사각이 굴절각보다 작으므로 B의 굴절률은 A의 굴절률보다 크다. 따라서 굴절률의 차이가 큰 B와 C 사이의 임계각이 60°이므로 굴절률의 차이가 작은 B와 A 사이의 임계각은 60°보다 크다.

✗. L을 θ_0보다 큰 입사각으로 A에서 B로 입사시키면 B와 C의 경계면에서 L의 입사각은 60°보다 작아진다. 따라서 B와 C의 경계면에서 L의 입사각이 B와 C 사이의 임계각보다 작으므로 L은 전반사하지 않는다.

04 단색광의 전반사

굴절률이 큰 매질에서 굴절률이 작은 매질로 단색광이 진행하고, 단색광의 입사각이 매질 사이의 임계각보다 클 때 단색광이 전반사한다.

ㄱ. B에서 A로 θ_c보다 큰 입사각으로 L을 입사시키면 L이 전반사한다. 따라서 굴절률은 A가 B보다 작다.

ㄴ. (가)에서 L을 θ_0보다 큰 입사각으로 B에 입사시키면 A와 B의 경계면에서 L의 굴절각이 커지므로 B와 A의 경계면에서 L의 입사각은 θ_c보다 작아진다. 따라서 B와 A의 경계면에서 L의 입사각이 B와 A 사이의 임계각보다 작으므로 (가)에서 L을 θ_0보다 큰 입사각으로 B에 입사시키면 L은 B와 A의 경계면에서 전반사하지 않는다.

ㄷ. (가)에서 A에서 B로 L이 입사할 때 A와 B의 경계면에서 L의 굴절각을 θ라고 하면 공기의 굴절률이 A의 굴절률보다 작으므로 (나)의 공기와 B의 경계면에서 L의 굴절각은 θ보다 작다. 따라서 (나)의 B와 A의 경계면에서 L의 입사각이 B와 A 사이의 임계각인 θ_c보다 커지므로 (나)에서 L은 B와 A의 경계면에서 전반사한다.

닮은 꼴 문제로 유형 익히기   본문 99쪽

정답 ⑤

$x=5$ m에서 $t=1$초 이후로 P, Q의 위상은 같다.

✗. P의 진행 방향이 $+x$ 방향이므로 $t=0$일 때, $x=4$ m에서 P의 진동 방향은 위쪽이다. 따라서 P의 주기가 $\dfrac{1}{0.5\text{ Hz}}=2$초이므로 $t=\dfrac{1}{2}$초일 때, $x=4$ m에서 파동의 변위는 $2A$이다.

ㄴ. Q의 파장은 2 m이고, 진동수는 0.5 Hz이므로 Q의 진행 속력은 0.5 Hz×2 m=1 m/s이다.

ㄷ. $t=1$초 이후로 $x=5$ m에서 P, Q의 위상은 동일하다. 따라서 $t=1$초부터 $t=3$초까지, $x=5$ m에서 중첩된 파동의 변위는 |P의 변위의 크기+Q의 변위의 크기|이므로 최댓값은 $|2A+A|=3A$이다.

수능 2점 테스트   본문 100~101쪽

01 ④	02 ②	03 ⑤	04 ③	05 ③
06 ⑤	07 ⑤	08 ③		

01 전자기파의 성질

전자기파는 전기장과 자기장의 세기가 주기적으로 변하며 각각 진행 방향에 대해 수직으로 진동하는 횡파이다.

Ⓐ. 전자기파의 전기장과 자기장은 진행 방향에 대해 각각 수직으로 진동한다. 따라서 전자기파는 전기장이 진행 방향에 대해 수직으로 진동하는 횡파이다.

✗. 동일한 매질에서 전자기파의 속력은 진동수 또는 파장에 관계없이 동일하다. 따라서 동일한 매질에서 전자기파의 진동수와 파장은 반비례한다.

Ⓒ. 진공에서 전자기파의 속력은 파장에 관계없이 진공에서의 빛의 속력 c로 동일하다.

02 자외선의 이용

자외선의 파장은 X선보다 길고, 가시광선보다 짧다.

②. 가시광선보다 파장이 짧은 자외선의 살균 작용을 식기 소독기에

이용하며, 형광 물질에 자외선을 비출 때 형광 물질이 가시광선을 방출하는 성질을 이용해 위조지폐를 판별한다.

03 전자기파의 분류
A는 X선, B는 적외선, C는 마이크로파이다.
㉠. 전자기파의 파장과 진동수는 반비례한다. 따라서 진동수는 A가 B보다 크다.
㉡. TV 리모컨은 사람의 눈에 보이지 않는 적외선을 이용하여 신호를 TV로 보낸다.
㉢. 진공에서 전자기파의 속력은 파장에 관계없이 진공에서의 빛의 속력 c로 동일하다. 따라서 진공에서의 속력은 B와 C가 같다.

04 전자기파의 이용
A, B, C는 각각 감마선, 마이크로파, X선이다.
③ 감마선은 전자기파 중 파장이 제일 짧고, X선의 파장은 감마선의 파장보다 길고 마이크로파의 파장보다 짧다. 따라서 A, B, C의 파장을 비교하면 $\lambda_B > \lambda_C > \lambda_A$이다.

05 파동의 간섭
동일한 위상으로 파동이 중첩할 때는 보강 간섭이 일어나고, 반대 위상으로 파동이 중첩할 때는 상쇄 간섭이 일어난다.
㉠. A의 진행 속력은 $1\,\mathrm{m/s}$이고, 파장은 $4\,\mathrm{m}$이므로 A의 주기는 $\dfrac{4\,\mathrm{m}}{1\,\mathrm{m/s}}=4$초이다.
㉡. (가)에서 $t=1$초일 때, $x=4\,\mathrm{m}$에서 A, B는 보강 간섭한다. 따라서 합성파의 변위의 크기는 $|2\,\mathrm{m}+3\,\mathrm{m}|=5\,\mathrm{m}$이다.
✗. (나)에서 $t=1$초일 때, $x=4\,\mathrm{m}$에서 A, B의 위상이 반대이므로 A와 B는 상쇄 간섭한다.

06 파동의 간섭
동일한 위상으로 파동이 중첩할 때는 보강 간섭이 일어나고, 반대 위상으로 파동이 중첩할 때는 상쇄 간섭이 일어난다.
㉠. A, B로부터의 거리가 같은 $x=0$에서 보강 간섭이 일어났으므로 A, B에서 동일한 위상의 소리가 발생한다.
㉡. x축상에서 보강 간섭과 상쇄 간섭이 교대로 일어나므로 $x=0$과 $x=d$ 사이에 상쇄 간섭이 일어나는 지점이 있다.
㉢. $x=d$에서 보강 간섭이 일어났으므로 A, B에서 발생한 소리는 $x=d$에서 동일한 위상으로 중첩한다.

07 파동의 간섭
물의 깊이가 깊을수록 물결파의 속력은 크고 파장은 길다.
✗. (가)에서가 (나)에서보다 물결파의 파장이 짧다. 따라서 물의 깊이가 깊을수록 물결파의 파장이 길므로 $h_2 > h_1$이다.

㉡. (나)의 A에서는 S_1과 S_2에서 발생된 물결파의 위상이 반대로 중첩되어 상쇄 간섭이 일어난다.
㉢. B에서 S_1, S_2까지의 거리가 같으므로 S_1, S_2에서 동일한 위상으로 발생한 물결파의 위상은 B에서 항상 같다. 따라서 (가), (나) 모두 B에서는 보강 간섭이 일어난다.

08 이중 슬릿에 의한 간섭
이중 슬릿을 통과한 단색광이 스크린에서 같은 위상으로 중첩할 때 스크린에 밝은 무늬가 나타나고, 반대 위상으로 중첩할 때 어두운 무늬가 나타난다.
㉠. S_1, S_2로부터 거리가 같은 O에서 단색광이 보강 간섭하므로 S_1, S_2에서 단색광의 위상은 같다.
㉡. P에서 단색광이 보강 간섭하므로 S_1, S_2를 통과한 단색광은 P에 같은 위상으로 도달한다.
✗. Q는 어두운 무늬의 중심이므로 Q에서 S_1, S_2를 통과한 단색광이 상쇄 간섭한다.

수 능 3점 테 스 트   본문 102~104쪽

01 ①   02 ④   03 ⑤   04 ⑤   05 ③
06 ⑤

01 광전 효과와 전자기파
A, B에 의해 광전자가 방출되고 C에 의해서는 광전자가 방출되지 않으므로 진동수는 A, B가 C보다 크다. 또 방출되는 광전자의 최대 운동 에너지는 A를 비추었을 때가 B를 비추었을 때보다 작으므로 A, B, C는 각각 자외선, X선, 적외선이다.
㉠. A에 의해서는 광전자가 방출되고, C에 의해서는 광전자가 방출되지 않으므로 진동수는 A가 C보다 크다.
✗. 전자레인지에서 음식을 데우는 데 이용하는 전자기파는 마이크로파이다.
✗. 공항에서 수하물의 내부 영상을 찍는 데 이용되는 전자기파는 X선이다.

02 파동의 간섭
동일한 위상으로 파동이 중첩할 때는 보강 간섭이 일어나고, 반대 위상으로 파동이 중첩할 때는 상쇄 간섭이 일어난다.
㉠. 파동이 중첩될 때 $x=2.5d$에서 서로 반대 방향으로 진행하는 파동의 위상이 같아 보강 간섭이 일어난다.

✗. $x=4d$에서는 서로 반대 방향으로 진행하는 파동이 반대 위상으로 중첩된다. 따라서 $x=4d$에서 서로 반대 방향으로 진행하는 파동은 상쇄 간섭한다.

ㄷ. $x=5d$에서는 서로 반대 방향으로 진행하는 두 파동이 반대 위상으로 중첩되는 상쇄 간섭이 일어난다. 따라서 $x=5d$에서 중첩된 파동의 변위는 항상 0이다.

03 파동의 간섭

동일한 위상으로 파동이 중첩할 때는 파동의 보강 간섭이 일어나고, 반대 위상으로 파동이 중첩할 때는 파동의 상쇄 간섭이 일어난다.

ㄱ. $t=0.5$초일 때, $x=30$ cm에서 반대 방향으로 진행하는 두 파동의 마루가 중첩된다. 따라서 $t=0.5$초일 때, $x=30$ cm에서 변위의 크기는 $2A$이다.

ㄴ. 파동이 중첩될 때 $x=10$ cm, $x=20$ cm, $x=30$ cm, ⋯ 에서는 서로 반대 방향으로 진행하는 파동의 위상이 같아 보강 간섭이 일어난다. 하지만 $t=2$초일 때, $x=20$ cm에서는 서로 반대 방향으로 진행하는 두 파동의 변위가 모두 0이므로 $t=2$초일 때, $x=20$ cm에서 중첩된 파동의 변위는 0이다.

ㄷ. 파동이 중첩될 때 $x=5$ cm, $x=15$ cm, $x=25$ cm, ⋯에서는 서로 반대 방향으로 진행하는 파동의 위상이 반대이므로 상쇄 간섭이 일어난다.

04 파동의 간섭

동일한 위상으로 파동이 중첩할 때는 보강 간섭이 일어나고, 반대 위상으로 파동이 중첩할 때는 상쇄 간섭이 일어난다.

✗. (가)에서 이웃한 마루 사이의 거리가 파장이다. 따라서 파장이 20 cm이므로 파동의 진동수는 $\frac{10 \text{ cm/s}}{20 \text{ cm}}=\frac{1}{2}$ Hz이다.

ㄴ. (가)의 $x=5$ cm에서 $-x$ 방향으로 진행하는 파동의 변위는 음($-$)의 방향으로 커지고, $+x$ 방향으로 진행하는 파동의 변위는 양($+$)의 방향으로 커진다. 따라서 (가)의 $x=5$ cm에서 서로 반대 방향으로 진행하는 파동의 위상은 서로 반대이다.

ㄷ. (나)에서 파동의 파장이 10 cm이므로 (나)에서 파동의 주기는 1초이다. 따라서 (나)의 $x=20$ cm에서 $+x$ 방향, $-x$ 방향으로 진행하는 파동의 위상이 동일하여 보강 간섭이 일어나므로 (나)의 $x=20$ cm에서 $t=1$초일 때 합성파의 변위의 크기는 A이다.

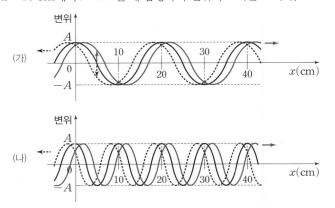

05 단색광의 간섭

사람의 눈에서 동일한 위상으로 단색광이 중첩할 때는 단색광의 보강 간섭이 일어나 단색광이 밝게 보인다.

ㄱ. (가)에서 L_1의 파장이 공기에서가 A에서보다 길므로 L_1의 속력은 공기에서가 A에서보다 크다.

ㄴ. (나)에서 공기와 A의 경계면에서 반사된 L_2와 A와 B의 경계면에서 반사된 후 A와 공기의 경계면에서 굴절된 L_2가 사람의 눈에서 서로 같은 위상으로 중첩하므로 (나)에서 L_2는 사람의 눈에서 보강 간섭한다.

✗. (가), (나)의 사람의 눈에서 L_1과 L_2가 각각 상쇄 간섭, 보강 간섭하므로 사람의 눈에는 (가)의 L_1이 (나)의 L_2보다 어두워 보인다.

06 물결파의 간섭

동일한 위상으로 물결파가 중첩할 때는 물결파의 보강 간섭이 일어나고, 반대 위상으로 물결파가 중첩할 때는 물결파의 상쇄 간섭이 일어난다.

✗. 물결파의 진동수가 클수록 파장은 짧다. 따라서 물결파의 파장이 (가)에서가 (나)에서보다 길므로 $f_2>f_1$이다.

ㄴ. S_1, S_2에서 발생된 물결파는 (가)의 A에서 서로 반대 위상으로 중첩한다. 따라서 S_1, S_2에서 발생된 물결파는 (가)의 A에서 상쇄 간섭한다.

ㄷ. 파장이 짧을수록 S_1과 S_2 사이에서 물결파의 상쇄 간섭이 일어나는 지점의 개수는 많아진다. 따라서 S_1과 S_2 사이에서 물결파의 상쇄 간섭이 일어나는 지점의 개수는 (가)에서가 (나)에서보다 적다.

14 빛의 이중성

닮은 꼴 문제로 유형 익히기
본문 107쪽

정답 ③

금속판에서 방출되는 광전자의 최대 운동 에너지는 비추는 단색광의 진동수가 클수록, 금속판의 문턱 진동수가 작을수록 크다.

✗. 진동수가 $2f_0$인 단색광을 비출 때 P에서는 광전자가 방출되지 않고 Q에서는 광전자가 방출되므로, 문턱 진동수는 P가 Q보다 크다. (나)에서 $2f_0$인 단색광을 비출 때 A에서는 광전자가 방출되고 B에서는 광전자가 방출되지 않으므로, A는 Q, B는 P에 해당한다.

✗. 광양자설에 의하면 광자의 에너지는 단색광의 진동수에만 비례하고 단색광의 세기에는 무관하다. 따라서 진동수가 $2f_0$인 단색광을 P에 오랫동안 비추어도 P에서 광전자가 방출되지 않는다.

Ⓒ. 방출되는 광전자의 최대 운동 에너지는 비추는 단색광의 진동수가 클수록, 금속판의 문턱 진동수가 작을수록 크다. 따라서 진동수가 $4f_0$인 단색광을 비출 때, 방출되는 광전자의 최대 운동 에너지는 Q에서가 P에서보다 크다.

수능 2점 테스트
본문 108~109쪽

01 ④	02 ①	03 ③	04 ③	05 ③
06 ⑤	07 ③	08 ④		

01 광전 효과

금속판에 비추는 단색광의 진동수가 금속판의 문턱 진동수보다 클 때 광전자가 방출된다. 방출된 광전자의 최대 운동 에너지는 단색광의 세기에는 관계없고, 단색광의 진동수에만 관계된다. 광전 효과는 빛의 입자성을 나타낸다.

Ⓐ. 진동수가 f인 단색광을 금속판에 비출 때 금속판에서 광전자가 방출되므로 금속판의 문턱 진동수는 f보다 작다.

✗. 방출된 광전자의 최대 운동 에너지는 단색광의 진동수에만 관계되며, 단색광의 진동수가 클수록 광전자의 최대 운동 에너지는 크다.

Ⓒ. 광전 효과는 빛의 입자성을 나타내는 현상이다.

02 광자의 에너지에 따른 광전 효과

금속판에 비추는 단색광의 진동수가 금속판의 문턱 진동수보다 클 때 광전자가 방출된다. 광자 1개가 가지는 에너지는 hf (h: 플랑크 상수, f: 단색광의 진동수)이며, 단색광의 진동수에 비례한다.

✗. P를 금속판에 비출 때 광전자가 방출되지 않으므로 금속판의 문턱 진동수는 P의 진동수보다 크다.

Ⓛ. 금속판에 P를 비출 때 광전자가 방출되지 않고, Q를 비출 때 광전자가 방출되므로 진동수는 P가 Q보다 작다. 광자 1개가 가지는 에너지는 단색광의 진동수에 비례하므로 광자 1개의 에너지는 P가 Q보다 작다.

✗. P의 진동수는 금속판의 문턱 진동수보다 작으므로 P의 세기를 $2I_0$으로 증가시켜도 금속판에서는 광전자가 방출되지 않는다.

03 광전 효과

금속판에 금속판의 문턱 진동수보다 큰 진동수의 단색광을 비출 때 광전 효과가 일어난다. 금속판에 비추는 단색광의 세기가 셀수록 금속판에서 방출되는 광전자의 수가 많고, 금속판에 비추는 단색광의 진동수가 클수록 금속판에서 방출되는 광전자의 최대 운동 에너지가 크다.

✗. A~D 중 세 종류의 단색광에 의해서만 광전자가 방출되었으므로, 진동수가 가장 작은 A를 금속판에 비추었을 때 광전자가 방출되지 않는다. 따라서 금속판의 문턱 진동수는 A의 진동수인 f_0보다 크다.

✗. 금속판에 비추는 단색광의 세기가 셀수록 방출되는 광전자의 수가 많다. 단색광의 세기는 B가 $3I_0$, C가 $2I_0$이므로, 단위 시간당 방출되는 광전자의 수는 B를 비출 때가 C를 비출 때보다 많다.

Ⓒ. 금속판에 비추는 단색광의 진동수가 클수록 방출되는 광전자의 최대 운동 에너지가 크다. 단색광의 진동수는 C가 $2f_0$, D가 $3f_0$이므로, 방출되는 광전자의 최대 운동 에너지는 C를 비출 때가 D를 비출 때보다 작다.

04 광전 효과

진동수가 f인 빛을 금속 표면에 비추면 hf (h: 플랑크 상수)의 에너지를 가진 광자 1개가 금속 내의 전자 1개와 충돌하여 전자에 에너지를 준다. 이 에너지가 전자를 금속에서 떼어내는 데 필요한 최소한의 에너지보다 크면 즉시 광전자가 방출된다.

⊙. 광전 효과에 의한 광전자의 방출은 빛의 입자성을 나타내는 현상이다.

✗. 금속판의 문턱 진동수가 f_0이므로 금속판에 비추는 빛의 진동수가 $\frac{1}{2}f_0$일 때는 빛을 오랫동안 비추어도 광전자가 방출되지 않는다.

Ⓒ. 진동수가 $2f_0$인 빛의 광자 1개의 에너지를 E라고 하면 'E=전자를 떼어내는 데 필요한 에너지$+E_0$'이다. 따라서 진동수가 $2f_0$인 빛의 광자 1개의 에너지는 E_0보다 크다.

05 빛의 이중성

빛의 간섭 현상은 빛의 파동성을, 광전 효과는 빛의 입자성을 나타낸다.

✗. 빛이 단일 슬릿과 이중 슬릿을 통과하여 스크린에 간섭무늬를 만드는 현상은 빛의 파동성(⊙)으로 설명할 수 있다. 광 다이오드는 빛의 입자성을 이용한다.

✗. 금속판의 문턱 진동수보다 큰 진동수의 빛을 금속판에 비추었을 때 빛의 세기만 증가시키면 금속판에서 방출되는 광전자의 수가 증가한다. 방출되는 광전자의 최대 운동 에너지는 금속판에 비추는 빛의 진동수에만 관계있으며 금속판에 비추는 빛의 세기와는 관계없다.

ⓒ. 광전 효과는 빛의 입자성을 나타내는 현상이므로 '입자성'은 ⓐ로 적절하다.

06 빛의 파동성과 입자성의 이용

얇은 비누막에서 다양한 색깔의 무늬가 나타나는 까닭은 빛을 얇은 막에 비추었을 때 막의 윗면에서 반사한 빛과 아랫면에서 반사한 빛이 간섭 현상을 일으키기 때문이다. 광 다이오드는 p형 반도체와 n형 반도체가 접합된 구조로 되어 있으며, 광 다이오드의 띠 간격 이상의 빛이 도달하면 전류가 발생한다.

㉠. (가)에서 얇은 비누막에 나타나는 다양한 색깔의 무늬는 빛의 간섭 현상 때문이다. 빛의 간섭 현상은 빛의 파동성으로 설명할 수 있다.

ⓒ. (나)에서 빛의 세기가 셀수록 발생하는 광전자의 수가 많아지므로 광전류의 세기가 크다.

ⓒ. 광 다이오드에 빛을 비추었을 때 광 다이오드를 구성하는 물질 내의 전자가 에너지를 얻어 들뜨게 되는 광전 효과에 의해 광 다이오드는 빛 신호를 전기 신호로 전환한다.

07 전하 결합 소재(CCD)

전하 결합 소자는 빛을 비추었을 때 발생하는 광전자의 수로 빛의 세기를 측정하여 영상을 기록하는 장치이며, 빛의 입자성을 이용한다. 전하 결합 소자는 빛의 세기만 측정하므로 컬러 영상을 얻기 위해 색필터를 전하 결합 소자 위에 배열한다.

㉠. 전하 결합 소자는 입사한 빛에 의해 전자가 발생하는 광전 효과를 이용한다. 따라서 전하 결합 소자는 빛의 입자성을 이용한 장치이다.

ⓒ. 전하 결합 소자는 기본적으로 빛의 세기만을 측정할 수 있으므로 색깔을 감지할 수 없다. 따라서 컬러 영상을 기록하기 위해서는 색 필터를 배열하여 색 필터를 통과한 빛의 세기를 측정하여 색깔을 표현한다.

✗. 빛의 세기를 증가시키면 광자의 수가 증가하여 광전 효과에 의해 전하 결합 소자에서 발생하는 전자의 수가 증가한다.

08 전하 결합 소재(CCD)를 구성하는 화소

전하 결합 소자 내부로 입사한 빛에 의해 반도체 내에서 전자와 양공의 쌍이 생성되고, 이때 생성된 전자는 (+)전압이 걸린 전극 아래에 모인다. 생성된 전자의 수는 입사한 빛의 세기가 셀수록 많다.

✗. 전하 결합 소자에 빛을 비출 때 p-n 접합면에서 생성되어 (+) 전극 아래에 모인 A는 전자이다.

ⓒ. 전하 결합 소자에 빛을 비출 때 p-n 접합면에서 전자가 발생하므로 전하 결합 소자는 광전 효과를 이용한 장치이다.

ⓒ. 빛의 세기가 셀수록 광자의 수가 많다. 따라서 전하 결합 소자에 비추는 광자의 수가 많을수록 단위 시간당 발생하는 전자(A)의 개수가 많아진다.

수능 3점 테스트 | 본문 110~111쪽

01 ②   02 ②   03 ①   04 ②

01 광전자의 최대 운동 에너지

금속판에 비추는 단색광의 진동수가 금속판의 문턱 진동수보다 클 때 광전자가 방출되며, 단색광의 진동수가 클수록 방출되는 광전자의 최대 운동 에너지는 크다. 또한 단색광을 금속판에 비출 때 금속판의 문턱 진동수가 클수록 전자를 금속판에서 떼어내는 데 필요한 최소한의 에너지가 크므로 방출되는 광전자의 최대 운동 에너지는 작다.

✗. A를 P에 비출 때 방출되는 광전자의 최대 운동 에너지(E_0)가 A를 Q에 비출 때 방출되는 광전자의 최대 운동 에너지($3E_0$)보다 작다. 따라서 금속판에서 전자를 떼어내는 데 필요한 최소한의 에너지는 P가 Q보다 크므로, 금속판의 문턱 진동수는 P가 Q보다 크다.

ⓒ. 문턱 진동수는 P가 Q보다 크므로, B를 P에 비출 때 방출되는 광전자의 최대 운동 에너지(㉠)는 Q에 비출 때 방출되는 광전자의 최대 운동 에너지($5E_0$)보다 작다.

✗. Q에 A와 B를 동시에 비출 때 방출되는 광전자의 최대 운동 에너지는 B에 의해 결정되므로 $5E_0$이다.

02 광전 효과와 빛의 간섭

광전자가 방출되려면 금속판에 비추는 단색광의 진동수가 금속판의 문턱 진동수보다 커야 한다.

✗. (가)에서 방출되는 단색광의 에너지는 A가 가장 크고, C가 가장 작다. 따라서 단색광의 진동수는 C가 A보다 작다.

✗. (나)에서 A, B, C 중 하나의 단색광에 의해서만 금속판에서 광전자가 방출되므로, 광전 효과를 일으키는 단색광은 광자 1개의 에너지가 가장 큰 A이다. B와 C는 금속판의 문턱 진동수보다 작은 진동수를 가진 빛으로 광전 효과를 일으키지 못한다. 따라서 (나)에서 B와 C를 동시에 비출 때 금속판의 P에서는 광전자가 방출되지 않는다.

ⓒ. (다)는 A가 이중 슬릿을 지나 금속판에 도달하여 방출된 광전자의 개수를 나타낸 것이다. 따라서 (나)에서 A의 세기를 증가시키면 O에서 방출되는 광전자의 개수가 증가한다.

03 검전기에서의 광전 효과

대전된 검전기의 금속판에 비추는 단색광의 진동수가 금속판의 문턱 진동수보다 클 때 광전자가 방출되어 금속박이 움직인다.

㉠. P에 A와 B를 동시에 비추거나 A와 C를 동시에 비추었을 때 벌어져 있던 금속박이 오므라들었다. (가)에서 검전기가 양(＋)전하로 대전되어 있었다면 광전 효과에 의해 전자가 방출되므로 금속박의 양(＋)전하가 상대적으로 더 많아져 금속박은 더 벌어진다. 반대로 검전기가 음(－)전하로 대전되어 있었다면 광전 효과에 의해 전자가 방출되어 검전기에 대전된 전자의 수가 줄어들어 금속박이 오므라든다. 따라서 (가)에서 검전기는 음(－)전하로 대전되어 있다.

✗. P에 B와 C를 동시에 비추었을 때 금속박이 움직이지 않았으므로 전자가 방출되지 않았다. 따라서 P의 문턱 진동수는 B의 진동수와 C의 진동수보다 크다.

✗. P에 A를 포함한 빛을 비추었을 때 금속박이 오므라들었으므로 A의 진동수는 P의 문턱 진동수보다 크다. 따라서 단색광의 진동수는 C가 A보다 작다.

04 전하 결합 소재(CCD)의 작동 원리

전하 결합 소자(CCD)는 단색광을 비추었을 때 광전 효과에 의해 발생하는 전자의 수로 빛의 세기를 측정하여 영상을 기록하는 장치이다.

✗. 광자 1개의 에너지가 E_0인 단색광을 CCD에 비추었을 때 전자가 발생하였으므로 광 다이오드의 띠 간격은 E_0보다 크지 않다.

㉡. CCD는 광전 효과에 의해 발생하는 전자의 전하량을 측정하여 영상을 기록하므로 빛의 입자성을 이용한다.

✗. 단색광의 세기가 감소하면 광 다이오드에서 단위 시간당 방출되는 전자의 수가 감소하므로 (다)의 전하량 측정 장치에서 단위 시간당 측정되는 전자의 수가 감소한다.

---

15 물질의 이중성

닮은꼴 문제로 유형 익히기

본문 114쪽

정답 ④

물질파 파장 λ, 입자의 운동량의 크기 p, 질량 m, 속력 v, 운동 에너지 E_k 사이에는 $\lambda = \dfrac{h}{p} = \dfrac{h}{mv} = \dfrac{h}{\sqrt{2mE_k}}$의 관계가 성립한다.

㉠. 운동 에너지가 E_0일 때, A의 경우 $\dfrac{1}{\lambda}$은 y_0이다.

따라서 $p = h\left(\dfrac{1}{\lambda}\right)$에 의해 운동 에너지가 E_0일 때, A의 운동량의 크기는 hy_0이다.

㉡. $m = \dfrac{h^2}{2E_k}\left(\dfrac{1}{\lambda}\right)^2$에 의해 E_k가 E_0으로 같을 때 $m \propto \dfrac{1}{\lambda^2}$의 관계가 성립한다. 따라서 질량은 A가 B보다 크다.

✗. A와 B의 물질파 파장이 같으면 A와 B의 운동량의 크기가 같다. 질량은 A가 B보다 크므로, 속력은 A가 B보다 작다.

수능 2점 테스트

본문 115쪽

01 ④	02 ⑤	03 ⑤	04 ①

01 물질파

운동하는 입자의 질량을 m, 속력을 v, 운동량의 크기를 p라고 하면, 물질파 파장 λ는 다음과 같다.

$$\lambda = \frac{h}{p} = \frac{h}{mv} \ (h: \text{플랑크 상수})$$

㉠. $p = mv$에 의해 질량이 같은 경우 운동량의 크기는 속력에 비례한다. A, B는 질량이 m으로 같고, 운동량의 크기는 A가 B의 2배이다. 따라서 입자의 속력은 A가 B의 2배이다.

㉡. 물질파 파장은 운동량의 크기에 반비례한다. B와 C의 운동량의 크기가 같으므로 물질파 파장은 B와 C가 같다.

✗. 입자의 운동 에너지는 $E_k = \dfrac{1}{2}mv^2 = \dfrac{p^2}{2m}$이므로 A의 운동 에너지는 $E_{k,A} = \dfrac{(2p)^2}{2m} = \dfrac{2p^2}{m}$이고, C의 운동 에너지는 $E_{k,C} = \dfrac{p^2}{2(2m)} = \dfrac{p^2}{4m}$이다. 따라서 운동 에너지는 C가 A의 $\dfrac{1}{8}$배이다.

02 전자의 파동성에 의한 간섭무늬

운동량의 크기가 p인 전자의 물질파 파장은 $\lambda = \dfrac{h}{p}$ (h: 플랑크 상수)이다. 전자의 물질파가 형광판에 간섭무늬를 만들 때 밝은 무늬가 나타나는 곳은 보강 간섭이 일어나는 곳이다.

✗. 전자의 물질파 파장은 $\lambda=\dfrac{h}{p}$이므로 전자의 운동량의 크기가 클수록 전자의 물질파 파장은 짧다.

Ⓑ. 간섭은 파동이 가지는 성질이다. 전자가 단일 슬릿과 이중 슬릿을 통과하여 형광판에 만드는 간섭무늬는 전자가 파동의 성질을 가지기 때문에 나타나는 현상이다.

Ⓒ. 형광판의 밝은 무늬인 곳은 보강 간섭이 일어난 곳이며 어두운 무늬인 곳은 상쇄 간섭이 일어난 곳이다. 따라서 밝은 무늬인 곳이 어두운 무늬인 곳보다 형광판에 도달한 전자의 수가 많다.

03 광학 현미경과 전자 현미경에 의한 상

전자 현미경에서 이용하는 전자의 물질파 파장은 광학 현미경에서 이용하는 가시광선의 파장보다 짧다. 따라서 전자 현미경이 광학 현미경보다 더 작은 구조를 구분하여 관찰할 수 있는 분해능이 좋고, 더 선명한 상을 관찰할 수 있다.

✗. 같은 배율로 동일한 물체를 관찰했을 때 (나)가 (가)보다 더 작은 구조를 구별하여 관찰할 수 있으므로, (나)가 전자 현미경으로 관찰했을 때 상의 모습이다.

Ⓛ. (가)는 가시광선을 이용하는 광학 현미경으로 관찰한 상이고, (나)는 전자의 물질파를 이용하는 전자 현미경으로 관찰한 상이다. 따라서 물체를 관찰할 때 사용하는 파동의 파장은 (가)에서가 (나)에서보다 길다.

Ⓒ. 전자 현미경에서 이용하는 전자의 속력이 클수록 전자의 물질파 파장이 짧아 분해능이 좋으며, 더 작은 구조를 구별하여 관찰할 수 있다.

04 투과 전자 현미경(TEM)과 물질파 파장

전자 현미경은 전자총에서 가속된 전자의 파동성을 이용하여 시료를 관찰한다. 이때 가속된 전자의 속력이 클수록 전자의 물질파 파장이 짧아져 더 작은 구조를 구별하여 관찰할 수 있는 분해능이 좋다.

Ⓖ. 전자 현미경은 전자총에서 가속된 전자의 파동성을 이용한다.

✗. 전자총에서 방출된 전자의 속력은 전자의 물질파 파장에 반비례한다. 물질파 파장은 A에서가 B에서의 2배이므로, 전자의 속력은 B에서가 A에서의 2배이다.

✗. 시료 표면의 입체적인 구조를 관찰할 수 있는 전자 현미경은 주사 전자 현미경(SEM)이다.

01 전자의 파동성 실험

얇은 금속박에 전자선을 입사시켜 얻은 회절 무늬를 통해 전자와 같은 입자가 파동의 성질을 가지고 있음을 알 수 있다. 이때 전자의 물질파 파장은 전자의 운동량의 크기에 반비례한다. 데이비슨과 거머는 니켈 결정에 전자선을 입사시킬 때, 입사한 전자선과 특정한 각을 이루는 곳에서 전자가 많이 검출되는 것을 통해 전자의 파동성을 확인하였다.

Ⓖ. 회절 무늬는 파동성을 나타내는 것이다. 따라서 (가)에서 전자의 회절 무늬는 전자의 파동성으로 설명할 수 있다.

✗. (가)에서 전자총에서 방출되는 전자의 속력이 클수록 전자의 운동량의 크기가 커진다. 전자의 물질파 파장은 전자의 운동량의 크기에 반비례하므로, 전자의 속력이 클수록 전자의 물질파 파장은 짧다.

Ⓒ. (나)에서 전자선의 입사 방향과 θ의 각을 이루는 방향에서 검출되는 전자의 수가 가장 많다. 이는 θ의 각도로 산란된 전자들의 물질파가 보강 간섭을 일으키기 때문이다.

02 전기력을 받아 운동하는 전자의 물질파 파장

P에 정지해 있던 질량이 m인 전자가 크기가 F인 전기력을 받으며 L만큼 이동하는 경우 전자의 운동 에너지는 FL만큼 증가한다. 전자의 운동량의 크기가 p, 운동 에너지가 E_k일 때, 전자의 물질파 파장 λ는 다음과 같다.

$$\lambda=\frac{h}{p}=\frac{h}{\sqrt{2mE_k}}\ (h: \text{플랑크 상수})$$

✗. 전자에 작용하는 알짜힘이 한 일은 전자의 운동 에너지 변화량과 같다. 정지해 있던 전자가 O에 도달하는 동안 전기력이 한 일은 $\dfrac{FL}{2}$이므로, O에서 전자의 운동 에너지는 $\dfrac{FL}{2}$이다.

Ⓛ. O에서 전자의 물질파 파장을 λ_O, Q에 도달할 때 전자의 물질파 파장을 λ_Q라고 하면, $\lambda_O=\dfrac{h}{\sqrt{2m\left(\dfrac{FL}{2}\right)}}$, $\lambda_Q=\dfrac{h}{\sqrt{2m(FL)}}$이다.

따라서 $\lambda_Q=\dfrac{1}{\sqrt{2}}\lambda_O$이므로, 전자의 물질파 파장은 Q에 도달할 때가 O에서의 $\dfrac{1}{\sqrt{2}}$배이다.

✗. 전자의 운동량의 크기는 물질파 파장에 반비례한다. 전자의 물질파 파장은 Q에 도달할 때가 O에서의 $\dfrac{1}{\sqrt{2}}$배이므로 전자의 운동량의 크기는 Q에 도달할 때가 O에서의 $\sqrt{2}$배이다.

03 물질파 파장

운동하는 입자가 파동성을 나타낼 때의 파동을 물질파라고 한다. 입자의 질량을 m, 운동량의 크기를 p, 운동 에너지를 E_k라고 하면, 물질파 파장 λ는 다음과 같다.

$$\lambda = \frac{h}{p} = \frac{h}{\sqrt{2mE_k}} \ (h: \text{플랑크 상수})$$

ㄱ. $p = \sqrt{2mE_k}$에 의해 A의 운동량의 크기는 $p_A = \sqrt{2m(4E)} = \sqrt{8mE}$이고, B의 운동량의 크기는 $p_B = \sqrt{2(2m)(2E)} = \sqrt{8mE}$이다. 따라서 운동량의 크기는 A와 B가 같다.

✗. A와 B의 운동량의 크기가 같으므로, 물질파 파장 $\lambda = \frac{h}{p}$에 의해 A와 B의 물질파 파장도 같다. A의 물질파 파장이 λ_0이므로 B의 물질파 파장 ㉠도 λ_0이다.

ㄷ. A의 물질파 파장은 $\lambda_0 = \frac{h}{\sqrt{2m(4E)}} = \frac{h}{\sqrt{8mE}}$ … ①이고, C의 물질파 파장은 $\sqrt{3}\lambda_0 = \frac{h}{\sqrt{2m_C(3E)}}$ … ②이다. ①을 ②에 대입하면, $\frac{\sqrt{3}h}{\sqrt{8mE}} = \frac{h}{\sqrt{2m_C(3E)}}$이고, 이를 정리하면 $4m = 9m_C$에서 $m_C = \frac{4}{9}m$이다.

04 전자 현미경

전자 현미경은 전자의 파동성을 이용하여 물체를 관찰한다. 전자 현미경에는 전자선이 시료를 투과하여 시료의 평면적 구조를 관찰할 수 있는 투과 전자 현미경(TEM)과 전자선을 시료에 주사하여 시료 표면의 3차원적 모습을 관찰할 수 있는 주사 전자 현미경(SEM)이 있다.

✗. (가)는 투과 전자 현미경, (나)는 주사 전자 현미경이다. (다)는 대장균 표면의 입체 구조를 나타내고 있으므로 (나)를 이용하여 관찰한 상이다.

ㄴ. 전자 현미경의 자기렌즈는 자기장을 이용하여 전자의 진행 경로를 바꾸는 역할을 한다.

✗. 시료가 얇을수록 더 선명한 상을 관찰할 수 있는 전자 현미경은 투과 전자 현미경이다. 주사 전자 현미경은 전기 전도성이 높은 물질로 코팅한 시료 표면에 전자선을 쪼일 때 시료에서 튀어나오는 전자를 분석하여 영상을 얻는다.

실전 모의고사 1회				본문 120~124쪽
01 ⑤	02 ③	03 ⑤	04 ③	05 ①
06 ①	07 ③	08 ②	09 ①	10 ⑤
11 ③	12 ④	13 ②	14 ③	15 ②
16 ⑤	17 ⑤	18 ②	19 ④	20 ②

01 광통신

광통신은 음성, 영상 등의 정보를 담은 전기 신호를 빛 신호로 변환하여 빛을 통해 정보를 주고받는 통신 방식이다.

Ⓐ. 레이저나 LED와 같은 발신기에서는 전기 신호를 빛 신호로 변환한다.

Ⓑ. LED에서는 전도띠의 전자들이 원자가 띠로 전이하면서 띠 간격에 해당하는 만큼의 에너지를 빛으로 방출한다.

Ⓒ. 광섬유는 중앙의 코어를 클래딩이 감싸고 있는 이중 원기둥 모양으로, 굴절률은 코어가 클래딩보다 크고 입사각이 임계각보다 클 때 전반사가 일어난다.

02 등가속도 운동

물체가 q에서 r까지 올라가는 데 걸린 시간은 r에서 q까지 내려오는데 걸린 시간과 같다.

ㄱ. p에서 물체의 속력을 v, 가속도의 크기를 a라고 하면 $v - 5a = 0$에서 $a = \frac{v}{5}$이고, 가속도의 방향은 속도의 방향과 반대 방향이므로 $-2 \times \frac{v}{5} \times 10 = 0 - v^2$을 정리하면 $v = 4(\text{m/s})$이다. 따라서 p에서 물체의 속력은 4 m/s이다.

별해 | 물체가 p에서 r까지 이동하는 동안 물체의 평균 속력이 $\frac{10 \text{ m}}{5 \text{ s}} = 2$ m/s이므로 $\frac{v+0}{2} = 2$ m/s에서 $v = 4$ m/s이다.

ㄴ. $a = \frac{v}{5}$이므로 물체의 가속도의 크기는 0.8 m/s²이다.

✗. r에서 물체의 속력은 0이므로 물체가 r에서 q까지 이동하는 데 걸리는 시간은 $3.6 = \frac{1}{2} \times 0.8 \times t^2$에서 $t = 3$(초)이다. 따라서 물체가 q에서 r까지 이동하는 데 걸리는 시간은 3초이고, p에서 q까지 이동하는 데 걸리는 시간은 2초이다. 평균 속력은 이동 거리를 걸린 시간으로 나눈 값이므로 $v_1 : v_2 = \frac{6.4}{2} : \frac{3.6}{3} = 8 : 3$이다. 따라서 $\frac{v_2}{v_1} = \frac{3}{8}$이다.

03 등속도 운동과 등가속도 운동

B가 R를 통과하는 속력은 $v = \frac{2L}{2t} = \frac{L}{t}$이다.

ㄱ. B는 $2t$일 때 Q를 통과한다. A가 $2t$ 동안 이동한 거리는 (나)의 그래프가 시간 축과 이루는 면적과 같으므로 $\frac{1}{2}(2v)t + \frac{1}{2}\left(2v + \frac{3}{2}v\right)t = \frac{11}{4}vt = \frac{11}{4}L$이다. 따라서 A는 B보다 Q를 먼저 통과한다.

ㄴ. $2t$일 때 A의 속력은 감소하므로 A의 가속도의 방향은 A의 운동 방향과 반대이다. A의 운동 방향과 B의 운동 방향은 반대이므로

$2t$일 때 A의 가속도의 방향은 B의 운동 방향과 같다.

ㄷ. 위치-시간 그래프에서 기울기의 절댓값은 속력과 같다. t일 때 기울기의 절댓값은 $3t$일 때 기울기의 절댓값보다 크다. 따라서 B의 속력은 t일 때가 $3t$일 때보다 크다.

04 전자 현미경

전자의 물질파 파장 λ는 전자의 운동량의 크기 p에 반비례한다.

ㄱ. 전자선의 간섭무늬나 회절 무늬는 전자의 파동성으로 설명할 수 있다.

ㄴ. 질량이 m인 전자의 운동 에너지가 E_k일 때 운동량의 크기는 $p=\sqrt{2mE_k}$이고 전자의 물질파 파장은 $\lambda=\dfrac{h}{\sqrt{2mE_k}}$ (h: 플랑크 상수)이다. $E_1<E_2$이므로 전자의 물질파 파장은 운동 에너지가 E_1일 때가 E_2일 때보다 길다.

ㄷ. (가)의 전자 현미경에서 전자의 물질파 파장이 짧을수록 시료의 더 작은 구조를 구분하여 관찰할 수 있다. 따라서 전자의 운동 에너지가 E_2일 때가 E_1일 때보다 시료의 더 작은 구조를 구분하여 관찰할 수 있다.

05 고체의 에너지띠와 전기 전도도

A는 반도체, B는 절연체, C는 도체이다.

ㄱ. 고유 반도체에 도핑을 하면 전하 운반자 역할을 하는 전자나 양공의 수가 늘어나 전기 전도도가 증가한다.

ㄴ. 도체는 온도가 높아지면 전기 저항이 증가하여 전기 전도도가 감소한다.

ㄷ. 전도띠와 원자가 띠 사이의 띠 간격이 넓을수록 원자가 띠에서 전도띠로의 전이가 어렵다. 따라서 띠 간격이 좁은 A보다 띠 간격이 넓은 B에서 전자가 원자가 띠에서 전도띠로 전이하기 어렵다.

06 파동의 굴절 실험

물결파의 이웃한 파면과 파면 사이의 거리는 물결파의 파장과 같다.

ㄱ. $d_2>d_1$이므로 물결파의 파장은 B에서가 A에서보다 길다. 물결파의 진동수가 일정하므로 물결파의 파장은 물결파의 속력에 비례한다. 따라서 물결파의 속력은 물의 깊이가 깊은 B에서가 물의 깊이가 얕은 A에서보다 크다.

ㄴ. 물의 깊이가 일정하면 물결파의 속력도 일정하다. 따라서 진동수가 증가하면 A, B에서 파장은 감소하지만 감소율이 같으므로 $\dfrac{d_1}{d_2}$은 일정하다.

ㄷ. 물결파가 얕은 곳에서 깊은 곳으로 진행할 때 속력이 증가하므로 입사각은 굴절각보다 작다.

07 운동량과 충격량

질량이 m, 속력이 v인 물체의 운동량의 크기는 $p=mv$이고, 운동 에너지는 $E_k=\dfrac{1}{2}mv^2$이므로 $p=\sqrt{2mE_k}$이다.

ㄱ. A와 B의 충돌 전후 운동량의 합은 보존되므로 A, B의 질량을 m, 충돌 전 A의 속력을 V라고 하면 $mV=mv+2mv=3mv$이므

로 $V=3v$이다. 마찰 구간에서 A와 B에 각각 작용하는 힘이 한 일은 같고 마찰 구간을 통과한 직후 A가 정지하므로 마찰 구간을 지나는 동안 A의 운동 에너지 변화량은 $\dfrac{1}{2}mv^2$이고, 마찰 구간에서 힘이 A, B에 한 일도 $\dfrac{1}{2}mv^2$이다. 따라서 마찰 구간을 통과한 B의 운동 에너지는 $\dfrac{1}{2}m(2v)^2-\dfrac{1}{2}mv^2=\dfrac{3}{2}mv^2$이다. 빗면을 내려오는 동안 A의 역학적 에너지는 보존되므로 $mgh=\dfrac{1}{2}m(3v)^2=\dfrac{9}{2}mv^2$이고, 빗면을 올라가는 동안 B의 역학적 에너지도 보존되므로 $\dfrac{3}{2}mv^2=mgh_1$이다. 따라서 $h_1=\dfrac{1}{3}h$이다.

ㄴ. A의 운동량 변화량의 크기와 B의 운동량 변화량의 크기는 $2mv$로 같다.

ㄷ. 빗면에서 내려온 후 A의 운동 에너지($3E_0$)는 마찰 구간을 통과한 후 B의 운동 에너지(E_0)의 3배이다. 빗면을 내려오는 동안 A가 받은 충격량의 크기는 A의 운동량 변화량과 같고, 빗면을 올라가는 동안 B가 받은 충격량의 크기는 B의 운동량 변화량과 같으므로 A, B의 충격량의 크기는 각각 $\sqrt{2m\times3E_0}$, $\sqrt{2mE_0}$이다. 마찰 구간이 아닌 수평면에서 물체는 등속도 운동을 하므로 p에서 q까지 운동하는 동안 A가 받은 충격량의 크기는 r에서 s까지 운동하는 동안 B가 받은 충격량의 크기의 $\sqrt{3}$배이다.

08 전반사

굴절률이 큰 매질(매질 1)에서 작은 매질(매질 2)로 진행할 때 임계각은 매질 1에 대한 매질 2의 굴절률이 작을수록 작다.

ㄱ. P가 A에서 C로 진행할 때 굴절각은 C에서 B로 진행할 때 입사각과 같다. A, B, C의 굴절률을 각각 n_A, n_B, n_C라고 하면 $\dfrac{n_C}{n_A}=\dfrac{\sin\theta_i}{\sin(90°-\theta)}$, $\dfrac{n_B}{n_C}=\dfrac{\sin(90°-\theta)}{\sin\theta_r}$이므로 $n_A>n_B$이다. 따라서 굴절률은 A가 B보다 크므로 P의 속력은 B에서가 A에서보다 크다.

ㄴ. A만을 굴절률이 작은 D로 바꾸면 D에서 C로 진행할 때 굴절각이 감소하므로 a와 c 사이에서 입사각은 증가한다. 따라서 입사각이 임계각보다 크므로 a와 c 사이에서는 전반사가 일어나고 D로 진행하지 않는다.

ㄷ. A에서 C로 진행할 때 입사각이 감소하면 굴절각도 감소한다. 따라서 C와 B의 경계면에서 입사각은 증가한다. 임계각은 C와 A의 경계면에서보다 C와 B의 경계면에서가 작으므로, b와 d 사이에 도달한 P의 입사각은 임계각보다 커서 전반사가 일어난다.

09 열역학 제 1법칙

(가)는 부피가 일정한 과정, (나)는 압력이 일정한 과정이다.

ㄱ. (가)에서는 기체가 외부에 한 일이 0이므로 기체가 흡수한 열량은 기체의 내부 에너지 증가량과 같고, (나)에서는 기체가 흡수한 열량은 기체가 한 일과 내부 에너지의 증가량의 합과 같다. 따라서 기체의 내부 에너지는 (가)에서가 (나)에서보다 크다.

X. (나)에서 기체가 피스톤에 작용하는 힘의 크기는 mg와 같다. 피스톤의 높이가 h만큼 올라갔으므로 이상 기체가 한 일은 mgh이다. Q는 mgh와 기체의 내부 에너지 증가량의 합과 같으므로 Q는 mgh보다 크다.

X. (가)에서 기체의 내부 에너지 증가량은 Q와 같고 (나)에서 기체가 외부에 한 일은 mgh이므로 (가)에서 기체의 내부 에너지의 증가량은 (나)에서 기체가 외부에 한 일보다 크다.

10 직선 전류에 의한 자기장

$t=0$일 때 O에서 A의 전류에 의한 자기장이 B_0일 때, B의 전류에 의한 자기장도 B_0이다. $t=4t_0$일 때 O에서 A, B의 전류에 의한 자기장은 각각 $-B_0$, $\frac{1}{2}B_0$이다.

㉠. O에서 C의 전류에 의한 자기장의 세기를 B_1이라고 하면 $2B_0+B_1=2\left(-\frac{1}{2}B_0+B_1\right)$이므로 $B_1=3B_0$이고, 자기장의 방향은 xy 평면에서 수직으로 나오는 방향이므로 C에 흐르는 전류의 방향은 $-x$ 방향이다.

㉡. $t=3t_0$일 때 P에서 B, C의 전류에 의한 자기장은 각각 $-\frac{1}{2}B_0$, $3B_0$이므로 $t=3t_0$일 때 P에서 B, C의 전류에 의한 자기장의 방향은 xy 평면에서 수직으로 나오는 방향이다.

㉢. $t=0$일 때 P에서 A, B, C의 전류에 의한 자기장은 각각 $\frac{1}{3}B_0$, $-B_0$, $3B_0$이므로 자기장의 합은 $\frac{7}{3}B_0$이고, O에서 A, B, C의 전류에 의한 자기장은 $5B_0$이다. 따라서 $t=0$일 때 A, B, C의 전류에 의한 자기장의 세기는 P에서가 O에서보다 작다.

11 운동 에너지

물체에 작용하는 알짜힘이 한 일은 물체의 운동 에너지 변화량과 같다.
㉠. $x=2$ m에서 운동 에너지가 8 J이므로 $F_0=4$ N이다.
㉡. 마찰 구간에서 운동 에너지의 변화가 없으므로 물체의 속력이 일정하고, 물체에 작용하는 알짜힘은 0이다.
X. 크기가 F_0인 힘으로 물체를 6 m 이동시켰으므로 물체가 0에서 6 m까지 운동하는 동안 크기가 F_0인 힘이 한 일은 24 J이다.

12 반도체

스위치를 닫았을 때 B에 전류가 흐르므로 전원의 (+)극이 연결된 Y가 p형 반도체이고, 전원의 (−)극이 연결된 X가 n형 반도체이다.
㉠. (나)는 원자가 전자가 4개인 규소(Si)에 원자가 전자가 5개인 인(P)을 첨가하였으므로 n형 반도체의 원자가 전자 배열이다. 즉, (나)는 n형 반도체인 X의 원자가 전자 배열이다.
X. Y는 p형 반도체이므로 전류가 흐를 때 주로 양공이 전하 운반자 역할을 한다.
㉢. A에는 역방향 전압이 걸려 전류가 흐르지 않으므로 전자와 양공은 p−n 접합면에서 멀어진다.

13 속도와 가속도

p에서 q까지 물체와 그림자의 이동 거리는 각각 πR, $2R$이다.
X. 등속 원운동을 하는 물체의 운동 방향이 계속 변하므로 물체는 속도가 변하는 운동을 한다.
X. 이동 거리는 물체가 그림자보다 크므로 평균 속력도 물체가 그림자보다 크다.
㉢. 위치−시간 그래프에서 기울기는 속도와 같고 t_0부터 $2t_0$까지 기울기의 절댓값이 감소하므로 속력이 감소한다. 따라서 $\frac{3}{2}t_0$일 때 그림자의 운동 방향과 그림자의 가속도의 방향은 반대이다.

14 뉴턴 운동 법칙

물체가 정지해 있을 때 실이 B를 당기는 힘의 크기가 30 N이므로 B에 작용하는 중력의 크기는 30 N이고 B의 질량은 3 kg이다.
㉠. F를 제거했을 때 A와 B를 연결한 실이 B를 당기는 힘의 크기가 12 N이므로 B에 작용하는 알짜힘의 크기는 18 N이고 B의 가속도의 크기는 6 m/s²이다. 이때 A의 가속도의 크기도 6 m/s²이므로 A의 질량은 2 kg이다. A와 B를 연결한 실이 B를 당기는 힘이 36 N일 때 B에 작용하는 알짜힘의 크기는 6 N이고 B의 가속도의 크기는 2 m/s²이다. 이때 A의 가속도의 크기도 2 m/s²이므로 A에 작용하는 알짜힘은 4 N이다. 따라서 $F_2=40$ N이다.
㉡. 실을 놓을 때까지 A의 가속도의 크기는 2 m/s²이고 운동 시간이 1초이므로 실을 놓은 순간의 A의 속력은 2 m/s이고 A의 운동 에너지는 4 J이다.
X. 실을 놓은 후 A의 가속도의 크기는 6 m/s²이고 실을 놓은 순간의 속력은 2 m/s이므로 실을 놓은 순간부터 속력이 0이 될 때까지 걸린 시간은 $\frac{1}{3}$초이고, 다시 q를 지날 때까지 걸린 시간도 $\frac{1}{3}$초이므로 실을 놓은 순간부터 A가 다시 q를 지날 때까지 걸린 시간은 $\frac{2}{3}$초이다.

15 전자기 유도

원형 도선인 B가 이루는 면을 통과하는 자기 선속의 단위 시간당 변화량이 클수록 B에 흐르는 유도 전류의 세기가 크다.
X. 시간에 따른 자기 선속의 변화율은 t_0일 때가 $4t_0$일 때보다 크다. 따라서 B에 흐르는 유도 전류의 세기는 t_0일 때가 $4t_0$일 때보다 크다.
㉡. A에 흐르는 전류에 의해 B 내부에 형성되는 자기장의 방향은 xy 평면에서 수직으로 나오는 방향이고, $3t_0$부터 $8t_0$까지 자기 선속이 감소하므로 B에 흐르는 유도 전류의 방향은 시계 반대 방향이다.
X. $5t_0$부터 $7t_0$까지 자기 선속은 일정하게 감소하므로 유도 전류의 세기는 $5t_0$부터 $7t_0$까지 일정하다.

16 파동의 간섭

O와 마이크 사이의 거리가 x일 때 첫 번째 상쇄 간섭이 일어나면 A, B와 마이크 사이의 거리의 차는 $2x$이고, 이 지점에 도달한 A, B에서 발생한 소리의 위상이 반대이므로 $2x$는 반 파장 $\frac{1}{2}\lambda$와 같다. 또한 상쇄 간섭이 일어나는 이웃한 두 지점 사이의 거리도 $\frac{1}{2}\lambda$이다.

✗. 진동수가 f_2일 때 이웃한 상쇄 간섭 지점 사이의 거리가 34 cm 이므로 소리의 파장은 68 cm이다.

ㄴ. 진동수가 f_1일 때 이웃한 상쇄 간섭 지점 사이의 거리가 25 cm 이므로 소리의 파장은 50 cm이고, 소리의 속력이 일정할 때 진동수는 파장에 반비례하므로 $f_1 : f_2 = \frac{1}{50} : \frac{1}{68} = 34 : 25$이다.

ㄷ. 보강 간섭이 일어나는 이웃한 두 지점 사이의 거리는 반 파장에 해당한다. 마이크가 O에 있을 때 보강 간섭이 발생하므로 진동수가 f_1일 때 보강 간섭이 일어나는 이웃한 두 지점은 O로부터 거리가 25 cm, 50 cm인 지점이다.

17 핵반응과 질량 결손

핵이 분열하거나 융합할 때 반응 전 질량의 총합보다 반응 후 질량의 총합이 작은 경우 줄어든 질량을 질량 결손이라고 하고, 질량 결손에 해당하는 에너지가 방출된다.

ㄱ. (가)는 삼중수소 원자핵과 중수소 원자핵이 만나 헬륨 원자핵이 생성되는 반응으로 핵융합 반응의 예이다. 따라서 (가)는 ㉠ 과정이다.

ㄴ. 반응 전후 질량수와 전하량이 보존되므로 ⓐ는 질량수가 1, 전하량이 0인 중성자이다.

ㄷ. 핵반응에서 방출된 에너지가 (나)에서가 (가)에서보다 크므로 질량 결손은 (나)에서가 (가)에서보다 크다.

18 전기력

$x=d$에서 P에 작용하는 전기력이 0이므로 $x=d$에서 A에 의한 전기력과 B에 의한 전기력은 크기가 같고, A에 가까워질 때 전기력의 방향이 $+x$ 방향이므로 A, B는 모두 음$(-)$전하이다.

✗. 두 전하 사이의 전기력의 크기는 두 전하의 전하량의 곱에 비례하고, 두 전하 사이의 거리의 제곱에 반비례한다. P가 $x=d$에 있을 때 B와 P 사이의 거리가 A와 P 사이의 거리의 2배이므로 전하량의 크기는 B가 A의 4배이다.

ㄴ. 서로 다른 종류의 전하 사이에서는 서로 당기는 전기력이 작용하고, 같은 종류의 전하 사이에서는 서로 미는 전기력이 작용한다. A의 전하량이 $-q$이면 B, C, D의 전하량은 각각 $-4q$, $+4q$, $+q$이다. $x=3.5d$에 양$(+)$전하인 R가 놓여 있을 때 A, B, C, D가 R에 작용하는 전기력의 방향은 모두 $-x$ 방향이다. 따라서 $x=3.5d$에서 R에 작용하는 전기력의 방향은 $-x$ 방향이다.

✗. R의 전하량을 $+Q$라고 하자. $x=d$에서 A, B가 R에 작용하는 전기력의 합력이 0이므로 R에 작용하는 전기력의 합력은 C, D에 의한 전기력의 합력과 같고, $x=6d$에서 C, D가 R에 작용하는 전기력의 합력이 0이므로 R에 작용하는 전기력의 합력은 A, B에 의한 전기력의 합력과 같다. $x=d$에서 R에 작용하는 C, D에 의한 전기력의 합력의 크기는 $k\frac{4qQ}{(3d)^2} + k\frac{qQ}{(6d)^2}$이고, 방향은 $-x$ 방향이다. $x=6d$에서 R에 작용하는 A, B에 의한 전기력의 합력의 크기는 $k\frac{qQ}{(6d)^2} + k\frac{4qQ}{(3d)^2}$이고, 방향은 $-x$ 방향이다. 따라서 R에 작용하는 전기력의 크기는 $x=6d$에서가 $x=d$에서와 같다.

19 전하 결합 소자(CCD)

전하 결합 소자(CCD)의 광 다이오드에 입사한 단색광의 광자의 에너지가 광 다이오드의 전도띠와 원자가 띠 사이의 띠 간격 E_0보다 클 때 전자와 양공의 쌍이 생성된다.

ㄱ. 전하 결합 소자(CCD)는 단색광의 광자의 에너지를 이용하는 장치로, 빛의 입자성을 이용한다.

✗. A의 광자 1개의 에너지가 E_0보다 작으므로 A를 p-n 접합면에 입사시켰을 때 전자와 양공의 쌍이 생성되지 않는다.

ㄷ. p-n 접합면에서 발생하는 전자와 양공의 쌍의 개수는 입사하는 단색광의 세기가 셀수록 많다. 단색광의 세기가 B가 C보다 크므로 p-n 접합면에서 생성되는 전자와 양공의 쌍의 개수는 B를 입사시킬 때가 C를 입사시킬 때보다 많다.

20 역학적 에너지 보존 법칙

$t=0$일 때와 $t=t_0$일 때 A, B의 운동 에너지는 0이므로 $t=0$일 때와 $t=t_0$일 때 물체들의 중력 퍼텐셜 에너지와 용수철에 저장된 탄성 퍼텐셜 에너지의 합은 보존된다.

✗. B가 연직 위 방향으로 운동하는 동안 A는 연직 아래 방향으로 운동하므로 B의 중력 퍼텐셜 에너지는 증가하고 A의 중력 퍼텐셜 에너지는 감소한다. A와 B의 이동 거리는 같고 질량은 A가 B보다 크므로 $t=0$부터 $t=t_0$까지 운동하는 동안 A, B의 중력 퍼텐셜 에너지의 합은 감소한다.

ㄴ. $t=0$부터 $t=t_0$까지 B의 중력 퍼텐셜 에너지가 44 J 증가하므로 A, B의 중력 퍼텐셜 에너지의 감소량은 11 J이다. 따라서 용수철에 저장된 탄성 퍼텐셜 에너지의 증가량은 11 J이다. $t=0$일 때 용수철에 저장된 탄성 퍼텐셜 에너지는 $\frac{1}{2} \times 40 \times (0.3)^2 = 1.8(\text{J})$이므로 $t=t_0$일 때 용수철에 저장된 탄성 퍼텐셜 에너지는 12.8 J이다.

✗. A, B가 힘의 평형 위치를 지날 때 물체의 속력은 최대가 되고, 이때 B의 운동 에너지도 최대이다. 용수철이 원래 길이에서 x만큼 늘어날 때 힘의 평형을 이룬다면 $5 \times 10 = 4 \times 10 + 40x$이므로 $x=0.25(\text{m})$이다. 따라서 용수철이 원래 길이에서 0.25 m만큼 늘어난 지점에서 B의 속력이 최대가 되고, B의 운동 에너지는 최댓값을 갖는다.

01 전자기파의 이용

A는 X선, B는 마이크로파, C는 적외선이다.

✗. 파장은 X선이 마이크로파보다 짧다. 따라서 파장은 A가 B보다 짧다.

ⓛ. 진공에서 전자기파의 속력은 모두 같다.

✗. C는 적외선이다. 따라서 진동수는 C가 가시광선보다 작다.

02 열기관

열역학 제1법칙에 따르면 열기관이 고열원에서 흡수한 열은 열기관이 한 일과 저열원으로 방출한 열의 합이고, 열역학 제2법칙에 따르면 열효율이 100 %인 열기관은 만들 수 없다.

✗. $W=Q$이면, 열기관의 열효율은 100 %이다. 열역학 제2법칙에 따르면 열효율이 100 %인 열기관은 만들 수 없으므로 $W=Q$인 열기관은 만들 수 없다.

ⓑ. 열기관의 열효율은 0.4이므로 $\frac{W}{Q}=0.4$에서 $W=0.4Q$이다. 따라서 열기관이 저열원으로 방출하는 열은 $Q-0.4Q=0.6Q$이므로 저열원으로 방출한 열은 W보다 크다.

✗. 열기관이 방출한 열은 $0.6Q$이므로 열기관이 방출한 열은 흡수한 열의 $\frac{3}{5}$배이다.

03 속도와 가속도

속도-시간 그래프에서 기울기는 가속도이고, 속도와 시간 축이 이루는 면적은 변위이다.

자동차	가속도의 크기(m/s²)		
	0~1초	1~3초	3~5초
A	$\frac{2}{3}$	$\frac{2}{3}$	2
B	0	2	1

✗. 3초일 때 A의 속도는 4 m/s이고 B의 속도는 -2 m/s이다. 따라서 3초일 때 A와 B의 운동 방향은 서로 반대이다.

ⓛ. 5초일 때 A의 가속도의 크기는 $\frac{4\,\text{m/s}}{2\,\text{s}}=2$ m/s²이고 B의 가속도의 크기는 $\frac{2\,\text{m/s}}{2\,\text{s}}=1$ m/s²이다. 따라서 5초일 때 가속도의 크기는 A가 B의 2배이다.

✗. 0초부터 5초까지 A의 변위의 크기는 $(2+4)\times\frac{3}{2}+2\times4\times\frac{1}{2}$ $=13(\text{m})$이고, B의 변위는 0이다. 0초일 때 A와 B 사이의 거리는 5 m이므로 5초일 때 A와 B 사이의 거리는 18 m이다.

04 전하 결합 소자(CCD)의 구조와 원리

전하 결합 소자는 빛을 전기 신호로 변환하는 장치로, 전하 결합 소자에 빛을 비추었을 때 발생하는 광전자의 수로 빛의 세기를 측정하여 영상 정보를 기록한다.

✗. 전하 결합 소자는 광전 효과를 이용한다. A의 세기가 증가할수록 전하 결합 소자에서 단위 시간당 발생하는 광전자의 수는 증가한다.

ⓛ. A를 비출 때 p-n 접합면에서 전자가 생성되었으므로 A의 광자 1개의 에너지는 광 다이오드의 띠 간격보다 크다.

ⓒ. CCD는 빛의 입자성을 이용해 영상 정보를 저장한다.

05 속력만 변하는 운동

최고점에서 물체의 속력은 0이고, 물체는 등가속도 운동을 한다.

④ 높이가 h인 지점에서 물체의 속력은 v이므로 $(2v)^2-v^2=2gh$에서 $v^2=\frac{2gh}{3}$이다. p의 높이를 H라고 하면, $H=\frac{(2v)^2}{2g}=\frac{2v^2}{g}=\frac{4}{3}h$이다. 물체가 수평면에서 p까지 운동하는 데 걸린 시간을 t라고 하면, $t=\sqrt{\frac{2H}{g}}=\sqrt{\frac{8h}{3g}}$이다.

06 뉴턴 운동 법칙

정지해 있는 물체에 작용하는 알짜힘은 0이다. (가)에서 A가 B에 작용하는 자기력의 크기는 B의 무게와 F의 합이고, (나)에서 C가 A에 작용하는 자기력의 크기는 A의 무게와 $2F$의 합이다.

ⓛ. (가)에서 B는 정지해 있으므로 B에 작용하는 알짜힘은 0이다. B에 연직 아래 방향으로 작용하는 힘은 B의 무게와 크기가 F인 힘이고, B에 연직 위로 작용하는 힘은 A가 B에 작용하는 자기력이므로 A가 B에 작용하는 자기력의 크기는 $3mg+F$ … ①이다. 따라서 (가)에서 A가 B에 작용하는 자기력의 크기는 B의 무게보다 크다.

ⓛ. (나)에서 A는 정지해 있으므로 C가 A에 작용하는 자기력의 크기는 $mg+2F$ … ②이다. ①과 ②는 같으므로 $3mg+F=mg+2F$에서 $F=2mg$이다.

✗. (가)에서 수평면이 A를 떠받치는 힘의 크기를 N_1이라 하고, (나)에서 수평면이 C를 떠받치는 힘의 크기를 N_2라고 하자. $N_1=$A의 무게$+$A에 작용하는 자기력의 크기$=mg+3mg+F$ $=6mg$이고, $N_2=$C의 무게$+$C에 작용하는 자기력의 크기 $=2mg+mg+2F=7mg$이다. 따라서 (가)에서 수평면이 A를 떠받치는 힘의 크기는 (나)에서 수평면이 C를 떠받치는 힘의 크기의 $\frac{6}{7}$배이다.

07 운동량 보존 법칙

A와 B의 충돌 과정에서 B가 A로부터 받은 충격량의 크기는 $4mv$이다.

✗. A의 질량을 m_A라고 하면, A와 B의 충돌 과정에서 운동량의

총합은 보존되므로 $3m_A v = 2m(2v)$이고 $m_A = \dfrac{4}{3}m$이다.

ㄴ. B가 A와 충돌하는 과정에서 B가 A로부터 받은 충격량의 크기는 B의 운동량 변화량의 크기와 같으므로 $4mv$이다. B와 충돌한 후 C의 속력을 v_C라고 하면, $4mv = 2mv + mv_C$에서 $v_C = 2v$이다. 따라서 B가 C와 충돌하는 과정에서 B가 C로부터 받은 충격량의 크기는 $2mv$이다. 이를 정리하면, B가 A로부터 받은 충격량의 크기는 C로부터 받은 충격량의 크기의 2배이다.

ㄷ. $6t$일 때 B의 운동 에너지는 $\dfrac{1}{2}(2m)v^2 = mv^2$이고, C의 운동 에너지는 $\dfrac{1}{2}m(2v)^2 = 2mv^2$이다. 따라서 $6t$일 때, 운동 에너지는 B가 C의 $\dfrac{1}{2}$배이다.

08 특수 상대성 이론

한 지점에서 동시에 일어난 두 사건은 다른 관성계에서도 동시에 일어난다.

✗. A의 관성계에서, P와 검출기를 잇는 직선은 B의 운동 방향에 대해 수직이다. 따라서 P와 검출기 사이의 거리는 A의 관성계에서와 B의 관성계에서가 같다.

ㄴ. B의 관성계에서 검출기는 Q를 향해 운동하고 있으므로 Q에서 방출된 빛이 검출기에 도달할 때까지 진행한 거리는 A의 관성계에서가 B의 관성계에서보다 크다. Q에서 방출된 빛의 속력은 A의 관성계에서와 B의 관성계에서가 같으므로 Q에서 방출된 빛이 검출기에 도달할 때까지 걸린 시간은 A의 관성계에서가 B의 관성계에서보다 크다.

✗. B의 관성계에서, P에서 방출된 빛이 검출기까지 진행한 거리(B_1)는 Q에서 방출된 빛이 검출기까지 진행한 거리(B_2)와 같다. A의 관성계에서, P에서 방출된 빛이 검출기까지 진행한 거리(A_1)는 B_1보다 작고, Q에서 방출된 빛이 검출기까지 진행한 거리(A_2)는 B_2보다 크다. 이를 정리하면, $A_1 < B_1 = B_2 < A_2$이다. 즉, A의 관성계에서, P에서 방출된 빛이 검출기까지 진행한 거리(A_1)는 Q에서 방출된 빛이 검출기까지 진행한 거리(A_2)보다 작고, P와 Q에서 방출된 빛은 검출기에 동시에 도달한다. 따라서 A의 관성계에서, 빛은 Q에서가 P에서보다 먼저 방출된다.

09 중력에 의한 역학적 에너지 보존

물체가 p에서 r까지 운동하는 동안 q에서 물체의 운동 에너지는 최대이다.

④ 물체의 질량을 m이라고 하면, p에서 물체의 역학적 에너지는 $\dfrac{1}{2}mv^2 + mgh \cdots$ ①이다. p에서 물체의 운동 에너지는 중력 퍼텐셜 에너지의 2배이므로 $\dfrac{1}{2}mv^2 = 2mgh \cdots$ ②이다. ②를 ①에 대입하여 정리하면 p에서 물체의 역학적 에너지는 $3mgh$이다. q와 r의 높이 차를 y라고 하면, r에서 물체의 역학적 에너지는 $mgy + \dfrac{1}{2}m\left(\dfrac{1}{4}v^2\right) \cdots$ ③이다. ②를 ③에 대입하여 정리하면, r에서 물체의 역학적 에너지는 $mgy + \dfrac{1}{2}mgh$이다. 물체의 역학적 에너지는 p에서와 r에서가

같으므로 $3mgh = mgy + \dfrac{1}{2}mgh$에서 $y = \dfrac{5}{2}h$이다.

별해 | r에서 물체의 운동 에너지를 E_0이라고 하면, p에서 물체의 운동 에너지는 $4E_0$이다. p에서 물체의 운동 에너지는 중력 퍼텐셜 에너지의 2배이므로 p에서 물체의 중력 퍼텐셜 에너지는 $2E_0$이다. 물체의 역학적 에너지는 보존되므로 q에서 물체의 중력 퍼텐셜 에너지는 $5E_0$이다. 따라서 q와 r의 높이차는 $\dfrac{5}{2}h$이다.

10 굴절과 전반사

단색광이 굴절률이 큰 매질에서 작은 매질로 진행할 때, 매질의 경계면에서 입사각이 임계각보다 크면 전반사한다.

ㄱ. P와 Q 중 하나는 A와 B의 경계면에서 전반사하므로 굴절률은 A가 B보다 크다. 단색광이 진행하는 매질의 굴절률이 클수록 단색광의 파장은 짧으므로 B로 굴절한 단색광의 파장은 A에서가 B에서보다 짧다.

✗. A와 B의 경계면에서 P와 Q 중 하나만 전반사한다고 하였으므로 A와 B의 경계면에서 입사각이 큰 단색광이 전반사한다. A와 B의 경계면에서 입사각은 P가 Q보다 크므로 전반사하는 단색광은 P이다.

ㄷ. A와 B의 경계면에서 단색광의 임계각을 θ_{AB}라 하고, A와 C의 경계면에서 단색광의 임계각을 θ_{AC}라고 하자. A, B, C의 굴절률을 각각 n_A, n_B, n_C라고 하면, $\sin\theta_{AB} = \dfrac{n_B}{n_A}$이고 $\sin\theta_{AC} = \dfrac{n_C}{n_A}$이다. $n_B > n_C$이므로 $\sin\theta_{AB} > \sin\theta_{AC}$이다. P는 A와 B의 경계면에서 전반사하므로 A와 C의 경계면에서도 전반사한다.

11 원자의 스펙트럼

전이 과정에서 에너지 준위 차가 클수록 방출되거나 흡수되는 에너지가 크다. 원자가 에너지를 방출하면 에너지 준위는 낮아지고, 원자가 에너지를 흡수하면 에너지 준위는 높아진다.

ㄱ. (나)는 방출 스펙트럼이므로 (가)의 전자의 전이 과정에서 빛에너지를 방출한다. (가)에서 빛을 방출하는 전이는 b와 d이다. 전이 과정에서 에너지 준위 차가 클수록 방출되는 빛의 진동수는 크고, 빛의 파장은 짧으므로 ㉠은 b에 의해 나타난 스펙트럼선이다.

✗. 전이 과정에서 흡수하거나 방출하는 빛에너지는 에너지 준위 차와 같다. 따라서 c에서 흡수되는 광자 1개의 에너지는 $3.4\,\text{eV} - 1.51\,\text{eV} = 1.89\,\text{eV}$이다.

✗. 전이 과정에서 에너지 준위 차가 가장 큰 것은 d이다. 따라서 전이 과정에서 흡수되거나 방출되는 빛의 진동수는 d가 가장 크다.

12 p−n 접합 다이오드

p−n 접합 다이오드의 p형 반도체에는 전원 장치의 (+)극이 연결되고 n형 반도체에는 전원 장치의 (−)극이 연결될 때, 다이오드에는 순방향 전압이 걸린다. (나)와 (다)에서 회로의 모습은 다음과 같다.

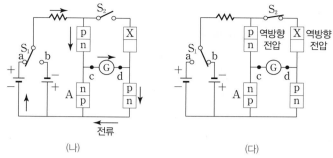

(나)   (다)

✗. (다)에서 검류계에는 전류가 흐르지 않으므로 X가 있는 다이오드에는 역방향 전압이 걸린다. 따라서 X는 p형 반도체이다.

ⓛ. (나)에서 A에는 역방향 전압이 걸린다. 따라서 A의 n형 반도체에 있는 전자는 p-n 접합면에서 멀어지는 쪽으로 이동한다.

✗. S_1을 b에 연결하고 S_2를 열었을 때, 다이오드 B에는 역방향 전압이 걸리므로 저항에는 전류가 흐르지 않는다.

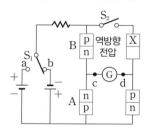

13 광섬유

광섬유는 중앙의 코어를 클래딩이 감싸고 있는 구조로 되어 있으며, 굴절률은 코어가 클래딩보다 크다.

ⓞ. p가 A에서 B로 진행할 때 입사각(θ_1)은 굴절각(θ_2)보다 크므로 $n_A < n_B$이다. 따라서 p의 속력은 A에서가 B에서보다 크다.

✗. p가 B에서 C로 진행할 때 B와 C의 경계면에서 임계각을 θ_{BC}라고 하면 $\sin\theta_{BC} = \frac{n_C}{n_B} < 1$이다. $\frac{n_B}{n_A} > 1$이므로 $\frac{n_C}{n_B} < \frac{n_B}{n_A}$이다. 따라서 $n_B > \sqrt{n_A n_C}$이다.

ⓒ. 굴절률은 A가 B보다 작으므로 (나)에서 코어는 B로 만들어지고, 클래딩은 A로 만들어졌다.

14 파동의 진행

파동의 진행 속력은 $\frac{파장}{주기}$이다. 파동의 파장은 8 m이고, 주기는 0.4초이다.

✗. (가) 이후 P의 변위는 (−)방향이므로 파동의 진행 방향은 −x 방향이다.

ⓛ. P와 Q 사이의 거리는 파장의 $\frac{1}{2}$배이므로 P의 운동 방향과 Q의 운동 방향은 서로 반대이다.
따라서 (가)에서 Q의 운동 방향은 ⓐ이다.

ⓒ. 파동의 파장은 8 m이고, 주기는 0.4초이므로 파동의 진행 속력은 $\frac{8\,\text{m}}{0.4\,\text{s}} = 20$ m/s이다.

15 광전 효과

금속판의 문턱 진동수보다 큰 진동수의 빛을 금속판에 비출 때 광전자가 방출되며, 문턱 진동수보다 큰 진동수의 빛의 세기가 증가할수록 방출되는 광전자의 수는 많아진다.

✗. 금속판에 A만 비추었던 0부터 $2t_0$까지 광전류가 흐르지 않았으므로 금속판에서는 광전자가 방출되지 않았다. 따라서 A의 진동수는 금속판의 문턱 진동수보다 작다. $2t_0$ 이후 A와 B를 동시에 비추었더니 광전류가 흘렀으므로 금속판에서는 광전자가 방출되었다. 따라서 B의 진동수는 금속판의 문턱 진동수보다 크다. 이를 정리하면, 진동수는 A가 B보다 작다.

ⓛ. $2t_0$부터 $4t_0$까지 광전류의 세기는 증가하였으므로 방출되는 광전자의 수는 증가했음을 알 수 있다. 따라서 $2t_0$부터 $4t_0$까지 B의 세기는 증가한다.

✗. 금속판에서 광전자가 방출될 때, 단색광의 진동수가 클수록 방출되는 광전자의 최대 운동 에너지는 크다. 금속판에서 방출되는 광전자는 B에 의한 것이므로 금속판에서 방출되는 광전자의 최대 운동 에너지는 $3t_0$일 때와 $5t_0$일 때가 같다.

16 전자기 유도

유도 전류의 세기는 자기 선속의 단위 시간당 변화량의 크기에 비례한다.

ⓞ. p가 $x = 3.5d$를 지날 때, p에는 유도 전류가 흐르지 않았으므로 고리를 통과하는 자기 선속은 일정하다. 즉, Ⅰ과 Ⅱ의 자기장은 같아야 하므로 Ⅱ에서 자기장의 방향은 xy 평면에 수직으로 들어가는 방향이다.

✗. p가 $5d < x < 7d$에서 운동하는 동안 고리를 통과하는 Ⅱ에 의한 자기 선속은 감소하고 Ⅲ에 의한 자기 선속은 일정하다. Ⅱ에서 자기장의 방향은 xy 평면에 수직으로 들어가는 방향이므로 p에 흐르는 유도 전류의 방향은 −y 방향이다.

ⓒ. p가 $0 < x < 2d$에서 운동하는 동안 시간에 따른 고리를 통과하는 자기장의 변화는 B_0이다. p가 $4d < x < 5d$에서 운동하는 동안 시간에 따른 고리를 통과하는 자기장의 변화는 $3B_0$이다. 따라서 p에 흐르는 유도 전류의 세기는 p가 $x = d$를 지날 때가 $x = 4.5d$를 지날 때보다 작다.

17 투과 전자 현미경(TEM)

투과 전자 현미경(TEM)은 전자선이 시료를 투과하므로 평면적인 구조를 관찰하기에 적합하고, 주사 전자 현미경(SEM)은 전자선을 시료 표면에 쪼일 때 시료에서 튀어나오는 전자를 측정하므로 3차원적인 구조를 관찰하기에 적합하다.

✗. 3차원적인 구조를 관찰하기에 적합한 것은 주사 전자 현미경(SEM)이다.

✗. 가속 전압이 클수록 전자의 운동 에너지는 크다. 따라서 ⓐ는 E보다 작다.

ⓒ. 운동 에너지가 클수록 운동량의 크기가 크고 물질파 파장은 짧으므로 ⓑ는 λ보다 작다.

18 전류에 의한 자기장

P와 Q에 흐르는 전류의 세기는 같고, 반지름은 Q가 P의 3배이므로 O에서 P의 전류에 의한 자기장의 세기는 Q의 전류에 의한 자기장의 세기의 3배이다.

㉠. O에서 P의 전류에 의한 자기장의 방향은 xy 평면에서 수직으로 나오는 방향이고, R에 $+y$ 방향으로 전류가 흐를 때 O에서 R의 전류에 의한 자기장의 방향은 xy 평면에서 수직으로 나오는 방향이다. 따라서 (나)일 때, O에서 P와 R의 전류에 의한 자기장의 방향은 같다.

㉡. O에서 Q의 전류에 의한 자기장의 세기를 B_1이라고 하면, O에서 P의 전류에 의한 자기장의 세기는 $3B_1$이다. (가)일 때 $3B_1 - B_1 = \frac{2}{3}B_0$에서 $B_1 = \frac{1}{3}B_0$ ⋯ ①이다. O에서 P의 전류에 의한 자기장의 세기는 $3B_1$이므로 B_0이다.

㉢. O에서 P, Q의 전류에 의한 자기장의 방향은 xy 평면에서 수직으로 나오는 방향이다. R에 흐르는 전류의 방향은 (나)일 때와 (다)일 때가 반대이다. O에서 P, Q, R의 전류에 의한 자기장의 세기는 B_0으로 같으므로, O에서 P, Q, R의 전류에 의한 자기장의 방향은 (나)일 때와 (다)일 때가 서로 반대이다. (나)일 때 O에서 R의 전류에 의한 자기장 세기를 B_2라고 하면, (나)일 때 O에서 P, Q, R의 전류에 의한 자기장은 $3B_1 - B_1 + B_2 = B_0$ ⋯ ②이다. (다)일 때 O에서 R의 전류에 의한 자기장 세기를 B_3이라고 하면, (다)일 때 O에서 P, Q, R의 전류에 의한 자기장은 $3B_1 - B_1 - B_3 = -B_0$ ⋯ ③이다. ①, ②, ③을 정리하면, $B_2 = \frac{1}{3}B_0$이고 $B_3 = \frac{5}{3}B_0$이다. 따라서 O에서 R의 전류에 의한 자기장의 세기는 (다)일 때가 (나)일 때의 5배이므로 ㉠은 $5I_0$이다.

19 운동량과 충격량의 관계

B가 P와 충돌할 때 B가 P로부터 받은 충격량의 크기는 P가 B로부터 받은 충격량의 크기와 같고, B가 받은 충격량의 크기는 B의 운동량 변화량의 크기와 같다.

㉠. A와 B의 운동량의 총합은 (가)에서와 (나)에서가 같다. (나)에서 B의 속력을 v_{B2}라고 하면, $3mv + m(3v) = 3m\left(\frac{4}{3}v\right) + mv_{B2}$이다. 이를 정리하면, $v_{B2} = 2v$이다.

㉡. B가 P로부터 받은 충격량의 크기를 $2I$라고 하면, B가 Q로부터 받은 충격량의 크기는 I이다. B가 P와 충돌할 때 B가 P로부터 받은 충격량의 방향은 B가 P와 충돌하기 전 B의 운동 방향과 반대이고, B가 Q와 충돌할 때 B가 Q로부터 받은 충격량의 방향은 B가 Q와 충돌하기 전 B의 운동 방향과 같다. (나)에서 B의 속력은 $2v$이므로 $m(3v) - 2I + I = m(2v)$에서 $I = mv$이다. B가 P와 충돌한 후 B의 속력을 v_{B1}이라 하고, (가)에서 A와 B의 운동 방향을 ($+$)라고 하자. $3mv - 2mv = mv_{B1}$에서 $v_{B1} = v > 0$이다. 따라서 B가 P와 충돌한 후 A와 B의 운동 방향은 충돌 전 A의 운동 방향으로 같다.

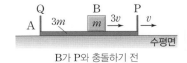

B가 P와 충돌하기 전

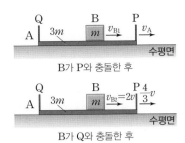

B가 P와 충돌한 후

B가 Q와 충돌한 후

㉢. B가 P와 충돌한 후 A의 속력을 v_A라고 하자. B가 P와 충돌하는 동안 A가 받은 충격량의 크기는 $2I$이므로 $3mv + 2I = 3mv_A$에서 $v_A = \frac{5}{3}v$이다.

20 마찰에 의한 에너지 손실과 역학적 에너지 보존

물체의 역학적 에너지는 운동 에너지와 중력 퍼텐셜 에너지의 합이고, I에서 물체는 등속도 운동을 하므로 중력 가속도를 g라고 하면 I에서 물체의 역학적 에너지의 감소량은 중력 퍼텐셜 에너지의 감소량과 같은 mgd이다.

③ 물체의 질량을 m, I과 II에서 물체의 역학적 에너지 감소량을 E, p에서 물체의 속력을 v_1이라고 하자. I에서 물체는 등속도 운동을 하므로 I에서 $E = mgd$이다. $3mgh + \frac{1}{2}mv^2 - E = \frac{1}{2}mv_1^2$ ⋯ ①이고, $\frac{1}{2}mv_1^2 - E = mgh + \frac{1}{2}mv^2$ ⋯ ②이며, $mgh + \frac{1}{2}mv^2 = \frac{3}{2}mgh$ ⋯ ③이다. ③에서 $mgh = mv^2$ ⋯ ④이다. ②를 정리하면 $\frac{1}{2}mv_1^2 = E + mgh + \frac{1}{2}mv^2$이고, 이를 ①에 대입하여 정리하면, $3mgh + \frac{1}{2}mv^2 - E = E + mgh + \frac{1}{2}mv^2$에서 $E = mgh$ ⋯ ⑤이다. $E = mgd$이므로 ⑤에서 $d = h$이다. ④, ⑤를 ①에 대입하여 정리하면, $\frac{1}{2}mv_1^2 = 3mv^2 + \frac{1}{2}mv^2 - mv^2 = \frac{5}{2}mv^2$이므로 $v_1 = \sqrt{5}v$이다.

실전 모의고사 3회 본문 130~134쪽

01 ③	02 ⑤	03 ⑤	04 ③	05 ①
06 ③	07 ①	08 ⑤	09 ③	10 ③
11 ②	12 ⑤	13 ②	14 ②	15 ①
16 ③	17 ④	18 ⑤	19 ③	20 ④

01 운동 방향이 변하는 운동

P는 등가속도 직선 운동을 하며, Q는 운동 방향이 변하는 운동을 한다.

Ⓐ. P의 운동 방향은 일정하므로 P의 이동 거리와 변위의 크기는 같다.

Ⓧ. Q는 곡면을 따라 운동하므로 변위의 크기가 이동 거리보다 작다. 따라서 Q의 평균 속도의 크기는 평균 속력보다 작다.

Ⓒ. P에 작용하는 알짜힘은 중력에 의해 빗면과 나란하게 아래로 작용하는 힘이다. P는 빗면을 따라 아래로 이동하므로 P의 운동 방향과 가속도 방향은 같다.

02 전하 결합 소재(CCD)

CCD는 빛에 의한 광전 효과를 이용한 전기 소자이다.

Ⓖ. 화소에 비춘 빛이 광 다이오드에서 광전자를 발생시키므로 CCD는 빛에 의한 광전 효과를 이용하는 전기 소자이다. 따라서 CCD는 빛의 입자성을 이용한 장치이다.

Ⓛ. CCD는 빛의 3원색의 색 필터를 이용해 빛의 색 정보를 확인할 수 있다.

Ⓒ. ㉠을 광 다이오드에 비추었을 때 광 다이오드에서 광전자가 발생하였으므로, ㉠은 광 다이오드의 띠 간격 이상의 에너지를 가진 빛이다.

03 등속도 운동과 등가속도 운동

A가 P에서 Q까지 이동하는 동안 평균 속력은 v_A이고, B가 R에서 Q까지 이동하는 동안 평균 속력은 v_B이다.

Ⓖ. A가 P에서 Q까지 이동한 거리와 B가 R에서 Q까지 이동한 거리는 같고, 이동하는 데 걸린 시간은 A가 B의 $\frac{1}{2}$배이므로 $\overline{PQ}$ 구간에서 A의 평균 속력은 $\overline{QR}$ 구간에서 B의 평균 속력의 2배이다. 따라서 $v_A=2v_B$이다.

Ⓛ. A, B가 각각 R와 P에 도달하였을 때 속력은 0이다. 따라서 A, B가 등가속도 운동을 하는 구간에서 처음 속력은 A가 B의 2배이고 등가속도 운동을 하며 A, B가 동일한 거리 만큼 이동한 직후 속력은 A, B 모두 0이므로, A가 Q에서 R까지 이동하는 데 걸린 시간은 B가 Q에서 P까지 이동하는 데 걸린 시간의 $\frac{1}{2}$배이다.

Ⓒ. 등가속도 운동 구간에서 처음 속력은 A가 B의 2배이고, 나중 속력은 모두 0이다. 따라서 등가속도 운동을 하는 동안 걸린 시간은 A가 B의 $\frac{1}{2}$배이므로 $\overline{QR}$ 구간에서의 A의 가속도 크기는 $\overline{QP}$ 구간에서의 B의 가속도 크기의 4배이다.

04 등가속도 운동

A, B는 하나의 실로 연결되어 있으므로 A, B의 가속도 크기는 서로 같다.

Ⓖ. A, B의 가속도의 크기는 같다. 따라서 (나)에 의해 A의 가속도의 크기는 2 m/s²이다.

Ⓛ. B에 작용하는 알짜힘의 크기는 2 kg×2 m/s²=4 N이고, B에 작용하는 중력의 크기는 2 kg×10 m/s²=20 N이다. 따라서 실이 A와 B에 각각 작용하는 힘의 크기는 16 N이므로 A의 질량은 $\frac{16\ \text{N}}{2\ \text{m/s}^2}$=8 kg이다.

Ⓧ. 0초부터 4초까지 B가 연직 방향으로 이동한 거리는 (나)의 그래프와 시간 축이 이루는 면적과 같다. 따라서 0초부터 4초까지 B가 연직 방향으로 이동한 거리는 $4×8×\frac{1}{2}$=16(m)이다.

05 광통신

광섬유는 코어와 클래딩으로 이루어져 있고, 광섬유를 이용해 광통신을 할 때 빛은 코어에서 전반사하며 진행하므로 매질의 굴절률은 코어가 클래딩보다 크다.

Ⓖ. 매질에서 L의 속력은 매질의 굴절률에 반비례한다. 따라서 매질의 굴절률이 클수록 매질에서 진행하는 L의 속력이 작아지므로 굴절률은 A가 C보다 크다.

Ⓧ. 매질에서 L의 파장은 매질의 굴절률이 작을수록 길다. 따라서 매질의 굴절률은 A가 B보다 작으므로 매질에서 L의 파장은 A에서가 B에서보다 길다.

Ⓧ. 임계각은 굴절률이 큰 매질에 대한 굴절률이 작은 매질의 굴절률비가 작을수록 작다. 따라서 코어가 B일 때 클래딩의 굴절률이 B의 굴절률에 비해 작을수록 코어와 클래딩의 경계면에서의 임계각이 작아지므로, A, C 중 굴절률이 작은 C가 클래딩일 경우가 굴절률이 큰 A가 클래딩일 경우보다 임계각이 작다.

06 열기관과 열효율

(나)에서 W는 (가)의 열기관이 한 일이다.

Ⓖ, Ⓛ. $Q_1=W+E_0+2E_0$이고 $Q_2=E_0+2E_0$이다. 열기관의 열효율이 0.4이므로 $0.4=1-\dfrac{Q_2}{Q_1}=\dfrac{W}{W+3E_0}$이다. 따라서 $W=2E_0$, $Q_1=5E_0$이다.

Ⓧ. C → D 과정은 등온 과정이다. 일정량의 이상 기체의 내부 에너지는 절대 온도에 비례하므로 이상 기체의 내부 에너지는 C에서와 D에서가 같다.

07 입자의 물질파

입자의 물질파 파장은 운동 에너지의 제곱근에 반비례한다.

① 입자의 물질파 파장과 운동 에너지를 각각 $λ_0$, E_0라고 하면 $λ_0 ∝ \dfrac{1}{\sqrt{E_0}}$이 성립한다. 따라서 $λ_1 ∝ \dfrac{1}{\sqrt{2E_0}}$이고 $λ_2 ∝ \dfrac{1}{\sqrt{E_0}}$이므로 $\dfrac{λ_2}{λ_1}=\sqrt{2}$이다.

08 운동량과 충격량

물체의 운동량의 변화량은 물체가 받은 충격량과 같고, (나)에서 그래프와 시간 축이 이루는 면적은 충격량의 크기와 같다.

Ⓖ. 수평면으로부터 높이가 h인 빗면 위의 지점에 A를 가만히 놓았

을 때 수평면에서 A의 속력은 $mgh=\frac{1}{2}mv^2$에 의해 $v=\sqrt{2gh}$이다. 따라서 수평면에서 A가 P와 충돌하기 직전 A의 운동량의 크기는 $m\sqrt{2gh}$이다.

ⓛ. (나)에서 그래프와 시간 축이 이루는 면적의 크기는 $S_P>S_Q$이다. 따라서 A가 P 또는 Q에 충돌하기 직전 속력은 서로 같으므로, A가 P 또는 Q에 충돌한 직후 속력 v_P, v_Q의 크기를 비교하면 $v_P>v_Q$이다.

ⓒ. (나)에서 충돌 시간은 P일 때가 Q일 때보다 짧고, S_P는 S_Q보다 크다. 따라서 A가 충돌하는 동안 받은 평균 힘의 크기는 P와 충돌할 때가 Q와 충돌할 때보다 크다.

09 고체의 전기 전도성
고체가 도체일 때가 절연체일 때보다 전기 전도성이 크다.

ⓙ. P를 전기 회로에 연결하였을 때 검류계에 전류가 흐르지 않으므로, P는 절연체이다.

ⓛ. P는 절연체이고, Q는 도체이므로 Q의 에너지 띠 구조는 B이다.

✗. P는 절연체이다. 따라서 P의 원자가 띠가 모두 전자로 채워져 있고, 이미 채워져 있는 에너지 준위로는 전자가 전이할 수 없으므로 P의 원자가 띠에서 전자는 자유롭게 이동할 수 없다.

10 핵반응식
핵반응 전후 전하량과 질량수는 각각 보존된다.

ⓙ. 핵반응 전후 전하량과 질량수는 각각 보존되므로 ⓙ의 양성자수와 질량수를 각각 a, b라고 하면 $92+a=56+36$과 $235+b=141+92+3$이 성립하므로 $a=0$, $b=1$이다. 따라서 ⓙ은 양성자수와 질량수가 각각 0, 1인 중성자(^1_0n)이다.

ⓛ. ⓙ이 중성자(^1_0n)이므로 전하량 보존에 의해 ⓒ은 헬륨(^3_2He) 원자핵이고, 양성자수가 2이며 질량수는 $2+2-1=3$이다.

✗. 방출된 에너지가 클수록 핵반응에 의한 질량 결손이 크다. 따라서 핵반응에 의한 질량 결손은 (가)에서가 (나)에서보다 크다.

11 p-n 접합 다이오드
p-n 접합 다이오드의 p형 반도체에는 전원 장치의 (+)극, n형 반도체에는 전원 장치의 (-)극이 연결된 경우가 순방향 연결이다.

✗. S_2만 닫았을 때 LED 1만 빛을 방출하였다. 따라서 Ⅰ과 Ⅱ의 전극의 연결 방향은 서로 같아야 하므로 a는 (-)극, b는 (+)극이다.

✗. S_1 또는 S_2만 닫았을 때 LED 1만 항상 빛을 방출하였다. 따라서 S_2만 닫았을 때 X가 있는 p-n 접합 다이오드에는 역방향 전압이 걸려야 하므로, X는 n형 반도체이다.

ⓒ. Ⅰ과 Ⅱ의 전극의 연결 방향은 서로 같다. 따라서 R_1에 흐르는 전류의 방향은 S_1만 닫았을 때와 S_2만 닫았을 때가 서로 같다.

12 직선 전류에 의한 자기장
전류가 흐르는 직선 도선에 의한 자기장의 세기는 도선에 흐르는 전류의 세기에 비례하고, 도선으로부터의 거리에 반비례한다.

ⓙ. S에서 A의 전류에 의한 자기장의 세기가 $\frac{1}{4}B_0$이므로, P에서 A의 전류에 의한 자기장의 세기는 $\frac{1}{2}B_0$이다. 또한 P에서 A, B의 전류에 의한 자기장의 방향과 A, B로부터 P까지의 거리는 각각 같다. 따라서 P에서 A, B의 전류에 의한 자기장의 세기가 B_0이므로 P에서 B의 전류에 의한 자기장의 세기도 $\frac{1}{2}B_0$이 된다. 즉, $I_1=I_2$이다.

ⓛ. Q에서 A의 전류에 의한 자기장의 방향은 xy 평면에서 수직으로 나오는 방향이며, B의 전류에 의한 자기장의 방향은 xy 평면에 수직으로 들어가는 방향이다. 또한 S에서 A의 전류에 의한 자기장의 방향은 xy 평면에 수직으로 들어가는 방향이며, B의 전류에 의한 자기장의 방향은 xy 평면에서 수직으로 나오는 방향이다. 따라서 Q에서는 A의 전류에 의한 자기장의 세기가 더 크고, S에서는 B의 전류에 의한 자기장의 세기가 더 크므로 Q, S에서 A, B의 전류에 의한 자기장의 방향은 xy 평면에서 수직으로 나오는 방향으로 서로 같다.

ⓒ. R에서 A와 B의 전류에 의한 자기장의 방향은 xy 평면에 수직으로 들어가는 방향으로 같고, 세기도 $\frac{1}{4}B_0$으로 같다. 따라서 R에서 A, B의 전류에 의한 자기장의 세기는 $\frac{1}{4}B_0+\frac{1}{4}B_0=\frac{1}{2}B_0$이다.

13 전자기 유도
금속 고리 면을 통과하는 자기 선속의 변화를 방해하는 방향으로 유도 전류가 흐른다. 유도 전류의 세기는 자기 선속의 단위 시간당 변화량의 크기가 클수록 크다.

✗. Ⅰ에서 자기장은 종이면에 수직으로 들어가는 방향으로, Ⅱ에서 자기장은 종이면에서 수직으로 나오는 방향으로 각각 증가한다. 또한 $t=0$일 때 Ⅰ에서 자기장의 세기는 B_0이고, $t=t_0$일 때 Ⅰ에서 자기장의 세기는 $3B_0$이다. 따라서 $t=0$부터 $t=t_0$까지 R에 흐르는 유도 전류의 방향이 a → R → b가 되려면 자기 선속의 단위 시간당 변화량의 크기는 Ⅰ이 Ⅱ보다 커야 한다. 즉, $t=t_0$일 때 Ⅰ에서 자기장의 세기가 $3B_0$이므로, $t=t_0$일 때 Ⅱ에서 자기장의 세기는 B_0보다 크고 $3B_0$보다 작다.

✗. $t=2t_0$일 때 Ⅰ에서 자기장의 세기는 $5B_0$이고 $t=t_0$ 직후부터 $t=2t_0$까지 R에 흐르는 유도 전류의 방향은 b → R → a이다. 따라서 $t=t_0$ 직후부터 $t=2t_0$까지 자기 선속의 단위 시간당 변화량의 크기는 Ⅰ에서가 Ⅱ에서보다 작으므로, $t=t_0$ 직후부터 $t=2t_0$까지 Ⅱ에서 자기장 세기의 증가량은 $t=t_0$ 직후부터 $t=2t_0$까지 Ⅰ에서 자기장 세기의 증가량 $2B_0(=5B_0-3B_0)$보다 크다.

ⓒ. $t=0$부터 $t=t_0$까지 금속 고리에 흐르는 유도 전류의 세기는 I_0이고, $t=t_0$ 직후부터 $t=2t_0$까지 금속 고리에 흐르는 유도 전류의 세기는 $2I_0$이다. 따라서 금속 고리를 통과하는 단위 시간당 자기 선속의 변화량의 크기는 유도 전류의 세기가 작은 $t=0$부터 $t=t_0$까지가 유도 전류의 세기가 큰 $t=t_0$ 직후부터 $t=2t_0$까지보다 작다.

14 전반사
빛이 굴절률이 큰 매질에서 작은 매질로 입사할 때, 빛의 입사각이 임계각보다 크면 빛은 전반사한다.

✗. B에서 C로 입사한 P가 전반사하므로 매질의 굴절률은 B가 C보

다 크다. 따라서 굴절률이 작은 C에서 굴절률인 큰 B로 입사한 Q의 굴절각은 입사각 θ보다 작다.

✗. A에서 B로 입사한 P의 굴절각은 입사각 θ보다 작다. 따라서 매질의 굴절률은 A가 B보다 작다.

㉢. A, B의 경계면과 B, C의 경계면이 서로 나란하다. 따라서 A에서 B로 입사한 P의 입사각과 B에서 A로 입사한 P의 굴절각은 θ로 같다.

15 솔레노이드에 의한 자기장

솔레노이드에 전류가 흐르면 막대자석처럼 솔레노이드 양 끝에는 자석의 N극 또는 S극이 형성된다.

㉠. 솔레노이드 양 끝에는 서로 다른 자석의 극이 형성된다. 따라서 S를 닫았을 때 A와 B가 서로 반대 방향으로 수평면을 따라 이동하였으므로 a, b의 자석의 극의 종류는 서로 같다.

✗. S를 닫았을 때 P에서 전류가 흐르는 솔레노이드에 의한 자기장의 방향이 $-x$ 방향일 경우, 오른나사 법칙에 의해 c는 (−)극이다.

✗. S를 닫으면 솔레노이드와 A 사이에는 서로 미는 방향의 자기력이 발생한다. A가 솔레노이드로부터 멀어질수록 A에 작용하는 자기력의 크기가 작아지므로 A는 $-x$ 방향으로 가속도의 크기가 작아지는 운동을 한다.

16 물결파의 간섭

물결파의 마루와 마루 또는 골과 골이 만나는 지점에서는 보강 간섭이 발생하고, 마루와 골이 만나는 지점에서는 상쇄 간섭이 발생한다.

㉠. O에서는 두 물결파의 마루와 마루가 만나므로 보강 간섭이 발생한다.

㉡. 이웃하는 마루와 마루 또는 골과 골 사이의 거리는 물결파의 파장을 의미한다. 따라서 물결파의 파장은 $2d$이다.

✗. 물결파의 속력과 파장은 각각 v와 $2d$이다. 따라서 물결파의 진동수는 $\frac{v}{2d}$이다.

17 단색광의 굴절

단색광은 A에서 B로 입사각 45°로 입사하여 굴절각 θ로 진행한다. 따라서 입사각이 굴절각보다 크므로, 매질의 굴절률은 A가 B보다 작다.

✗. q에서 단색광의 입사각은 굴절각보다 크다. 따라서 매질의 굴절률은 A가 B보다 작다.

㉡. 공기에서 A의 p에 수직으로 입사한 단색광이 A에서 B로 한 변의 길이가 d인 정사각형의 중심 q를 향해 입사할 때 입사각은 45°이다. 따라서 매질의 굴절률은 A가 B보다 작으므로 굴절각 θ는 45°보다 작다.

㉢. 단색광의 파장은 매질의 굴절률에 반비례한다. 따라서 단색광의 파장은 A에서가 B에서보다 길다.

18 운동량과 충격량

운동량의 변화량은 충격량과 같다.

㉠. (나)의 그래프를 통해 A, B가 t일 때 충돌한다는 것을 알 수 있

다. A, B의 속력은 v로 같고 P, Q 사이 거리가 d이므로 A, B는 t 동안 각각 $\frac{1}{2}d$만큼 이동한 후 충돌한다. 따라서 $vt = \frac{1}{2}d$이다.

㉡. B의 운동량 변화량의 크기는 A가 B로부터 받은 충격량의 크기와 같다. 따라서 B의 운동량 변화량의 크기는 $\frac{3}{2}mv\left(=\frac{1}{2}mv + mv\right)$ 이므로 A가 B로부터 받은 충격량의 크기도 $\frac{3}{2}mv$이다.

㉢. 충돌 후 A의 속도를 v_A라고 하면 운동량 보존 법칙에 의해 $2mv - mv = 2mv_A + \frac{1}{2}mv$가 성립한다. $v_A = \frac{1}{4}v$이므로 충돌 전 A의 운동 에너지는 mv^2이고 충돌 후 A의 운동 에너지는 $\frac{1}{16}mv^2$ 이다. 따라서 A의 운동 에너지는 충돌 전이 충돌 후의 16배이다.

19 탄성 퍼텐셜 에너지

용수철에서 물체가 분리되면 용수철의 탄성 퍼텐셜 에너지는 물체의 운동 에너지로 전환되고, 물체의 운동 에너지는 마찰 구간을 지나면서 마찰력이 한 일에 의해 감소한다.

㉠. 물체가 용수철에 의해 ㉠에서 ㉡까지 이동하는 동안 용수철이 원래 모양으로 되돌아가게 되어 물체의 속력은 커지므로 용수철에 저장된 탄성 퍼텐셜 에너지는 감소하고 물체의 운동 에너지는 증가한다.

㉡. ㉠에서 탄성 퍼텐셜 에너지는 $2kx^2$이며, ㉢에서 탄성 퍼텐셜 에너지는 $\frac{1}{2}kx^2$이다. 따라서 물체가 ㉠에서 ㉢까지 이동하는 동안 마찰력이 물체에 한 일은 $\frac{1}{2}kx^2 - 2kx^2 = -\frac{3}{2}kx^2$이므로 마찰 구간에서 손실된 역학적 에너지는 $\frac{3}{2}kx^2$이다.

✗. ㉢에서 ㉣을 거쳐 ㉤에서 물체의 운동 에너지는 $\frac{1}{2}kx^2$이다. $\frac{1}{2}kx^2$은 물체가 마찰 구간을 한 번 통과할 때 마찰에 의해 감소하는 역학적 에너지의 $\frac{1}{3}$배이므로 물체는 ㉤ 이후 마찰이 있는 구간을 지나다가 정지한다. 즉, 물체는 왼쪽 벽과 오른쪽 벽 사이에서 수평면을 따라 운동하며 마찰 구간을 1회 통과한 후 마찰 구간에서 정지한다.

20 역학적 에너지 보존 법칙

물체가 빗면을 따라 내려오는 동안 물체의 중력 퍼텐셜 에너지는 운동 에너지로 전환된다.

④ R에서 물체의 운동 에너지는 중력 퍼텐셜 에너지의 2배이므로, 이는 수평면으로부터 높이가 $3h$인 지점에서 물체를 가만히 놓고 자유 낙하시키는 것과 같다. 따라서 물체의 질량을 m, 중력 가속도를 g라고 하면 $3mgh = \frac{1}{2}mv_P^2 + \frac{9}{4}mgh = \frac{1}{2}mv_Q^2 + \frac{3}{2}mgh$가 성립한다.

이를 각각 정리하면 $3mgh = \frac{1}{2}mv_P^2 + \frac{9}{4}mgh$, $v_P = \frac{\sqrt{6gh}}{2}$이고,

$3mgh = \frac{1}{2}mv_Q^2 + \frac{3}{2}mgh$, $v_Q = \sqrt{3gh}$가 된다.

즉, $\dfrac{v_P}{v_Q} = \dfrac{\frac{\sqrt{6gh}}{2}}{\sqrt{3gh}} = \dfrac{\sqrt{2}}{2}$이다.

01 ⑤	02 ⑤	03 ②	04 ③	05 ④
06 ④	07 ⑤	08 ②	09 ④	10 ③
11 ③	12 ⑤	13 ③	14 ⑤	15 ⑤
16 ③	17 ①	18 ⑤	19 ⑤	20 ②

01 운동 방향이 변하는 운동
공에 운동 방향과 나란하지 않은 방향으로 일정한 크기의 힘이 작용할 때 공은 포물선 운동을 한다.
ㄱ. 공에 작용하는 힘의 방향은 연직 아래 방향으로 일정하다.
ㄴ. 공의 운동 방향이 변하므로 이동 거리는 변위의 크기보다 크다.
ㄷ. 공의 이동 거리가 변위의 크기보다 크므로 공의 평균 속력은 평균 속도의 크기보다 크다.

02 주사 전자 현미경(SEM)
전자 현미경에 이용하는 전자의 물질파 파장이 광학 현미경에 이용하는 가시광선의 파장보다 짧아 광학 현미경보다 더 작은 구조를 구분하여 관찰할 수 있다.
Ⓐ. 전자 현미경에서는 자기렌즈의 자기장을 이용해 전자의 진행 경로를 바꾼다.
Ⓑ. SEM에서는 시료에서 튀어나오는 전자를 분석하여 영상을 얻으므로 시료 표면의 3차원적인 구조를 관찰할 수 있다.
Ⓒ. 전자의 속력과 전자의 물질파 파장은 반비례한다. 따라서 SEM에 이용하는 전자의 속력이 빠를수록 전자의 물질파 파장은 짧다.

03 충격량
물체가 받은 충격량은 물체에 작용하는 힘과 물체가 힘을 받은 시간을 곱한 값과 같다.
② 투수가 공에 작용한 힘과 공에 힘을 작용한 시간의 곱이 충격량이므로 같은 크기의 힘이라도 힘이 공에 작용한 시간이 길어지면 공이 받는 충격량이 커져 공의 속도 변화량의 크기가 커진다. 또한 포수가 공을 받을 때에는 공이 글러브에 작용하는 충격량이 같더라도 공이 글러브에 닿기 시작한 순간부터 완전히 정지할 때까지의 시간을 길게 하면 글러브가 받는 평균 힘인 충격력이 작아져서 포수의 손이 덜 아프게 된다.

04 운동량과 충격량
A가 B로부터 받은 충격량의 크기는 A가 B로부터 힘을 받는 동안 A의 운동량 변화량의 크기와 같다.
③ A가 B로부터 받은 충격량의 크기가 $100\,\text{N} \times 0.2\,\text{s} = 20\,\text{N} \cdot \text{s}$이므로 A가 B로부터 힘을 받는 동안 A의 운동량 변화량에 대해 $20 = |4 \times (-v) - 4 \times 3|$의 식이 성립한다. 따라서 $v = 2(\text{m/s})$이다.

05 열역학 제2법칙
열역학 제2법칙에 의하면 자연 현상은 대부분 비가역적으로 일어나며, 무질서도가 증가하는 방향으로 일어난다.
Ⓐ. 열역학 제2법칙에 의하면 열은 항상 고온에서 저온으로 이동하므로 Ⅰ의 온도는 Ⅱ의 온도보다 높아야 한다.
Ⓧ. 열기관의 열효율은 $\dfrac{Q_1 - Q_2}{Q_1}$이다.
Ⓒ. 열역학 제2법칙에 의하면 열은 전부 일로 전환될 수 없다. 따라서 열기관의 열효율은 1이 될 수 없다.

06 보어의 수소 원자 모형에서 전자의 전이
전이 과정에서의 에너지 준위 차에 해당하는 에너지가 빛(광자)으로 방출 또는 흡수되며, 방출 또는 흡수되는 광자의 에너지는 진동수에 비례하고 파장에 반비례한다.
ㄱ. a, b, c에서 방출되는 빛의 에너지 중 a에서 방출되는 빛의 에너지가 가장 작으므로 a에서 방출되는 빛의 파장이 가장 길다. 따라서 ㉠의 파장은 λ_a이다.
Ⓧ. b는 전자가 $n=4$인 에너지 준위에서 $n=2$인 에너지 준위로 전이하는 과정이므로 $\dfrac{hc}{\lambda_b} = E_4 - E_2$이다.
ㄷ. a, c는 각각 전자가 $n=3$인 에너지 준위에서 $n=2$인 에너지 준위로 전이하는 과정과 $n=5$인 에너지 준위에서 $n=2$인 에너지 준위로 전이하는 과정이다. 따라서 전자가 $n=3$인 에너지 준위에서 $n=2$인 에너지 준위로 전이할 때 방출하는 빛의 에너지가 $n=5$인 에너지 준위에서 $n=4$인 에너지 준위로 전이할 때 방출하는 빛의 에너지보다 크므로 $\dfrac{1}{\lambda_a} + \dfrac{1}{\lambda_b} > \dfrac{1}{\lambda_c}$이다.

07 자성체
강자성체는 외부 자기장을 제거해도 자기화된 상태를 유지한다.
Ⓧ. (나), (다)에서 (가)에서 꺼낸 A 위에 놓은 B, C에 p, q가 작용하는 힘의 크기가 같지 않으므로 A는 강자성체이다.
ㄴ. B와 C가 각각 상자성체와 반자성체 중 하나이고, (나)에서 p가 B에 작용하는 힘의 크기는 (다)에서 q가 C에 작용하는 힘의 크기보다 크므로 B는 상자성체이다. 따라서 (나)에서 B는 외부 자기장과 같은 방향으로 자기화된다.
ㄷ. A가 강자성체, B가 상자성체이므로 C는 반자성체이다. 따라서 (다)에서 A의 a가 N극으로 자기화되어 있으므로 C의 c는 S극으로 자기화된다.

08 뉴턴의 운동 법칙
정지해 있는 물체에 작용하는 모든 힘의 합은 0이다.
Ⓧ. 실이 B에 작용하는 힘의 크기를 T라고 하면 실이 A에 작용하는 힘의 크기도 T이므로, 수평면이 A에 작용하는 힘의 크기를 N_A라고 할 때 A에 대해 $mg - T - N_A = 0$의 식이 성립한다. 따라서 $mg \geq N_A \geq 0$의 관계가 성립하므로 실이 B에 작용하는 힘의 크기는 mg보다 작거나 같다.
ㄴ. B, C 사이에 작용하는 자기력의 크기를 F, 수평면이 C에 작용하는 힘의 크기를 N_C라고 하면 B에 대해 $T + F - 2mg = 0$의 식이 성립하고, C에 대해 $2mg + F - N_C = 0$의 식이 성립한다. 따라서 $mg \geq T$이므로 수평면이 C에 작용하는 힘의 크기의 최솟값은 $3mg$이다.

✗. 실이 B에 작용하는 힘과 작용 반작용 관계인 힘은 B가 실에 작용하는 힘이고, B에 작용하는 중력과 작용 반작용 관계인 힘은 B가 지구에 작용하는 힘이다.

09 전하 결합 소재(CCD)

CCD는 빛의 입자성을 이용해서 빛 신호를 전기 신호로 전환하는 장치이다.

㉠. CCD의 광 다이오드에서 전자와 양공의 쌍이 생성되기 위해서는 비추는 빛의 세기와는 무관하게 빛의 진동수가 특정 진동수 이상이어야만 한다. 따라서 CCD는 빛의 입자성을 이용한다.

✗. CCD의 광 다이오드의 띠 간격이 E_0이므로 CCD에 비추는 초록색 빛의 진동수를 f라고 할 때 $hf \geq E_0$의 관계가 성립하여야 한다. 따라서 CCD에 비추는 빛에 의해 p-n 접합면에 전자와 양공 쌍이 생성되었으므로 빛의 진동수는 $\dfrac{E_0}{h}$보다 크거나 같다.

㉢. 광 다이오드에 비추는 빛의 세기가 셀수록 같은 시간 동안 광 다이오드에서 발생되는 광전자의 수는 크다. 따라서 B를 통과한 단색광에 의해 발생한 광전자의 수가 A를 통과한 단색광에 의해 발생한 광전자의 수보다 크므로 CCD에 비추는 단색광의 세기는 B를 통과한 단색광이 A를 통과한 단색광보다 세다.

10 특수 상대성 이론

동일한 속도로 등속도 운동을 하지 않는 관성계에서는 시간이 서로 다르게 흐른다.

㉠. A의 관성계에서, A에 대해 등속도 운동을 하는 B의 시간은 시간 지연 효과에 의해 A의 시간보다 느리게 간다.

㉡. B의 관성계에서, 광원과 거울은 A의 관성계에서 관측한 B의 운동 방향과 반대 방향으로 등속도 운동을 한다. 따라서 B의 관성계에서, 광원과 거울 사이의 거리는 길이 수축 효과에 의해 L_0보다 짧다.

✗. 광원에서 방출된 빛이 거울에서 반사된 후 다시 광원으로 되돌아올 때까지 걸린 시간은 광원과 거울에 대해 정지해 있는 A의 관성계에서 측정한 시간이 고유 시간이다. 따라서 B의 관성계에서, 광원에서 방출된 빛이 거울에서 반사된 후 다시 광원으로 되돌아올 때까지 걸린 시간은 고유 시간인 t_0보다 길다.

11 속력만 변하는 운동

평균 속력은 Q에서 R까지가 P에서 Q까지의 2배이다.

㉠. Q를 통과하는 순간 A의 속력이 $4at_0$이므로 P에서 Q까지 A의 평균 속력은 $\dfrac{0+4at_0}{2}=2at_0$이다. 따라서 Q에서 R까지는 속력 $4at_0$인 등속도 운동을 하므로 $t=\dfrac{3}{2}t_0$일 때 A는 R를 지난다.

㉡. $t=\dfrac{1}{2}t_0$일 때와 $t=\dfrac{7}{2}t_0$일 때 A의 속력은 각각 $4a \times \dfrac{1}{2}t_0=2at_0$, $4at_0-a \times \left(\dfrac{7}{2}t_0-\dfrac{3}{2}t_0\right)=2at_0$이다. 따라서 A의 속력은 $t=\dfrac{1}{2}t_0$일 때와 $t=\dfrac{7}{2}t_0$일 때가 $2at_0$으로 서로 같다.

✗. A가 S에서 정지하므로 R에서 S까지 A가 이동하는 데 걸리는 시간을 t'라고 하면 $4at_0+(-a)t'=0$의 식이 성립하고 $t'=4t_0$이다.

또한 P에서 Q까지와 R에서 S까지 A의 평균 속력이 같고, 이동하는 데 걸린 시간은 R에서 S까지가 P에서 Q까지의 4배이므로 R와 S 사이의 거리는 $4L$이다. 따라서 P에서 Q까지의 A에 대해 $\dfrac{1}{2} \times 4a \times t_0{}^2=L$의 식이 성립하여 $t_0=\sqrt{\dfrac{L}{2a}}$이므로 P에서 S까지 A의 평균 속력은 $\dfrac{6L}{\dfrac{11}{2}t_0}=\dfrac{12L}{11t_0}=\dfrac{12\sqrt{2aL}}{11}$이다.

12 p-n 접합 다이오드

p형 반도체와 n형 반도체에 각각 전원 장치의 (+)극과 (−)극을 연결하면 다이오드에 순방향 전압이 걸려 전류가 흐른다.

㉠. S를 a에 연결했을 때 저항에 화살표 방향으로 전류가 흐르므로 A에는 순방향 전압이 걸린다. 따라서 X는 p형 반도체이다.

㉡. S를 b에 연결하면 '전지 → B → 검류계 → 저항 → C → 전지'의 방향으로 전류가 흐른다. 따라서 S를 b에 연결했을 때 저항에 흐르는 전류의 방향은 화살표 방향이다.

㉢. S를 b에 연결했을 때 B에는 순방향 전압이 걸리므로 n형 반도체인 Y의 전자는 p-n 접합면 쪽으로 이동한다.

13 파동의 굴절

파동이 속력이 빠른 매질에서 속력이 느린 매질로 진행할 때 매질의 경계면에서 파동의 입사각은 굴절각보다 크다.

㉠. A에서 B로 입사하는 L의 입사각이 굴절각보다 크므로 굴절률은 A가 B보다 작다.

㉡. B에서 C로 입사하는 L의 입사각이 굴절각보다 작으므로 굴절률은 B가 C보다 크다. 따라서 매질의 굴절률이 클수록 매질에서 L의 속력이 느리고 파장은 짧으므로 L의 파장은 B에서가 C에서보다 짧다.

✗. A에서 B로 굴절하는 L의 굴절각을 θ라고 할 때 B에서 C로 입사하는 L의 입사각도 θ이므로, A, B, C의 굴절률을 각각 n_A, n_B, n_C라고 하면 A, B의 경계면과 B, C의 경계면에서 $\dfrac{\sin\theta_0}{\sin\theta}=\dfrac{n_B}{n_A}$, $\dfrac{\sin\theta}{\sin\theta_1}=\dfrac{n_C}{n_B}$의 식이 각각 성립한다. 따라서 $n_C>n_A$이므로 L의 속력은 A에서가 C에서보다 크다.

14 전자기 유도

p에는 금속 고리 내부를 통과하는 자기 선속의 변화를 방해하는 방향으로 전류가 흐르며 p에 흐르는 전류의 세기는 금속 고리 내부를 통과하는 자기 선속의 단위 시간당 변화량의 크기에 비례한다.

✗. 3초일 때, 금속 고리 내부를 통과하는 xy 평면에서 수직으로 나오는 방향의 자기 선속이 증가한다. 따라서 3초일 때, p에 흐르는 유도 전류의 방향은 $+y$ 방향이다.

㉡. 5초일 때는 금속 고리 내부를 통과하는 xy 평면에서 수직으로 나오는 방향의 자기 선속이 감소하고, 7초일 때는 금속 고리 내부를 통과하는 xy 평면에 수직으로 들어가는 방향의 자기 선속이 증가한다. 따라서 p에 흐르는 유도 전류의 방향은 5초일 때와 7초일 때 모두 $-y$ 방향으로 서로 같다.

ㄷ. 금속 고리 내부를 통과하는 자기 선속의 단위 시간당 변화량의 크기는 3초일 때가 11초일 때보다 크다. 따라서 p에 흐르는 유도 전류의 세기는 3초일 때가 11초일 때보다 크다.

15 솔레노이드에 의한 자기장

솔레노이드 내부의 자기장의 세기는 전류의 세기와 단위 길이당 도선의 감은 수에 각각 비례한다.

✗. (가)에서 오른손 네 손가락을 전류의 방향으로 감아줄 때 엄지손가락이 가리키는 방향이 $-x$ 방향이므로 p에서 A의 전류에 의한 자기장의 방향은 $-x$ 방향이다.

ㄴ. B에 흐르는 전류에 의해 B의 오른쪽이 N극을 띠므로 q에서 B의 전류에 의한 자기장의 방향은 $+x$ 방향이다.

ㄷ. A, B에 흐르는 전류의 세기는 같고, 단위 길이당 감은 수는 A가 B보다 작으므로 솔레노이드 내부의 자기장의 세기는 B에서가 A에서보다 크다.

16 광전 효과

금속의 문턱 진동수 이상의 진동수의 빛을 금속에 비췄을 때 광전자가 방출되는 현상을 광전 효과라고 한다.

ㄱ. A, B의 문턱 진동수가 각각 f_0, $3f_0$이므로 금속판의 문턱 진동수는 A가 B보다 작다.

ㄴ. 동일한 금속판에 비추는 빛의 진동수가 클수록 금속판에서 방출되는 광전자의 최대 운동 에너지가 크다. 따라서 A에서 방출되는 광전자의 최대 운동 에너지는 진동수가 $2f_0$인 빛을 비추었을 때가 진동수가 $3f_0$인 빛을 비추었을 때보다 작다.

✗. 동일한 진동수의 빛을 각각 다른 금속판에 비출 때 금속판의 문턱 진동수가 작을수록 금속판에서 방출되는 광전자의 최대 운동 에너지는 크다. 따라서 금속판의 문턱 진동수는 A가 B보다 작으므로 진동수가 $4f_0$인 빛을 A, B에 각각 비추었을 때 방출되는 광전자의 최대 운동 에너지는 A에서가 B에서보다 크다.

17 물결파의 간섭

중첩되는 물결파의 위상이 같은 점에서는 보강 간섭이 일어나고, 위상이 서로 반대인 점에서는 상쇄 간섭이 일어난다.

✗. S_1, S_2에서 발생하는 물결파의 진동수가 같으므로 중첩된 물결파의 진동수도 S_1, S_2에서 발생하는 물결파의 진동수와 같다. S_1, S_2에서 발생하는 물결파의 파장이 $\frac{20\ \text{cm}}{2}=10\ \text{cm}$이어서 S_1, S_2에서 발생하는 물결파의 진동수가 $\frac{10\ \text{cm/s}}{10\ \text{cm}}=1\ \text{Hz}$이므로 $t_0=\frac{1}{2}$초이다.

ㄴ. B에서는 S_1, S_2에서 발생한 물결파의 위상이 반대로 중첩되므로 B에서 물결파의 상쇄 간섭이 일어난다.

✗. C는 S_1, S_2에서 발생한 물결파가 같은 위상으로 중첩되는 점으로 C에서 물결파의 보강 간섭이 일어난다. 따라서 C에서 중첩된 물결파의 위상은 A에서 중첩된 물결파의 위상과 반대이므로 $t=\frac{1}{2}$초일 때, C에서 중첩된 물결파의 변위는 4 cm이다.

18 빛의 전반사

굴절률이 큰 매질에서 굴절률이 작은 매질로 입사하는 단색광의 입사각이 매질 사이의 임계각보다 클 때 단색광이 전반사한다.

✗. p에 입사한 L의 입사각이 굴절각보다 크므로 굴절률은 A가 B보다 작고, L의 속력은 A에서가 B에서보다 크다.

ㄴ. p에 입사한 L의 굴절각이 θ_c인데, $90°>\theta_0$이므로 매질의 경계면에서 L이 굴절되는 정도는 A와 B의 경계면에서가 B와 C의 경계면에서보다 작다. 따라서 A와 B의 굴절률 차가 B와 C의 굴절률 차보다 작고 B가 A보다 굴절률이 크므로 A, B, C의 굴절률을 각각 n_A, n_B, n_C라고 하면 $n_B>n_A>n_C$의 관계가 성립한다. 따라서 굴절률은 A가 C보다 크다.

ㄷ. q에 입사한 L의 입사각이 θ_0보다 크므로 q에 입사한 L의 굴절각은 θ_c보다 크다. 따라서 B와 C의 경계면에 L이 θ_c보다 큰 입사각으로 입사하므로 q에 입사한 L은 B와 C의 경계면에서 전반사한다.

19 중력에 의한 역학적 에너지 보존

A, B, C가 실로 연결되어 운동하는 동안 A, B, C의 역학적 에너지의 총합은 보존된다.

✗. B가 q를 지나는 순간 B의 속력을 v, p에서 q까지와 q에서 r까지의 B의 가속도의 크기를 각각 a_1, a_2라고 하면 $v^2-0=2a_1L$, $0-v^2=-2a_2L$의 식이 각각 성립하므로 $a_1=a_2$이다. 따라서 C의 질량을 M이라고 할 때 B가 p에서 q까지 운동할 때와 q에서 r까지 운동할 때에 대해 각각 $(M-m)g=(m+2m+M)\times a_1$, $mg=(m+2m)\times a_2$의 식이 성립하므로 $M=3m$이다.

ㄴ. (나)에서 B가 q에서 r까지 운동하는 동안 B의 높이는 일정하고 속력이 감소하므로 B의 역학적 에너지는 감소한다. 따라서 B가 q에서 r까지 운동하는 동안 A, B의 역학적 에너지의 총합이 보존되므로 A의 역학적 에너지는 증가한다.

ㄷ. B가 r에서 p까지 운동하는 동안 A의 높이는 $2L$만큼 낮아진다. 따라서 B가 다시 p를 지나는 순간 p의 속력을 v'라고 할 때 $mg\times 2L=\frac{1}{2}\times(m+2m)\times v'^2$의 식이 성립하므로 $v'=\sqrt{\frac{4gL}{3}}$이다.

20 역학적 에너지 보존

P에 저장된 탄성 퍼텐셜 에너지의 최댓값과 Ⅰ에서 A의 운동 에너지가 서로 같고, Ⅱ에서 A의 역학적 에너지와 Q에 저장된 탄성 퍼텐셜 에너지의 최댓값은 서로 같다.

② P, Q의 용수철 상수를 k라고 하면 P가 최대로 압축되었을 때 용수철에 저장된 탄성 퍼텐셜 에너지는 $\frac{1}{2}kd^2$이다. Ⅰ, Ⅱ에서 A의 속력을 각각 $v_Ⅰ$, $v_Ⅱ$, A의 질량을 m이라고 하면 Ⅰ, Ⅱ에서 A의 역학적 에너지가 각각 $\frac{1}{2}mv_Ⅰ^2+mg\times 3h$, $\frac{1}{2}mv_Ⅱ^2+mg\times h$이므로

$\frac{1}{2}kd^2=\frac{1}{2}mv_Ⅰ^2$ … ①,

$\frac{1}{2}mv_Ⅰ^2+mg\times 3h-mgh=\frac{1}{2}mv_Ⅱ^2+mgh$ … ②,

$\frac{1}{2}mv_Ⅱ^2+mg\times h=\frac{1}{2}k(\sqrt{5}d)^2$ … ③의 식이 각각 성립한다.

①~③을 정리하면 $mgh=kd^2$이므로 $\frac{1}{2}mv_Ⅱ^2=\frac{3}{2}kd^2$이다.

따라서 $v_Ⅰ:v_Ⅱ=1:\sqrt{3}$이므로 $\frac{t_Ⅰ}{t_Ⅱ}=\sqrt{3}$이다.

실전 모의고사 [5회] 본문 140~144쪽

01 ②	02 ⑤	03 ③	04 ③	05 ③
06 ②	07 ⑤	08 ③	09 ①	10 ①
11 ①	12 ①	13 ②	14 ⑤	15 ③
16 ⑤	17 ③	18 ⑤	19 ④	20 ②

01 속력과 운동 방향이 변하는 운동

물체의 운동 방향과 물체에 작용하는 알짜힘의 방향이 같은 직선상이 아닐 때 물체의 운동 방향은 변한다.

✘. A에서 사람은 중력에 의해 미끄럼틀과 나란한 방향으로 알짜힘을 받아 등가속도 운동을 한다.

✘. 원 궤도를 그리며 일정한 속력으로 회전하는 물체의 운동은 등속 원운동으로 원의 중심 방향으로 알짜힘이 작용한다. B에서 회전목마는 일정한 속력으로 회전하므로 회전목마에 작용하는 알짜힘의 방향은 계속해서 변한다.

Ⓒ. C에서 무빙워크 위에 있는 사람은 등속도 운동을 하므로 사람에게 작용하는 알짜힘은 0이다.

02 핵분열

핵반응 과정에서 전하량과 질량수가 각각 보존되고, 핵반응 전후 질량 결손에 의해 에너지가 방출된다.

Ⓐ. 주어진 핵반응에서 질량수가 큰 원자핵이 질량수가 작은 원자핵으로 분열되었으므로 핵분열 반응이다.

Ⓑ. ㉠의 전하량과 질량수를 각각 x, y라고 하면, 핵반응 과정에서 전하량과 질량수가 각각 보존되므로 다음 식이 성립한다.

전하량 보존: $92+x=38+54+2x$

질량수 보존: $235+y=94+140+2y$

따라서 $x=0$, $y=1$이므로 ㉠은 중성자($_0^1 n$)이다.

Ⓒ. 질량 에너지 동등성에 의해 핵반응 과정에서 결손된 질량만큼 에너지가 발생한다. 주어진 핵반응에서 에너지가 발생하였으므로 중성자의 질량을 고려하면 $_{92}^{235}U$ 원자핵 1개의 질량은 $_{38}^{94}Sr$ 원자핵 1개와 $_{54}^{140}Xe$ 원자핵 1개, 중성자 1개의 질량의 합보다 크다.

03 열역학 제1법칙

단열 과정은 기체와 외부 사이의 열 출입이 없는 상태에서 압력, 부피, 온도가 변하는 과정이다.

㉠. A는 단열 팽창하므로 A의 온도는 내려간다.

Ⓛ. 단열 팽창에서는 기체와 외부 사이의 열 출입이 없으므로 A가 외부에 한 일은 A의 내부 에너지 감소량과 같다.

✘. 단열 팽창에서 A의 부피는 증가하고 A의 온도는 내려간다. 따라서 A의 압력은 감소한다.

04 전하 결합 소자(CCD)

전하 결합 소자는 빛을 비추었을 때 전자가 방출되는 광전 효과를 이용한 장치로, 광 다이오드에서 발생하는 광전자의 수로 빛의 세기를 측정한다.

㉠. 전하 결합 소자는 빛을 비추었을 때 전자가 방출되는 광전 효과를 이용하는 장치로, 빛의 입자성을 이용한다.

✘. P를 전하 결합 소자에 비추었을 때 광 다이오드에서 광전자가 방출되었으므로 P의 광자 1개의 에너지는 광 다이오드의 띠 간격인 E_0보다 크거나 같다.

Ⓒ. 광 다이오드에서 단위 시간당 방출되는 광전자의 수는 P의 세기가 셀수록 크다. 따라서 ㉠은 N_0보다 크다.

05 열기관과 열효율

기체가 흡수한 열량을 Q_1, 기체가 방출한 열량을 Q_2라고 하면, 열기관의 열효율은 $e=\dfrac{Q_1-Q_2}{Q_1}$이다.

㉠. B → C 과정은 단열 과정으로 기체와 외부 사이의 열 출입이 없으므로 ㉠은 0이다. 또한 기체가 A → B → C → D → A를 따라 순환하는 동안 기체의 내부 에너지 변화량은 0이므로 ㉡은 $8Q_0$이다. 따라서 ㉠은 ㉡보다 작다.

Ⓛ. C → D 과정은 온도가 일정한 과정으로 기체가 방출한 열량은 기체가 외부로부터 받은 일과 같다. 따라서 C → D 과정에서 기체가 외부로부터 받은 일은 $7Q_0$이다.

✘. 열기관의 열효율은 $e=\dfrac{Q_1-Q_2}{Q_1}$이다. 따라서 열기관의 열효율은 $\dfrac{18Q_0-7Q_0}{18Q_0}=\dfrac{11}{18}$이다.

06 물질파

운동하는 입자가 파동성을 나타낼 때의 파동을 물질파라고 한다. 입자의 질량을 m, 속력을 v, 운동량의 크기를 p, 운동 에너지를 E_k라고 하면 물질파 파장 λ는 다음과 같다.

$$\lambda=\frac{h}{p}=\frac{h}{mv}=\frac{h}{\sqrt{2mE_k}} \ (h: \text{플랑크 상수})$$

✘. 물질파 파장이 같으면 운동량의 크기가 같다. 따라서 A, B의 물질파 파장이 같을 때 A, B의 운동량의 크기는 같다.

✘. 물질파 파장이 같으면 속력과 질량의 곱이 같다. 따라서 A, B의 물질파 파장이 같을 때 속력은 B가 A보다 크므로 질량은 A가 B보다 크다.

Ⓒ. A, B의 운동 에너지가 같을 때 질량이 클수록 물질파 파장이 짧다. 질량은 A가 B보다 크므로 물질파 파장은 A가 B보다 짧다.

07 충돌과 충격 완화

물체가 충돌하는 동안 물체가 받은 힘을 시간에 따라 나타낸 그래프에서 힘과 시간 축이 이루는 면적은 물체가 받은 충격량의 크기이다.

㉠. (가)에서가 (나)에서보다 힘을 받는 시간이 짧다. 따라서 (가)는 X에 해당한다.

Ⓛ. (다)에서 그래프와 시간 축이 이루는 면적이 X와 Y가 같으므로 야구장의 벽과 충돌하는 동안, 야구 선수가 받는 충격량의 크기는 (가)에서와 (나)에서가 같다.

Ⓒ. 야구장의 벽과 충돌하는 동안, 야구 선수가 받는 충격량의 크기는 (가)에서와 (나)에서가 같고 야구 선수가 힘을 받는 시간은 (가)에서가

(나)에서보다 짧다. 따라서 야구 선수가 받는 평균 힘의 크기는 (가)에서가 (나)에서보다 크다.

08 속력과 속도, 가속도

A, B가 P에서 S까지 운동하는 데 걸린 시간을 t라고 하면 B가 Q에서 R까지 운동하는 데 걸린 시간은 $\frac{1}{2}t$이고, Q와 R 사이의 거리는 $\frac{1}{2}L$이다.

⊙. A가 P에서 S까지 등속도 운동을 하므로 $L=vt$가 성립한다. 또한 P에서 Q까지 B가 운동하는 동안 걸린 시간을 t_1, 이동 거리를 s_1, 가속도의 크기를 a라고 하면, R에서 S까지 B가 운동하는 동안 걸린 시간 t_2는 $t_2=\frac{1}{2}t-t_1$, 이동 거리 s_2는 $s_2=\frac{1}{2}L-s_1$이다. 따라서 B가 S에 도달하는 순간 B의 속력을 v'라고 하면 $a=\frac{v}{t_1}=\frac{v'-v}{\frac{1}{2}t-t_1}$이고, $v't_1=\frac{1}{2}vt$ ⋯ ①이다.

또한 $s_1+s_2=\frac{1}{2}vt_1+\frac{1}{2}(v+v')\left(\frac{1}{2}t-t_1\right)=\frac{1}{2}L=\frac{1}{2}vt$이고,
$\frac{1}{2}v't-v't_1=\frac{1}{2}vt$ ⋯ ②이다. 따라서 ①, ②를 정리하면 $v'=2v$이다.

ⓛ. ①에서 $v't_1=\frac{1}{2}vt$이고, $v'=2v$를 대입하여 정리하면 $t_1=\frac{1}{4}t$이다. $t_2=\frac{1}{2}t-t_1=\frac{1}{4}t$이므로 B가 P에서 Q까지 운동하는 데 걸린 시간과 B가 R에서 S까지 운동하는 데 걸린 시간은 같다.

✗. $s_1=\frac{1}{2}vt_1=\frac{1}{8}vt$이다. 따라서 P와 Q 사이의 거리는 $\frac{1}{8}L$이다.

별해 | 물체의 속도-시간 그래프는 그림과 같다. A와 B가 P에서 S까지 운동하는 데 걸린 시간이 같으므로 속도-시간 그래프 아래의 면적이 같다.

따라서 $\frac{1}{2}vt_1=\frac{1}{2}(v'-v)\left(\frac{1}{2}t-t_1\right)$이 성립하고, $v'=2v$, $t_1=\frac{1}{4}t$이다.

09 광통신

광통신의 발신기에서는 음성 및 영상 정보의 전기 신호를 빛 신호로 변환하고, 빛은 광섬유 속에서 전반사하며 멀리까지 전달된다.

✗. 발신기에서는 음성 및 영상 정보의 전기 신호를 레이저나 발광 다이오드를 이용하여 빛 신호로 변환한다.

ⓛ. 광통신은 빛이 광섬유의 코어에서 클래딩으로 진행할 때 전반사하는 현상을 이용하므로 광섬유에서 굴절률은 코어가 클래딩보다 크다.

✗. 빛은 광섬유 내부에서 전반사하며 진행하므로 코어에서 클래딩으로 빛이 진행할 때 입사각은 임계각보다 크다.

10 고체의 전기 전도성과 에너지띠

도체는 원자가 띠의 일부분이 전자로 채워져 있거나 원자가 띠와 전도띠가 일부 겹쳐 있어 전기 전도성이 좋다. 절연체와 반도체의 에너지띠 구조는 원자가 띠와 전도띠 사이의 띠 간격이 0보다 커서 전기

전도성이 도체보다 좋지 않다. 같은 온도일 때 도체가 절연체 또는 반도체에 비해 전류가 잘 흐른다.

✗. 동일한 전원 장치에서 S_1만 닫아 전구가 A와 연결되었을 때는 전구가 켜지지 않고 S_2만 닫아 전구가 B와 연결되었을 때는 전구가 켜진다. 따라서 전기 전도성은 B가 A보다 좋다.

ⓛ. (나)에서 X는 띠 간격이 없고 Y는 띠 간격이 0보다 크므로 전기 전도성은 X가 Y보다 좋다. 따라서 X는 B의 에너지띠 구조이고, Y는 A의 에너지띠 구조이다.

✗. 고체에서 원자가 띠에 있는 전자의 에너지 준위는 미세한 차이가 있는 수많은 에너지 준위로 나뉘어 연속적인 띠 형태가 된다. 따라서 Y의 원자가 띠에 있는 전자의 에너지가 모두 같지는 않다.

11 p-n 접합 발광 다이오드(LED)

LED의 p형 반도체에 전원의 (＋)극을, n형 반도체에 전원의 (－)극을 연결하면 다이오드에 순방향 전압이 걸려 전류가 흐른다.

⊙. 스위치를 a에 연결하면 A에서 빛이 방출되므로 A에 순방향 전압이 걸린 것이다. X는 전원의 (－)극과 연결되어 있으므로 X는 n형 반도체이다.

✗. 스위치를 a에 연결하면 A에 순방향 전압이 걸리므로 A의 p형 반도체의 양공이 p-n 접합면에 가까워진다.

✗. 스위치를 b에 연결하면 C에 역방향 전압이 걸리므로 회로 전체에 전류가 흐르지 않는다. 따라서 B에서 빛이 방출되지 않는다.

12 뉴턴 운동 법칙

B의 가속도의 크기는 (가)에서와 (나)에서가 같으므로 B에 작용하는 알짜힘의 크기는 (가)에서와 (나)에서가 같고, 알짜힘의 방향은 서로 반대 방향이다.

⊙. A의 가속도의 크기는 (나)에서가 (가)에서의 3배이므로 A에 작용하는 알짜힘의 크기는 (나)에서가 (가)에서의 3배이다.

✗. B에 작용하는 중력에 의해 빗면과 나란한 아래 방향으로 작용하는 힘의 크기를 F_B라고 하면 (가)에서 A, B에 작용하는 힘은 $mg-F_B=(m+m_B)\frac{1}{3}g$이고, (나)에서 B에 작용하는 힘은 $F_B=m_B\times\frac{1}{3}g$이다. 따라서 $m_B=m$이다.

✗. (가)에서 p가 B에 작용하는 힘의 크기를 T라고 하면, (가)에서 B에 작용하는 힘은 $T-F_B=m_B\times\frac{1}{3}g=\frac{1}{3}mg$이므로 $T=\frac{2}{3}mg$이다.

13 단색광의 굴절

굴절률이 n_1인 매질 Ⅰ에서 굴절률이 n_2인 매질 Ⅱ로 파동이 진행할 때 입사각을 i, 굴절각을 r라고 하면, 굴절 법칙에 의해 $n_1\sin i=n_2\sin r$가 성립한다.

✗. 단색광이 진행할 때 매질이 달라져도 진동수는 변하지 않는다. 따라서 (가)에서 P의 진동수는 공기에서와 물에서가 같다.

✗. (가)에서 P가 공기에서 물로 진행할 때 굴절각이 입사각보다 작으므로 굴절률은 물이 공기보다 크다. 물, A, B의 굴절률을 각각 $n_{물}$, n_A, n_B라고 하면 굴절 법칙에 의해 $1\times\sin 45°=n_A\sin 30°$ ⋯ ①,

$n_물 \sin 45° = n_B \sin 30°$ … ②이다. ①, ②에서 $n_A = \sqrt{2}$, $n_B = \sqrt{2}n_물$ 이고, $n_물$은 공기의 굴절률인 1보다 크므로 n_B는 $\sqrt{2}$보다 크다.

ㄷ. 굴절률은 A가 B보다 작으므로 P의 속력은 A에서가 B에서보다 크다.

14 전반사

전반사는 빛의 속력이 느린 매질(굴절률이 큰 매질)에서 빛의 속력이 빠른 매질(굴절률이 작은 매질)로 빛이 임계각보다 큰 각으로 입사할 때 매질의 경계면에서 전부 반사되는 현상이다.

ㄱ. 파동이 속력이 느린 매질에서 빠른 매질로 진행하면 굴절각이 입사각보다 크다. X가 물에서 A로 진행할 때 굴절각이 입사각보다 크므로 X의 속력은 A에서가 물에서보다 크다.

ㄴ. 물, A, B에서 X의 속력을 각각 $v_물$, v_A, v_B라 하고, 매질의 굴절률을 각각 $n_물$, n_A, n_B라고 하자. (가)에서 X가 물에서 A로 각 θ_1로 입사할 때의 굴절각을 r이라고 하면, 굴절 법칙에 의해 $n_물 \sin\theta_1 = n_A \sin r = n_B \sin\theta_2$ … ①이다. $\theta_1 > \theta_2$이므로 ①에 의해 $n_B > n_물$이고, $v_물 > v_B$이다. 따라서 $v_A > v_물 > v_B$이고, $n_B > n_물 > n_A$이다. X가 B에서 물로 각 θ_2로 입사한다면, ①에 의해 각 θ_1로 굴절하므로 θ_2는 B와 물의 경계면에서의 임계각보다 작다. (나)에서 X가 B에서 물로 각 θ로 입사할 때 전반사하므로 θ는 B와 물의 경계면에서의 임계각보다 크다. 따라서 $\theta > \theta_2$이다.

ㄷ. B와 매질의 굴절률 차가 클수록 B와 매질의 경계면에서의 임계각이 작다. $n_B > n_물 > n_A$이므로 A와 B 사이의 임계각이 물과 B 사이의 임계각보다 작다. 따라서 θ는 A와 B 사이의 임계각보다 크므로, X가 B에서 A로 각 θ로 입사할 때 p에서 전반사한다.

15 일과 에너지

(가)에서 A, B, C의 역학적 에너지의 합이 보존되고, (나)에서 A, B의 역학적 에너지의 합, C의 역학적 에너지가 각각 보존된다.

ㄱ. (가)에서 A, B, C의 역학적 에너지의 합이 보존되고 B가 p에서 q까지 운동하는 동안 C의 역학적 에너지 감소량은 B의 운동 에너지 증가량의 6배이다. 따라서 $\frac{1}{2}mv^2 = E_0$이라 하고, p에서 q까지의 거리를 h, C의 질량을 m_C라 하면 A, B, C의 역학적 에너지 변화는 표와 같다.

구분	A	B	C
중력 퍼텐셜 에너지 변화량	$+mgh$	변화 없음	$-m_C gh$
운동 에너지 변화량	$+\frac{1}{2}mv^2$	$+\frac{1}{2}mv^2$	$+\frac{1}{2}m_C v^2$
역학적 에너지 변화 변화량	$+5E_0$	$+E_0$	$-6E_0$

A의 역학적 에너지 변화에서 $mgh = 4E_0$이 성립하고, 이를 C의 역학적 에너지 변화에 대입하면 $-m_C \frac{4E_0}{m} + m_C \frac{E_0}{m} = -6E_0$이므로 $m_C = 2m$이다. 따라서 C의 질량은 $2m$이다.

ㄴ. (가)에서는 A, B, C가 실로 연결되어 움직이므로 (가)에서 A의 가속도의 크기를 $a_{(가)}$라고 하면 $2mg - mg = 4ma_{(가)}$에서 $a_{(가)} = \frac{1}{4}g$ 이다. (나)에서는 A, B가 실로 연결되어 움직이므로 (나)에서 A의

가속도의 크기를 $a_{(나)}$라고 하면 $mg = 2ma_{(나)}$에서 $a_{(나)} = \frac{1}{2}g$이다. 따라서 A의 가속도의 크기는 (나)에서가 (가)에서의 2배이다.

ㄷ. (가)에서 B가 p에서 q까지 운동하는 동안 A의 중력 퍼텐셜 에너지 증가량은 A의 운동 에너지 증가량의 4배이므로 $mgh = 2mv^2$이 성립한다. 또한 (나)에서 A, B의 역학적 에너지의 합이 보존되므로 B의 운동 에너지 증가량은 $\frac{1}{2}mgh = mv^2$이다. 따라서 (나)에서 B가 p를 다시 지날 때 B의 속력 v_B는 $\frac{1}{2}mv_B^2 = \frac{1}{2}mv^2 + mv^2$에서 $v_B = \sqrt{3}v$이다.

별해 | (나)에서 B가 p를 다시 지날 때 B의 속력을 v'라고 하면, $v'^2 - v^2 = 2\left(-\frac{1}{2}g\right)(-h)$가 성립한다. 따라서 $v' = \sqrt{3}v$이다.

16 원형 전류에 의한 자기장

원형 도선에 전류가 흐를 때, 원형 도선 중심에서 자기장의 세기는 전류의 세기에 비례하고 도선의 반지름에 반비례한다. 원형 도선 중심에서 자기장의 방향은 오른손의 네 손가락을 전류의 방향으로 감아줄 때 엄지손가락이 가리키는 방향이다.

ㄱ. xy 평면에서 수직으로 나오는 자기장의 방향을 양(+)으로 하고 1초일 때 O에서 B의 전류에 의한 자기장의 세기를 $B_{B,1}$이라고 하면, 1초일 때 O에서 A, B, C의 전류에 의한 자기장은 $-B_0 + B_{B,1} - \frac{1}{3}B_0 = 0$이므로 $B_{B,1} = \frac{4}{3}B_0$이다.

ㄴ. 3초일 때 C에는 전류가 흐르지 않으므로, O에서 A, B의 전류에 의한 자기장의 세기는 같고 방향은 반대이다. A에는 시계 방향으로 전류가 흐르므로 B에는 시계 반대 방향으로 전류가 흐른다.

ㄷ. 5초일 때, O에서 B의 전류에 의한 자기장의 세기를 $B_{B,5}$라고 하면 O에서 A, B, C의 전류에 의한 자기장은 $-B_0 + B_{B,5} + \frac{1}{3}B_0 = 0$이고 $B_{B,5} = \frac{2}{3}B_0$이다. 5초일 때 B에 흐르는 전류의 세기를 I_B라고 하면 $\frac{2}{3}B_0 = k\frac{I_B}{2r}$이고, $B_0 = k\frac{I_0}{r}$이므로 $I_B = \frac{4}{3}I_0$이다.

17 전자기 유도

유도 전류의 세기는 단위 시간당 자기 선속의 변화량의 크기에 비례한다. 자기 선속은 자기장의 세기와 자기장이 수직으로 지나가는 면적을 곱한 물리량이다. 유도 전류는 금속 고리 면을 통과하는 자기 선속의 변화를 방해하는 방향으로 흐른다.

ㄱ. 0초부터 2초까지 Ⅰ의 자기장의 세기는 일정하고 Ⅱ의 자기장의 세기만 감소하고 있다. 1초일 때 P에 시계 방향으로 유도 전류가 흐르므로 Ⅱ에서 자기장의 방향은 xy 평면에 수직으로 들어가는 방향이다.

ㄴ. 2초부터 4초까지 Ⅰ, Ⅱ에서 자기장의 세기가 일정하므로 P를 통과하는 자기 선속의 변화가 없다. 따라서 3초일 때 P에는 유도 전류가 흐르지 않는다.

ㄷ. P가 Ⅰ, Ⅱ에 걸쳐진 면적을 각각 S라고 하고 P에 시계 방향으로 유도 전류가 흐르게 하는 자기 선속의 변화량을 양(+)으로 할 때, 시간에 따라 P를 통과하는 단위 시간당 자기 선속의 변화량은 표와 같다.

시간	단위 시간당 자기 선속의 변화량		
	Ⅰ	Ⅱ	Ⅰ+Ⅱ
0~2초	0	$+\frac{1}{2}B_0 S$	$+\frac{1}{2}B_0 S$
2~4초	0	0	0
4~6초	$-B_0 S$	$-B_0 S$	$-2B_0 S$

P에 흐르는 유도 전류의 세기는 단위 시간당 자기 선속의 변화량의 크기에 비례하므로 5초일 때가 1초일 때의 4배이다. 따라서 P에 흐르는 유도 전류의 세기는 1초일 때가 5초일 때보다 작다.

18 파동의 간섭

물결파의 속력을 v, 파장을 λ, 주기를 T라고 하면 $v=\dfrac{\lambda}{T}$이다.

㉠. (가)에서 S_1, S_2에서 발생한 두 물결파의 파장은 0.4 m이고, (나)에서 주기는 4초이므로 물결파의 속력은 $\dfrac{0.4\ \text{m}}{4\ \text{s}}=0.1$ m/s이다.

㉡. $t=0$일 때 O에서는 점선과 점선이 만나고 변위는 (−)방향으로 최대이므로 골과 골이 만나 보강 간섭이 일어난다. $t=2$초일 때 O에서는 변위가 (+)방향으로 최대이므로 마루와 마루가 만나 보강 간섭이 일어난다. 그림과 같이 $\overline{S_1S_2}$에서 보강 간섭이 일어나는 곳은 골과 골, 또는 마루와 마루가 만나는 곳인 x축상의 $x=-0.2$ m, 0, 0.2 m인 지점이다. 또 $\overline{S_1S_2}$에서 상쇄 간섭이 일어나는 곳은 x축상의 $x=-0.3$ m, -0.1 m, 0.1 m, 0.3 m인 지점이므로 $\overline{S_1S_2}$에서 상쇄 간섭이 일어나는 지점의 개수는 4개이다.

- 보강 간섭이 일어나는 지점: x축상의 $x=-0.2$ m, 0, 0.2 m
- 상쇄 간섭이 일어나는 지점: x축상의 $x=-0.3$ m, -0.1 m, 0.1 m, 0.3 m

㉢. $t=2$초일 때, x축상의 $x=0.2$ m에서는 골과 골이 만나 보강 간섭이 일어나며 변위의 크기는 최대이다. $t=2$초일 때 x축상의 $x=0.3$ m에서는 상쇄 간섭이 일어난다. 따라서 $t=2$초일 때 변위의 크기는 $x=0.2$ m에서가 $x=0.3$ m에서보다 크다.

19 직선 전류에 의한 자기장

직선 도선에 흐르는 전류에 의한 자기장의 세기는 전류의 세기에 비례하고, 직선 도선으로부터의 거리에 반비례한다. 또한 직선 도선 주변의 자기장의 방향은 오른나사 법칙으로 확인할 수 있다.

✗. p에서 A, B, C의 전류에 의한 자기장은 0이고, C에 흐르는 전류의 방향을 반대로 바꾸었을 때 p에서 A, B, C의 전류에 의한 자기장의 방향이 xy 평면에서 수직으로 나오는 방향이 되었으므로, 방향을 바꾸기 전 C에 흐르는 전류의 방향은 $-x$ 방향이다. p에서 A와 C의 전류에 의한 자기장의 방향이 xy 평면에 수직으로 들어가는 방향이므로, p에서 B의 전류에 의한 자기장의 방향은 xy 평면에서 수직으로 나오는 방향이어야 한다. 따라서 B에 흐르는 전류의 방향은 $+y$ 방향이다.

㉡. xy 평면에서 수직으로 나오는 자기장의 방향을 양(+)으로 하고 p에서 A, B의 전류에 의한 자기장의 세기를 각각 B_0, B_B라고 하면, p에서 A, B, C의 전류에 의한 자기장의 세기는

$-B_0+B_B-B_0=0$에 의해 $B_B=2B_0$이다. p는 A, B로부터 같은 거리만큼 떨어져 있으므로 B에 흐르는 전류의 세기는 A에 흐르는 전류의 세기의 2배이다. 따라서 $I_B=2I_0$이다.

㉢. C에 흐르는 전류의 방향을 반대로 바꾸기 전, O에서 A, B, C의 전류에 의한 자기장의 세기는 $B_0+\dfrac{2}{3}B_0-B_0=\dfrac{2}{3}B_0$이다. C에 흐르는 전류의 방향을 반대로 바꾼 후, O에서 A, B, C의 전류에 의한 자기장의 세기는 $B_0+\dfrac{2}{3}B_0+B_0=\dfrac{8}{3}B_0$이다. 따라서 O에서 A, B, C의 전류에 의한 자기장의 세기는 C에 흐르는 전류의 방향을 반대로 바꾸기 전이 바꾼 후의 $\dfrac{1}{4}$배이다.

20 역학적 에너지 보존 법칙

B는 높이차가 h인 Ⅰ을 일정한 속력으로 운동하였으므로 Ⅰ에서 B의 역학적 에너지 감소량은 $2mgh$ (g: 중력 가속도)이다.

②. 높이가 $2h$인 평면에서 A, B를 가만히 놓은 후 A가 용수철에서 분리된 순간 A의 속력을 $2v$라고 하면, 운동량 보존에 의해 B의 속력은 v이다. 용수철 상수를 k라고 하면 A, B의 각 지점에서 역학적 에너지는 다음과 같다.

구분	A의 역학적 에너지	B의 역학적 에너지
동시에 가만히 놓은 후 용수철에서 분리될 때	$2mgh+\frac{1}{2}m(2v)^2$	$4mgh+mv^2$
p, q를 각각 지날 때	$\frac{1}{2}mv_A^2$	mv_B^2
용수철을 최대로 압축시켰을 때	$mgh+\frac{1}{2}k(2d)^2$	$\frac{1}{2}kd^2$

B가 Ⅰ, Ⅱ를 지날 때 역학적 에너지 감소량은 각각 $2mgh$, $4mgh$이므로 B의 역학적 에너지에 대해 $4mgh+mv^2=6mgh+\dfrac{1}{2}kd^2$이 성립한다. 용수철에 저장된 탄성 퍼텐셜 에너지를 이용하여 정리하면 $mgh+2mv^2=-8mgh+4mv^2$이고, $mgh=\dfrac{2}{9}mv^2$이 성립한다. 이를 대입하면 A에서 $\dfrac{22}{9}mv^2=\dfrac{1}{2}mv_A^2$,

B에서 $mv^2-2mgh=\dfrac{5}{9}mv^2=mv_B^2$이 각각 성립한다.

따라서 $\dfrac{v_A}{v_B}=\sqrt{\dfrac{44}{5}}=\dfrac{2\sqrt{55}}{5}$이다.

한눈에 보는 정답

01 여러 가지 운동

본문 6~12쪽

닮은 꼴 문제로 유형 익히기 ③

수능 2점 테스트

01 ①	02 ①	03 ⑤	04 ⑤	05 ①
06 ③	07 ⑤	08 ②	09 ③	10 ④
11 ④	12 ①			

수능 3점 테스트

| 01 ① | 02 ④ | 03 ④ | 04 ⑤ | 05 ④ |
| 06 ① | | | | |

02 뉴턴 운동 법칙

본문 15~21쪽

닮은 꼴 문제로 유형 익히기 ③

수능 2점 테스트

01 ②	02 ①	03 ④	04 ⑤	05 ⑤
06 ③	07 ③	08 ③	09 ⑤	10 ⑤
11 ①	12 ⑤			

수능 3점 테스트

| 01 ⑤ | 02 ④ | 03 ① | 04 ⑤ | 05 ① |
| 06 ② | | | | |

03 운동량과 충격량

본문 24~30쪽

닮은 꼴 문제로 유형 익히기 ②

수능 2점 테스트

01 ④	02 ⑤	03 ③	04 ②	05 ④
06 ③	07 ②	08 ①	09 ①	10 ③
11 ⑤	12 ②			

수능 3점 테스트

| 01 ⑤ | 02 ④ | 03 ⑤ | 04 ③ | 05 ④ |
| 06 ④ | | | | |

04 역학적 에너지 보존

본문 33~39쪽

닮은 꼴 문제로 유형 익히기 ③

수능 2점 테스트

01 ③	02 ⑤	03 ②	04 ②	05 ⑤
06 ⑤	07 ③	08 ⑤	09 ⑤	10 ③
11 ④	12 ①			

수능 3점 테스트

| 01 ⑤ | 02 ④ | 03 ⑤ | 04 ② | 05 ① |
| 06 ⑤ | | | | |

05 열역학 법칙

본문 42~46쪽

닮은 꼴 문제로 유형 익히기 ⑤

수능 2점 테스트

| 01 ④ | 02 ① | 03 ④ | 04 ② | 05 ④ |
| 06 ⑤ | 07 ⑤ | 08 ④ | | |

수능 3점 테스트

| 01 ⑤ | 02 ② | 03 ⑤ | 04 ① | |

06 시간과 공간

본문 49~53쪽

닮은 꼴 문제로 유형 익히기 ②

수능 2점 테스트

| 01 ③ | 02 ② | 03 ③ | 04 ① | 05 ① |
| 06 ② | 07 ① | 08 ① | | |

수능 3점 테스트

| 01 ① | 02 ② | 03 ① | 04 ⑤ | |

07 물질의 전기적 특성

본문 56~60쪽

닮은 꼴 문제로 유형 익히기 ①

수능 2점 테스트

| 01 ③ | 02 ⑤ | 03 ④ | 04 ② | 05 ② |
| 06 ③ | 07 ⑤ | 08 ① | | |

수능 3점 테스트

| 01 ③ | 02 ② | 03 ④ | 04 ① | |

08 반도체와 다이오드

본문 63~67쪽

닮은 꼴 문제로 유형 익히기 ⑤

수능 2점 테스트

| 01 ④ | 02 ② | 03 ① | 04 ④ | 05 ④ |
| 06 ⑤ | 07 ③ | 08 ④ | | |

수능 3점 테스트

| 01 ② | 02 ④ | 03 ③ | 04 ⑤ | |

09 전류에 의한 자기장

본문 70~75쪽

닮은 꼴 문제로 유형 익히기 ⑤

수능 2점 테스트

| 01 ④ | 02 ④ | 03 ④ | 04 ③ | 05 ⑤ |
| 06 ④ | 07 ⑤ | 08 ⑤ | | |

수능 3점 테스트

| 01 ⑤ | 02 ③ | 03 ⑤ | 04 ⑤ | 05 ① |
| 06 ② | | | | |

10 물질의 자성과 전자기 유도

본문 78~82쪽

닮은 꼴 문제로 유형 익히기 ⑤

수능 2점 테스트

01 ③ 02 ① 03 ⑤ 04 ③ 05 ②
06 ⑤ 07 ① 08 ⑤

수능 3점 테스트

01 ① 02 ⑤ 03 ⑤ 04 ⑤

11 파동의 진행과 굴절

본문 85~90쪽

닮은 꼴 문제로 유형 익히기 ④

수능 2점 테스트

01 ④ 02 ② 03 ① 04 ③ 05 ①
06 ⑤ 07 ③ 08 ④

수능 3점 테스트

01 ① 02 ③ 03 ③ 04 ③ 05 ⑤
06 ⑤

12 전반사와 광통신

본문 92~96쪽

닮은 꼴 문제로 유형 익히기 ⑤

수능 2점 테스트

01 ⑤ 02 ① 03 ① 04 ③ 05 ①
06 ① 07 ③ 08 ⑤

수능 3점 테스트

01 ③ 02 ② 03 ③ 04 ⑤

13 전자기파와 파동의 간섭

본문 99~104쪽

닮은 꼴 문제로 유형 익히기 ⑤

수능 2점 테스트

01 ④ 02 ② 03 ⑤ 04 ③ 05 ③
06 ⑤ 07 ⑤ 08 ③

수능 3점 테스트

01 ① 02 ④ 03 ⑤ 04 ⑤ 05 ③
06 ⑤

14 빛의 이중성

본문 107~111쪽

닮은 꼴 문제로 유형 익히기 ③

수능 2점 테스트

01 ④ 02 ① 03 ③ 04 ③ 05 ③
06 ⑤ 07 ③ 08 ④

수능 3점 테스트

01 ② 02 ② 03 ① 04 ②

15 물질의 이중성

본문 114~117쪽

닮은 꼴 문제로 유형 익히기 ④

수능 2점 테스트

01 ④ 02 ⑤ 03 ⑤ 04 ①

수능 3점 테스트

01 ⑤ 02 ② 03 ⑤ 04 ①

실전 모의고사 1회

본문 120~124쪽

01 ⑤ 02 ③ 03 ⑤ 04 ③ 05 ①
06 ① 07 ③ 08 ② 09 ① 10 ⑤
11 ③ 12 ④ 13 ② 14 ③ 15 ②
16 ⑤ 17 ⑤ 18 ② 19 ④ 20 ②

실전 모의고사 2회

본문 125~129쪽

01 ② 02 ② 03 ② 04 ⑤ 05 ④
06 ③ 07 ② 08 ① 09 ④ 10 ⑤
11 ① 12 ② 13 ⑤ 14 ⑤ 15 ②
16 ⑤ 17 ③ 18 ⑤ 19 ⑤ 20 ③

실전 모의고사 3회

본문 130~134쪽

01 ③ 02 ⑤ 03 ⑤ 04 ③ 05 ①
06 ③ 07 ① 08 ⑤ 09 ③ 10 ⑤
11 ② 12 ⑤ 13 ② 14 ② 15 ①
16 ③ 17 ④ 18 ⑤ 19 ③ 20 ④

실전 모의고사 4회

본문 135~139쪽

01 ⑤ 02 ⑤ 03 ② 04 ③ 05 ④
06 ④ 07 ⑤ 08 ② 09 ④ 10 ③
11 ③ 12 ⑤ 13 ③ 14 ⑤ 15 ⑤
16 ③ 17 ① 18 ⑤ 19 ⑤ 20 ②

실전 모의고사 5회

본문 140~144쪽

01 ② 02 ⑤ 03 ③ 04 ③ 05 ③
06 ② 07 ⑤ 08 ③ 09 ① 10 ①
11 ① 12 ① 13 ② 14 ⑤ 15 ③
16 ⑤ 17 ③ 18 ⑤ 19 ④ 20 ②

학생의 성공을 여는 대학!
발전적 미래를 모색하는 대학!

CHOSUN
UNIVERSITY

2025학년도
조선대학교 신입생 모집안내

수시모집 2024. 09. 09.(월) ~ 2024. 09. 13.(금)
정시모집 2024. 12. 31.(화) ~ 2025. 01. 03.(금)

문의사항 및 상담 | 수시(학생부교과, 실기/실적위주), 정시: 062-230-6666 | 수시(학생부종합): 062-230-6669
입학처 홈페이지 | http://i.chosun.ac.kr

본 교재 광고의 수익금은 콘텐츠 품질 개선과 공익사업에 사용됩니다. 모두의 요강(mdipsi.com)을 통해 조선대학교의 입시정보를 확인할 수 있습니다.

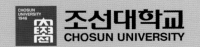

조선대학교
CHOSUN UNIVERSITY

연세대학교
미래캠퍼스

나의 미래를 위한
새로운 도전,
연세 미래캠퍼스!

연세미래의 경쟁력
최고수준의
취업률

생활과 교육을 하나로,
RC프로그램

미래가치를 창조하는
자율융합대학

YONSEI
MIRAE
CAMPUS

연세대학교 미래캠퍼스
2025학년도 수시모집

입학 문의 | 입학홍보처
033-760-2828
ysmirae@yonsei.ac.kr

원서 접수
2024.9.9.(월)~9.13.(금)
admission.yonsei.ac.kr/mirae

국립인천대학교는
국제경쟁력을 갖춘
혁신 인재를 양성합니다.

자유전공학부, 첨단학과 신설
서울역-인천대입구역
GTX-B노선 착공 예정
인천 경제자유구역
글로벌 허브도시송도에 위치

INU 인천대학교 | 2025학년도 수시모집
2024. 9. 9.(월) ~ 9. 13.(금) | 입학 개별 상담 및 문의
INU.ac.kr
032) 835-0000

홈페이지
바로가기

명쾌하고, 명백하게,

명지롭다

명지대학교
MYONGJI UNIVERSITY